物联网工程核心技术丛书

ZigBee原理、实践及综合应用

葛广英　葛　菁　赵云龙　编　著

清华大学出版社

北　京

内 容 简 介

本书分为3篇,共11章,第1篇为基本知识与技术篇,包括第1、2章,介绍ZigBee技术、ZigBee芯片及应用。第2篇为实践与提高篇,包括第3～9章,其中第3～5章介绍基于北京奥尔斯电子科技有限公司的物联网创新实验系统(OURS-IOTV2-CC2530)的组成、实践项目和综合应用项目;第6～8章介绍北京赛佰特科技有限公司的全功能物联网教学科研平台(标准版CBT-SuperIOT)的组成、基础实践项目和综合通信项目;第9章介绍基于ST公司的STM32W108处理器组成的ZigBee技术实践项目。第3篇为综合应用篇,包括第10、11章,介绍ZigBee技术的几个应用实例。

本书可供从事无线传感器网络开发与应用的工程技术人员学习使用,也可作为高等院校电子、通信、自动控制等专业学生的学习用书。

图书在版编目(CIP)数据

ZigBee原理、实践及综合应用/葛广英,葛菁,赵云龙编著.—北京:清华大学出版社,2015(2019.4重印)
(物联网工程核心技术丛书)
ISBN 978-7-302-39221-7

I.①Z… II.①葛… ②葛… ③赵… III.①无线网–基本知识 IV.①TN92

中国版本图书馆CIP数据核字(2015)第024197号

责任编辑: 苏明芳
封面设计: 刘 超
版式设计: 郑 坤
责任校对: 吕伟平
责任印制: 宋 林

出版发行: 清华大学出版社
        网 址: http://www.tup.com.cn,http://www.wqbook.com
        地 址: 北京清华大学学研大厦A座   **邮 编:** 100084
        社 总 机: 010-62770175   **邮 购:** 010-62786544
        投稿与读者服务: 010-62776969,c-service@tup.tsinghua.edu.cn
        质量反馈: 010-62772015,zhiliang@tup.tsinghua.edu.cn
印 装 者: 三河市金元印装有限公司
经 销: 全国新华书店
开 本: 185mm×260mm   **印 张:** 34.75   **字 数:** 861千字
版 次: 2015年8月第1版   **印 次:** 2019年4月第4次印刷
定 价: 68.00元

产品编号: 055681-01

前　　言

目前，物联网是全球研究的热点，国内外都把它的发展提到了国家级的战略高度，成为继计算机、互联网之后世界信息产业的第三次浪潮。物联网是一个极其庞大的网络，它包罗万象，涉及各行各业，其实质就是让万事万物通过网络连接起来，实现许多超级智能化的应用。传感器网络是构建物联网最基本的网络，传感器作为感知的最前端，探测和搜集信号之后，需要各种有线和无线的通信技术进行设备相互间的通信交流。光纤、ADSL、3G 和 WiFi 是联网的主要动脉，最后 100 米的短距离接入则是通过短距离无线通信技术来实现的，而 ZigBee 被认为是目前最适合传感器网络接入端的无线通信技术。

ZigBee 技术是一种近距离、低复杂度、低功耗、低速率、低成本的双向无线通信技术或无线网络技术，是一组基于 IEEE 802.15.4 无线标准研制开发的组网、安全和应用软件方面的通信技术。ZigBee 技术主要用于距离短、功耗低且传输速率不高的各种电子设备之间进行数据传输，以及典型的有周期性数据、间歇性数据和低反应时间数据传输的应用。

ZigBee 是一种低速、短距离传输的无线网络协议，底层是采用 IEEE 802.15.4 标准规范的媒体存取层与实体层。主要特色有低速、低耗电、低成本、支持大量网络节点、支持多种网络拓扑、低复杂度、快速、可靠、安全。ZigBee 协议层从下到上分别为实体层（PHY）、媒体存取层（MAC）、网络层（NWK）、应用层（APL）等。网络装置的角色可分为 ZigBee Coordinator（协调器）、ZigBee Router（路由器）和 ZigBee EndDevice（终端设备）3 种。

ZigBee 是由最多到 65000 个无线传输模块组成的无线传输网络平台，在整个网络范围内，每一个 ZigBee 网络传输模块之间可以相互通信，每个网络节点间的距离可以从标准的 75 米无限扩展。

随着 ZigBee 规范的进一步完善，ZigBee 的应用前景更加广阔，采用 ZigBee 技术的无线网络应用领域有家庭自动化、家庭安全、工业与环境控制、医疗护理、检测环境、监测保鲜食品的生产、运输过程及保质等。其典型应用领域主要包括以下几方面。

- 家庭和楼宇网络：空调系统的温度控制、照明的自动控制、窗帘的自动控制、煤气计量控制、家用电器的远程控制等。
- 工业控制：各种监控器、传感器的自动化检测和控制。
- 商业：智慧型标签、食品溯源等。
- 公共场所：烟雾探测器、视频监控等。
- 农业控制：收集土壤信息和气候信息。
- 医疗：老人与行动不便者的紧急呼叫器和医疗传感器等。

为方便广大读者学习和应用 ZigBee 技术，我们编写了本书，主要从实践和应用入手，让读者更快地了解、熟悉和掌握 ZigBee 技术，并利用 ZigBee 技术建立自己的应用，从而更快地完成应用项目。

本书分为 3 篇，共 11 章。第 1 ～ 2 章为基本知识与技术篇，第 3 ～ 9 章为实践与提高篇，第 10 ～ 11 章为综合应用篇。各章节的内容大致如下：

第 1 章介绍了物联网、无线传感网和 ZigBee 技术的基础知识，包括各自的概念、历史渊源、体系结构、关键技术、应用前景等。

第 2 章介绍了 ZigBee 的常用芯片，并重点介绍了 CC2530、STM32、STM8 芯片的特点及其应用情况。

第 3 ～ 5 章介绍了北京奥尔斯电子科技有限公司的物联网创新实验平台（OURS-IOTV2-CC2530）的组成、15 个基础实践项目和 4 个综合应用项目。

第 6 ～ 8 章介绍了北京赛佰特科技有限公司的全功能物联网教学科研平台（标准版 CBT-Super IOT）的组成、14 个基础实践项目和 8 个综合通信项目。

第 9 章介绍了基于 ST 公司的 STM32W108 处理器的 9 个 ZigBee 实践项目。

第 10 章在配套 RFID、ZigBee、传感器等的基础上，设计了几个基于 QT 的综合实例，具体包括安防监控、门禁控制、家电控制、红外家电遥控、视频监控等智能家居应用。

第 11 章介绍了 ZigBee 技术在 4 个日常应用领域中的实战案例，包括电解槽温度采集与智能控制系统、智能交通控制系统、公交车进站预报系统和市政路灯在线监测系统。

本书内容丰富实用，技术讲解深入浅出。在讲解思路上，尽可能遵循"理论基础→开发平台→基础实践项目→综合应用项目→ZigBee 项目实战"这一过程，更符合人们的学习认知规律。书中提供的综合项目源码，读者可拿来直接使用，并可在此基础上进行二次开发，以实现更全面的功能。只有通过不断的练习，才能真正掌握 ZigBee 无线网络开发的技术精髓。

本书可作为工程技术人员进行单片机、无线传感器网络应用、ZigBee 技术等项目开发的学习、参考用书，也可作为高等院校本科生、研究生 ZigBee 课程的教材。

本书由葛广英、葛菁、赵云龙编著，葛广英主要编写第 1、2 章及第 10、11 章，葛菁主要编写第 3 ～ 5 章，赵云龙主要编写第 6 ～ 9 章。

在本书的编写过程中，作者参阅了大量文献资料，特别是北京奥尔斯科技股份有限公司、北京赛佰特科技有限公司提供的技术资料，以及参加物联网创新应用设计大赛的队伍，如郑州大学队、合肥工业大学队、聊城大学队等的参赛作品，主要参考文献列于书后，在此谨对这些文献资料的作者表示诚挚的谢意，特别向北京奥尔斯科技股份有限公司李朱峰、廖和爱等，以及北京赛佰特科技有限公司张方杰、唐冬冬等表示诚挚的谢意。另外，研究生张银苹、潘至尊同学帮助绘制了部分表格、图形和电路图，中国电子学会、北京联合大学的田景文教授、清华大学出版社的钟志芳和苏明芳等编辑为本书的出版做了大量协调和组织工作。在此，作者对所有为本书顺利出版提供帮助的各界人士表示衷心的感谢！

由于作者水平有限，加之 ZigBee 技术发展迅猛，书中难免有不足之处，欢迎广大读者批评指正。

编　者
2015 年 8 月

目　录

第 3 篇　综合应用篇

第1篇　基本知识与技术

第1章 物联网、无线传感网和 ZigBee 技术

1.1 物联网概述

1.1.1 物联网的定义

物联网是新一代信息技术的重要组成部分，其英文名称是 Internet of Things，简称 IOT。物联网是在"互联网"概念的基础上，将其用户端延伸和扩展到任何物品与物品之间，进行信息交换和通信的一种网络。物联网的核心和基础仍然是互联网，是在互联网基础上延伸和扩展的网络，用户端延伸和扩展到了任何物品与物品之间，进行信息交换和通信。

物联网的定义：通过射频识别（Radio Frequency Identification，RFID）、红外感应器、全球定位系统、激光扫描器等信息传感设备，按约定的协议，把任何物品与互联网连接起来，进行信息交换和通信，以实现智能化识别、定位、跟踪、监控和管理的一种网络。简而言之，物联网就是"物物相连的互联网"。

广义的物联网含义是利用条码、射频识别、传感器、全球定位系统、激光扫描器等信息传感设备，按约定的协议，实现人与人、人与物、物与物的在任何事物、任何时间、任何地点的连接（anything、anytime、anywhere），从而进行信息交换和通信，以实现智能化识别、定位、跟踪、监控和管理的庞大网络系统。

物联网是在计算机互联网的基础上，利用 RFID、无线数据通信等技术，构造一个覆盖世界上万事万物的 Internet of Things。在这个网络中，物品（商品）能够彼此进行"交流"，而无须人的干预。其实质是利用 RFID 技术，通过计算机互联网实现物品（商品）的自动识别和信息的互联与共享。

物联网通过智能感知、识别技术与普适计算、泛在网络的融合应用，是继计算机、互联网和移动通信之后的又一次信息产业的革命性发展，被称为继计算机、互联网之后世界信息产业发展的第三次浪潮。自 2009 年 8 月温家宝总理提出"感知中国"以来，物联网被正式列为国家五大新兴战略性产业之一，写入政府工作报告。目前物联网被正式列为国家重点发展的战略性新兴产业之一。物联网产业具有产业链长、涉及多个产业群的特点，其应用范围几乎覆盖了各行各业。

物联网和传统的互联网相比，其主要特征包括以下几个方面。

首先，它是各种感知技术的广泛应用。物联网上部署了海量的各种类型传感器，每个传感器都是一个信息源，不同类别的传感器所捕获的信息内容和信息格式不同。传感器获得的数据具有实时性，按一定的频率周期性的采集环境信息，不断更新数据。

其次，它是一种建立在互联网上的泛在网络。物联网技术的重要基础和核心仍旧是互联网，通过各种有线和无线网络与互联网融合，将物体的信息实时准确地传递出去。物联网上的传感器定时采集的信息需要通过网络传输，由于其数量极其庞大，形成了海量信息，

在传输过程中，为了保障数据的正确性和及时性，必须适应各种异构网络和协议。

最后，物联网不仅仅提供了传感器的连接，其本身也具有智能处理的能力，能够对物体实施智能控制。物联网将传感器和智能处理相结合，利用云计算、模式识别等各种智能技术，扩充其应用领域。从传感器获得的海量信息中分析、加工和处理出有意义的数据，以适应不同用户的不同需求，发现新的应用领域和应用模式。

2010 年教育部批准了开设物联网专业的首批 32 所大学，其中武汉大学、哈尔滨工业大学、山东大学、华中科技大学、西安交通大学均开设了物联网工程专业，为信息产业培养顶尖的工程师。截至 2012 年 12 月，国家一共审批了开设物联网专业的院校 138 所（包括专科学校）。

1.1.2　物联网的发展历史

1995 年比尔·盖茨在其《未来之路》一书中提及物联网概念。

1999 年中国提出了物联网概念，不过，当时不叫"物联网"，而称其为传感网。中科院早在 1999 年就启动了传感网的研究和开发。与其他国家相比，我国的技术研发水平处于世界前列，具有同发优势和重大影响力。

1999 年在美国召开的移动计算和网络国际会议提出物联网这个概念。但物联网概念的真正提出是在 1999 年由 MIT Auto-ID 中心的 Ashton 教授在研究 RFID 时提出，即物联网是把所有物品通过射频识别等信息传感设备与互联网连接起来，实现智能化识别和管理。

2005 年 11 月 27 日，在突尼斯举行的信息社会峰会上，国际电信联盟（ITU）发布了《ITU 互联网报告 2005：物联网》，正式提出了物联网的概念。

2006 年 2 月 7 日，国务院发布的《国家中长期科学与技术发展规划（2006—2020 年）》，以及"新一代宽带移动无线通信网"重大专项中，均将传感网列入重点研究领域。

2008 年 11 月，第二届中国移动政务研讨会"知识社会与创新 2.0"在北京大学召开，提出物联网及移动泛在技术推动社会变革，催生面向知识社会的创新 2.0 形态。

2009 年 1 月，IBM 首席执行官彭明盛提出"智慧地球"构想，其中物联网为"智慧地球"不可或缺的一部分，而奥巴马在就职演讲后已对"智慧地球"构想提出积极回应，并提升到国家级发展战略。

2009 年 8 月 7 日，温家宝总理在无锡视察中科院物联网技术研发中心时指出，要尽快突破核心技术，把传感技术和 3G 中的 TD（即 TD-SCDMA）的发展结合起来。

2009 年 9 月 11 日，"传感器网络标准工作组成立大会暨'感知中国'高峰论坛"在北京举行，会议提出传感网发展相关政策。

2009 年 9 月 14 日，在中国通信业发展高层论坛上，中国移动总裁王建宙高调表示："物联网商机无限，中国移动将以开放的姿态，与各方竭诚合作。"

物联网概念的问世，打破了之前的传统思维。过去的思路一直是将物理基础设施和 IT 基础设施分开，一方面是机场、公路、建筑物；另一方面是数据中心、个人电脑、宽带等。而在物联网时代，钢筋混凝土、电缆将与芯片、宽带整合为统一的基础设施，在此意义上，基础设施更像是一块新的地球。

中国电子学会也高度关注物联网的技术与产业发展，密切加强与政府部门、企业界、行业用户、科研机构、高等院校的沟通与交流，先后组织召开了多次物联网专家研讨会，起到了积极推动作用。为了搭建物联网"产学研用"互动交流平台，更好地推动物联网的技术研究、行业应用和产业发展，2010 年，在邬贺铨院士、邓中翰院士、姚建铨院士、戴浩院士、倪光南院士等多位院士和业界专家的提议和积极响应下，成立了中国电子学会物联网专家委员会。

　　由中国电子学会主办、中国电子学会物联网专家委员会、中关村国家自主创新示范区领导小组办公室承办的首次"2010 中国物联网大会"于 2010 年 6 月 29 日在北京召开。本次大会探讨了物联网的实质内涵及发展趋势，物联网对产业、教育和社会发展的影响，交流国内外物联网的最新研究成果，分享物联网应用的实践经验。中国物联网大会每年举办一次，到 2014 年 6 月前已举办了五届，对物联网在我国各行各业推动和发展起到了积极的促进作用。

1.1.3　物联网的技术构架

　　物联网分为 3 层：感知层、网络层和应用层，如图 1.1 所示。

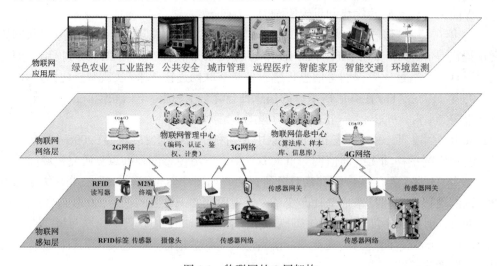

图 1.1　物联网的 3 层架构

　　感知层是物联网的皮肤和五官，负责采集信息。感知层处于物联网体系架构的最底层，负责各类应用相关数据的采集，主要包括有线 / 无线传感网络、各类传感器设备、二维码标签和识读器、RFID 标签和读写器、摄像头、GPS、传感器、终端、传感器网络等，主要是识别物体、采集信息，与人体结构中皮肤和五官的作用相似。感知层技术主要包括传感器和控制器技术，以及短距离传输技术（如无线传感网、RFID、ZigBee 等）。

　　网络层是物联网的神经中枢和大脑，负责信息传递与处理。网络层是基于现有的通信网和互联网基础上建立起来的，其关键技术既包含了现有的通信技术（如 2G/3G 移动通信技术、有线宽带技术、PSTN 技术、WiFi 技术等），也包含终端技术（如连接传感网与通信网结合的网关设备），为各种行业终端提供通信能力。网络层包括通信与互联网的融合网络、网络管理中心、信息中心和智能处理中心等。网络层将感知层获取的信息进行传递和处理，类似于人体结构中的神经中枢和大脑。网络层的泛在能力不仅使得用户能随时随地获得服务，更重要的是通过有线与无线技术的结合，和多种网络技术的协同，为用户提供智能选择接入网络的模式。

应用层是物联网与行业专业技术的深度融合，与行业需求结合，实现行业智能化，这类似于人的社会分工，最终构成人类社会。丰富的应用层是物联网的最终目标，目前物联网应用的种类虽然已经比较丰富，然而呈现烟囱式结构，不能共享资源，重复建设不利于物联网应用规模的进一步扩大。因此，对应用层的关注不能仅停留在简单的应用推广和普及上，而要重点关注能为不同应用提供服务的共性能力平台的构建，如基础通信能力调用、统一数据建模、目录服务、内容服务、通信通道管理等。

1.1.4　物联网的关键技术

物联网的关键技术包括射频识别技术、无线传感网络、网络与通信技术和数据挖掘与融合技术等。

（1）射频识别技术

RFID 技术是一种无接触的自动识别技术，利用射频信号及其空间耦合传输特性，实现对静态或移动待识别物体的自动识别，用于对采集点的信息进行"标准化"标识。一方面，鉴于 RFID 技术可实现无接触的自动识别，全天候、识别穿透能力强、无接触磨损，可同时实现对多个物品的自动识别等诸多特点，将这一技术应用到物联网领域，使其与互联网、通信技术相结合，可实现全球范围内物品的跟踪与信息的共享，在物联网"识别"信息和近程通信的层面中，起着至关重要的作用。另一方面，产品电子代码（Electronic Product Code，EPC）采用 RFID 电子标签技术作为载体，大大推动了物联网的发展和应用。

（2）无线传感网络（Wireless Sensor Network，WSN）

信息采集是物联网的基础，而目前的信息采集主要是通过传感器、传感节点和电子标签等方式完成的。传感器作为一种检测装置，作为摄取信息的关键器件，由于其所在的环境通常比较恶劣，因此物联网对传感器技术提出了较高的要求。一是其感受信息的能力；二是传感器自身的智能化和网络化，传感器技术在这两方面应当实现发展与突破。

将传感器应用于物联网中可以构成无线自组网络，这种传感器网络技术综合了传感器技术、嵌入技术、分布式信息处理技术、无线通信技术等，使各类能够嵌入到任何物体的集成化微型传感器协作进行待测数据的实时监测、采集，并将这些信息以无线的方式发送给观测者，从而实现"泛在"传感。在无线传感器网络中，传感节点具有端节点和路由的功能：首先是实现数据的采集和处理；其次是实现数据的融合和路由，综合本身采集的数据和收到的其他节点发送的数据，转发到其他网关节点。传感节点的好坏会直接影响到整个传感器网络的正常运转和功能健全性。

（3）网络与通信技术

物联网的实现涉及近程通信技术和远程传输技术。近程通信技术涉及 RFID、蓝牙等，远程传输技术涉及互联网的组网、网关等技术。

作为为物联网提供信息传递和服务支撑的基础通道，通过增强现有网络通信技术的专业性与互联功能，以适应物联网低移动性、低数据率的业务需求，实现信息安全且可靠的传送，是当前物联网研究的一个重点。传感器网络通信技术主要包括广域网络通信和近距离通信等两个方面，广域方面主要包括 IP 互联网、2G/3G/4G 移动通信、卫星通信等技术，而以 IPv6 为核心的新互联网的发展，更为物联网提供了高效的传送通道；在近距离方面，当前的主流则是以 IEEE 802.15.4 网络协议为代表的近距离通信技术。

M2M（Machine to Machine）技术也是物联网实现的关键技术。与 M2M 可以实现技术结合的远距离连接技术有 GSM、GPRS、UMTS 等，WiFi、蓝牙、ZigBee、RFID 和 UWB（Ultra Wideband）等近距离连接技术也可以与之相结合，此外还有 XML 和 Corba，以及基于 GPS、无线终端和网络的位置服务技术等。M2M 可用于安全监测、自动售货机、货物跟踪领域，应用广泛。

（4）数据挖掘与融合技术

从物联网的感知层到应用层，各种信息的种类和数量都成倍增加，需要分析的数据量也成级数增加，同时还涉及各种异构网络或多个系统之间数据的融合问题，如何从海量的数据中及时挖掘出隐藏信息和有效数据的问题，给数据处理带来了巨大的挑战，因此怎样合理、有效地整合、挖掘和智能处理海量的数据是物联网的难题。结合 P2P（Peer-to-Peer，对等联网）、云计算等分布式计算技术，成为解决以上难题的一个途径。云计算为物联网提供了一种新的高效率计算模式，可通过网络按需提供动态伸缩的廉价计算，其具有相对可靠并且安全的数据中心，同时兼有互联网服务的便利、廉价和大型机的能力，可以轻松实现不同设备间的数据与应用共享，用户无须担心信息泄露、黑客入侵等棘手问题。云计算是信息化发展进程中的一个里程碑，它强调信息资源的聚集、优化和动态分配，节约信息化成本并大大提高了数据中心的效率。

除上述技术外，物联网还涉及物联网架构技术、统一标识技术、网络技术、软件服务与算法、硬件、功率和能量存储、安全和隐私技术、标准等方面的问题或技术。

1.1.5　物联网的应用领域

（1）智能家居：智能家居产品融合自动化控制系统、计算机网络系统和网络通信技术于一体，将各种家庭设备（如音视频设备、照明系统、窗帘控制、空调控制、安防系统、数字影院系统、网络家电等）通过智能家庭网络联网实现自动化，通过中国电信的宽带、固话和 3G 无线网络，可以实现对家庭设备的远程操控。

（2）智能医疗：智能医疗系统借助简易实用的家庭医疗传感设备，对家中病人或老人的生理指标进行自测，并将生成的生理指标数据通过中国电信的固定网络或 3G/4G 无线网络，传送给护理人或有关医疗单位。

（3）智能城市：智能城市产品包括对城市的数字化管理和城市安全的统一监控。

（4）智能环保：智能环保产品通过对实施地表水水质的自动监测，可以实现水质的实时连续监测和远程监控，及时掌握主要流域重点断面水体的水质状况，预警预报重大或流域性水质污染事故，解决跨行政区域的水污染事故纠纷，监督总量控制制度落实情况。

（5）智能电网：智能电网以双向数字科技创建的输电网络，用来传送电力，可以侦测电力供应者的电力供应状况与一般家庭用户的电力使用状况，来调整家电用品的耗电量，以此达到节约能源、降低损耗、增强电网可靠性的目的。通过智能电表（Smart Meter），随时监测电力使用的状况，如在用电量低的时段给电池充电，然后在高峰时反过来给电网提供电能。

（6）智能交通：智能交通系统包括公交行业无线视频监控平台、智能公交站台、电子票务、车管专家和公交手机一卡通 5 种业务。

（7）智能农业：智能农业产品通过实时采集温室内温度、湿度信号以及光照、土壤温度、CO 浓度、叶面湿度、露点温度等环境参数，自动开启或者关闭指定设备。

（8）智能物流：智能物流打造了集信息展现、电子商务、物流配载、仓储管理、金融质押、园区安保、海关保税等功能为一体的物流园区综合信息服务平台。

（9）智能校园：校园一卡通和金色校园业务，促进了校园的信息化和智能化。

另外，物联网还在智能电力、智能安防、智能汽车、智能建筑、智能水务、商业智能、智能工业等领域得到了广泛应用。

物联网的应用其实不仅仅是一个概念而已，它已经在很多领域有运用，只是没有形成大规模运用。常见的应用案例有：

（1）物联网传感器产品已率先在上海浦东国际机场防入侵系统中得到应用。机场防入侵系统铺设了 3 万多个传感节点，覆盖了地面、栅栏和低空探测，可以防止人员或动物的翻越、偷渡、恐怖袭击等攻击性入侵。

（2）ZigBee 路灯控制系统点亮济南园博园。ZigBee 无线路灯照明节能环保技术的应用是园博园中的一大亮点。园区所有的功能性照明采用了 ZigBee 无线技术，组成了无线路灯控制系统。

（3）智能交通系统（Intelligent Transport Systems，ITS）是利用现代信息技术为核心，利用先进的通信、计算机、自动控制、传感器技术，实现对交通的实时控制与指挥管理。交通信息采集被认为是 ITS 的关键子系统，是发展 ITS 的基础，成为交通智能化的前提。无论是交通控制还是交通违章管理系统，都涉及交通动态信息的采集，交通动态信息采集成为了交通智能化的首要任务。

（4）2002 年，英特尔公司率先在俄勒冈建立了世界上第一个无线葡萄园。传感器节点（sensor node）被分布在葡萄园的每个角落，每隔一分钟检测一次土壤温度、湿度或该区域有害物的数量，以确保葡萄可以健康生长。研究人员发现，葡萄园气候的细微变化可极大地影响葡萄酒的质量。通过长年的数据记录以及相关分析，便能精确地掌握葡萄酒的质地与葡萄生长过程中的日照、温度、湿度的确切关系。这是一个典型的精准农业、智能耕种的实例。

（5）2002 年，英特尔的研究小组和加州大学伯克利分校以及巴港大西洋大学的科学家，把无线传感器网络技术应用于监视大鸭岛海燕的栖息情况。位于缅因州海岸大鸭岛的环境十分恶劣，而海燕又十分机警，研究人员采用通常方法无法对其进行跟踪观察。为此他们使用了包括光、湿度、气压计、红外传感器、摄像头在内的近 10 种传感器以及数百个节点，系统通过自组织无线网络，将数据传输到 300 英尺外的基站计算机内，再由此经卫星传输至加州的服务器。在此之后，全球的研究人员都可以通过互联网查看该地区各个节点的数据，掌握第一手的环境资料，为生态环境研究者提供了一个极为有效便利的平台。

物联网是一个极其庞大的网络，它包罗万象，涉及各行各业，其实质就是让万事万物通过网络连接起来，实现许多超级智能化的应用。传感器网络是构建物联网最基本的网络，传感器作为感知的最前端探测和搜集信号，之后则需要各种有线和无线的通信技术进行设备相互间的通信交流。光纤、ADSL、3G 和 WiFi 是联网的主要动脉，最后 100 米的短距离接入则是通过短距离无线通信技术来实现的，而 ZigBee 被认为是目前最适合传感器网络接入端的无线通信技术。

1.2　无线传感网络

1.2.1　无线传感网络的概念

无线传感网络（WSN）是新一代的传感器网络，是当前在国际上备受关注的、涉及多学科高度交叉、知识高度集成的前沿热点研究领域。它综合了传感器、嵌入式计算、现代网络及无线通信和分布式信息处理等技术，能够通过各类集成化的微型传感器协同完成对各种环境或监测对象的信息实时监测、感知和采集，这些信息通过无线方式发送，并以自组多跳的网络方式传送到用户终端，从而实现物理世界、计算机世界以及人类社会这三元世界的连通。

无线传感网络在军事国防、工农业、城市管理、生物医疗、环境监测、抢险救灾、防恐反恐、危险区域远程控制等许多重要领域都有潜在的实用价值，已经引起了许多国家学术界和工业界的高度重视，被认为是对 21 世纪产生巨大影响力的技术之一，具有非常广泛的应用前景，其发展和应用将会给人类的生活和生产的各个领域带来深远影响。

无线传感网络是由散布在工作区域中大量体积小、成本低、具有无线通信、传感和数据处理能力的大量传感器节点组成的。每个节点可能具有不同的感知形态，如声纳、震动波、红外线等，节点可以完成对目标信息的采集、传输、决策制定与实施，实现区域监控、目标跟踪、定位和预测等任务。每一个节点都具有存储、处理、传输数据的能力。通过无线网络，传感器节点之间可以相互交换信息，也可以把信息传送到远程端。

无线传感网络的定义：无线传感网络是由部署在监测区域内大量的廉价微型传感器节点组成，通过无线通信方式形成的一个多跳自组织的网络系统，其目的是协作感知、采集和处理网络覆盖区域中感知对象的信息，并发送给观察者。

传感器、感知对象和观察者是传感网络的 3 个基本要素，这 3 个要素之间通过无线网络建立通信路径，协作地感知、采集、处理、发布感知信息。有线或无线网络是传感器之间、传感器与观察者之间的通信方式，用于在传感器与观察者之间建立通信路径，无线传感网络的无线通信技术可以采用 ZigBee 技术、蓝牙、WiFi 和红外等技术。协作地感知、采集、处理、发布感知信息是传感器网络的基本功能。传感器网络中的部分或全部节点可以移动，传感器网络的拓扑结构也会随节点的移动而不断地动态变化。节点间以 Ad Hoc 方式进行通信，每个节点都可以充当路由器的角色，并且每个节点都具备动态搜索、定位和恢复连接的能力。

观察者是传感器网络的用户，是感知信息的接受和应用者。观察者可以是人，也可以是计算机或其他设备。一个传感器网络可以有多个观察者，一个观察者也可以是多个传感器网络的用户。观察者可以主动地查询或收集传感器网络的感知信息，也可以被动地接收传感器网络发布的信息。观察者将对感知信息进行观察、分析、挖掘、制定决策，或对感知对象采取相应的行动。感知对象是观察者感兴趣的监测目标，也是传感器网络的感知对象，如坦克、动物、有害气体等。感知对象一般通过表示物理现象、化学现象或其他现象的数字量来表征，如温度、湿度等。一个传感器网络可以感知网络分布区域内的多个对象，一个对象也可以被多个传感器网络所感知。

1.2.2　无线传感网络的特点

目前常见的无线网络包括移动通信网、无线局域网、蓝牙网络、Ad Hoc 网络等，无线传感网络在通信方式、动态组网以及多跳通信等方面有许多相似之处，但同时也存在很大的差别。无线传感网络具有许多鲜明的特点，介绍如下。

（1）电源能量有限

传感器节点体积微小，通常携带能量十分有限的电池。由于传感器节点数目庞大，成本要求低廉，分布区域广，而且部署区域环境复杂，有些区域人员不能到达，所以传感器节点通过更换电池的方式来补充能源是不现实的。如何在使用过程中节省能源，最大化网络的生命周期，是传感器网络面临的首要挑战。

（2）通信能量有限

传感器网络的通信带宽窄而且经常变化，通信覆盖范围只有几十到几百米。传感器节点之间的通信断接频繁，经常容易导致通信失败。由于传感器网络更多地受到高山、建筑物、障碍物等地势地貌以及风雨雷电等自然环境的影响，传感器可能会长时间脱离网络，离线工作。如何在有限通信能力的条件下高质量地完成感知信息的处理与传输，是传感器网络面临的挑战之一。

（3）计算能力有限

传感器节点是一种微型嵌入式设备，要求它价格低、功耗小，这些限制必然导致其携带的处理器能力比较弱，存储器容量比较小。为了完成各种任务，传感器节点需要完成监测数据的采集和转换、数据的管理和处理、应答汇聚节点（sink node）的任务请求和节点控制等多种工作。如何利用有限的计算和存储资源完成诸多协同任务成为设计传感器网络的重点难点之一。

（4）网络规模大、分布广

传感器网络中的节点分布密集，数量巨大，可能达到几百、几千万，甚至更多。此外，传感器网络可以分布在很广泛的地理区域。传感器网络的这一特点使得网络的维护十分困难甚至不可维护，因此传感器网络的软、硬件必须具有高强壮性和容错性，以满足传感器网络的功能要求。

（5）自组织、动态性网络

在传感器网络应用中，节点通常被放置在没有基础结构的地方。传感器节点的位置不能预先精确设定，节点之间的相互邻居关系预先也不知道，而是通过随机布撒的方式。这就要求传感器节点具有自组织能力，能够自动进行配置和管理，通过拓扑控制机制和网络协议自动形成转发监控数据的多跳无线网络系统。同时，由于部分传感器节点能量耗尽或环境因素造成失效，以及经常有新的节点加入，或是网络中的传感器、感知对象和观察者这三要素都可能具有移动性，这就要求传感器网络必须具有很强的动态性，以适应网络拓扑结构的动态变化。

（6）以数据为中心的网络

传感器网络的核心是感知数据而不是网络硬件。观察者感兴趣的是传感器产生的数据，而不是传感器本身。在传感器网络中，传感器节点不需要地址之类的标识。因此，传感器网络是一种以数据为中心的网络。

（7）应用相关的网络

传感器网络用来感知客观物理世界，获取物理世界的信息量。不同的传感器网络应用关心不同的物理量，因此对传感器的应用系统也有多种多样的要求。不同的应用背景对传感器网络的要求不同，其硬件平台、软件系统和网络协议必然有很大差别，在开发传感器网络应用中，更关心传感器网络差异。针对每个具体应用来研究传感器网络技术，这是传感器网络设计不同于传统网络的显著特征。

1.2.3　无线传感网络的体系结构

无线传感网络拥有和传统无线网络不同的体系结构，如无线传感节点结构、无线传感网络结构以及网络协议体系结构。

（1）无线传感节点结构

一般而言，传感器节点由 4 部分组成，分别是传感器模块、处理器模块、无线通信模块和电源模块，如图 1.2 所示。它们各自负责的工作是：传感器模块负责采集监测区域内的信息并进行数据格式的转换，将原始的模拟信号转换成数字信号，将交流信号转换成直流信号，传感器根据不同的目标特定采用不同的传感形态，如声纳、超声波、红外线、温度、烟雾等；处理器模块一般由单片机或微处理器、嵌入式操作系统、应用软件等组成，负责将采集到的目标信息进行处理，它将节点的位置信息、采集到的目标信息以及目标信息的空间时间变量综合分析，然后将处理结果送到数据传输单元或存储在本地。处理器模块包括两部分，分别是处理器和存储器，它们分别负责处理节点的控制和数据存储的工作；无线通信模块专门负责数据的接收和发送。它可以是节点之间的通信，也可以是节点和基站之间的通信；电源模块用来为传感器节点提供能量，一般采用微型电池供电。

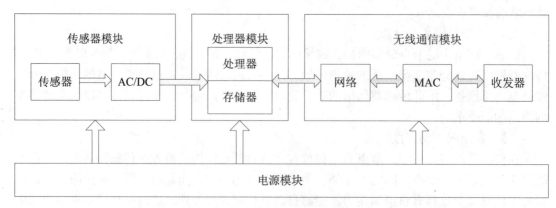

图 1.2　传感器节点的结构

（2）无线传感网络结构

无线传感网络结构通常包括传感器节点、汇聚节点和管理节点，如图 1.3 所示。大量传感器节点随机部署在监测区域，通过自组织的方式构成网络。传感器节点采集的数据通过其他传感器节点逐跳地在网络中传输，传输过程中数据可能被多个节点处理，经过多跳后路由到汇聚节点，最后通过互联网或者卫星到达数据处理中心。也可以沿着相反的方向，通过管理节点对传感器网络进行管理，发布监测任务以及收集监测数据。

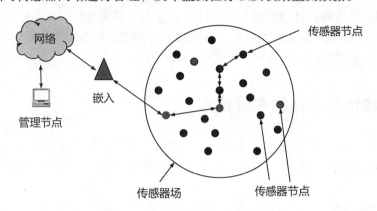

图 1.3　无线传感网络的体系结构

（3）网络协议体系结构

网络协议体系结构是无线传感网络的"软件"部分，包括网络的协议分层以及网络协议的集合，是对网络及其部件完成功能的定义与描述。由网络通信协议、传感器网络管理以及应用支持技术组成，如图 1.4 所示。

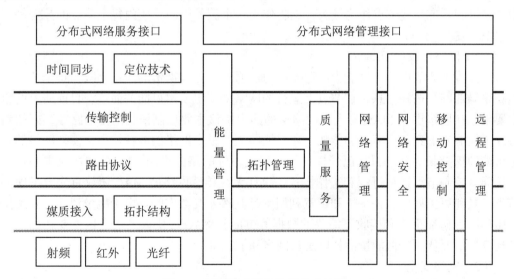

图 1.4　无线传感网络协议体系结构

分层的网络通信协议结构类似于传统的 TCP/IP 协议体系结构，由物理层、数据链路层、网络层、传输层和应用层组成。物理层的功能包括信道选择、无线信号的监测、信号的发送与接收等。传感器网络采用的传输介质可以是无线、红外或者光波等。物理层的设计目标是以尽可能少的能量损耗获得较大的链路容量。数据链路层的主要任务是加权物理层传输原始比特的功能，使之对上层显现一条无差错的链路，该层一般包括媒体访问控制（Media Access Control，MAC）子层与逻辑链路控制（Logical Link Control，LLC）子层，其中 MAC 层规定了不同用户如何共享信道资源，LLC 层负责向网络层提供服务接口。网络层的主要功能包括分组路由、网络互联等。传输层负责数据流的传输控制，提供可靠高效的数据传输服务。

网络管理技术主要是对传感器节点自身的管理以及用户对传感器网络的管理。网络管理模块是网络故障管理、计费管理、配置管理、性能管理的总和。其他还包括网络安全模块、移动控制模块、远程管理模块。传感器网络的应用支撑技术为用户提供各种应用支撑，包括时间同步、节点定位，以及向用户提供协调应用服务接口。

1.2.4　无线传感网络的关键技术

无线传感网络目前研究的难点涉及通信、组网、管理、分布式信息处理等多个方面。无线传感网络有相当广泛的应用前景，但是也面临很多的关键技术需要解决。部分关键技术如下所示。

（1）网络拓扑管理

无线传感网络是自组织的，如果有一个很好的网络拓扑控制管理机制，对于提高路由协议和 MAC 协议效率是很有帮助的，还能有利于延长网络寿命。目前这个方面主要的研究方向是在满足网络覆盖度和连通度的情况下，通过选择路由路径，生成一个能高效地转发数据的网络拓扑结构。拓扑控制又分为两种，分别是节点功率控制和层次型拓扑控制。前一种方法是控制每个节点的发射功率，均衡节点单跳可达的邻居数目。而后一种方法采用分簇机制，有一些节点作为簇头，它将作为一个簇的中心，簇内每个节点的数据都要通过它来转发。

（2）网络协议

因为传感器节点的计算能力、存储能力、通信能力、携带的能量有限，每个节点都只能获得局部网络拓扑信息，在节点上运行的网络协议也要尽可能的简单。目前研究的重点主要集中在网络层和 MAC 层上。网络层的路由协议主要控制信息的传输路径，好的路由协议不但能考虑到每个节点的能耗，还要能够关心整个网络的能耗均衡，使得网络的寿命尽可能地保持长一些。目前已经提出了一些比较好的路由机制。MAC 层协议主要控制介质访问、控制节点通信过程和工作模式。设计无线传感网络的 MAC 协议首先要考虑的是节省能量和可扩展性，公平性和带宽利用率是其次才要考虑的。由于能量消耗主要发生在空闲侦听、碰撞重传和接收不需要的数据等方面，MAC 层协议的研究也主要在如何减少上述三种情况从而降低能量消耗以延长网络和节点寿命。

（3）网络安全

无线传感网络除了考虑上面提出的两个问题外，还要考虑到数据的安全性，主要从两个方面考虑：一个方面是从维护路由安全的角度出发，寻找尽可能安全的路由以保证网络的安全。如果路由协议被破坏导致传送的消息被篡改，那么对于应用层上的数据包来说没有任何的安全性可言。目前有一种叫"有安全意识的路由"的方法，其思想是找出真实值和节点之间的关系，然后利用这些真实值来生成安全的路由。另一方面是把重点放在安全协议方面，在此领域也出现了大量研究成果。在具体的技术实现上，先假定基站总是正常工作的，并且总是安全的，满足必要的计算速度、存储器容量，基站功率满足加密和路由的要求。通信模式是点到点，通过端到端的加密保证了数据传输的安全性，射频层正常工作。基于以上前提，典型的安全问题可以总结为：信息被非法用户截获、节点遭破坏、识别伪节点、如何向已有传感器网络添加合法的节点4个方面。

（4）定位技术

位置信息是传感器节点采集数据中不可或缺的一部分，没有位置信息的监测消息可能毫无意义。节点定位是确定传感器的每个节点相对位置或绝对位置。节点定位在军事侦察、环境检测、紧急救援等应用中尤其重要。节点定位分为集中定位方式和分布定位方式。定位机制必须要满足自组织性、鲁棒性、能量高效和分布式计算等要求。定位技术主要有两种方式：基于距离的定位和距离无关的定位。其中基于距离的定位对硬件要求比较高，通常精度也比较高。距离无关的定位对硬件要求较小，受环境因素的影响也较小，虽然误差较大，但是其精度已经足够满足大多数传感器网络应用的要求，所以这种定位技术最近是大家研究的重点。

（5）时间同步技术

传感器网络中的通信协议和应用，比如基于 TDMA 的 MAC 协议和敏感时间的监测任务等，要求节点间的时钟必须保持同步。J. Elson 和 D. Estrin 曾提出了一种简单实用的同步策略。其基本思想是，节点以自己的时钟记录事件，随后用第三方广播的基准时间加以校正，精度依赖于对这段间隔时间的测量。这种同步机制应用在确定来自不同节点的监测事件的先后关系时有足够的精度，设计高精度的时钟同步机制是传感网络设计和应用中的一个技术难点。普遍认为，考虑精简 NTP（Network Time Protocol，网络时间协议）实现的复杂度，将其移植到传感器网络中来应该是一个有价值的研究课题。

（6）数据融合

传感器网络为了有效地节省能量，可以在传感器节点收集数据的过程中，利用本地计算和存储能力将数据进行融合，除去冗余信息，从而达到节省能量的目的。数据融合可以在多个层次中进行。在应用层中，可以应用分布式数据库技术，对数据进行筛选，达到融合效果。在网络层中，很多路由协议结合了数据融合技术来减少数据传输量。MAC 层也能减少发送冲突和头部开销来达到节省能量的目的。数据融合是以牺牲延时等代价来换取能量的节约。

1.2.5　无线传感网络的应用

无线传感网络是面向应用的，贴近客观物理世界的网络系统，其产生和发展一直都与应用相联系，应用前景非常广阔。随着无线传感网络的深入研究和广泛应用，WSN 技术在军事领域、精细农业、安全监控、环保监测、建筑领域、医疗监护、工业监控、智能交通、物流管理、空间探索、智能家居等领域的应用得到了充分的肯定和展示，将逐渐深入到人类生活的各个领域。

（1）军事应用

传感器网络具有可快速部署，可自组织、隐蔽性强和高容错等特点，因此非常适合在军事上应用。传感器网络是由大量随机分布的节点组成，即使一部分传感器网络节点被敌方破坏，剩下的节点依然能够自组织地形成网络。利用传感器网络能够实现对敌军兵力和装备的监控、战场的实时监视、目标的定位、战场评估、核攻击和生物化学攻击的监测和搜索等功能。例如，传感网络通过分析采集到的数据，得到十分准确的目标定位，从而为火控和制导系统提供准确的制导。利用生物和化学传感器可以准确地探测到生化武器的成分，及时提供情报信息，有助于正确防范和实施有效的反击。2005 年，美国军方成功测试了由美国 Crossbow 产品组建的枪声定位系统，为救护、反恐提供有力手段。美国科学应用国际公司采用无线传感网络，构筑了一个电子周边防御系统，为美国军方提供军事防御和情报信息。中科院微系统所研制了基于 WSN 的电子围栏技术的边境防御系统。

（2）环境观测和预报系统

可以用于检测农作物灌溉情况、土壤空气情况、牲畜和家禽的环境状况和大面积的地表监测、气象和地理研究、洪水监测等。传感器网络为野外随机性的研究数据获取提供了方便，比如跟踪候鸟和昆虫的迁移，研究环境变化对农作物的影响，监测海洋、大气和土壤的成分等。此外，传感器网络也可以应用在精细农业中，以监测农作物中的害虫、土壤的酸碱度和施肥状况等。传感器网络还有一个重要应用就是生态多样性的描述，能够进行动物栖息的生态监控。例如，在 ALERT 系统中有用于监测降雨量、河水水位和土壤水分，并依此预测爆发山洪的可能性。

（3）智能家居

无线传感网络还能够应用在家居系统中。智能家居网络系统是将家庭中各种与信息有关的通信设备、家用电器和家庭保安装置通过家庭总线技术连接到一个家庭智能化系统上进行集中的或者异地的监视、控制和家庭事务性管理，并保持家庭设施与住宅环境的和谐与协调的系统。

家电和家具中嵌入传感器节点，通过无线网络与 Internet 连在一起，提供人性化的家居环境。例如 Avaak 提供一个只有约 16 立方厘米大小的微型无线摄像头，这个微型无线摄像头包含 一节电池、无线电、摄像相机（彩色成像器加镜头）、控制器、天线和温度传感器，如图 1.5 所示。

浙江大学开发了一种基于 WSN 网络的无线水表系统，能够实现水表的自动抄录。复旦大学、电子科技大学等单位研制了基于 WSN 网络的智能楼宇系统，其典型结构包括了照明控制、警报门禁，以及家电控制的 PC 系统，各部件自组网络，最终由 PC 机将信息发布到互联网上，人们可以通过互联网终端对家庭状况实施监测。

图 1.5　微型无线摄像头

（4）医疗健康

如果在住院病人身上安装特殊用途的传感器节点，如心率和血压监测设备，利用传感器网络，医生就可以随时了解被监护病人的病情，进行及时处理。还可以利用传感器网络长时间地收集人们的生理数据，这些数据在研制新药品的过程中是非常有用的，而安装在被监测对象身上的微型传感器不会给人们的正常生活带来太多的不便。传感器网络为未来的远程医疗提供了更加方便、快捷的技术实现手段。

例如一个可以成像的特殊发送器芯片与精巧设计的超低功率无线技术结合，可以实现用于胃肠道诊断的微型吞服摄像胶囊。患者吞下维 C 片大小的成像胶囊后，胶囊经过食道、胃和小肠时就可将图像广播出来。胶囊由一个摄像机、LED、电池、特制芯片和天线组成，如图 1.6 所示。

（5）空间探索

探索外部星球一直是人类梦寐以求的理想，借助于航天器布撒的传感器网络节点实现对星球表面长时间的监测，是一种经济可行的方案。美国国家航空航天局（National Aeronautics and Space Administration，NASA）的 JPL 实验室研制的 Sensor Webs 就是为将来的火星探测进行技术准备的，已在佛罗里达宇航中心周围的环境监测项目中进行测试和完善。

图 1.6　微型胶囊摄像机

（6）智能监控

在工业监控方面，美国英特尔公司为俄勒冈的一家芯片制造厂安装了 200 台无线传感，用来监控部分工厂设备的振动情况，并在测量结果超出规定时提供监测报告。西安成峰公司与陕西天和集团合作开发了矿井环境监测系统和矿工井下区段定位系统。

在民用安全监控方面，英国的一家博物馆利用无线传感网络设计了一个报警系统，他们将节点放在珍贵文物或艺术品的底部或背面，通过侦测灯光的亮度改变和振动情况，来判断展览品的安全状态。中科院计算所在故宫博物院实施的文物安全监控系统也是 WSN 技术在民用安防领域中的典型应用。

（7）商业应用

自组织、微型化和对外部世界的感知能力是传感器网络的三大特点，这些特点决定了传感器网络在商业领域应该也会有不少的机会。例如，嵌入家具和家电中的传感器与执行机构组成的无线网络与 Internet 连接在一起，将会为我们提供更加舒适、方便和具有人性化的智能家居环境；城市车辆监测和跟踪系统中成功地应用了传感器网络；美国某研究机构正在利用传感器网络技术为足球裁判研制一套辅助系统，以减小足球比赛中越位和进球的误判率。此外，在灾难拯救、仓库管理、交互式博物馆、交互式玩具、工厂自动化生产线等众多领域，无线传感网络都将会孕育出全新的设计和应用模式。

（8）建筑物状态监控

现代建筑的发展不仅要求为人们提供更加舒适、安全的房屋和桥梁，而且希望建筑本身能够对自身的健康状况进行评估。WSN 技术在建筑结构健康监控方面将发挥重要作用，利用传感器网络监控建筑物的安全状态。例如，Microstrain 公司在佛蒙特州的一座重载桥梁上安装了一套该公司研制的系统，将位移传感器安装在钢梁上用来测量静态和动态应力，并通过无线网络采集数据。该无线系统可以保留在桥梁上用于长期监测桥梁是否处于正常受控状态，如图 1.7 所示。

图 1.7　安装在桥梁上的位移传感器

（9）智能交通

在智能交通方面，美国交通部提出了"国家智能交通系统项目规划"，预计到 2025 年全面投入使用。该系统综合运用大量传感器网络，配合 GPS 系统、区域网络系统等资源，实现对交通车辆的优化调度，并为个体交通推荐实时的、最佳的行车路线服务。目前在美国的宾夕法尼亚州匹兹堡市已经建有这样的智能交通信息系统。以中科院上海微系统所为首的研究团队正在积极开展 WSN 在城市交通的应用。中科院软件所在地下停车场基于 WSN 技术实现了智能车位管理系统，使得停车信息能够迅速通过发布系统推送给附近的车辆，大大提高了停车效率。

WSN 在应用领域的发展可谓方兴未艾，要想进一步推进该技术的发展，让其更好地为社会和人们的生活服务，不仅需要研究人员开展广泛的应用系统研究，更需要国家、地区，以及企业在各个层面上的大力推动和支持。

1.2.6　无线传感网络未来的发展趋势

未来无线传感网络的发展主要有以下几个方面。

（1）节点微型化

利用现在的微机电、微无线通信技术，设计微体积、长寿命的传感器节点是一个重要的研究方向。伯克利大学研制的尘埃传感器节点，把传感器的大小降低到 1 立方毫米，使这些传感器颗粒可以悬浮在空中。

（2）寻求系统节能策略

无线传感网络应用于特殊场合时，电源不可更换，因此功耗问题显得至关重要。现在国内外在节点的低功耗问题上已经取得了很大的研究成果，提出了一些低功耗的无线传感网络协议，未来将会取得更大的进步。

（3）低成本

由于传感器网络的节点数量非常庞大，往往是成千上万个。要使传感器网络达到实用化，要求每个节点的价格控制在 1 美元以下，而现在每个传感器节点的造价为 80 美元左右。如果能够有效地降低节点的成本，将会大大推动传感器网络的发展。

（4）传感器网络安全性问题和抗干扰问题

与普通的网络一样，传感器网络同样也面临着安全性的考验，即如何利用较少的能量和较小的计算量来完成数据加密、身份认证等。在破坏或受干扰的情况下可靠地完成执行的任务，也是一个重要的研究课题。

（5）节点的自动配置

未来将着重于研究如何将大量的节点按照一定的规则组成一个网络。当其中某些节点出现错误时，网络能够迅速找到这些节点，并且不影响到网络的正常使用。

1.3　ZigBee 技术

1.3.1　ZigBee 技术概述

WSN 是物联网的关键技术之一，而 ZigBee 技术则是 WSN 的热门技术。ZigBee 技术是一种近距离、低复杂度、低功耗、低速率、低成本的双向无线通信技术或无线网络技术，是一组基于 IEEE 802.15.4 无线标准研制开发的组网、安全和应用软件方面的通信技术。主要用于距离短、功耗低且传输速率不高的各种电子设备之间进行数据传输，以及典型的有周期性数据、间歇性数据和低反应时间数据传输的应用。

ZigBee 是一种低速、短距离传输的无线网络协议，底层采用 IEEE 802.15.4 标准规范的媒体存取层与实体层。主要特色有低速、低耗电、低成本、支持大量网络节点、支持多种网络拓扑、低复杂度、快速、可靠、安全。ZigBee 协议层从下到上分别为实体层（PHY）、媒体存取层（MAC）、网络层（NWK）、应用层（APL）等。网络装置的角色可分为 ZigBee Coordinator（协调器）、ZigBee Router（路由器）、ZigBee EndDevice（终端设备）等 3 种。

简单地说，ZigBee 是一种高可靠的无线传输网络，类似于 CDMA 和 GSM 网络。ZigBee 传输模块类似于移动网络基站，通信距离从标准的 75 米到几百米、几千米，并且支持无限扩展。

ZigBee 是一个最多到 65000 个无线传输模块组成的一个无线传输网络平台，在整个网络范围内，每一个 ZigBee 网络传输模块之间可以相互通信，每个网络节点间的距离可以从标准的 75 米无限扩展。

与移动通信的 CDMA 网或 GSM 网不同的是，ZigBee 网络主要是为工业现场自动化控制数据传输而建立，因而它必须具有简单、使用方便、工作可靠、价格低的特点。每个 ZigBee 网络节点不仅本身可以作为监控对象，例如将其所连接的传感器直接进行数据采集和监控，还可以自动中转别的网络节点传过来的数据。除此之外，每一个 ZigBee 网络节点（FFD，Full Function Device，全功能设备）还可在自己信号覆盖的范围内，和多个不承担网络信息中转任务的孤立的子节点（RFD，Reduced Function Device，精简功能设备）无线连接。

1.3.2　ZigBee 技术的起源

ZigBee 技术的命名主要来自于人们对蜜蜂采蜜过程的观察，蜜蜂在采蜜的过程中，跳着优美的舞蹈，形成 Zig Zag 的形状，以此来相互传递信息，以便获取共享食物源的方向、距离和位置等信息。又因蜜蜂自身体积小，所需的能量少，又能传送所采集的花粉，因此，人们用 ZigBee 技术来代表具有成本低、体积小、能量消耗小和传输速率低的无线通信技术。ZigBee 中文译名通常为"智蜂""紫蜂"等。

在 2000 年 12 月，电气和电子工程师协会（Institute of Electrical and Electronics Engineers，IEEE）成立了 IEEE 802.15.4 工作组。这个工作组致力于定义一种廉价的、便携或移动设备使用的低复杂度、低成本、低功耗、低速率无线连接技术。ZigBee 正是这种技术的商业化命名。在此之前 ZigBee 也被称为 HomeRF Lite、RF- EasyLink 或 fireFly 无线电技术，目前统称为 ZigBee 技术，其特点是近距离、低复杂度、自组织、低功耗、低数据速率、低成本。主要适用于自动控制和远程控制领域，可以嵌入到各种设备中。

在标准化方面，IEEE 802.15.4 工作组主要负责制定物理层和 MAC 层的协议，其余协议主要参照和采用现有的标准。高层应用、测试和市场推广等方面的工作由 ZigBee 联盟负责。

2001 年 8 月 ZigBee 联盟成立；ZigBee 协议在 2003 年正式问世，2004 年 ZigBee V1.0 诞生，是 ZigBee 的第一个规范，但由于推出仓促存在一些错误；2006 年推出 ZigBee 2006 比较完善；2007 年底推出 ZigBee PRO 标准；2009 年 3 月推出 ZigBee RF4CE 标准，具备更强的灵活性和远程控制能力。

IEEE 802.15.4 规范是一种经济、高效、低数据速率（<250Kbps）、工作在 2.4GHz 和 868/928MHz 的无线技术，用于个人区域网和对等网络，它是 ZigBee 应用层和网络层协议的基础。ZigBee 是一种新兴的近距离、低复杂度、低功耗、低数据速率、低成本的无线网络技术，它是一种介于无线标记技术和蓝牙技术之间的技术，主要用于近距离无线连接，依据 IEEE 802.15.4 标准，在数千个微小的传感器之间相互协调实现通信。这些传感器只需要很少的能量，以接力的方式通过无线电波将数据从一个网络节点传到另一个节点，所以它们的通信效率非常高。

1.3.3　ZigBee 技术的特点

ZigBee 是一种无线连接，可工作在 2.4GHz（全球流行）、868MHz（欧洲流行）和 915 MHz（美国流行）3 个频段上，分别具有最高 250Kbps、20Kbps 和 40Kbps 的传输速率，它的传输距离在 10 ～ 75m 的范围内，但可以继续增加。作为一种无线通信技术，ZigBee 具有如下特点。

（1）低功耗：由于 ZigBee 的传输速率低，发射功率仅为 1MW，而且采用了休眠模式，功耗低，因此 ZigBee 设备非常省电。据估算，ZigBee 设备仅靠两节 5 号电池就可以维持长达 6 个月到 2 年左右的使用时间，这是其他无线设备望尘莫及的。

（2）成本低：通过大幅简化协议（不到蓝牙的 1/10），降低了对通信控制器的要求，按预测分析，以 8051 的 8 位微控制器测算，全功能的主节点需要 32KB 代码，子功能节点少至 4KB 代码，而且 ZigBee 免协议专利费。低成本对于 ZigBee 是一个关键的因素。

（3）时延短：通信时延和从休眠状态激活的时延都非常短，典型的搜索设备时延 30ms，休眠激活的时延是 15ms，活动设备信道接入的时延为 15ms。相比较而言，蓝牙需要 3 ~ 10s、WiFi 需要 3s。因此 ZigBee 技术适用于对时延要求苛刻的无线控制（如工业控制场合等）领域。

（4）高容量：ZigBee 可采用星状、片状和网状网络结构，由一个主节点管理若干子节点，最多一个主节点可管理 254 个子节点。同时主节点还可由上一层网络节点管理，最多可组成 65000 个节点的大网。一个星型结构的 ZigBee 网络最多可以容纳 254 个从设备和一个主设备，一个区域内可以同时存在最多 100 个 ZigBee 网络，而且网络组成灵活。

（5）可靠性：ZigBee 的可靠性在很多方面进行保证，物理层采用了扩频技术，能够在一定程度上抵抗干扰，MAC 应用层（APS 部分）有应答重传功能。MAC 层的 CSMA 机制使节点发送前先监听信道，可以起到避开干扰的作用。当 ZigBee 网络受到外界干扰无法正常工作时，整个网络可以动态地切换到另一个工作信道上。

（6）安全：ZigBee 提供了三级安全模式，包括无安全设定、使用接入控制清单（Access Control List，ACL）防止非法获取数据以及采用高级加密标准（Advanced Encryption Standard，AES-128）的加密算法，各个应用可以灵活确定其安全性。

（7）近距离：相邻节点间的有效覆盖范围在 10 ~ 75m 之间，在增加 RF 发射功率后，可增加到 1 ~ 3 km。如果通过路由和节点间通信的接力，传输距离将可以更远。具体依据实际发射功率的大小和各种不同的应用模式而定，基本上能够覆盖普通的家庭或办公室环境。

（8）低速率：ZigBee 工作在 20 ~ 250 Kbps 的较低速率，分别提供 250 Kbps（2.4GHz）、40Kbps（915 MHz）和 20Kbps（868 MHz）的原始数据吞吐率，满足低速率传输数据的应用需求。

1.3.4　ZigBee 的通信方式和频带

网状网通信实际上就是多通道通信，在实际工业现场，由于各种原因，往往并不能保证每一个无线通道都能够始终畅通，就像城市的街道一样，可能因为车祸、道路维修等原因，使得某条道路的交通出现暂时中断，此时由于有多个通道，车辆（相当于控制数据）仍然可以通过其他道路到达目的地，这一点对工业现场控制而言则非常重要。

ZigBee 技术采用自组织网络通信方式，即对于任一个 ZigBee 网络模块终端，只要它们彼此间在网络模块的通信范围内，通过彼此自动寻找，很快就可以形成一个互联互通的 ZigBee 网络。而且由于模块的移动，彼此间的联络还会发生变化。因而，模块还可以通过重新寻找通信对象确定彼此间的联络，对原有网络进行刷新。

自组织网采用动态路由的通信方式，动态路由是指网络中数据传输的路径并不是预先设定的，而是传输数据前，通过对网络当时可利用的所有路径进行搜索，分析它们的位置关系以及远近，然后选择其中的一条路径进行数据传输。在网络管理软件中，路径选择使用的是"梯度法"，即先选择路径最近的一条通道进行传输，如传不通，再使用另外一条稍远一点的通路进行传输，依此类推，直到数据送达目的地为止。在实际工业现场，预先确定的传输路径随时都可能发生变化，或者因各种原因路径被中断了，或者过于繁忙不能进行及时传送。动态路由结合网状拓扑结构，就可以很好地解决这个问题，从而保证数据的可靠传输。

ZigBee 的频带如下：

- 868MHz 传输速率为 20Kbps，适用于欧洲。
- 915MHz 传输速率为 40Kbps，适用于美国。
- 2.4GHz 传输速率为 250Kbps，全球通用。

由于这 3 个频带物理层不相同，其各自信道带宽也不同，分别为 0.6MHz、2MHz 和 5MHz，分别有 1 个、10 个和 16 个信道。

3 个频带都使用了直接扩频（Direct Sequence Spread Spectrum，DSSS）的方式，调制方式都用了调相技术，但 868MHz 和 915MHz 频段采用的是 BPSK（Binary Phase Shift Keying，双相移相键控）；而 2.4GHz 频段采用的是 OQPSK（Offset Quadrature Phase Shift Keying，偏移正交相移键控）。

1.3.5 ZigBee 协议栈

协议栈是指网络中各层协议的总和，其形象地反映了一个网络中文件传输的过程：由上层协议到底层协议，再由底层协议到上层协议。使用最广泛的是因特网协议栈，由上到下的协议分别是应用层（HTTP、TELNET、DNS、EMAIL 等）、运输层（TCP、UDP）、网络层（IP）、链路层（WiFi、以太网、令牌环、FDDI 等）和物理层。

第一个 ZigBee 协议栈规范于 2004 年 12 月正式生效，称为 ZigBee 1.0 或 ZigBee 2004。

第二个 ZigBee 协议栈规范于 2006 年 12 月发布，称为 ZigBee 2006 规范，主要是用"群组库"（cluster library）替换了 ZigBee 2004 中的 MSG/KVP 结构。最重要的是新的 ZigBee 2006 协议栈将不兼容原来的 ZigBee 2004 技术规范。ZigBee 2006 协议栈将是 ZigBee 兼容的一个战略分水岭，从此以后 ZigBee 将实现完全向后兼容性。

2007 年 10 月发布了 ZigBee 2007 规范，ZigBee 2007 规范了两套高级的功能指令集（feature set），分别是 ZigBee 功能命令集和 ZigBee Pro 功能命令集（ZigBee 2004 和 ZigBee 2006 都不兼容这两套新的命令集）。ZigBee 2007 包含两个协议栈模板（profile），一个是 ZigBee 协议栈模板（Stack Profile 1），它是 2006 年发布的，目标是消费电子产品和灯光商业应用环境，设计简单，使用在少于 300 个节点的网络中。另一个是 ZigBee Pro 协议栈模板（Stack Profile 2），于 2007 年发布，目标是商业和工业环境，支持大型网络，1000 个以上网络节点，有更好的安全性。ZigBee Pro 提供了更多的特性，如多播、多对一路由和 SKKE（Symmetric-key key establishment）高安全，但 ZigBee（协议栈模板 1）在内存和 Flash 中提供了一个比较小的区域。两者都提供了全网状网络与所有的 ZigBee 应用模板。ZigBee 联盟更专注 3 种应用类型的拓展，包括家庭自动化（Home Automation，HA）、建筑 / 商业大楼自动化（Building Automation，BA）和先进抄表基础建设（Advanced Meter Infrastructure，AMI）。全新的 ZigBee 2007 规范结构建于 ZigBee 2006 基础之上，不但提供了增强型功能，而且还具有向后兼容性。

ZigBee 2007 完全兼容 ZigBee 2006 设备，ZigBee 2007 设备可以加入一个 ZigBee 2006 网络，并能在 ZigBee 2006 网络中运行，反之亦然。

由于路由选择不同，ZigBee Pro 设备必须变成非路由 ZigBee End Devices（ZEDs）设备才可加入 ZigBee 2006 或 ZigBee 2007 网络。同样 ZigBee 2006 或 ZigBee 2007 设备必须变成 ZEDs 才可加入 ZigBee Pro 网络。在这些设备上应用程序的工作是相同的，它们不管在这些设备上的协议栈模板。

表 1.1 从高层次进行比较，列出了 ZigBee 2004、ZigBee 2006 及 ZigBee 2007/Pro ZigBee 规范之间的异同。

表 1.1　各 ZigBee 版本功能比较

版　　本	ZigBee 2004	ZigBee 2006	ZigBee 2007	
指令集	无	无	ZigBee	ZigBee Pro
无线射频标准	802.15.4	802.15.4	802.15.4	802.15.4
地址分配		CSKIP	CSKIP	随机
拓扑	星状	树状、网状	树状、网状	网状
大网络	不支持	不支持	不支持	支持
自动跳频	是，3 个信道	否	否	是
PAN ID 冲突解决	支持	否	可选	支持
数据分割	支持	否	可选	可选
多对一路由	否	否	否	支持
高安全	支持	支持，1 密钥	支持，1 密钥	支持，多密钥
应用领域	消费电子 （少量节点）	住宅 （300 个节点以下）	住宅 （300 个节点以下）	商业 （1000 个节点以上）

1.3.6　IEEE 802.15.4 标准

随着通信技术的迅速发展，人们提出了在自身附近几米范围内通信的要求，因此出现了个人区域网络（Personal Area Network，PAN）和无线个人区域网络（Wireless Personal Area Network，WPAN）的概念。WPAN 网络为近距离范围内的设备建立无线连接，把几米到几十米范围内的多个设备通过无线方式连接在一起，使它们可以相互通信甚至接入 LAN 或者 Internet。

IEEE 802.15.4 是 IEEE 针对低速率无线个人区域网（Low-Rate Wireless Personal Area Networks，LR-WPAN）制定的无线通信标准。该标准把低能量消耗、低速率传输、低成本作为重点目标，旨在为个人或者家庭内不同设备之间低速率无线互联提供统一标准。该标准定义了物理层（PHY）和介质访问控制层（MAC）。这种低速率无线个人局域网的网络结构简单、成本低廉、具有有限的功率和灵活的吞吐量。低速率无线个人局域网的主要目标是实现安装容易、数据传输可靠、短距离通信、极低的成本、合理的电池寿命，并且拥有一个简单而且灵活的通信网络协议。

LR-WPAN 网络具有如下特点：

- 实现 250Kbps、40Kbps、20Kbps 3 种传输速率。
- 支持星型或者点对点两种网络拓扑结构。
- 具有 16 位短地址或者 64 位扩展地址。
- 支持冲突避免载波多路侦听技术（Carrier Sense Multiple Access with Collision Avoidance，CSMA-CA）。
- 用于可靠传输的全应答协议。
- 低功耗。
- 能量检测（Energy Detection，ED）。
- 链路质量指示（Link Quality Indication，LQI）。
- 在 2450MHz 频带内定义了 16 个通道；在 915MHz 频带内定义了 10 个通道；在 868MHz 频带内定义了 1 个通道。

为了使供应商能够提供最低功耗的设备，IEEE 定义了两种不同类型的设备：一种是完整功能设备（Full Functional Device，FFD）；另一种是简化功能设备（Reduced Functional device，RFD）。

1.3.7　ZigBee 网络拓扑结构

ZigBee 联盟把 IEEE 802.15.4 中定义的 PAN 协调器、路由器和一般设备分别称为网络协调器、网络路由器和网络终端设备。其中网络协调器主要负责网络的建立，以及网络的相关配置；网络路由器主要负责找寻、建立以及修复网络报文的路由信息，并负责转发网络报文；网络终端具有加入、退出网络的功能，并可以接收和发送网络报文，但终端设备不允许路由转发报文。通常协调者和路由器节点一般由 FFD 功能设备构成，终端设备由 RFD 设备组成。

ZigBee 网络根据应用的需要可以组织成星型网络、网状网络和簇状网络 3 种拓扑结构，如图 1.8 所示。在星型网络结构中，所有的设备都与中心设备——PAN 网络协调者通信，实际上在这种简单的网络结构中路由器是没有路由作用的。在这种网络结构中，网络协调者一般使用电力系统供电，而其他设备采用电池供电。星型网络适合家庭自动化、个人计算机外设以及个人健康护理等小范围的室内应用；与星型网络不同，网状网络（Mesh）只要彼此在对方的无线辐射范围内，任何两个 FFD 设备之间都能直接通信，在 Mesh 中每一个 FFD 设备都可以认为是网络路由器，都可以实现对网络报文的路由转发功能，Mesh 在构建时比较复杂，节点所要维护的信息较多；对于簇状网络实际上可以看作是一个复杂的星型网络，一个扩展的星型拓扑或是由多个简单的星型网络组成的拓扑结构，在簇状网络中，网络协调者、路由器和终端设备的功能清晰，相对于 Mesh，构建簇状网络比较简单，所需的资源相对较少，并且可以实现网络的路由转发功能，从而扩大了网络的通信范围。

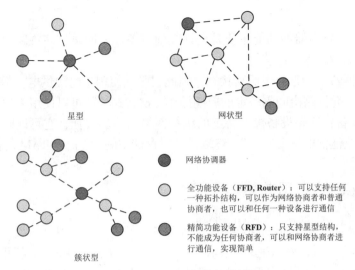

图 1.8 ZigBee 网络拓扑结构

1.3.8 ZigBee 设备类型

在 ZigBee 网络中存在 3 种逻辑设备类型，即协调器（Coordinator）、路由器（Router）和终端设备（End Device），如图 1.9 所示，其中八角形节点为协调器，方形节点为路由器，圆形节点为终端设备。ZigBee 网络由一个协调器、多个路由器和多个终端设备组成。

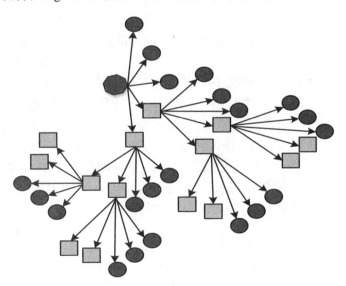

图 1.9 ZigBee 网络示意图

（1）协调器：协调器负责启动整个网络，它也是网络的第一个设备。协调器选择一个信道和一个网络 ID（Personal Area Network ID，PAN ID），随后启动整个网络。协调器也可以用来协助建立网络中安全层和应用层的绑定（bindings）。

协调器的角色主要涉及网络的启动和配置。一旦这些都完成后，协调器的工作就像一个路由器。由于 ZigBee 网络本身的分布特性，因此接下来整个网络的操作就不再依赖协调器是否存在。

（2）路由器：路由器的功能主要是允许其他设备加入网络，多跳路由和协助自身与由电池供电的终端设备进行通信。

通常，路由器希望一直处于活动状态，因此它必须使用主电源供电。但是当使用树状网络拓扑结构时，允许路由间隔一定的周期操作一次，这样就可以使用电池为其供电。

（3）终端设备：终端设备没有特定的维持网络结构的责任，它可以睡眠或者唤醒，因此它可以是由电池供电设备。通常，终端设备对存储空间（特别是 RAM 的需要）比较小。

1.3.9　ZigBee 的应用前景

整体物联网平台被称为感知网，家庭中各种各样的网关、传感器、摄像机等终端通过 ZigBee 接入到这个平台，然后通过 3G/4G、WiFi 接入互联网。用户在家可以直接用手机通过 WiFi 连到网关，去控制家里各种各样的传感器终端，不在家时，可通过登录感知网门户用手机或计算机轻松查看和控制家里各种传感器终端。在这个应用图谱中，3G/4G 和 WiFi 是联网的动脉，而 ZigBee 就是连接传感终端的毛细血管。

ZigBee-IP 网关是感知网中的核心设备，该网关集成了 3G/4G、WiFi 和 ZigBee 这 3 种无线模块，能够通过 3G/4G 上网，也具备家里的无线路由器功能。其中 ZigBee 模块采用 TI 最新 ZigBee 产品 CC2530。在这个设计架构中，低速设备通过 ZigBee 接入网关，高速设备如笔记本、网络摄像机等通过 WiFi 接入网关，再通过 3G/4G 或者 ADSL 接入互联网。

ZigBee-IP 网关的基本功能是打电话、上网等通信功能，再进一步是安防报警功能。所有安防传感器，包括门磁、遥控器、红外探测器、烟雾探测器、煤气探测器都可以通过 ZigBee 无线方式接入到网关，报警信号会马上被传送到控制部分启动应急措施。再进一步是智能家居功能，家里的灯光控制器、开关面板、电源插座等都可通过 ZigBee 接入网关，用户可在下班之前把热水器或空调打开或远程关掉。每一个开关插座上能够实现精细的电量统计。最后一类功能是智慧传感，如血氧计、血糖计、血压计通过 ZigBee 接入网关，实时帮助用户记录身体健康数据，并把它传送到某一个医疗网站上，网站后台的医疗服务团队就可根据这些数据随时给用户提供健康咨询服务。其应用领域主要包括以下几方面。

- 家庭和楼宇网络：空调系统的温度控制、照明的自动控制、窗帘的自动控制、煤气计量控制、家用电器的远程控制等。
- 工业控制：各种监控器、传感器的自动化控制。
- 商业：智慧型标签等。
- 公共场所：烟雾探测器等。
- 农业控制：收集各种土壤信息和气候信息。
- 医疗：老人与行动不便者的紧急呼叫器和医疗传感器等。

第 2 章 ZigBee 芯片及应用

2.1 常用的 ZigBee 芯片

ZigBee 是一种专注于低功耗、低成本、低复杂度、低速率的崭新的近程无线网络通信技术，它具有广阔的市场前景。同时 ZigBee 也是目前嵌入式应用的一大热点，引起了全球众多芯片厂商的青睐，纷纷推出各自 ZigBee 芯片。目前市场上 ZigBee 芯片（2.4GHz）提供商主要有 TI/CHIPCON、EMBER（ST）、JENNIC（捷力）、FREESCALE、MICROCHIP 等。其中常用的 ZigBee 芯片有以下几种。

（1）CC2430：这是 TI 公司的一个关键产品，CC2430 使用一个 8051 8 位 MCU 内核，并具备 128KB 闪存和 8KB RAM，可用于各种 ZigBee 或类似 ZigBee 的无线网络节点，包括协调器、路由器和终端设备。另外，CC2430 还包含模数转换器（ADC）、定时器、AES-128 协同处理器、看门狗定时器、32kHz 晶振的休眠模式定时器、上电复位电路（Power-On-Reset）、掉电检测电路（Brown-out-detection），以及 21 个可编程 I/O 引脚。

（2）CC2530：它是继 CC2430、CC2431 之后的又一款 2.4GHz（2.4 ～ 2.483GHz）ISM ZigBee 产品。内存容量达到 265KB，所使用的 8051 CPU 内核是一个单周期的 8051 兼容内核，它有 3 种不同的内存访问总线方式（SFR、DATA 和 CODE/XDATA），单周期访问 SFR、DATA 和主 SRAM，还包括一个调试接口和扩展了 18 个输入中断单元。

（3）Freescale MC1321x：MC1321x 是飞思卡尔半导体公司推出的符合 IEEE 802.15.4 标准的下一代收发信机，它包括一个集成的发送 / 接收（T/R）开关，可以帮助降低对外部组件的需求，从而降低原料成本和系统总成本。MC1321x 系列在 99mm LGA 封装中集成 8 位 MCU 与 IEEE 802.15.4 标准兼容的 2.4GHz 收发器。该收发信机支持飞思卡尔的软件栈选项、简单 MAC（SMAC）802.15.4 MAC 和全 ZigBee 堆栈。集成了 MC9S08GT MCU 和 MC1320x 收发信机，闪存可以在 16 ～ 60KB 的范围内选择。提供 16KB 的闪存和 1KB 的 RAM，非常适合采用 SMAC 软件的点到点或星型网络中的经济高效的专属应用。对于更大规模的联网，则可以使用 MC13212（具有 32KB 的内存和 2KB 的 RAM 内存）和 IEEE 802.15.4 MAC。此外 MC13213（带有 60KB 的内存和 4KB 的 RAM）和 ZigBee 协议堆栈设计用于帮助设计人员开发完全可认证的 ZigBee 产品。MC13213 可以提供全面的编码和解码、用于基带 MCU 的可编程时钟、以 4MHz（或更高）频率运行的标准 4 线 SPI、外部低噪声放大器和功率放大器（PA）实现的功能扩展以及可编程的输出功率。

（4）STM32W108：意法半导体（ST）公司于 2009 年底推出的 STM32W 系列无线射频 WSN/ZigBee 单片机，采用 32 位 ARM Cortex-M3 内核，片上整合 2.4GHz IEEE 802.15.4 收发器和低功耗 MAC、AES128 硬件加密引擎。其中 STM32W108 是 ST 公司的高性能 IEEE 802.15.4 无线片上系统（SoC），集成了 2.4GHz IEEE 802.15.4 兼容的收发器，32 位 ARM Cortex-M3 微处理器，128KB 闪存和 8KB RAM 存储器以及基于 ZigBee 系统的外设。微处理器工作频率为 6、12 或 24 MHz。收发器有极好的 RF 性能，正常模式链接高达 102dB, 可配置到 107dB, RX 灵敏度为 -99dBm, 可配置到 -100dBm, 正常模式输出功率 +3dBm, 可配置到 +7dBm, 主要用在智能电表、建筑物和家庭自动化和控制、安全监视、ZigBee Pro 无线传感器网络、RF4CE 产品和遥控以及 6LoWPAN 和用户协议。

Ember 公司的 EM300 系列 (EM300 Series) 产品, 集成了一个 ARM Cortex-M3 处理器、2.4GHz IEEE 802.15.4 射频收发器、128 ～ 192KB 闪存、12KB RAM 和支持 ZigBee PRO Feature Set 的 EmberZNet PRO 网络协议栈。EM300 系列片上系统与 EmberZNet PRO 这个业界应用最广泛的 ZigBee 兼容堆栈进行了紧密结合。EmberZNet PRO 完全支持 ZigBee PRO Feature Set, 包括 ZigBee Smart Energy 和家庭自动化 (Home Automation) 配置产品。

由于 ZigBee 技术在无线传输、无线传感器网络、无线实时定位、射频识别、数字家庭、安全监视、无线键盘、无线遥控器、无线抄表、汽车电子、医疗电子、工业自动化等方面有着非常广阔的应用, 所以 ZigBee 芯片具有广阔的市场前景。

2.2　CC2530 芯片及应用

2.2.1　CC2530 概述

美国德州仪器 TI 公司生产的 CC2530 芯片支持 IEEE 802.15.4 标准、ZigBee 标准、ZigBee RF4CE 标准的无线传感器网络协议。CC2530 集成了一个高性能的 RF 收发器与一个 8051 微处理器、8KB 的 RAM、32/64/128/256KB 闪存, 以及其他强大的支持功能和外设。外设包括 2 个 USART、12 位 ADC 和 21 个通用 GPIO 等。

CC2530 具有优秀的 RF 性能、选择性和标准增强 8051MCU 内核, 提供了 101dB 的链路质量, 优秀的接收器灵敏度和健壮的抗干扰性, 支持低功耗无线通信。CC2530 还配备 TI 的一个标准兼容或专有的网络协议栈 (RemoTI、Z-Stack 或 SimpliciTI) 来简化开发, 使开发的产品能很快地占领市场。CC2530 可广泛用于物联网、自动控制、消费电子、家庭控制、计量和智能能源、楼宇自动化、医疗等领域。

以美国德州仪器 TI 公司 CC2430/CC2530 芯片为代表的 ZigBee SOC 解决方案在国内高校企业掀起了一股 ZigBee 技术应用的热潮。相比于众多的 ZigBee 芯片, CC2530 更受青睐。

2.2.2　CC2530 引脚介绍

CC2530 的引脚分布图如图 2.1 所示, CC2530 共有 40 个引脚, 采用 QFN 封装, 体积较小, 适用于小型设备或微型设备。其中, 芯片安装衬垫必须连接到 PCB 电路板的接地层, 芯片通过该处接地。其引脚描述如表 2.1 所示。

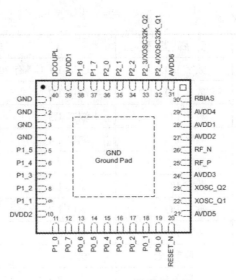

图 2.1 CC2530 管脚分布图

表 2.1 CC2530 引脚描述

引 脚 名 称	引　脚	引 脚 类 型	描　　述
AVDD1	28	电源（模拟）	连接 2～3.6V 模拟电源
AVDD2	27	电源（模拟）	连接 2～3.6V 模拟电源
AVDD3	24	电源（模拟）	连接 2～3.6V 模拟电源
AVDD4	29	电源（模拟）	连接 2～3.6V 模拟电源
AVDD5	21	电源（模拟）	连接 2～3.6V 模拟电源
AVDD6	31	电源（模拟）	连接 2～3.6V 模拟电源
DCOUPL	40	电源（数字）	1.8V 数字电源去耦，不使用外部电路供应
DVDD1	39	电源（数字）	连接 2～3.6V 数字电源
DVDD2	10	电源（数字）	连接 2～3.6V 数字电源
GND	－	接地	连接接地面
GND	1/2/3/4	接地	连接到 GND
P0_0	19	数字 I/O	端口 0.0
P0_1	18	数字 I/O	端口 0.1
P0_2	17	数字 I/O	端口 0.2
P0_3	16	数字 I/O	端口 0.3
P0_4	15	数字 I/O	端口 0.4
P0_5	14	数字 I/O	端口 0.5
P0_6	13	数字 I/O	端口 0.6
P0_7	12	数字 I/O	端口 0.7
P1_0	11	数字 I/O	端口 1.0（具有 20mA 驱动能力）

引 脚 名 称	引　　脚	引 脚 类 型	描　　述
P1_1	9	数字 I/O	端口 1.1（具有 20mA 驱动能力）
P1_2	8	数字 I/O	端口 1.2
P1_3	7	数字 I/O	端口 1.3
P1_4	6	数字 I/O	端口 1.4
P1_5	5	数字 I/O	端口 1.5
P1_6	38	数字 I/O	端口 1.6
P1_7	37	数字 I/O	端口 1.7
P2_0	36	数字 I/O	端口 2.0
P2_1	35	数字 I/O	端口 2.1
P2_2	34	数字 I/O	端口 2.2
P2_3	33	数字 I/O	端口 2.3（32.768 kHz XOSC）
P2_4	32	数字 I/O	端口 2.4（32.768 kHz XOSC）
RBIAS	30	模拟 I/O	参考电流的外部精密偏置电阻
RESET_N	20	数字输入	复位，活动到低电平
RF_N	26	射频 I/O	差分射频端口
RF_P	25	射频 I/O	差分射频端口
XOSC_Q1	22	模拟 I/O	32MHz 晶振引脚 1 或外部时钟输入
XOSC_Q2	23	模拟 I/O	32MHz 晶振引脚 2

CC2530 有 21 个可编程的 I/O 口引脚，P0、P1 口是完全的 8 位口，P2 口只有 5 个可使用的位。通过软件设定一组 SFR 寄存器的位和字节，可使这些引脚作为通常的 I/O 口或作为连接 ADC、计时器或 USART 部件的外围设备 I/O 口使用。

I/O 口的主要特性：

- 可设置为通常的 I/O 口，也可设置为外围的 I/O 使用。
- 在输入时有上拉和下拉能力。
- 全部 21 个 I/O 口引脚都具有响应外部中断源的功能。如果需要外部中断，可对 I/O 口引脚产生中断，同时外部中断事件也能被用来唤醒休眠模式。

2.2.3　CC2530 的特点与功能

1. 强大无线前端

（1）2.4GHz IEEE 802.15.4 标准的射频收发器。

（2）极高的接收灵敏度和抗干扰性能。

（3）可编程的输出功率高达 4.5dBm。

（4）只需极少的外接元件。

（5）只需一个晶振，即可满足网状网络系统需要。

（6）6mm×6mm 的 QFN40 封装。

（7）适合系统配置符合世界范围的无线电频率法规：ETSI EN 300 328（欧盟）和 EN 300440（欧洲），FCC CFR47（美国）和 ARIB STD-T-66（日本）。

2. 低功耗

（1）接收模式 RX（CPU 空闲）：24mA。

（2）发送模式 TX 在 1dBm（CPU 空闲）：29mA。

（3）功耗模式 1（4μs 唤醒）：0.2mA。

（4）功耗模式 2（睡眠定时器运行）：1μA。

（5）功耗模式 3（外部中断）：0.4μA。

（6）宽电源电压范围（2 ～ 3.6V）。

3. 微控制器

（1）优良的性能和具有代码预取功能的低功耗 8051 微控制器内核。

（2）32/64/128KB 或 256KB 的系统内可编程闪存。

（3）8KB RAM，具备在各种供电方式下的数据保持能力。

（4）支持硬件调试。

4. 外设

（1）强大的 5 通道 DMA。

（2）IEEE 802.5.4 MAC 定时器，通用定时器（一个 16 位定时器，两个 8 位定时器）。

（3）红外（IR）发生电路。

（4）具有捕获功能的 32kHz 睡眠定时器。

（5）硬件支持 CSMA/CA。

（6）支持精确的数字化 RSSI/LQI。

（7）电池监视器和温度传感器。

（8）具有 8 路输入和可配置分辨率的 12 位 ADC。

（9）AES 安全协处理器。

（10）2 个支持多种串行通信协议的强大通用同步串口（USART）。

（11）21 个通用 I/O 引脚（19×4mA，2×20mA）。

（12）看门狗定时器。

2.2.4　CC2530 电路介绍

CC2530 的内部方框图如图 2.2 所示，图中模块可分为 3 类：CPU 和内存模块；外设、时钟和电源管理模块；无线设备模块。

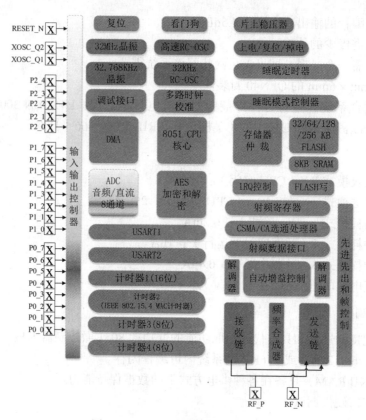

图 2.2　CC2530 的内部方框图

1. CPU 和内存模块

CC253x 芯片系列中使用的 8051 CPU 内核是一个单周期的 8051 兼容内核。它有 3 种不同的内存访问总线方式（SFR、DATA 和 CODE/XDATA），单周期访问 SFR、DATA 和主 SRAM。它还包括一个调试接口和一个 18 输入扩展中断单元。

中断控制器总共提供了 18 个中断源，分为 6 个中断组，每个与 4 个中断优先级之一相关。当设备从活动模式回到空闲模式，任一中断服务请求就被激发。一些中断还可以从睡眠模式（供电模式 1 ～ 3）唤醒设备。

内存仲裁器位于系统中心，通过 SFR 总线把 CPU 和 DMA 控制器和物理存储器以及所有外设连接起来。内存仲裁器有 4 个内存访问点，每次访问可以映射到 3 个物理存储器（8KB SRAM、闪存存储器和 XREG/SFR 寄存器）之一。它负责执行仲裁，并确定同时访问同一个物理存储器之间的顺序。

8KB SRAM 映射到 DATA 存储空间和部分 XDATA 存储空间。8KB SRAM 是一个超低功耗的 SRAM，即使数字部分掉电（供电模式 2 和供电模式 3）也能保留其内容。这是对于低功耗应用来说很重要的一个功能。

32/64/128/256KB 闪存块为设备提供了内电路可编程的非易失性程序存储器，映射到 XDATA 存储空间。除了保存程序代码和常量以外，非易失性存储器允许应用程序保存必须保留的数据，这样设备重启之后可以使用这些数据。使用这个功能，可以利用已经保存的网络具体数据，而不再需要经过完全启动、网络寻找和加入过程。

2. 外设、时钟和电源管理模块

（1）外设

CC2530 有许多不同的外设，其中包括有执行一个专有的两线串行接口，用于内电路调试的调试接口，负责所有通用 I/O 引脚的 I/O 控制器，一个多能的五通道 DMA 控制器，具有定时器、计数器、PWN 功能的 16 位定时器 1，专门为支持 IEEE 802.15.4 MAC 或者其他软件中其他时槽的协议设计的定时器 2（MAC 定时器），同样具有定时器、计数器、PWN 功能的 8 位定时器 3 和定时器 4，超低功耗的睡眠定时器，支持 7～12 分辨率的 ADC，使用一个 16 位的 LSFR 来产生伪随机数的随机数发生器，允许用户使用带有 128 位密钥的 AES 算法加密和解密数据的 AES 协处理器，允许设备在固件挂起的情况下复位自身的一个内置的看门狗定时器，每个被配置为一个 SPI 主、从或一个 UART 的 USART0 和 USART1，有五个端点的 USB 2.0 全速控制器等。主要的外设如下。

① 调试接口：执行一个专有的两线串行接口，用于内电路调试。通过这个调试接口，可以执行整个闪存存储器的擦除、控制使能哪个振荡器、停止和开始执行用户程序、执行 8051 内核提供的指令、设置代码断点，以及内核中全部指令的单步调试。

② I/O 控制器：负责所有通用 I/O 引脚。CPU 可以配置外设模块是否控制某个引脚或它们是否受软件控制，如果受控，每个引脚配置为输入还是输出，是否连接衬垫里的一个上拉或下拉电阻。CPU 中断可以分别在每个引脚上使能。每个连接到 I/O 引脚的外设可以在两个不同的 I/O 引脚位置之间选择，以确保在不同应用程序中的灵活性。

③ DMA 控制器：系统可以使用一个多功能的五通道 DMA 控制器，使用 XDATA 存储空间访问存储器，因此能够访问所有物理存储器。每个通道（触发器、优先级、传输模式、寻址模式、源和目标指针和传输计数）用 DMA 描述符在存储器任何地方配置。许多硬件外设（AES 内核、闪存控制器、USART、定时器、ADC 接口）通过使用 DMA 控制器在 SFR 或 XREG 地址和闪存 /SRAM 之间进行数据传输，获得高效率操作。

④ 定时器 1：定时器 1 是一个 16 位定时器，具有定时器 /PWM 功能。它有一个可编程的分频器，一个 16 位周期值和五个各自可编程的计数器 / 捕获通道，每个都有一个 16 位比较值。每个计数器 / 捕获通道可以用作一个 PWM 输出或捕获输入信号边沿的时序。

⑤ MAC 定时器（定时器 2）：是专门为支持 IEEE 802.15.4 MAC 或软件中其他时槽的协议设计。定时器有一个可配置的定时器周期和一个 8 位溢出计数器，可以用于保持跟踪已经经过的周期数。

⑥ 定时器 3 和定时器 4：定时器 3 和定时器 4 是 8 位定时器，具有定时器 / 计数器 / PWM 功能。它们有一个可编程的分频器，一个 8 位的周期值，一个可编程的计数器通道，具有一个 8 位的比较值。每个计数器通道可以用作一个 PWM 输出。

⑦ 睡眠定时器：是一个超低功耗的定时器，计算 32kHz 晶振或 32kHz RC 振荡器的周期。睡眠定时器在除了供电模式 3 的所有工作模式下运行。这一定时器的典型应用是作为实时计数器，或作为一个唤醒定时器跳出供电模式 1 或 2。

⑧ ADC：ADC 模数转换支持 7～12 位的分辨率，分别有 30kHz 或 4kHz 的带宽。DC 和音频转换可以使用高达八个输入通道（端口 0）。输入可以选择作为单端或差分。ADC 还有一个温度传感输入通道。ADC 可以自动执行定期抽样或转换通道序列的程序。

⑨ 随机数发生器：使用一个 16 位 LFSR 来产生伪随机数，可以被 CPU 读取或由选通命令处理器直接使用。例如随机数可以用作产生随机密钥，用于安全。

⑩ AES 加密/解密内核：允许用户使用带有128位密钥的 AES 算法加密和解密数据。这一内核能够支持 IEEE 802.15.4 MAC 安全、ZigBee 网络层和应用层要求的 AES 操作。

⑪ 看门狗定时器：一个内置的看门狗定时器允许 CC2530 在固件挂起的情况下复位自身。当看门狗定时器由软件使能，它必须定期清除；否则，当它超时它就复位设备。或者它可以配置用作一个通用32kHz定时器。

⑫ USART 0 和 USART 1：可以配置为一个 SPI 主/从或一个 UART。它们为 RX 和 TX 提供了双缓冲，以及硬件流控制，因此非常适合于高吞吐量的全双工应用。

（2）时钟

CC2530 有一个内部系统时钟，即主时钟。系统时钟源是 16MHz 的 RC 晶振或是 32MHz 晶振。此外，芯片还有一个32kHz 时钟源可以是 RC 振荡器或是晶体振荡器，通过寄存器 CLKCONCMD 中 OSC 位选择系统时钟源。改变 CLKCONCMD 中的 OSC 位并不能立刻改变系统时钟，只有当 CLKCONSTA 寄存器中的 OSC 位与 CLKCONCMD 中 OSC 位相同时才能起作用。当 32MHz XOSC 晶振选为系统时钟并且稳定之后，16MHz RC 振荡器进行校验，例如 CLKCONSTA 寄存器的 OSC 位从1变为0。RF 接收器要求使用 32MHz 晶体振荡器。

（3）电源管理

数字内核和外设由一个 1.8V 低差稳压器供电，它提供了电源管理功能，可以实现使用不同供电模式的长电池寿命的低功耗运行。CC2530 通过不同的操作模式（电源模式）实现低功耗的操作。操作模式有活跃模式、闲置模式，还有电源模式 PM1、PM2 和 PM3。最低功耗操作是通过关闭某个模块的供电电源以避免静态（电流泄漏）的电源损失获得，还有通过门控时钟和关闭振荡器的方式来减小动态电源消耗的方式获得。

3. 无线设备模块

CC2530 具有一个 IEEE 802.15.4 兼容无线收发器。RF 内核控制模拟无线模块。另外还提供了 MCU 和无线设备之间的一个接口，可以发出命令、读取状态、自动操作和确定无线设备事件的顺序。无线设备还包括一个数据包过滤和地址识别模块。

2.2.5　TI Z-Stack 协议栈

2007年1月，TI 公司宣布推出 ZigBee 协议栈（Z-Stack），并于2007年4月提供免费下载版本 V1.4.1。Z-Stack 符合 ZigBee 2006 规范，支持多种平台，其中包括面向 IEEE 802.15.4/ZigBee 的 CC2430 片上系统解决方案、基于 CC2420 收发器的新平台以及 TI 公司的 MSP430 超低功耗微控制器（MCU）。

除了全面符合 ZigBee 2006 规范以外，Z-Stack 还支持丰富的新特性，如无线下载，可通过 ZigBee 网状网络（Mesh Network）无线下载节点更新。Z-Stack 还支持具备定位感知（Location Awareness）特性的 CC2431。上述特性使用户能够设计出可根据节点当前位置改变行为的新型 ZigBee 应用。

2007年7月，Z-Stack 升级为 V1.4.2，之后对其进行了多次更新，并于2008年1月升级为 V1.4.3。2008年4月，针对 MSP430F4618+CC2420 组合把 Z-Stack 升级为 V2.0.0；2008年7月，Z-Stack 升级为 V2.1.0，全面支持 ZigBee 与 ZigBee Pro 特性集（即 ZigBee

2007/Pro）并符合最新智能能源规范，非常适用于高级电表架构（AMI）。因其出色的 ZigBee 与 ZigBee Pro 特性集，Z-Stack 被 ZigBee 测试机构国家技术服务公司（NTS）评为 ZigBee 联盟最高业内水平。2009 年 4 月，Z-Stack 支持符合 2.4GHz IEEE 802.15.4 标准的第二代片上系统 CC2530；2009 年 9 月，Z-Stack 升级为 V2.2.2，之后，于 2009 年 12 月升级为 V2.3.0；2010 年 5 月，Z-Stack 升级为 V2.3.1。

2.2.6　TI Z-Stack 软件

TI 公司收购的挪威半导体公司 Chipcon，在推出 CC2530 开发平台时，也向用户提供了自己的 ZigBee 协议栈软件——Z-Stack。Z-Stack 符合 ZigBee 2006 规范，支持多种平台，Z-Stack 包含了网状网络拓扑的几乎全功能的协议栈，这是一款业界领先的商业级协议栈，使用 CC2530 射频芯片，可以使用户很容易地开发出具体的应用程序。Z-Stack 使用瑞典公司 IAR 开发的 IAR Embedded Workbench for MCS-51 作为它的集成开发环境。Chipcon 公司为自己设计的 Z-Stack 协议栈中提供了一个名为操作系统抽象层（Operating System Abstraction Layer，OSAL）的协议栈调度程序。对于用户来说，除了能够看到这个调度程序外，其他任何协议栈操作的具体实现细节都被封装在库代码中。用户在进行具体的应用开发时只能通过调用 API 接口来进行，而无权知道 ZigBee 协议栈实现的具体细节。

Z-Stack 的 main() 函数在 ZMain.c 中，总体上来说，它一共做了两项工作，一项是系统初始化，即由启动代码来初始化硬件系统和软件构架需要的各个模块；另外一项就是开始执行操作系统实体，如图 2.3 所示。

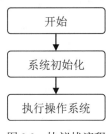

图 2.3　协议栈流程

1. 系统初始化

系统启动代码需要完成初始化硬件平台和软件架构所需要的各个模块，为操作系统的运行做好准备工作，主要分为初始化系统时钟、检测芯片工作电压、初始化堆栈、初始化各个硬件模块、初始化 FLASH

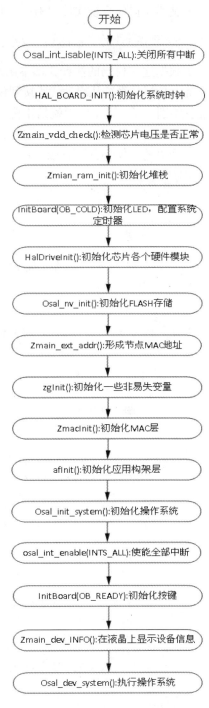

图 2.4　系统初始化流程图

存储、形成芯片 MAC 地址、初始化非易失变量、初始化 MAC 层协议、初始化应用帧层协议、初始化操作系统等。其具体流程图和对应的函数如图 2.4 所示。

2. 操作系统的执行

启动代码为操作系统的执行做好准备工作以后，就开始执行操作系统入口程序，并由此彻底将控制权交给操作系统，完成新老更替。

其实，操作系统实体只有一行代码：

```
Osal_start_system();  //no return from here
```

根据这句代码的注释，即本函数不会返回，也就是说它是一个死循环，永远不可能执行完。即操作系统从启动代码接到程序的控制权之后，就大权在握，不肯再把这个权利拱手相让给别人了。这个函数就是轮转查询式操作系统的主体部分，它所做的就是不断地查询每个任务是否有事件发生，如果发生，则执行相应的函数，如果没有发生，就查询下一个任务。

函数的主体部分代码如下：

```
for(;;)                                  // 无限循环
{
    do
    {
        if (tasksEvents[idx])
        // 准备好具有最高优先权的任务
        {
            break;
        }
    } while (++idx < tasksCnt);
    // 得到了待处理的具有最高优先级的任务索引号 idx

    if (idx < tasksCnt)                  // 确认本次有任务需要处理
    {
        uint16 events;
        halIntState_t intState;

        // 进入 / 退出临界区，来提取出需要处理的任务中的事件
        HAL_ENTER_CRITICAL_SECTION(intState);
        events = tasksEvents[idx];
        tasksEvents[idx] = 0;            // 清除任务中的事件
        HAL_EXIT_CRITICAL_SECTION(intState);

        // 通过指针调用执行对应的任务处理函数
        events = (tasksArr[idx])( idx, events );

        // 进入 / 退出临界区，保存尚未处理的事件
        HAL_ENTER_CRITICAL_SECTION(intState);
        tasksEvents[idx] |= events;   // 给当前任务增加下一个
        HAL_EXIT_CRITICAL_SECTION(intState);
        // 本次事件处理函数执行完，继续下一个循环
    }
}
```

操作系统专门分配了存放所有任务时间的 tasksEvents[] 这样一个数组，每一个单元对应存放着一个任务的所有事件。在这个函数中，首先通过一个 do-while 循环来遍历 tasksEvents[]，找到第一个具有事件的任务（即具有待处理事件的优先级最高的任务，因为序号低的优先级高），然后跳出循环，此时就得到了有事件待处理的具有最高优先级的任务序号 idx，然后通过 events=tasksEvents[idx] 语句，将这个当前具有最高优先级任务的时间取出，接着就调出 (tasksArr[idx])(idx,events) 函数来执行具体的处理函数了。tasksArr[] 是一个函数指针的数组，根据不同的 idx 就可以执行不同的函数。

TI 的 Z-Stack 中给出了几个例子来演示 Z-Stack 协议栈，每个例子对应一个项目。对于不同的项目来说，大部分的代码都是相同的，只是在用户应用层添加了不同的任务及事件处理函数。本节以其中最通用的 GeneralApp.c 为例，来解释任务在 Z-Stack 中是如何安排的。

首先需明确系统要执行的几个任务，在 GeneralApp 这个例子中，几个任务函数组成了上述的 taskArr 函数数组（这个数组在 Osal_GeneralApp.c 中，前缀 Osal 表明这是和操作系统接口的文件，Osal_start_system() 函数中通过函数指针 (taskArr[idx])(idx,events) 调用具体的相应任务处理函数）。

项目 GeneralApp 中的 tasksArr 函数数组代码如下：

```
const pTaskEventHandlerFn tasksArr[] =
{
  macEventLoop,                   //MAC 层事件处理进程
  nwk_event_loop,                 // 网络层事件处理进程
  Hal_ProcessEvent,               // 物理层事件处理进程
#if defined( MT_TASK )
  MT_ProcessEvent,                // 调试任务处理进程，可选
#endif
  APS_event_loop,                 //APS 层事件处理进程
  ZDApp_event_loop,               //ZDApp 层事件处理进程
  GeneralApp_ProcessEvent         // 用户应用层处理进程，用户自己生成
};
```

由此可见，如果不算调试的任务，操作系统一共要处理 6 项任务，分别为 MAC 层、网络层、物理层、应用层、ZigBee 设备应用层以及可完全由用户处理的应用层，其优先级由高到低，即 MAC 层具有最高优先级，用户层具有最低优先级。当 MAC 层有未完成的任务，用户层任务就永远不会得到执行。当然，这是属于极端的情况，这种情况一般是程序出了问题。

Z-Stack 已经编写了对从 MAC 层（macEventLoop）到 ZigBee 设备应用层（ZDApp_eventloop）这 5 层任务的时间的处理函数，一般情况下无须修改这些函数，只需要按照自己的需求编写应用层的任务及事件处理函数就可以。

再看另外一个项目 SampleApp 中的任务安排（本数组在 Osal_SampleApp.c 中）。项目 SampleApp 中的 tasksArr 函数数组代码如下：

```
const pTaskEventHandlerFn tasksArr[] =
{
  macEventLoop,                   //MAC 层事件处理进程
  nwk_event_loop,                 // 网络层事件处理进程
  Hal_ProcessEvent,               // 物理层事件处理进程
```

```
#if defined( MT_TASK )
  MT_ProcessEvent,              // 调试任务处理进程，可选
#endif
  APS_event_loop,               //APS 层事件处理进程
  ZDApp_event_loop,             //ZDApp 层事件处理进程
  SampleApp_ProcessEvent        // 用户应用层处理进程，用户自己生成
};
```

将 SampleApp 和 GeneralApp 的任务函数数组对比，可以发现它们唯一的不同就在于用户层的处理进程，一个为 GeneralApp_ProcessEvent，一个为 SampleApp_ProcessEvent。

因此可以将 Z-Stack 的协议栈架构及操作系统实体归纳为如图 2.5 所示。

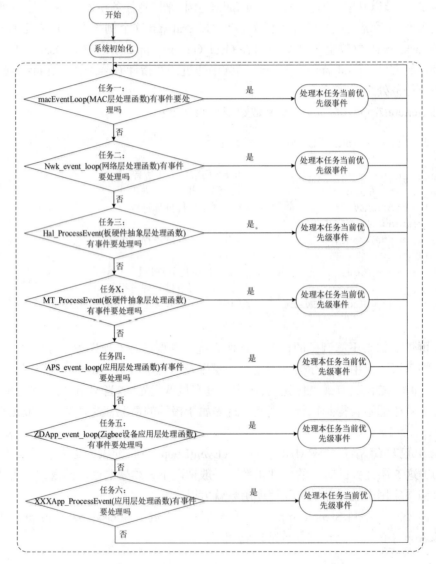

图 2.5　Z-Stack 协议栈架构及操作系统实体

一般情况下，用户只需外加三个文件就可以完成一个项目，一个是主文件，存放具体的任务事件处理函数（如 GeneralApp_ProcessEvent 或 SampleApp_ProcessEvent）；一个是这个主文件的头文件；另外一个是操作系统接口文件（以 Osal 开头），是专门存放任

务处理函数数组 tasksArr[] 的文件。对于 GeneralApp 来说，主文件是 GeneralApp.c，头文件是 GeneralApp.h，操作系统接口文件是 Osal_GeneralApp.c；对于 SampleApp 来说，主文件是 SampleApp.c，头文件是 SampleApp.h，操作系统接口文件是 Osal_SampleApp.c，如图 2.6 所示。

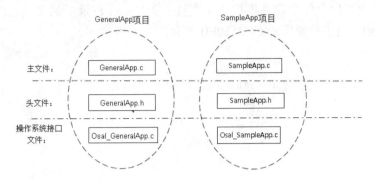

图 2.6　用户开发程序所需新增编写的文件

通过这种方式，Z-Stack 就实现了绝大部分代码公用，用户只需添加这几个文件，编写自己的任务处理函数即可，无须改动 Z-Stack 核心代码，大大增加了项目的通用性和易移植性。

3. 在项目中组织 Z-Stack 文件

为了更好地从整体上认识 Z-Stack 架构，下面以 SampleApp 为例来看在具体项目中怎样把 Z-Stack 中的文件组织起来，如图 2.7 所示。

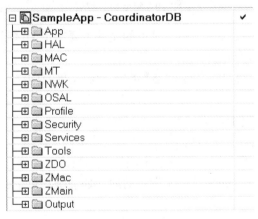

图 2.7　Z-Stack 在项目中的目录结构

图 2.7 中各个目录含义如下。

（1）App：应用层目录，其目录结构如图 2.8 所示。对比图 2.6 可见，这个目录下的 3 个文件就是创建一个新项目时主要添加的文件。当要创建另外一个新的项目时，只需主要换掉这 3 个文件。

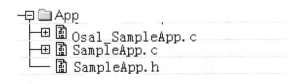

图 2.8　App 目录结构

（2）HAL：硬件层目录，其目录结构图如图 2.9 所示。Common 目录下的文件是公用文件，基本上与硬件无关，其中 hal_assert.c 是断言文件，用于调试，hal_drivers.c 是驱动文件，抽象出与硬件无关的驱动函数，包含有与硬件相关的配置和驱动及操作函数。Include 目录下主要包含各个硬件模块的头文件，而 Target 目录下的文件是跟硬件平台相关的，可以看到当前正在使用的 CC2530EB 平台。

图 2.9　HAL 目录结构

（3）MAC：MAC 层目录，其目录结构如图 2.10 所示，High Level 和 Low Level 两个目录表示 MAC 层分成了高层和低层两层，Include 目录下则包含了 MAC 层的参数配置文件及其 MAC 的 LIB 库的函数接口文件。

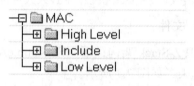

图 2.10　MAC 目录结构

（4）MT：监控调试层目录，该目录下的文件主要用于调试目的，及实现通过串口调试各层，与各层进行直接交互。

（5）NWK：网络层目录，包含网络层配置参数文件及网络层库的函数接口文件，及 APS 层库的接口函数。

（6）OSAL：协议栈的操作系统。

（7）Profile：AF 层目录，包含 AF 层处理函数接口文件。

（8）Security：安全层目录，包含安全层处理函数接口文件。

（9）Services：ZigBee 和 802.15.4 设备的地址处理函数目录，包括地址模式的定义及地址处理函数。

（10）Tools：工程配置目录，包括空间划分及 Z-Stack MAC 相关配置信息。

（11）ZDO：指 ZigBee 设备对象，可以认为是一种公共的功能集，方便用户自定义的对象调用 APS 子层服务和 NWK 层服务。

（12）ZMac：ZMac 目录结构如图 2.11 所示，其中 zmac.c 是 Z-Stack Mac 导出层接口文件，zmac_cb.c 是 ZMac 需要调用的网络层函数。

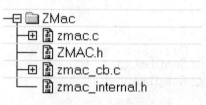

图 2.11　ZMac 层目录结构

（13）ZMain：ZMain 目录结构如图 2.12 所示，在 ZMain.c 中主要包含了整个项目的入口函数 main()，在 OnBoard.c 中包含对硬件开发各类外设进行控制的接口函数。

图 2.12　ZMain 目录结构

（14）Output：输出文件目录，这是 EW8051 IDE 自动生成的。

　　Z-Stack 只是 ZigBee 协议的一种具体的实现，要澄清的是 ZigBee 不仅仅有 Z-Stack 这一种，也不能把 Z-Stack 等同于 ZigBee 协议，现在也有好几个真正开源的 ZigBee 协议栈，例如 msstatePAN 协议栈、freakz 协议栈，这些都是 ZigBee 协议的具体实现，全部是真正开源的，它们的所有源代码我们都可以看到，而 Z-Stack 中很多关键的代码是以库文件的形式给出来，我们只能用它们，而看不到它们的具体实现。其中核心部分的代码都是编译好的，以库文件的形式给出，比如安全模块、路由模块和 Mesh 自组网模块。那些真正开源的 ZigBee 协议栈没有大的商业公司支持，开发升级方面、性能方面和 TI 公司还有很大的差距。

2.2.7　ZigBee 应用基础

　　前面讲述了 TI Z-Stack 的软件架构，为了能进一步地利用 Z-Stack 协议栈开发实际的 ZigBee 应用项目，下面将介绍一些 ZigBee 的相关概念。

1. 设备类型

　　在 ZigBee 网络中存在 3 种逻辑设备类型，即协调器、路由器和终端设备。ZigBee 网络由一个协调器、多个路由器和多个终端设备组成，如图 2.13 所示。图中黑色的节点为协调器，灰色的节点为路由器，白色的节点为终端设备。

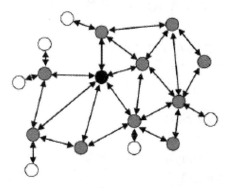

图 2.13　ZigBee 网络示意图

　　协调器是整个网络的核心，它最主要的作用是启动网络，其方法是选择一个相对的空闲信道，形成一个 PANID。它也协助建立网络中的安全层及处理应用层的绑定。当整个网络启动和配置完成之后，它的功能退化为一个普通的路由器。

路由器的主要功能是提供接力作用，能扩展信号的传输范围，因此一般情况下应该一直处于活动状态，不应休眠。

终端设备可以睡眠或者唤醒，因此可以用电池来供电。

2. 信道

2.4GHz 的射频频段被分为 16 个独立的信道。每一个设备都有一个默认信道集（DEFAULT_CHANLIST）。协调器扫描自己的默认信道集并选择噪声最小的信道作为自己所建的网络信道。终端节点和路由器也要扫描默认信道集并选择一个信道上已经存在的网络加入。

3. PANID

PANID 指网络编号，用于区分不同的 ZigBee 网络设备，PANID 值与 ZDAPP_CONFIG_PAN_ID 的值设置有关。如果协调器的 ZDAPP_CONFIG_PAN_ID 设置为 0xFFFF，则协调器将产生一个随机的 PANID，如果路由器和终端节点的 ZDAPP_CONFIG_PAN_ID 设置为 0xFFFF，路由器和终端节点将会在自己的默认信道上随机地选择一个网络加入，网络协调器的 PANID 即为自己的 PANID。如果协调器的 ZDAPP_CONFIG_PAN_ID 设置为非 0xFFFF 值，则协调器根据自身的网络长地址（IEEE 地址）或 ZDAPP_CONFIG_PAN_ID 随机产生 PANID 的值，不同的是如果路由器和终端节点的 ZDAPP_CONFIG_PAN_ID 值设置为非 0xFFFF，则会以 ZDAPP_CONFIG_PAN_ID 值作为 PANID。如果协调器 PANID 的设置值小于等于 0x3FFF 的有效值，协调器就会以这个特定的 PANID 值建立网络，但是如果在默认信道上已经有了该 PANID 值的网络存在，则协调器会继续搜寻其他的 PANID，直到找到网络不冲突为止，这样就有可能产生一些问题：如果协调器因为在默认信道上发生 PANID 冲突而更换 PANID，终端节点并不知道协调器已经更换 PANID，还会继续加入到 PANID 为 ZDAPP_CONFIG_PAN_ID 值的网络中。

4. 描述符

ZigBee 网络中的所有设备都有一些描述符，用来描述设备类型和应用方式。描述符包含节描述符、电源描述符和默认用户描述符等，通过改变这些描述符可以定义自己的设备。

描述符的定义和创建配置项在文件 ZDOConfig.h 和 ZDOConfig.c 中完成。描述符信息可以被网络中的其他设备获取。

2.2.8 CC2530 典型应用电路

CC2530 的运行只需极少的外部元件，TI 提供了一个典型应用电路，如图 2.14 所示。外部元件的典型值和描述如表 2.2 所示。

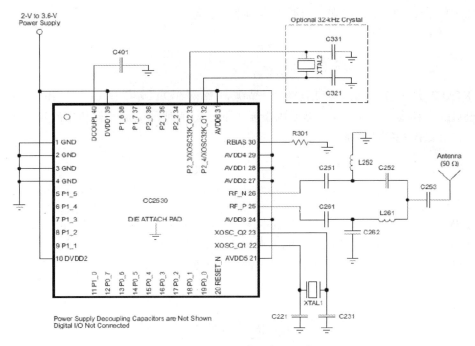

图 2.14 CC2530 典型应用电路

表 2.2 外部元件（不包括电压去耦电容）

元 件	描 述	值
C251	RF 匹配网络的部分	18 pF
C261	RF 匹配网络的部分	18 pF
L252	RF 匹配网络的部分	2 nH
L261	RF 匹配网络的部分	2 nH
C262	RF 匹配网络的部分	1 pF
C252	RF 匹配网络的部分	1 pF
C253	RF 匹配网络的部分	2.2 pF
C331	32kHz xtal 负载电容	15 pF
C321	32kHz xtal 负载电容	15 pF
C231	32MHz xtal 负载电容	27 pF
C221	32MHz xtal 负载电容	27 pF
C401	内部数字稳压器的去耦电容	1μF
R301	用于内部偏置的电阻	56kΩ

输入 / 输出匹配：当使用诸如单极子的一个不平衡天线，应该使用一个巴伦电路来优化性能。巴伦电路可以使用低成本的分立电感和电容实现，如图 2.14 所示的 C262、L261、C252 和 L252。如果使用了诸如折叠偶极子这样的平衡天线，巴伦电路可以忽略。

晶振：32MHz 振荡器使用了一个外部 32MHz 晶振（XTAL1）和两个负载电容（C221

和 C231）构成。32MHz 晶振的负载电容由下式确定：

$$C_L = \cfrac{1}{\cfrac{1}{C_{221}} + \cfrac{1}{C_{231}}} + C_{parasitic}$$

XTAL2 是一个可选的 32.768kHz 晶振，有两个负载电容（C321 和 C331）用于 32.768kHz 振荡器。32.768kHz 晶振用于要求非常低的睡眠电流消耗和精确唤醒时间的应用。32.768kHz 晶振的负载电容由下式确定：

$$C_L = \cfrac{1}{\cfrac{1}{C_{321}} + \cfrac{1}{C_{331}}} + C_{parasitic}$$

1.8V 片上稳压器提供了 1.8V 的数字逻辑，这一稳压器要求一个去耦电容（C401）来获得稳定运行。另外必须选用合适的电源去耦以获得最佳的性能。在一个应用实例中去耦电容和电源滤波的位置和尺寸对获得最佳性能是非常重要的。

2.3　增强型 8051 内核

CC2530 集成了增强工业标准的 8051 内核 MCU，该内核使用标准 8051 指令集，每个指令周期中的一个时钟周期与标准 8051 每个指令周期中的 12 个时钟周期相对应，并且取消了无用的总线状态，因此其指令执行速度比标准 8051 快。

由于指令周期在可能的情况下包含了取指令操作所需的时间，所以多数单字节指令在一个时钟周期内完成。除了速度改进之外，增强的 8051 内核包含了下列增强的架构。

- 第二数据指针。
- 扩展了 18 个中断源。

增强的 8051 内核的目标代码与工业标准 8051 微控制器目标代码兼容。但是，由于与标准 8051 使用不同的指令定时，现有的带有定时循环的代码可能需要修改。此外，由于增强的 8051 内核外接设备单元（如定时器的串行端口）与其他的 8051 内核外接设备单元不同，其使用的外接设备单元特殊功能寄存器 SFR 的指令代码将不能正常运行。

Flash 预取默认是不使能的，提高 CPU 性能高达 33%，但这是以功耗稍有增加为代价的。可以在 FCTL 寄存器中使能 Flash 预取。

2.3.1　CC2530 复位

CC2530 有以下 5 个复位源：

- 强置输入引脚 RESET_N 为低电平。
- 上电复位。
- 掉电复位。
- 看门狗定时器复位。

- 时钟丢失复位。

复位后的初始状况如下：

- I/O 引脚设置为输入、上拉状态（P1.0 和 P1.1 为输入，但是没有上拉/下拉能力）。
- CPU 的程序计数器设置为 0x0000，程序从这里开始运行。
- 所有外部设备的寄存器初始化到它们的复位值。
- 看门狗定时器禁止。
- 时钟丢失检测禁止。

2.3.2 存储器

8051CPU 架构有 4 个不同的存储空间。8051 具有单独的用于程序存储和数据存储的存储空间。

- 代码（CODE）：只读存储空间，用于程序存储。存储空间地址 64KB。
- 数据（DATA）：可存取存储空间，可以直接或间接被单个周期的 CPU 指令访问，存储空间地址为 256 字节。数据存储空间的低 128 字节可以直接或间接访问，而高 128 字节只能够间接访问。
- 外部数据（XDATA）：可存取存储空间，通常需要 4～5 个指令周期来访问，存储空间地址为 64KB。
- 特殊功能寄存器（SRF）：可存取寄存器存储空间，可以被单个 CPU 指令直接访问。该存储空间由 128 字节构成。对于 SFR 寄存器，它的地址分成 8 等份，每个位可以单独寻址。

1. 存储器空间映射图

CC2530 与标准 8051 存储器映射有两个重要的不同方面：

（1）为了使 DMA 控制器访问全部物理存储空间，因此允许 DMA 在不同的 8051 存储空间之间传输，部分特殊功能寄存器 SFR 和 DATA 存储空间被映射到 XDATA 存储空间，如图 2.15 所示。

（2）对于 CODE 存储空间映射有两个可选方案可以使用。第一个方案是标准 8051 映射，只有程序存储器（即 Flash 存储器）映射到 CODE 存储空间。在一个设备复位后默认使用这种映射。第二个方案用于执行来自 SRAM 的代码。在该模式下，SRAM 被映射 0x8000 到（0x8000+SRAM_SIZE-1）的区域，该映射如图 2.16 所示。执行来自 SRAM 的代码既提高了性能又降低了功耗。XDATA 的高 32KB 是只读区，称为 XBANK。任何可用的 32KB Flash bank 都可以映射到该区域，软件可以访问整个 Flash 存储器，这一区域的典型作用是用来存储另外的常量数据。

图 2.15～图 2.17 的存储器映射图，显示了不同的物理存储器是如何映射到 CPU 的存储空间。可用的 Flash bank 的数量取决于 Flash 本身的大小。

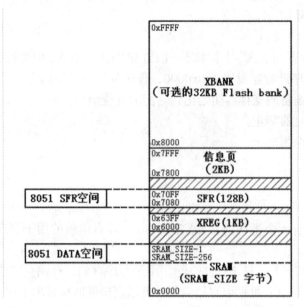

图 2.15　XDATA 存储器空间（显示 SFR 和 DATA 映射）

图 2.16　CODE 存储器空间

图 2.17　运行 SRAM 代码的 CODE 存储器空间

2. 存储器空间

（1）外部数据存储器空间

外部数据（XDATA）存储器映射图如图 2.15 所示。

SRAM 映射从 0x0000 到（SRAM_SIZE-1）的地址范围。

XREG 区域映射 1KB 地址范围（0x6000 ～ 0x63FF）。这些寄存器是有效地扩展 SFR 寄存器空间的额外寄存器。一些外设寄存器和大部分射频控制和数据寄存器映射到该区域。

SFR 寄存器映射的地址范围是 0x7080 ～ 0x70FF。Flash 信息页（2KB）映射的地址范围是 0x7800 ～ 0x7FFF，这是只读区域且包含了该设备的各种信息。

XDATA 存储器空间的高 32KB（0x8000 ～ 0xFFFF）是只读 Flash 代码 bank（XBANK），通过 MEMCTR.XBANK[2：0] 位被映射到任何可用的 Flash bank。

Flash 存储器、SRAM 和寄存器到 XDATA 的映射允许 DMA 控制器和 CPU 在一个统一的地址空间对所有物理存储器进行存取操作。

写入存储器映射中未执行区域（图 2.15 中的阴影部分）无效。读取未执行区域返回 0x00，写只读区域即 Flash 区域将被忽略。

（2）代码存储器空间

如图 2.16 所示，CODE 存储器空间为 64KB，被分为一个公共区（0x0000 ～ 0x7FFF）和一个 bank 区（0x8000 ～ 0xFFFF）。公共区通常被映射到物理 Flash 存储器的低 32KB（bank0）。Bank 区被映射到任何可用的 32KB Flash bank（从 bank0 ～ bank7）。可用的 Flash bank 数量取决于 Flash 大小。使用 Flash bank 选择寄存器 FMAP 来选择 Flash bank。对于 CC2530F32，没有 Flash 存储器可以被映射到 bank 区。在 CC2530F32 上读取该区域返回 0x0000。

要允许从 SRAM 执行程序，可以将可用的 SRAM 映射到 bank 区域的较低地址范围，从 0x8000 到（0x8000+SRAM_SIZE-1），如图 2.17 所示。当前选择的 bank 的其余部分仍然映射到从（0x8000+SRAM_SIZE）到 0xFFFF 的地址范围。设置 MEMCTR.XMAP 位来使能此功能。

（3）数据存储器空间

数据（DATA）存储器的 8 位地址范围，映射到 SRAM 的高端 256 字节，即从（SRAM_SIZE-256）到（SRAM_SIZE-1）的地址范围。

（4）特殊功能寄存器空间

通过这个存储器空间可以对具有 128 个入口的硬件寄存器进行存取，也可以通过 XDATA 地址空间的地址范围 0x7080 ～ 0x70FF 对 SFR 寄存器进行存取。一些 CPU 特定 SFR 寄存器存在于 CPU 内核里，所以只能用 SFR 存储器空间存取，并且不能通过重复映射到 XDATA 存储器空间。

3. 数据指针

CC2530 有两个数据指针（DPTR0 和 DPTR1），主要用于代码和外部数据的存取。例如：

```
MOVC A, @A+DPTR
MOV  A, @DPTR
```

数据指针选择位是第 0 位。如表 2.3 所示，在数据指针中，通过设置寄存器 DPS（0x92）就可以选择哪个指针在指令执行时有效。两个数据指针的宽度均为 2 字节，存在于两个特殊功能寄存器中（DPTR0—DPH0：DPL0 和 DPTR1—DPH1：DPL1），详细描述如表 2.4 所示。

表 2.3　选择数据指针

位	名　　称	复　位	读 / 写	描　　述
7:1	—	0x00	R0	不使用
0	DPS	0	R/W	数据指针选择，用来使选中的数据指针有效 0：DPTR0 1：DPTR1

表 2.4 两个数据指针的高低位字节

位	名 称	复 位	读 / 写	描 述
DPH0(0x83)——DPTR0 的高位字节				
7:0	DPH0 [7:0]	0x00	R/W	数据指针 0，高位字节
DPL0(0x82)——DPTR0 的低位字节				
7:0	DPL0[7:0]	0x00	R/W	数据指针 0，低位字节
DPH1(0x85)——DPTR1 的高位字节				
7:0	DPH1[7:0]	0x00	R/W	数据指针 1，高位字节
DPL1(0x82)——DPTR1 的低位字节				
7:0	DPL1[7:0]	0x00	R/W	数据指针 1，低位字节

4. 外部数据存储器存取

CC2530 提供了一个附加的特殊功能寄存器 MPAGE（0x93），详细描述如表 2.5 所示。该寄存器在执行指令 "MOVX A,@Ri" 和 "MOVX@Ri,A" 时使用。

MPAGE 给出高 8 位地址，而寄存器 Ri 给出低 8 位的地址。

表 2.5 MPAGE 存储器

位	名 称	复 位	读 / 写	描 述
7:0	MPAGE[7:0]	0x00	R/W	存储器页，执行 MOVX 指令时地址的高位字节

2.3.3 特殊功能寄存器

特殊功能寄存器（SFR）用于控制 8051 CPU 核心和 / 或外部设备的一些功能。一部分 8051 内核特殊功能寄存器与标准 8051 特殊功能寄存器相同；但是，另一部分特殊功能寄存器不同于标准 8051 特殊寄存器，它们用来与外部设备单元接口，以及控制 RF 收发器。

CC2530 的全部特殊功能寄存器地址如表 2.6 所示。其中，标准 8051 内部特殊功能寄存器（表 2.6 中以灰色背景显示）只能够通过该寄存器的空间存取，因为这些寄存器没有映射到外部数据（XDATA）空间。只有端口寄存器（P0、P1 和 P2）例外，它们可以从 XDATA 读取，其他的为 CC2530 独有的特殊功能寄存器。

表 2.6 特殊功能寄存器（SFR）地址

寄 存 器 名	SFR 地址	模 块	描 述
ADCCON1	0xB4	ADC	模 / 数转换控制 1
ADCCON2	0xB5	ADC	模 / 数转换控制 2
ADCCON3	0xB6	ADC	模 / 数转换控制 3
ADCL	0xBA	ADC	模 / 数转换低位数据
ADCH	0xBB	ADC	模 / 数转换高位数据

寄存器名	SFR 地址	模　　块	描　　述
RNDL	0xBC	ADC	随机数发生器低位数据
RNDH	0xBD	ADC	随机数发生器低位数据
ENCDI	0xB1	AES	加密 / 解密输入数据
ENCDO	0xB2	AES	加密 / 解密输出数据
ENCCS	0xB3	AES	加密 / 解密控制和状态
P0	0x80	CPU	端口 0。可从 XDATA（0x7080）读取
SP	0x81	CPU	堆栈指针
DPL0	0x82	CPU	数据指针 0 低位字节
DPH0	0x83	CPU	数据指针 0 高位字节
DPL1	0x84	CPU	数据指针 1 低位字节
DPH1	0x85	CPU	数据指针 1 高位字节
PCON	0x87	CPU	功耗模式控制
TCON	0x88	CPU	中断标志
P1	0x90	CPU	端口 1。可从 XDATA（0x7090）读取
DPS	0x92	CPU	数据指针选择
S0CON	0x98	CPU	中断标志 2
IEN2	0x9A	CPU	中断使能 2
S1CON	0x9B	CPU	中断标志 3
P2	0xA0	CPU	端口 1。可从 XDATA（0x70A0）读取
IEN0	0xA8	CPU	中断使能 0
IP0	0xA9	CPU	中断优先级 0
IEN1	0xB8	CPU	中断使能 1
IP1	0xB9	CPU	中断优先级 1
IRCON	0xC0	CPU	中断标志 4
PSW	0xD0	CPU	程序状态字
ACC	0xE0	CPU	累加器
IRCON2	0xE8	CPU	中断标志 5
B	0xF0	CPU	B 寄存器
DMAIRQ	0xD1	DMA	DMA 中断标志
DMA1CFGL	0xD2	DMA	DMA 通道 1 ～ 4 配置低位地址
DMA1CFGH	0xD3	DMA	DMA 通道 1 ～ 4 配置高位地址
DMA0CFGL	0xD4	DMA	DMA 通道 0 配置低位地址
DMA0CFGH	0xD5	DMA	DMA 通道 0 配置高位地址

寄 存 器 名	SFR 地址	模 块	描 述
DMAARM	0xD6	DMA	DMA 通道准备工作
DMAREQ	0xD7	DMA	DMA 通道启动请求和状态
—	0xAA	—	保留
—	0x8E	—	保留
—	0x99	—	保留
—	0xB0	—	保留
—	0xB7	—	保留
—	0xC8	—	保留
P0IFG	0x89	输入 / 输出控制（IOC）	端口 0 中断状态标志
P1IFG	0x8A	输入 / 输出控制（IOC）	端口 1 中断状态标志
P2IFG	0x8B	输入 / 输出控制（IOC）	端口 2 中断状态标志
PICTL	0x8C	输入 / 输出控制（IOC）	端口引脚中断控制
P0IEN	0xAB	输入 / 输出控制（IOC）	端口 0 中断使能
P1IEN	0x8D	输入 / 输出控制（IOC）	端口 1 中断使能
P2IEN	0x AC	输入 / 输出控制（IOC）	端口 2 中断使能
P0INP	0x8F	输入 / 输出控制（IOC）	端口 0 输入模式
PERCGF	0xF1	输入 / 输出控制（IOC）	外部设备 I/O 配置
APCFG	0xF2	输入 / 输出控制（IOC）	模拟外部设备 I/O 配置
P0SEL	0xF3	输入 / 输出控制（IOC）	端口 0 功能选择
P1SEL	0xF4	输入 / 输出控制（IOC）	端口 1 功能选择
P2SEL	0xF5	输入 / 输出控制（IOC）	端口 2 功能选择
P1INP	0xF6	输入 / 输出控制（IOC）	端口 1 输入模式
P0DIR	0xFD	输入 / 输出控制（IOC）	端口 0 方向
P1DIR	0xFE	输入 / 输出控制（IOC）	端口 1 方向
P2DIR	0xFF	输入 / 输出控制（IOC）	端口 2 方向
PMUX	0xAE	输入 / 输出控制（IOC）	掉电信号多路器
MEMCTR	0xC7	存储器	存储器系统控制
FMAP	0x9F	存储器	Flash 存储器 bank 映射
RFI RQF1	0x91	RF	RF 中断标志 MSB
RFD	0xD9	RF	RF 数据
RFST	0xE1	RF	RF 命令选通
RFIRQF0	0xE9	RF	RF 中断标志 LSB
RFERRF	0xBF	RF	RF 错误中断标志

续表

寄存器名	SFR 地址	模　　块	描　　述
ST0	0x95	睡眠定时器（ST）	睡眠定时器 0
ST1	0x96	睡眠定时器（ST）	睡眠定时器 1
ST2	0x97	睡眠定时器（ST）	睡眠定时器 2
STLOAD	0xAD	睡眠定时器（ST）	睡眠定时器负载状态
SLEEPCMD	0xBE	PMC	睡眠模式控制命令
SLEEPSTA	0x9D	PMC	睡眠模式控制状态
CLKCONCMD	0xC6	PMC	时钟控制命令
CLKCONSTA	0x9E	PMC	时钟控制状态
T1CC0L	0xDA	定时器 1（Timer1）	定时器 1 通道 0 捕获 / 比较值低位
T1CC0H	0xDB	定时器 1（Timer1）	定时器 1 通道 0 捕获 / 比较值高位
T1CC1L	0xDC	定时器 1（Timer1）	定时器 1 通道 1 捕获 / 比较值低位
T1CC1H	0xDD	定时器 1（Timer1）	定时器 1 通道 1 捕获 / 比较值高位
T1CC2L	0xDE	定时器 1（Timer1）	定时器 1 通道 2 捕获 / 比较值低位
T1CC2H	0xDF	定时器 1（Timer1）	定时器 1 通道 2 捕获 / 比较值高位
T1CNTL	0xE2	定时器 1（Timer1）	定时器 1 计数器低位
T1CNTH	0xE3	定时器 1（Timer1）	定时器 1 计数器高位
T1CTL	0xE4	定时器 1（Timer1）	定时器 1 控制和状态
T1CCTL0	0xE5	定时器 1（Timer1）	定时器 1 通道 0 捕获 / 比较控制
T1CCTL1	0xE6	定时器 1（Timer1）	定时器 1 通道 1 捕获 / 比较控制
T1CCTL2	0xE7	定时器 1（Timer1）	定时器 1 通道 2 捕获 / 比较控制
T1STAT	0xAF	定时器 1（Timer1）	定时器 1 状态
T2C TRL	0x94	定时器 2（Timer2）	定时器 2 控制
T2 EVTCFG	0x9C	定时器 2（Timer2）	定时器 2 事件配置
T2 IRQF	0xA1	定时器 2（Timer2）	定时器 2 中断标志
T2 M0	0xA2	定时器 2（Timer2）	定时器 2 复用寄存器 0
T2 M1	0xA3	定时器 2（Timer2）	定时器 2 复用寄存器 1
T2 MOVF0	0xA4	定时器 2（Timer2）	定时器 2 复用溢出寄存器 0
T2 MOVF1	0xA5	定时器 2（Timer2）	定时器 2 复用溢出寄存器 1
T2 MOVF2	0xA6	定时器 2（Timer2）	定时器 2 复用溢出寄存器 2
T2 IRQM	0xA7	定时器 2（Timer2）	定时器 2 中断使能
T2 MSEL	0xC3	定时器 2（Timer2）	定时器 2 复用选择
T3CNT	0xCA	定时器 3（Timer3）	定时器 3 计数器
T3CTL	0xCB	定时器 3（Timer3）	定时器 3 控制

续表

寄存器名	SFR 地址	模 块	描 述
T3CCTL0	0xCC	定时器 3（Timer3）	定时器 3 通道 0 比较控制
T3CC0	0xCD	定时器 3（Timer3）	定时器 3 通道 0 比较值
T3CCTL1	0xCE	定时器 3（Timer3）	定时器 3 通道 1 比较控制
T3CC1	0xCF	定时器 3（Timer3）	定时器 3 通道 1 比较值
T4CNT	0xEA	定时器 4（Timer4）	定时器 4 计数器
T4CTL	0xEB	定时器 4（Timer4）	定时器 4 控制
T4CCTL0	0xEC	定时器 4（Timer4）	定时器 4 通道 0 比较控制
T4CC0	0xED	定时器 4（Timer4）	定时器 4 通道 0 比较值
T4CCTL1	0xEE	定时器 4（Timer4）	定时器 4 通道 1 比较控制
T4CC1	0xEF	定时器 4（Timer4）	定时器 4 通道 1 比较值
TIMIF	0xD8	TMINT	定时器 1/3/4 联合中断使能 / 标志
U0CSR	0x86	USART0	USART0 控制和状态
U0DBUF	0xC1	USART0	USART0 收 / 发数据缓存
U0BAUD	0xC2	USART0	USART0 波特率控制
U0UCR	0xC4	USART0	USART0 UART 控制
U0GCR	0xC5	USART0	USART0 通用控制
U1CSR	0xF8	USART1	USART1 控制和状态
U1DBUF	0xF9	USART1	USART1 收 / 发数据缓存
U1BAUD	0xFA	USART1	USART1 波特率控制

2.3.4 CPU 寄存器和指令集

CC2530 的 CPU 寄存器与标准 8051 的 CPU 寄存器相同，包括 R0 ～ R7、程序状态字 PSW、累加器 ACC、B 寄存器和堆栈指针 SP 等，CC2530 的 CPU 指令与标准的 8051 指令集相同。

2.3.5 中断

CPU 有 18 个中断源。每个中断源有它自己的、位于一系列特殊功能寄存器中的中断请求标志。每个中断通过相应的标志请求可以单独使能或禁止。中断分别组合为不同的、可以选择的优先级别，CC2530 中断如表 2.7 所示。

表 2.7　CC2530 中断

中断号	中断名称	中断向量	中断屏蔽	中断标志	描述
0	RFERR	03h	IEN0.RFERRIE	TCON .RFERRIF	RF 发送先进先出队列空，或 RF 接收先进先出队列满
1	ADC	0Bh	IEN0 .ADCIE	TCON. ADCIF	ADC 转换结束
2	URX0	13h	IEN0. URX0IE	TCON. URX0IF	USART0 接收完成
3	URX1	1Bh	IEN0. URX1IE	TCON. URX1IF	USART1 接收完成
4	ENC	23h	IEN0 . ENCIE	S0CON. ENCIF	AES 加密 / 解密完成
5	ST	2Bh	IEN0 . STIE	IRCON. STIF	睡眠定时器比较
6	P2INT	33h	IEN2. P2IE	IRCON2 . P2IF	端口 2 输入 /USB
7	UTX0	3Bh	IEN2 .UTX0IE	IRCON2. UTX0IF	USART0 发送完成
8	DMA	43h	IEN1. DMAIE	IRCON. DMAIF	DMA 传送完成
9	T1	4Bh	IEN1. T1IE	IRCON. T1IF	定时器 1（16 位）捕获 / 比较 / 溢出
10	T2	53h	IEN1. T2IE	IRCON .T2IF	定时器 2
11	T3	5Bh	IEN1. T3IE	IRCON. T3IF	定时器 3（8 位）比较/溢出
12	T4	63h	IEN1. T4IE	IRCON. T4IF	定时器4（8位）比较/溢出
13	P0INT	6Bh	IEN1. P0IE	IRCON. P0IF	端口 0 输入
14	UTX1	73h	IEN2 .UTX1IE	IRCON2 .UTX1IF	USART1 发送完成
15	P1INT	7Bh	IEN2. P1IE	IRCON2. P1IF	端口 1 输入
16	RF	83h	IEN2. RFIE	S1CON. RFIF	RF 通用中断
17	WDT	8Bh	IEN2. WDTIE	IRCON2. WDTIF	看门狗定时溢出

1. 中断屏蔽

如表 2.8 所示，每个中断可以通过中断使能特殊功能寄存器中的中断使能位 IEN0、IEN1 或 IEN2 使能或禁止。某些外部设备会因为若干事件产生中断请求，这些中断请求可以作用在端口 0、端口 1、端口 2、定时器 1、定时器 2、定时器 3、定时器 4 和 RF 上。对于每个内部中断源对应的特殊功能寄存器，这些外部设备都有中断屏蔽位。

表 2.8　中断使能 0～2

位	名　　称	复　　位	读 / 写	描　　述
		IEN0（0xA8）—— 中断使能 0		
7	EA	0	R/W	禁止所有中断 0：无中断被确认，1：通过设置对应的使能位，将每个中断源分别使能或禁止

位	名　　称	复　　位	读/写	描　　述
6	—	0	R0	不使用，读出来是 0
5	STIE	0	R/W	睡眠定时器中断使能 0：中断禁止，1：中断使能
4	ENCIE	0	R/W	AES 加密 / 解密中断使能 0：中断禁止，1：中断使能
3	URX1IE	0	R/W	USART1 接收中断使能 0：中断禁止，1：中断使能
2	URX0IE	0	R/W	USART0 接收中断使能 0：中断禁止，1：中断使能
1	ADCIE	0	R/W	ADC 中断使能 0：中断禁止，1：中断使能
0	RFERRIE	0	R/W	RF TX/RX FIFO 中断使能 0：中断禁止，1：中断使能
IEN1（0xB8）—— 中断使能 1				
7:6	—	00	R0	不使用，读出来是 0
5	P0IE	0	R/W	端口 0 中断使能 0：中断禁止，1：中断使能
4	T4IE	0	R/W	定时器 4 中断使能 0：中断禁止，1：中断使能
3	T3IE	0	R/W	定时器 3 中断使能 0：中断禁止，1：中断使能
2	T2IE	0	R/W	定时器 2 中断使能 0：中断禁止，1：中断使能
1	T1IE	0	R/W	定时器 1 中断使能 0：中断禁止，1：中断使能
0	DMAIE	0	R/W	DMA 传输中断使能 0：中断禁止，1：中断使能
IEN2（0x9A）—— 中断使能 2				
7:6	—	00	R0	不使用，读出来是 0
5	WDTIE	0	R/W	看门狗定时器中断使能 0：中断禁止，1：中断使能
4	P1IE	0	R/W	端口 1 中断使能 0：中断禁止，1：中断使能
3	UTX1IE	0	R/W	USART1 发送中断使能 0：中断禁止，1：中断使能

位	名　　称	复　　位	读 / 写	描　　述
2	UTX0IE	0	R/W	USART0 发送中断使能 0：中断禁止，1：中断使能
1	P2IE	0	R/W	端口 2 和 USB 中断使能 0：中断禁止，1：中断使能
0	RFIE	0	R/W	RF 通用中断使能 0：中断禁止，1：中断使能

为了使能中断功能，应当执行下列步骤：

（1）清除中断标志。

（2）设置外部设备特殊功能寄存器中对应的各中断使能位。

（3）设置寄存器 IEN0、IEN1 或 IEN2 中对应的各中断使能位为 1。

（4）设置 IEN0 中的 EA 位为 1 来使能全局中断。

（5）在中断对应的向量地址上，运行中断的服务程序。

2. 中断处理

当中断发生时，CPU 就指向表 2.7 所描述的中断向量地址。一旦中断服务开始，就只能够被更高优先级的中断打断；中断服务程序由中断指令 RETI（从中断指令返回）终止。当 RETI 执行时，CPU 将返回到中断发生时的下一条指令。

当中断发生时，不管该中断使能或禁止，CPU 都会在中断标志寄存器中设置中断标志位。当中断使能时，首先设置中断标志，然后在下一个指令周期，由硬件强行产生一个 LCALL 到对应的向量地址，运行中断服务程序。

新中断的响应，取决于该中断发生时 CPU 的状态。当 CPU 正在运行的中断服务程序，其优先级大于或等于新的中断时，新的中断暂不运行，直至新的中断优先级高于正在运行的中断服务程序。中断响应的时间取决于当前的指令，最快的为 7 个机器指令周期。其中，一个机器指令周期用于检测中断，其余 6 个用来执行 LCALL。

3. 中断优先级

中断组合成 6 个中断优先组，每组的优先级通过设置寄存器 IP0 和 IP1 实现。为了给中断（即它所在的中断优先组）赋值优先级，需要设置 IP0 和 IP1 的对应位，如表 2.9 和表 2.10 所示。

表 2.9　优先级的设置

IP1_x	IP0_x	优　先　级
0	0	0 表示最低
0	1	1
1	0	2
1	1	3 表示最高

表 2.10　中断优先级 0 ～ 1

位	名　称	复　位	读 / 写	描　述
IP1（0xB9）——中断优先级 1				
7:6	—	00	R/W	不使用
5	IP1_IPG5	0	R/W	中断 第 5 组，优先级控制位 1
4	IP1_IPG4	0	R/W	中断 第 4 组，优先级控制位 1
3	IP1_IPG3	0	R/W	中断 第 3 组，优先级控制位 1
2	IP1_IPG2	0	R/W	中断 第 2 组，优先级控制位 1
1	IP1_IPG1	0	R/W	中断 第 1 组，优先级控制位 1
0	IP1_IPG0	0	R/W	中断 第 0 组，优先级控制位 1
IP0（0xA9）——中断优先级 0				
7:6	—	00	R/W	不使用
5	IP0_IPG5	0	R/W	中断 第 5 组，优先级控制位 0
4	IP0_IPG4	0	R/W	中断 第 4 组，优先级控制位 0
3	IP0_IPG3	0	R/W	中断 第 3 组，优先级控制位 0
2	IP0_IPG2	0	R/W	中断 第 2 组，优先级控制位 0
1	IP0_IPG1	0	R/W	中断 第 1 组，优先级控制位 0
0	IP0_IPG0	0	R/W	中断 第 0 组，优先级控制位 0

中断优先组及其赋值的中断源如表 2.11 所示。每组赋值为 4 个中断优先级之一。当进行中断服务请求时，不允许被同级或较低级别的中断打断。

表 2.11　中断优先级组

组	中　断		
IPG0	RFERR	RF	DMA
IPG1	ADC	T1	P2INT
IPG2	URX0	T2	UTX0
IPG3	URX1	T3	UTX1
IPG4	ENC	T4	P1INT
IPG5	ST	P0INT	WDT

当同时收到几个相同优先级的中断请求时，采取如表 2.12 所示的响应顺序来判定哪个中断优先响应。

表 2.12　相同优先级中断的响应顺序

中 断 编 号	中 断 名 称	响 应 顺 序
0	RFERR	
16	RF	
8	DMA	
1	ADC	
9	T1	
2	URX0	
10	T2	
3	URX1	
11	T3	
4	ENC	
12	T4	
5	ST	
13	P0INT	
6	P2INT	
7	UTX0	
14	UTX1	
15	P1INT	
17	WDT	

一个简单的外部中断示例如下：

```
/*****************************************************************
  A simple test for external interrupt of CC2530
*****************************************************************/
#include "iocc2530.h"  // Header file with definitions for the TI CC2530
void io_init(void)
{
        P1SEL &= ~0x3;        //P1.0 P1.1 作为 GPIO
        P1DIR |= 0x3;         //P1.0 P1.1 作为输出
        P1_0 = 1;             //P1.0 输出高电平点亮 LED
        P1_1 = 1;             //P1.1 输出高电平点亮 LED
        P0SEL &= ~0x2;        //P0.1 口作为 GPIO
        P0DIR &=~0x2;         //P0.1 口作为输入
        P0INP |= 0x2;         // 设置为三态
        PICTL |= 0x1;         // 下降沿触发
        P0IEN |= 0x2;         //P0.1 中断使能

        EA = 1;               // 开总中断
        IEN1 |= 0x20;         //P0 口中断使能
        P0IFG &= ~0x2;        //P0.1 中断清 0
```

```
}
/****************************************************************
      中断服务子程序
****************************************************************/
#pragma vector = P0INT_VECTOR
__interrupt void P0_ISR(void)
{
        if(P0IFG > 0)                            // 按键中断
        {
                P0IFG = 0;                       // 清除中断标志
                P1_0 = !P1_0;
                P1_1 = !P1_1;
        }
}
/*****************************
   main function
*****************************/
void main(void)
{
        io_init();
        while(1);
}
/********THE END**********************/
```

2.3.6   振荡器和时钟

CC2530 有一个内部系统时钟或主时钟。该时钟的振荡源既可以用 16MHz RC 振荡器，也可以采用 32MHz 晶体振荡器。时钟的控制可以由特殊功能寄存器 CLKCON CMD 来实现。

此外，还有一个 32kHz 时钟源也可以用 RC 振荡器或者晶体振荡器，也由 CLKCON CMD 寄存器控制。

寄存器 CLKCONSTA 是一个只读寄存器，用来获得当前时钟状态。

振荡器可以选择高精度的晶体振荡器，也可以选择低功耗的 RC 振荡器。注意，运行 RF 收发器，必须使用 32MHz 晶体振荡器。

下面以一个简单的实例说明主时钟如何设置。

```
/****************************************************************
A simple test for clock
****************************************************************/
#define CLOCK_SRC_XOSC        0        // 32MHz 晶体振荡器
#define CLOCK_SRC_HFRC        1        // 16MHz RC 振荡器

// 检查 CLKCON 寄存器的位掩码
#define CLKCON_OSC32K_BM      0x80     // 32kHz 时钟振荡器
#define CLKCON_OSC_BM         0x40     // 系统时钟振荡器
#define CLKCON_TICKSPD_BM     0x38     // TICKSPD 输出设置
#define CLKCON_CLKSPD_BM      0x01     // 时钟速度
```

```
#define TICKSPD_DIV_1          (0x00 << 3)
#define TICKSPD_DIV_2          (0x01 << 3)

void main_clock_set(uint8 clock)
{
  register uint8 osc32k_bm = CLKCONCMD & CLKCON_OSC32K_BM;
  NOP();
  /* 16MHz RC 振荡器 */
  if(clock == CLOCK_SRC_HFRC)
  {
   CLKCONCMD = (osc32k_bm | CLKCON_OSC_BM | TICKSPD_DIV_2 | CLKCON_CLKSPD_BM);
  }
  /* 32MHz 晶体振荡器 */
  else if(clock == CLOCK_SRC_XOSC)
  {
    CLKCONCMD = (osc32k_bm | TICKSPD_DIV_1);
  }
}
/******THE END *********/
```

2.4　CC2530 I/O 端口和寄存器

CC2530 有 21 个数字输入 / 输出引脚，可以配置为通用数字 I/O，也可以作为外部 I/O 信号连接到 ADC、定时器或者 USART 等外部设备。这些 I/O 口的用途可以通过一系列寄存器配置，由用户通过软件加以设置。

I/O 口具备以下重要特性：
- 21 个数字输入 / 输出引脚。
- 可以配置为通用 I/O 或外部设备 I/O。
- 输入口具备上拉或下拉能力。
- 具有外部中断能力。

21 个 I/O 引脚都可以用于外部中断源输入口，因此如果需要，外部设备可以通过这些 I/O 产生中断。外部中断功能也可以唤醒睡眠模式。

2.4.1　未使用的 I/O 引脚

未使用的引脚应当定义电平而不能悬空。一种方法是：该引脚不连接任何元器件，将其配置为具有内部上拉的通用输入口。这也是所有的引脚在复位期间和复位后的状态（只有 P1.0 和 P1.1 没有上拉 / 下拉能力）。这些引脚也可以配置为通用输出口。为了避免额外的功耗，无论引脚配置为输入口还是输出口，都不应该直接与 VDD 或者 GND 连接。

2.4.2　低 I/O 供电电压

在应用中数字 I/O 电源电压的引脚 DVDD1 和 DVDD2 低于 2.6V 时，寄存器位 PICTL.PADSC 应当置为 1，以获得 DC 特性表中规定的输出直流特性。

2.4.3　通用 I/O 口

当用作通用 I/O 时，引脚可以组成 3 个 8 位口，定义为 P0、P1 和 P2。其中 P0 和 P1 是完全的 8 位口，而 P2 仅有 5 位可用。所有的口均可以位寻址，或通过特殊功能寄存器由 P0、P1 和 P2 字节寻址。每个端口引脚都可以单独设置为通用 I/O 或外部设备 I/O，如表 2.13 所示。

表 2.13　Px 端口寄存器（Port x）

位	名　称	复　位	读 / 写	描　　述
P0（0x80）——端口 0				
7:0	P0[7:0]	0xFF	R/W	端口 0，通用 I/O 口，可以从 SFR 位寻址。该 CPU 内部寄存器可以从 XDATA(0x7080) 读取，但不能写
P1（0x90）——端口 1				
7:0	P1[7:0]	0xFF	R/W	端口 1，通用 I/O 口，可以从 SFR 位寻址。该 CPU 内部寄存器可以从 XDATA(0x7090) 读取，但不能写
P2（0xA0）——端口 2				
7:5	—	000	R0	未使用
4:0	P2[4:0]	0x1F	R/W	端口 2，通用 I/O 口，可以从 SFR 位寻址。该 CPU 内部寄存器可以从 XDATA(0x70A0) 读取，但不能写

除了两个高输出口 P1.0 和 P1.1 之外，所有的口用于输出，均具备 4mA 的驱动能力；而 P1.0 和 P1.1 具备 20mA 的驱动能力。

寄存器 PxSEL（其中 x 为口的标志，其值为 0 ～ 2），用来设置每个端口引脚为通用 I/O 引脚或者是外部设备 I/O 信号。作为默认的情况，每当复位之后，所有的数字输入 / 输出引脚都设置为通用输入引脚，如表 2.14 所示。

表 2.14　PxSEL：端口 0、1、2 功能选择寄存器（Port x Function Select）

位	名　称	复　位	读 / 写	描　　述
P0SEL（0xF3）——端口 0 功能选择				
7:0	SELP0_[7:0]	0x00	R/W	P0.7 到 P0.0 功能选择 0：通用 I/O，1：外部设备功能
P1SEL（0xF4）——端口 1 功能选择				
7:0	SELP1_[7:0]	0x00	R/W	P1.7 到 P1.0 功能选择 0：通用 I/O，1：外部设备功能

位	名　称	复　位	读 / 写	描　述
P2SEL（0xF5）——端口 2 功能选择和端口 1 外部设备优先级控制				
7	—	0	R0	未使用
6	PRI3P1	0	R/W	端口 1 外部设备优先级控制，其值在 PERCFG 分配 USART0 和 USART1 到同一个引脚时，判定两者优先级的顺序 0：USART0 优先，1：USART1 优先
5	PRI2P1	0	R/W	端口 1 外部设备优先级控制。其值在 PERCFG 分配 USART1 和定时器 3 到同一个引脚时，判定两者优先级的顺序 0：USART1 优先，1：定时器 3 优先
4	PRI1P1	0	R/W	端口 1 外部设备优先级控制。其值在 PERCFG 分配定时器 1 和定时器 4 到同一个引脚时，判定两者优先级的顺序 0：定时器 1 优先，1：定时器 4 优先
3	PRI0P1	0	R/W	端口 1 外部设备优先级控制。其值在 PERCFG 分配 USART0 和定时器 1 到同一个引脚时，判定两者优先级的顺序 0：USART0 优先，1：定时器 1 优先
2	SELP2_4	0	R/W	P2.4 功能选择 0：通用 I/O，1：外部设备功能
1	SELP2_3	0	R/W	P2.3 功能选择 0：通用 I/O，1：外部设备功能
0	SELP2_0	0	R/W	P2.0 功能选择 0：通用 I/O，1：外部设备功能

在任何时候，要改变一个引脚口的方向，使用寄存器 PxDIR 即可。只要设置 PxDIR 中的指定位为 1，其对应的引脚口就被设置为输出，如表 2.15 所示。

表 2.15　PxDIR：端口 0、1、2 方向寄存器（Port x Direction）

位	名　称	复　位	读 / 写	描　述
P1DIR（0xFE）——端口 1 方向				
7:0	DIRP1_[7:0]	0x00	R/W	P1.7 到 P1.0 I/O 方向 0：输入，1：输出
P2DIR（0xFF）——端口 2 方向和端口 0 外部设备优先级控制				

位	名　称	复　位	读/写	描　述
7:6	PRIP0[1:0]	00	R/W	端口 0 外部设备优先级控制。这两位决定当 PERCFG 指派若干外部设备到同一个引脚时的优先顺序。详细优先级如下： 00 第 1 优先级：USART0，第 2 优先级：USART1 第 3 优先级：定时器 1 01 第 1 优先级：USART1，第 2 优先级：USART0 第 3 优先级：定时器 1 10 第 1 优先级：定时器 1 通道 0-1，第 2 优先级：USART1 第 3 优先级：USART0，第 4 优先级：定时器 1 通道 2-3 11 第 1 优先级：定时器 1 通道 2-3，第 2 优先级：USART0 第 3 优先级：USART1，第 4 优先级：定时器 1 通道 0-1
5	—	0	R0	未使用
4:0	DIRP2_[4:0]	0000	R/W	P2.4 到 P2.0 I/O 方向 0：输入；1：输出

当读端口寄存器 P0、P1 和 P2 时，输入引脚上的逻辑值将返回引脚的配置值。这并不适用于在执行读—修改—写指令的过程中。读—修改—写指令为 ANL、ORL、XRL、JBC、CPL、INC、DEC、DJNZ、MOV、CLR 和 SETB。端口寄存器上下面的操作为真：当目的地为端口寄存器 P0、P1 或 P2 的寄存器值里的一个独立位时，而不是引脚上的值，被读、修改和写返回给端口寄存器。

用作输入时，每个通用 I/O 口的引脚可以设置为上拉、下拉或三态模式。作为默认的情况，复位之后所有的输入口均设置为上拉输入。要将输入口的某一位取消上拉或下拉，就要将 PxINP 中的对应位设置为 1。I/O 口引脚 P1.0 和 P1.1 不具备上拉/下拉能力。注意，即使外设功能为输入，引脚配置为外部设备 I/O 信号也不具备上拉/下拉能力。端口 0、1、2 输入模式寄存器如表 2.16 所示。

表 2.16　PxINP：端口 0、1、2 输入模式寄存器（Port x Input Mode）

位	名　称	复　位	读/写	描　述
P0INP（0x8F）——端口 0 输入模式				
7:0	MDP0_[7:0]	0x00	R/W	P0.7 到 P0.0, I/O 输入模式 0：上拉/下拉（见 P2INP（0xf7）——端口 2 输入模式） 1：三态
P1INP（0xF6）——端口 1 输入模式				

位	名　称	复　位	读 / 写	描　述
7:2	MDP1_[7:2]	0000 00	R/W	P1.7 到 P1.0，I/O 输入模式 0：上拉 / 下拉（见 P2INP（0xF7）——端口 2 输入模式） 1：三态
1:0	—	00	R0	未使用
P2INP（0xF7）——端口 2 输入模式				
7	PDUP2	0	R/W	端口 2 上拉 / 下拉选择。选择所有端口 2 引脚功能设置为上拉 / 下拉输入 0：上拉，1：下拉
6	PDUP1	0	R/W	端口 1 上拉 / 下拉选择。选择所有端口 1 引脚功能设置为上拉 / 下拉输入 0：上拉，1：下拉
5	PDUP0	0	R/W	端口 0 上拉 / 下拉选择。选择所有端口 0 引脚功能设置为上拉 / 下拉输入 0：上拉，1：下拉
4:0	MDP2_[4:0]	0000	R/W	P2.4 到 P2.0，I/O 输入模式 0：上拉 / 下拉，1：三态

在功耗模式 PM1、PM2 和 PM3 上，I/O 引脚保持在进入 PM1/PM2/PM3 时设置的 I/O 模式和输出值。

2.4.4　通用 I/O 中断

通用 I/O 引脚设置为输入后，可以用于产生中断。中断可以设置在外部信号的上升或下降沿触发。每个 P0、P1 和 P2 口的各位都可以中断使能，整个口中所有的位也可以中断使能。P0、P1、P2 口对应的寄存器分别为 IEN0、IEN1 和 IEN2。

（1）IEN0.P0IE：P0 中断使能（Interrupt Enable 0），如表 2.17 所示。

表 2.17　IEN0.P0IE：P0 中断使能

位	名　称	复　位	读 / 写	描　述
7	EA	0	R/W	总中断
6	–	0	R/W	未用
5	STIE	0	R/W	睡眠定时器中断 0：中断禁止；1：中断使能
4	RNCIE	0	R/W	AES 加密 / 解密中断 0：中断禁止；1：中断使能

位	名　称	复　位	读／写	描　述
3	URX1IE	0	R/W	USART1 RX 中断 0：中断禁止；1：中断使能
2	URX0IE	0	R/W	USART0 RX 中断 0：中断禁止；1：中断使能
1	ADCIE	0	R/W	ADC 中断 0：中断禁止；1：中断使能
0	RFERRIE	0	R/W	RF TX/RX FIFO 中断 0：中断禁止；1：中断使能

（2）IEN1.P1IE：P1 中断使能（Interrupt Enable 1），如表 2.18 所示。

表 2.18　IEN1.P1IE：P1 中断使能

位	名　称	复　位	读／写	描　述
7:6	—	00	R0	未用
5	P0IE	0	R/W	端口 0 中断 0：中断禁止；1：中断使能
4	T4IE	0	R/W	定时器 4 中断 0：中断禁止；1：中断使能
3	T3IE	0	R/W	定时器 3 中断 0：中断禁止；1：中断使能
2	T2IE	0	R/W	定时器 2 中断 0：中断禁止；1：中断使能
1	T1IE	0	R/W	定时器 1 中断 0：中断禁止；1：中断使能
0	DMAIE	0	R/W	DMA 传输中断 0：中断禁止；1：中断使能

（3）IEN2.P2IE：P2 中断使能（Interrupt Enable 2），如表 2.19 所示。

表 2.19　IEN2.P2IE：P2 中断使能

位	名　称	复　位	读／写	描　述
7:6	—	00	R0	未用
5	WDTIE	0	R/W	看门狗定时器中断 0：中断禁止；1：中断使能
4	P1IE	0	R/W	端口 1 中断 0：中断禁止；1：中断使能

续表

位	名　称	复　位	读 / 写	描　述
3	UTX1IE	0	R/W	USART 1 TX 中断 0：中断禁止；1：中断使能
2	UTX0IE	0	R/W	USART 0 TX 中断 0：中断禁止；1：中断使能
1	P2IE	0	R/W	端口 2 中断 0：中断禁止；1：中断使能
0	RFIE	0	R/W	RF 一般中断 0：中断禁止；1：中断使能

　　除了这些公共中断使能之外，每个口的各位都可以通过位于 I/O 口的特殊功能寄存器 P0IEN、P1IEN 和 P2IEN 实现中断使能。当它们被使能时，即使这些 I/O 引脚被配置为外设 I/O 或者通用输出，也能产生中断。

　　当一个中断条件发生在任意一个 I/O 引脚上，P0 ～ P2 中断标志寄存器里相应的中断状态标志 P0IFG、P1IFG 或 P2IFG 将被置为 1。中断状态标志的设置不考虑是否该引脚有它自己的中断使能设置。如果一个中断服务的中断状态标志通过写 0 到该标志而被清除，那么该标志必须在清除 CPU 端口中断标志（PxIF）之前被清除。

　　（4）用于中断的 I/O 特殊功能寄存器如下，详细介绍如表 2.20 所示。

- P0IEN：P0 中断使能。
- P1IEN：P1 中断使能。
- P2IEN：P2 中断使能。

表 2.20　PxIEN：端口 0、1、2 中断使能寄存器（Port x Interrupt Enable）

位	名　称	复　位	读 / 写	描　述
	P0IEN（0xAB）——端口 0 中断使能			
7:0	P0_[7:0] IEN	0x00	R/W	端口 P0.7 到 P0.0 中断使能 0：中断禁止，1：中断使能
	P1IEN（0x8D）——端口 1 中断使能			
7:0	P1_[7:0] IEN	0x00	R/W	端口 P1.7 到 P1.0 中断使能 0：中断禁止，1：中断使能
	P2IEN（0xAC）——端口 2 中断使能			
7:6	—	00	R0	未使用
5	DPIEN	0	R/W	USB D+ 中断使能
4:0	P2_[4:0] IEN	0 0000	R/W	端口 P2.4 到 P2.0 中断使能 0：中断禁止，1：中断使能

　　（5）PICTL：P0、P1 和 P2 中断触发沿配置，如表 2.21 所示。

表 2.21　PICTL：中断控制寄存器（Port Interrupt Control）

位	名　　称	复　　位	读 / 写	描　　述
P1CTL（0x8C）——中断触发沿控制				
7	PADSC	0	R/W	控制 I/O 引脚在输出模式的驱动能力。为 DVDD 引脚上电压占低选择输出驱动能力增强（以此确保高 / 低电压情况下的驱动能力一样） 0：最小驱动能力增强。DVDD1/2 等于或大于 2.6V 1：最大驱动能力增强。DVDD1/2 小于 2.6V
6:4	—	000	R0	未使用
3	P2ICON	0	R/W	端口 2，P24 ～ P20 输入模式下的中断配置。该位为端口 P2.4 ～ 2.0 的输入选择中断请求条件 0：输入的上升沿引起中断 1：输入的下升沿引起中断
2	P1ICONH	0	R/W	端口 1，P1.7 ～ P1.4 输入模式下的中断配置。该位为端口 1.7 ～ 1.4 的输入选择中断请求条件 0：输入的上升沿引起中断 1：输入的下升沿引起中断
1	P1ICONL	0	R/W	端口 1，P1.3 ～ P1.0 输入模式下的中断配置。该位为端口 1.3 ～ 1.0 的输入选择中断请求条件 0：输入的上升沿引起中断 1：输入的下升沿引起中断
0	P0ICON	0	R/W	端口 0，P0.7 ～ P0.0 输入模式下的中断配置。该位为所有端口 0 的输入选择中断请求条件 0：输入的上升沿引起中断 1：输入的下升沿引起中断

（6）P0IFG：P0、P1 和 P2 中断标志，如表 2.22 所示。

表 2.22　PxIFG：端口 0、1、2 中断状态标志寄存器

位	名　　称	复　　位	读 / 写	描　　述
P0IFG（0x89）——端口 0 中断状态标志				
7:0	P0IF[7:0]	0x00	R/W0	端口 0，位 7 ～位 0 输入中断状态标志。当输入口的一个引脚上有中断请求未决信号时，其对应的标志位将置 1
P1IFG（0x8A）——端口 1 中断状态标志				
7:0	P1IF[7:0]	0x00	R/W0	端口 1，位 7 ～位 0 输入中断状态标志。当输入口的一个引脚上有中断请求未决信号时，其对应的标志位将置 1
P2IFG（0x8B）——端口 2 中断状态标志				
7:6	—	00	R0	未使用

续表

位	名　　称	复　　位	读 / 写	描　　述
5	DPIF	0	R/W0	USB D+ 中断使能状态标志。当 D+ 线有一个中断请求未决信号时，该标志位置 1，用于检测 USB 挂起状态下的 USB 恢复事件。当 USB 控制器没有挂起时该标志为 0
4:0	P2IF[4:0]	00000	R/W0	端口 2，位 4 ～位 0 输入中断状态标志。当输入口的一个引脚上有中断请求未决信号时，其对应的标志位将置 1

（7）中断处理。

当中断发生时，CPU 就指向表 2.7 所示的中断向量地址。一旦中断服务开始，就只能够被更高优先级的中断打断；中断服务程序由中断指令 RETI（从中断指令返回）终止。当 RETI 执行时，CPU 将返回到中断发生时的下一条指令。

当中断发生时，不管该中断使能或禁止，CPU 都会在中断标志寄存器中设置中断标志位。当中断使能时，首先设置中断标志，然后在下一个指令周期，由硬件强行产生一个 LCALL 到对应的向量地址，运行中断服务程序。

新中断的响应，取决于该中断发生时 CPU 的状态。当 CPU 正在运行的中断服务程序，其优先级大于或等于新的中断时，新的中断暂不运行，直至新的中断优先级高于正在运行的中断服务程序。中断响应的时间取决于当前的指令，最快的为 7 个机器指令周期。其中，一个机器指令周期用于检测中断，其余 6 个用来执行 LCALL。

注意：如果一个中断被禁止且中断标志被轮询，8051 汇编指令 JBC 不得用于轮询中断标志，并且当它置位时要清除它。如果使用 JBC 来轮询中断标志，中断标志可能立即重新生效，IRCON 中断如表 2.23 和表 2.24 所示。

表 2.23　IRCON（0xC9）——中断标志 4

位	名　　称	复　　位	读 / 写	描　　述
7	STIF	0	R/W	睡眠定时器中断标志 0：中断未挂起，1：中断挂起
6	—	0	R/W	必须写 0，写 1 将总是使能中断源
5	P0IF	0	R/W	端口 0 中断标志 0：中断未挂起，1：中断挂起
4	T4IF	0	R/W 1→0	定时器 4 中断标志。当定时器 4 中断产生时置为 1，当 CPU 指向中断服务程序时清除 0：中断未挂起，1：中断挂起
3	T3IF	0	R/W 1→0	定时器 3 中断标志。当定时器 3 中断产生时置为 1，当 CPU 指向中断服务程序时清除 0：中断未挂起，1：中断挂起
2	T2IF	0	R/W 1→0	定时器 2 中断标志。当定时器 2 中断产生时置为 1，当 CPU 指向中断服务程序时清除 0：中断未挂起，1：中断挂起

续表

位	名　称	复　位	读 / 写	描　述
1	T1IF	0	R/W 1 → 0	定时器 1 中断标志。当定时器 1 中断产生时置为 1，当 CPU 指向中断服务程序时清除 0：中断未挂起，1：中断挂起
0	DMAIF	0	R/W	DMA 完全中断标志 0：中断未挂起，1：中断挂起

表 2.24　IRCON2（0xE8）——中断标志 5

位	名　称	复　位	读 / 写	描　述
7:5	—	000	R/W	不使用
4	WDTIF	0	R/W	看门狗定时器中断标志 0：中断未挂起，1：中断挂起
3	P1IF	0	R/W	端口 1 中断标志 0：中断未挂起，1：中断挂起
2	UTX1IF	0	R/W	USART1 发送中断标志 0：中断未挂起，1：中断挂起
1	UTX0IF	0	R/W	USART0 发送中断标志 0：中断未挂起，1：中断挂起
0	P2IF	0	R/W	端口 2 中断标志 0：中断未挂起，1：中断挂起

2.4.5　通用 I/O DMA

当用作通用 I/O 引脚时，每个 P0 和 P1 口都关联一个 DMA 触发。对于 P0 口 DMA 的触发为 IOC_0，对于 P1 口 DMA 的触发为 IOC_1，如表 2.25 所示。

当 P0 口某个引脚上出现中断时，IOC_0 触发被激活；当 P1 口某个引脚上出现中断时，IOC_1 触发被激活。

表 2.25　DMA 触发源

DMA 触发		功 能 单 位	描　述
序　号	名　称		
0	NONE	DMA	无触发，设置 DMAREQ.DMAREQx 位，开始传送
1	PREV	DMA	DMA 通道因前一个通道完成而触发
2	T1_CH0	定时器 1	定时器 1，比较，通道 0
3	T1_CH1	定时器 1	定时器 1，比较，通道 1
4	T1_CH2	定时器 1	定时器 1，比较，通道 2

续表

DMA 触发		功能单位	描　述
序　号	名　　称		
5	T2_EVENT1	定时器 2	定时器 2，事件脉冲 1
6	T2_EVENT2	定时器 2	定时器 2，事件脉冲 2
7	T3_CH0	定时器 3	定时器 3，比较，通道 0
8	T3_CH1	定时器 3	定时器 3，比较，通道 1
9	T4_CH0	定时器 4	定时器 4，比较，通道 0
10	T4_CH1	定时器 4	定时器 4，比较，通道 1
11	ST	睡眠定时器	睡眠定时器比较
12	IOC_0	I/O 控制器	端口 0 的 I/O 引脚转换，使用该触发源必须结合端口中断使能位
13	IOC_1	I/O 控制器	端口 1 的 I/O 引脚转换，使用该触发源必须结合端口中断使能位
14	URX0	USART0	USART0RX 完成
15	UTX0	USART0	USART0TX 完成
16	URX1	USART1	USART1RX 完成
17	UTX1	USART1	USART1TX 完成
18	FLASH	Flash 控制器	完成写 Flash 数据
19	RADIO	无线	RF 数据包字节接收完毕
20	ADC_CHALL	ADC	ADC 结束一次转换，采样已经准备好
21	ADC_CH11	ADC	ADC 结束通道 0 的一次转换，采样已经准备好
22	ADC_CH21	ADC	ADC 结束通道 1 的一次转换，采样已经准备好
23	ADC_CH32	ADC	ADC 结束通道 2 的一次转换，采样已经准备好
24	ADC_CH42	ADC	ADC 结束通道 3 的一次转换，采样已经准备好
25	ADC_CH53	ADC	ADC 结束通道 4 的一次转换，采样已经准备好
26	ADC_CH63	ADC	ADC 结束通道 5 的一次转换，采样已经准备好
27	ADC_CH74	ADC	ADC 结束通道 6 的一次转换，采样已经准备好
28	ADC_CH84	ADC	ADC 结束通道 7 的一次转换，采样已经准备好
29	ENC_DW	AES	AES 加密处理器请求下载输入数据
30	ENC_UP	AES	AES 加密处理器请求上传输出数据
31	DBG_BW	调试接口	调试接口突发写

2.4.6　外部设备 I/O

　　数字 I/O 引脚配置为外部设备 I/O 引脚，是通过外部设备控制寄存器 PERCFG（0xF1）的设置而配置的，如表 2.26 所示。

表 2.26　外部设备控制寄存器（Peripheral Control）

位	名　称	复　位	读/写	描　述
7	—	0	R0	未使用
6	T1CFG	0	R/W	定时器 1 的 I/O 位置 0：选择到位置 1；1：选择到位置 2
5	T3CFG	0	R/W	定时器 3 的 I/O 位置 0：选择到位置 1；1：选择到位置 2
4	T4CFG	0	R/W	定时器 4 的 I/O 位置 0：选择到位置 1；1：选择到位置 2
3:2	—	00	R0	未使用
1	U1CFG	0	R/W	USART1 的 I/O 位置 0：选择到位置 1；1：选择到位置 2
0	U0CFG	0	R/W	USART0 的 I/O 位置 0：选择到位置 1；1：选择到位置 2

对于 USART 和定时器 I/O，选择数字 I/O 引脚上的外部设备 I/O 功能，需要将对应的寄存器位 PxSEL 置 1。

2.4.7　USART 寄存器

通用同步/异步串行接收/发送器（Universal Synchronous/Asynchronous Receiver/Transmitter，USART），对于每个 USART，有以下 5 个寄存器（x 是 USART 的编号，为 0 或者 1），具体使用方法详见 CC253x 用户指南。

（1）UxCSR：USARTx 控制和状态寄存器（USART x Control and Status）。

（2）UxUCR：USARTx UART 控制。

（3）UxGCR：USARTx 通用控制寄存器（USART x Generic Control）。

（4）UxDBUF：收/发数据缓冲器（USARTx Receive/Transmit Data Buffer）。

（5）UxBAUD：USARTx 波特率控制寄存器（USARTx Baud-Rate Control）。

2.4.8　电源管理寄存器

电源管理寄存器包括睡眠模式控制命令寄存器和睡眠模式控制状态寄存器。

（1）睡眠模式控制命令寄存器（Sleep-Mode Control Command），如表 2.27 所示。

表 2.27　SLEEPCMD（0xBE）——睡眠模式控制命令

位	名　称	复　位	读 / 写	描　述
7	OSC32K_CALDOS	0	R/W	禁止 32kHz RC 振荡器校准 0：32kHz RC 振荡器校准使能 1：32kHz RC 振荡器校准禁止 可以随时对该位进行设置，但是直到 16MHz 高频 RC 振荡器被选作为系统时钟的时钟源，该位才能生效
6:3	—	000 0	R0	保留
2	—	1	R/W	保留。总是写为 1
1:0	MODE[1：0]	00	R/W	功耗模式设置 00：主动 / 空闲模式；01：功耗模式 1 10：功耗模式 2；11：功耗模式 3

（2）睡眠模式控制状态寄存器（Sleep-Mode Control Status），如表 2.28 所示。

表 2.28　SLEEPSTA（0x9D）——睡眠模式控制状态

位	名　称	复　位	读 / 写	描　述
7	OSC32K_CALDOS	0	R	32kHz RC 振荡器校准状态 SLEEPSTA.OSC32K_CALDIS 显示了禁用 32kHz RC 振荡器校准的当前状态。在芯片运行于 32kHz RC 振荡器之前，该位的值不能与 SLEEPCMD.OSC32K_CALDIS 的值相同。可以随时对该位进行设置，但是直到 16MHz 高频 RC 振荡器被选作为系统时钟的时钟源，该位才能生效
6:5	—	00	R	保留
4:3	RST[1：0]	XX	R	表示最后复位的状态位。如果有多个复位，寄存器将只包含组后事件 00：上电复位和掉电检测；01：外部复位 10：看门狗定时器复位；11：时钟丢失复位
2:1	—	00	R	保留
0	CLK32K	0	R	32kHz 时钟信号（与系统时钟同步）

2.4.9　时钟寄存器

时钟寄存器有时钟控制命令寄存器和时钟控制状态寄存器。

（1）时钟控制命令寄存器（Clock Control Command），如表 2.29 所示。

表 2.29　CLKCONCMD（0xC6）——时钟控制命令

位	名　称	复　位	读/写	描　述
7	OSC32K	1	R/W	32kHz 时钟源选择 0：32kHz 晶体振荡器；1：32kHz RC 振荡器
6	OSC	1	R/W	系统时钟源选择 0：32MHz 晶体振荡器；1：16MHz 高频 RC 振荡器
5:3	TICKSPD[2：0]	001	R/W	当前定时器 tick 输出设置。不能高于由 OSC 设置位设置的系统时钟设置 000：32MHz；001：16MHz；010：8MHz；011：4MHz 100：2MHz；101：1MHz；110：500kHz；111：250kHz
2:0	CLKSPD	001	R/W	时钟速度。不能高于由 OSC 设置位设置的系统时钟设置。提示当前系统时钟频率 000：32MHz；001：16MHz；010：8MHz；011：4MHz 100：2MHz；101：1MHz；110：500kHz；111：250kHz

（2）时钟控制状态寄存器（Clock Control Status），如表 2.30 所示。

表 2.30　CLKCONSTA（0x9E）——时钟控制状态

位	名　称	复　位	读/写	描　述
7	OSC32K	1	R	当前所选择的 32kHz 时钟源 0：32kHz 晶体振荡器；1：32kHz RC 振荡器
6	OSC	1	R	当前所选择的系统时钟 0：32MHz 晶体振荡器；1：16MHz 高频 RC 振荡器
5:3	TICKSPD[2：0]	001	R	当前定时器 tick 输出设置 000：32MHz；001：16MHz；010：8MHz；011：4MHz 100：2MHz；101：1MHz；110：500kHz；111：250kHz
2:0	CLKSPD	001	R	当前时钟速度 000：32MHz；001：16MHz；010：8MHz；011：4MHz 100：2MHz；101：1MHz；110：500kHz；111：250kHz

2.4.10　看门狗定时器控制寄存器（Watchdog Timer Control）

看门狗定时器控制寄存器 WDCTL，如表 2.31 所示。

表 2.31　WDCTL（0xC0）——看门狗定时器控制

位	名　称	复　位	读/写	描　述
7:4	CLR[3：0]	0000	R/W	清除定时器。在看门狗模式，当 0xA 和 0x5 相继被写到这些位时，定时器被清除（定时器加载 0）

续表

位	名　称	复　位	读／写	描　述
3:2	MODE[1：0]	00	R/W	模式选择 00：IDLE；01：IDLE（位使用，相当于设置为 00） 10：看门狗模式；11：定时器模式
1:0	INT[1：0]	00	R/W	定时器间隔选择。这些位选择定时器间隔，它定义为 32kHz 振荡器周期为一个给定数 00：运行 32kHz 晶体振荡器时，时钟周期 ×32.768（～1s） 01：时钟周期 ×8192（～0.25s） 10：时钟周期 ×512（～15.625ms） 11：时钟周期 ×64（～1.9ms）

2.4.11　ADC 寄存器

ADC 支持多达 14 位模数转换，有效位数（ENOB）多达 12 位。ADC 包含一个具有多达 8 个独立配置通道的模拟多路转换器和参考电压发生器，并且通过 DMA 将转换结果写入存储器。具有多种运行模式。ADC 的主要特征如下：

- 可选的采样率，可设置分辨率（7～12 位）。
- 8 个独立的输入通道，单端或差分。
- 参考电压可选为内部、外部单端、外部差分或 AVDD5。
- 中断请求产生。
- 转换结束时 DMA 触发。
- 温度传感器输入。
- 电池测量能力。

1. ADC 输入

当使用 ADC 时，端口 0 引脚必须配置为 ADC 输入。ADC 输入最多可以使用 8 个，这些端口引脚将被称为 AIN0～AIN7 引脚。输入引脚 AIN0～AIN7 连接到 ADC。为了配置端口 0 的引脚为 ADC 输入，寄存器 APCCFG 的对应位必须设置为 1。该寄存器的默认值为选择端口 0 的引脚为非 ADC 输入，即数字输入／输出。

可以把输入配置为单端或差分输入。在选择差分输入的情况下，差分输入包括输入对 AIN0～1、AIN2～3、AIN4～5 和 AIN6～7。注意，这些引脚不能使用负电源，或者大于 VDD（未校准电源）的电源。

除了输入引脚 AIN0～AIN7，片上温度传感器的输出也可以选择作为用于温度测量的 ADC 输入。为了实现作为温度测量的 ADC 输入，寄存器 TR0.ADCTM 和 ATEST. ATESTCTRL 必须分别进行设置。

还可以选择一个对应 AVDD5/3 的电压作为 ADC 输入。这个输入允许实现例如要求电池监测功能的应用。注意，这种情况下的参考电压不能由电池电压决定，例如，AVDD5 电压不能作为参考电压。

单端输入 AIN0 ~ AIN7 以通道号码 0 ~ 7 表示。通道号码 8 ~ 11 表示由 AIN0 ~ AIN1、AIN2 ~ AIN3、AIN4 ~ AIN5 和 AIN6 ~ AIN7 组成的差分输入。通道号码 12 ~ 15 分别表示 GND（12）、温度传感器（14）和 AVDD5/3（15）。这些值在 ADCCON2.SCH 和 ADCCON3.SCH 域中使用。

ADC 可以配置为使用通用 I/O 引脚 P2.0 作为一个外部触发来开始转换。当 P2.0 用于 ADC 外部触发时，它必须配置为在输入模式下的通用 I/O。

2. ADC 运行模式

ADC 具有 3 个控制寄存器，即 ADCCON1、ADCCON2 和 ADCCON3。这些寄存器用于配置 ADC 和报告状态。

（1）ADCCON1 控制寄存器如表 2.32 所示，其中 ADCCON1.EOC 位是一个状态位，当一个转换结束时该位置 1，当读取 ADCH 时，清除该位；ADCCON1.ST 位用于启动一个转换序列。当该位置 1，ADCCON1.STSEL 位为 11，且当前没有正在进行的转换时，将启动一个序列。当这个序列转换完成，该位就自动清除；ADCCON1.STSEL 位选择哪个事件将启动一个新的转换序列。可以被选择的事件选项有：外部引脚 P2.0 上的上升沿，前一个序列的结束，定时器 1 通道 0 比较事件或 ADCCON1.ST 置 1。

表 2.32　ADCCON1（0xB4）——ADC 控制 1

位	名　　称	复　　位	读/写	描　　述
7	EOC	0	R/H0	转换结束。当 ADCH 被读取时清除。如果在前一个数据被读取之前，已经完成了一个新的转换，该位保持为高 0：转换未完成；1：转换完成
6	ST	0	R/W1	开始转换。在转换完成之前都读为 1 0：没有进行中的转换 1：如果 ADCCON1.STSEL=11 且没有序列正在进行转换，就启动一个转换序列
5:4	STSEL[1：0]	11	R/W1	启动选择。选择哪个事件将启动一个新的转换序列 00：P2.0 引脚上的外部触发；　01：全速。不等待触发 10：定时器 1 通道 0 比较事件；　11：ADCCON1.ST=1
3:2	RCTRL[1：0]	00	R/W	控制 16 位随机数发生器。如果写为 01，当操作完成后该设置将自动返回到 0x00 00：正常运行；01：同步 LFSR 一次 10：保留；11：停止，随机数发生器关闭
1:0	—	11	R/W	未使用。总是置为 11

（2）ADCCON2 控制寄存器如表 2.33 所示，其中 ADCCON2.SREF 用于选择基准电压。只有在没有转换进行的时候才能改变基准电压；ADCCON2.SDIV 位选择抽取率，因此也设置了分辨率、完成一个转换所需的时间和采样率。只有在没有转换进行的时候才能改变抽取率。

表 2.33　ADCCON2（0xB6）——ADC 控制 2

位	名　称	复　位	读 / 写	描　述
7:6	SREF[1：0]	00	R/W	选择用于转换序列的基准电压 00：内部基准；01：AIN7 引脚上的外部基准 10：AVDD5 引脚；11：AIN6-AIN7 差分输入上的外部基准
5:4	SDIV[1：0]	01	R/W	为包含在转换序列里的通道选择抽取率。抽取率也决定了分辨率和完成一个转换所需的时间 00：64 抽取率（7 位分辨率）；01：128 抽取率（9 位分辨率） 10：256 抽取率（10 位分辨率）；11：512 抽取率（12 位分辨率）
3:0	SCH[3：0]	0000	R/W	序列通道选择 0000：AIN0；0001：AIN1；0010：AIN2；0011：AIN3 0100：AIN4；0101：AIN5；0110：AIN6；0111：AIN7 1000：AIN0-AIN1；1001：AIN2-AIN3；1010：AIN4-AIN5 1011：AIN6-AIN7；1100：GND；1101：保留 1110：温度传感器；1111：VDD/3

（3）ADCCON3 寄存器控制单个转换的通道号码、基准电压和抽取率。在 ADCCON3 寄存器更新后，立即进行单个转换；或者如果有一个转换序列正在进行，那么在这个转换序列完成后立即进行单个转换。该寄存器位的编码与 ADCCON2 是完全一样的。一个序列的最后一个通道由 ADCCON2.SCH 位选择。ADCCON3 寄存器如表 2.34 所示。

表 2.34　ADCCON3（0xB6）——ADC 控制 3

位	名　称	复　位	读 / 写	描　述
7:6	EREF[1：0]	00	R/W	选择用于单个转换的基准电压 00：内部基准；01：AIN7 引脚上的外部基准 10：AVDD5 引脚；11：AIN6-AIN7 差分输入上的外部基准
5:4	EDIV[1：0]	00	R/W	为单个转换选择抽取率 00：64 抽取率（7 位分辨率）；01：128 抽取率（9 位分辨率） 10：256 抽取率（10 位分辨率）；11：512 抽取率（12 位分辨率）
3:0	ECH[3：0]	0000	R/W	单个通道选择 0000：AIN0；0001：AIN1；0010：AIN2；0011：AIN3 0100：AIN4；0101：AIN5；0110：AIN6；0111：AIN7 1000：AIN0-AIN1；1001：AIN2-AIN3；1010：AIN4-AIN5 1011：AIN6-AIN7；1100：GND；1101：保留 1110：温度传感器；1111：VDD/3

2.4.12　定时器 1

定时器 1 是一个支持典型定时器 / 计数器功能（比如输入捕获、输出比较和 PWM 功能）

的独立 16 位定时器，它有 5 个独立的捕获 / 比较通道，每个通道使用一个 I/O 引脚。5 个
通道具备正计数 / 倒计数模式，该定时器广泛用于控制和测量方面。

1. 定时器 1 的特征

定时器 1 的特征如下：

- 5 个捕获 / 比较通道。
- 上升沿、下降沿或任何边沿输入捕获。
- 设置、清除或切换输出比较。
- 自由运行、模或正计数 / 倒计数操作。
- 1、8、32 或 128 时钟分频。
- 在每个捕获 / 比较和最终计数上产生中断请求。
- DMA 触发功能。

当指派若干外部设备到端口 0 时，由 P2DIR.PRIP0 选择其优先顺序。当设置为 10 时，
定时器 1 通道 0～1 优先，设置为 11 时，定时器 1 通道 2～3 优先。

当指派若干外部设备到端口 1 时，由 P2SEL.PRI1P1 和 P2SEL.PRI0P1 选择其优先顺序。
当 P2SEL.PRI1P1 设置为 0 而 P2SEL.PRI0P1 设置为 1 时，定时器 1 通道优先。

2. 定时器 1 中断

为定时器 1 分配了一个中断向量。当下面任何一个定时器事件发生时，将产生一个中
断请求：

- 计数器达到最终计数值（溢出或者在 0 附近）。
- 输入捕获事件。
- 输出比较事件。

定时器状态寄存器 T1STAT 包含最终计数值事件中断标志，以及 5 个通道的比较 / 捕
获事件的中断标志。只有在设置 IEN1.T1EN 且相应的中断屏蔽位置位时才能产生一个中
断请求。通道 n 的中断屏蔽位为 T1CCTLn.IM，溢出事件的中断屏蔽位为 TIMIF.OVFIM。
如果有其他未决中断，在产生一个新的中断请求之前，必须通过软件清除相应的中断标志。
此外，如果相应的中断标志置位，使能一个中断屏蔽位将产生一个新的中断请求。

3. 定时器 1 寄存器

（1）T1CNTH——定时器 1 计数高位。

（2）T1CNTL——定时器 1 计数低位。

（3）T1CTL——定时器 1 控制（Timer 1 Control），如表 2.35 所示。

表 2.35　T1CTL（0xB4）——定时器 1 控制

位	名　　称	复　　位	读 / 写	描　　述
7:4	—	0000 0	R0	保留
3:2	DIV[1：0]	00	R/W	预分频划分值。产生有效时钟边沿来更新计数器如下 00：Tick 频率 /1；01：Tick 频率 /8 10：Tick 频率 /32；11：Tick 频率 /128

位	名　称	复　位	读/写	描　述
1:0	MODE[1：0]	00	R/W	定时器 1 模式选择。定时器操作模式的选择如下 00：暂停模式 01：自由运行，从 0x0000 到 0xFFFF 反复计数 10：模，从 0x0000 到 T1CC0 反复计数 11：正计数/倒计数，从 0x0000 到 T1CC0，再从 T1CCO 倒计数到 0x0000，反复计数

（4）T1STAT——定时器 1 状态。

（5）T1CCTLn——定时器 1 通道 n 捕获/比较控制（Timer 1 Channel n Capture/Compare Control），如表 2.36 和表 2.37 所示。

表 2.36　T1CCTL0（0xE5）——定时器 1 通道 0 捕获/比较控制

位	名　称	复　位	读/写	描　述
7	RFIRQ	0	R/W	当选位为 1 时，使用 RF 中断来捕获而不是常规捕获输入
6	IM	1	R/W	通道 0 中断使能，置位时使能中断请求
5:3	CMP[2：0]	000	R/W	通道 0 比较模式选择。当定时器值等于 T1CC0 中的比较值，选择输出上的动作 000：在比较上设置输出；001：在比较上清除输出 010：在比较上切换输出 011：在正计数比较上设置输出，在 0 上清除输出 100：在正计数比较上清除输出，在 0 上设置输出 101：未使用；110：未使用 111：初始化输出引脚，CMP[2：0] 不变
2	MODE	0	R/W	模式。选择定时器 1 通道 0 捕获或比较模式 0：捕获模式；1：比较模式
1:0	CAP[1：0]	00	R/W	通道 0 捕获模式选择 00：不捕获；01：在上升沿捕获 10：在下降沿捕获；11：在两种边沿上都捕获

表 2.37　T1CCTL1（0xE6）——定时器 1 通道 1 捕获/比较控制

位	名　称	复　位	读/写	描　述
7	RFIRQ	0	R/W	当选位为 1 时，使用 RF 中断来捕获而不是常规捕获输入
6	IM	1	R/W	通道 1 中断屏蔽。置位时使能中断请求

位	名　称	复　位	读 / 写	描　述
5:3	CMP[2：0]	000	R/W	通道 1 比较模式选择。当定时器值等于 T1CC1 中的比较值，选择输出上的动作 000：在比较上设置输出；001：在比较上清除输出 010：在比较上切换输出；011：在正计数 / 倒计数模式，在正计数比较上设置输出，在倒计数比较上清除输出。否则在比较上设置输出，在 0 上清除输出 100：在正计数 / 倒计数模式，在正计数比较上清除输出，在倒计数比较上设置输出。否则在比较上清除输出，在 0 上设置输出 101：等于 T1CC0 时清除输出，等于 T1CC1 时设置输出 110：等于 T1CC0 是设置输出，等于 T1CC1 时清除输出 111：初始化输出引脚，CMP[2：0] 不变
2	MODE	0	R/W	模式。选择定时器 1 通道 1 捕获或比较模式 0：捕获模式；1：比较模式
1:0	CAP[1：0]	00	R/W	通道 1 捕获模式选择 00：不捕获；01：在上升沿捕获 10：在下降沿捕获；11：在两种边沿上都捕获

（6）T1CCnH——定时器 1 通道 n 捕获 / 比较值高位（Timer 1 Channel n Capture/Compare Value, High）。

（7）T1CCnL——定时器 1 通道 n 捕获 / 比较值低位（Timer 1 Channel n Capture/Compare Value, Low）。

2.4.13　定时器 3 和定时器 4（8 位定时器）

定时器 3 和定时器 4 是两个 8 位定时器。这两个定时器有两个独立的捕获 / 比较通道，每个通道使用一个 I/O 引脚。

（1）定时器 3 和定时器 4。

定时器 3 和定时器 4 的特征如下：

- 两个捕获 / 比较通道。
- 设置、清除或切换输出比较。
- 进行 1、2、4、8、16、32、64、128 时钟分频。
- 在每次捕获 / 比较和最终计数事件发生时产生中断请求。
- DMA 触发功能。

（2）8 位定时器计数器。

定时器 3 和定时器 4 所有的定时器功能都是基于 8 位计数器建立的。计数器在每个有效时钟边沿递增或递减。有效时钟边沿周期由寄存器位 CLKCONCMD.TICKSPD[2：0] 定义，它由 TxCTL.DIV[2：0]（x 指定时器 3 或 4）设定的分频值进一步划分。计数器可以作为自由运行计数器、倒计数器、模计数器或正计数 / 倒计数器运行。

可以通过 SFR 寄存器 TxCNT（x 指定时器 3 或 4）读取 8 位计数器值。

用 TxCTL 控制寄存器设置可以清除和停止该计数器。当 TxCTL.START 写入 1 时，计数器开始运行。如果 TxCTL.START 写入 0，计数器在写入该值的时候停止。

（3）定时器 3 和定时器 4 中断。

为定时器 3 和定时器 4 各分配了一个中断向量 T3 和 T4。当下面任何一个定时器事件发生时，将产生一个中断请求：

- 计数器达到最终计数值。
- 比较事件。
- 捕获事件。

SFR 寄存器位 TIMIF 包含了定时器 3 和定时器 4 的所有中断标志。寄存器位 TIMIF.TxOVFIF 和 TIMIF.TxCHnIF 分别包含 2 个最终计数值事件的中断标志，以及 4 个通道比较事件。只有相应的中断屏蔽位置位时才能产生一个中断请求。如果有其他未决中断，在产生一个新的中断请求之前，必须通过 CPU 清除相应的中断标志。此外，如果相应的中断标志置位，使能一个中断屏蔽位将产生一个新的中断请求。

（4）定时器 3 控制寄存器（Timer 3 Control）。

当指派若干外部设备到端口 1 时，由 P2SEL.PRI2P1 和 P2SEL.PRI3P1 选择其优先顺序。当这两位都设置为 1 时，定时器 3 通道优先。如果 P2SEL.PRI2P1 设置为 1，P2SEL.PRI3P1 设置为 0，定时器 3 通道的优先级高于 USART1，但是 USART0 的优先级高于定时器 3，自然也高于 USART1，如表 2.38 所示。

表 2.38　T3CTL（0xCB）——定时器 3 控制

位	名　称	复　位	读 / 写	描　述
7:5	DIV[2: 0]	000	R/W	预分频划分值。产生有效时钟边沿用于来自 CLKCONCMD. TICKSPD 的定时器时钟如下 000：Tick 频率 /1；　001：Tick 频率 /2 010：Tick 频率 /4；　011：Tick 频率 /8 100：Tick 频率 /16；　101：Tick 频率 /32 110：Tick 频率 /64；　111：Tick 频率 /128
4	START	0	R/W	启动定时器。置位时正常运行，清除时暂停
3	OVFLM	1	R/W0	溢出中断屏蔽 0：禁止中断；1：使能中断
2	CLR	0	R0/W1	清除计数器。写 1 复位计数器为 0x00，并且初始化所有相关通道的输出引脚。总是读为 0
1:0	MODE[1: 0]	0	R/W	定时器 3 模式。模式的选择如下 00：自由运行，从 0x00 到 0xFF 反复计数 01：倒计数，计数从 T3CC0 到 0x00 10：模，从 0x00 到 T3CC0 反复计数 11：正计数 / 倒计数，从 0x00 到 T3CC0 反复计数，从 T3CC0 倒计数到 0x00

（5）定时器 3 通道 n 捕获 / 比较控制（Timer 3 Channel n Capture/Compare Control），如表 2.39 所示。

表 2.39　T3CCTL0（0xCC）——定时器 3 通道 0 或 T3CCTL1（0xCE）
——定时器 3 通道 1 捕获 / 比较控制

位	名　　称	复　　位	读 / 写	描　　　述
7	—	0	R0	未使用
6	IM	1	R/W	通道 0 或 1 中断屏蔽 0：禁止中断；1：使能中断
5:3	CMP[2：0]	000	R/W	通道 0 或 1 比较输出模式选择。当定时器值等于 T4CC0 中的比较值时，指定输出上的动作 000：在比较上设置输出 001：在比较上清除输出 010：在比较上切换输出 011：在正计数比较上设置输出，在 0 上清除输出 100：在正计数比较上清除输出，在 0 上设置输出 101：在比较上设置输出，在 0xFF 上清除输出 110：在比较上清除输出，在 0x00 上设置输出 111：初始化输出引脚，CMP[2：0] 不变
2	MODE	0	R/W	模式。选择定时器 3 通道 0 模式 0：捕获模式；1：比较模式
1:0	CAP[1：0]	00	R/W	捕获模式选择 00：不捕获；01：在上升沿捕获 10：在下降沿捕获；11：在两种边沿上都捕获

（6）定时器 3 通道 n 捕获 / 比较值（Timer 3 Channel n Capture/Compare Value），如表 2.40 所示。

表 2.40　T3CC1（0xCF）——定时器 3 通道 1 捕获 / 比较值

位	名　　称	复　　　位	读 / 写	描　　　述
7:0	VAL[7：0]	0x00	R/W	定时器捕获 / 比较值通道 1。当 T3CCTL1.MODE=1（比较模式）时写该寄存器，导致在 T3CNT.CNT[7：0]=0x00 之前，T3CC1.VAL[7：0] 更新为写入值一直被延迟

（7）定时器 4 控制寄存器（Timer 4 Control）。

当指派若干外部设备到端口 1 时，由 P2SEL.PRI1P1 选择其优先顺序。当设置为 1 时，定时器 4 通道优先，如表 2.41 所示。

表 2.41　T4CTL（0xEB）——定时器 4 控制

位	名　称	复　位	读 / 写	描　述
7:5	DIV[2：0]	000	R/W	预分频划分值。产生有效时钟边沿用于来自 CLKCONCMD. TICKSPD 的定时器时钟如下 000：Tick 频率 /1；　001：Tick 频率 /2 010：Tick 频率 /4；　011：Tick 频率 /8 100：Tick 频率 /16；　101：Tick 频率 /32 110：Tick 频率 /64；　111：Tick 频率 /128
4	START	0	R/W	启动定时器。置位时正常运行，清除时暂停
3	OVFLM	1	R/W0	溢出中断屏蔽
2	CLR	0	R0/W1	清除计数器。写 1 复位计数器为 0x00，并且初始化所有相关通道的输出引脚。总是读为 0
1：0	MODE[1：0]	0	R/W	定时器 4 模式。模式的选择如下 00：自由运行，从 0x00 到 0xFF 反复计数 01：倒计数。计数从 T4CC0 到 0x00 10：模，从 0x00 到 T4CC0 反复计数 11：正计数 / 倒计数，从 0x00 到 T4CC0 反复计数，从 T4CC0 倒计数到 0x00

（8）T4CCTLn——定时器 4 通道 n 捕获 / 比较控制（Timer 4 Channel n Capture/Compare Control），如表 2.42 所示。

表 2.42　T4CCTL0（0xEC）——定时器 4 通道 0 或 T4CCTL1（0xEE）
——定时器 4 通道 1 捕获 / 比较控制

位	名　称	复　位	读 / 写	描　述
7	—	0	R0	未使用
6	IM	1	R/W	通道 0 中断屏蔽
5:3	CMP[2：0]	000	R/W	通道 0 比较输出模式选择。当定时器值等于 T4CC0 中的比较值，指定输出上的动作 000：在比较上设置输出 001：在比较上清除输出 010：在比较上切换输出 011：在正计数比较上设置输出，在 0 上清除输出 100：在正计数比较上清除输出，在 0 上设置输出 101：在比较上设置输出，在 0xFF 上清除输出 110：在比较上清除输出，在 0x00 上设置输出 111：初始化输出引脚，CMP[2：0] 不变

位	名　　称	复　　位	读 / 写	描　　述
2	MODE	0	R/W	模式。选择定时器 4 通道 0 模式 0：捕获模式 1：比较模式
1:0	CAP[1：0]	00	R/W	捕获模式选择 00：不捕获 01：在上升沿捕获 10：在下降沿捕获 11：在两种边沿上都捕获

2.4.14　定时器 2 寄存器

定时器 2 主要用来提供用于 802.15.4 CSMA-CA 的算法定时和 802.15.4 MAC 层上的一般计时。当定时器 2 和睡眠定时器一起使用时，即使系统进入低功耗模式，仍然提供定时功能。定时器的运行速度取决于 CLKCONSTA.CLKSPD。如果定时器 2 和睡眠定时器一起使用，时钟速度必须设置为 32MHz，为了获得精确结果，还应当使用一个外部 32kHz 晶体振荡器。

定时器 2 的主要特征如下：

- 16 位定时器正计数，提供符号（symbol）周期 16μs，帧（frame）周期 320μs。
- 周期可调，精度为 31.25ns。
- 2×16 位定时器比较功能。
- 24 位溢出计数。
- 2×24 位溢出计数比较功能。
- 帧开始定界符的捕获功能。
- 定时器的开始 / 停止与外部 32kHz 时钟同步，由睡眠定时器保持定时。
- 比较和溢出产生中断。
- DMA 触发能力。
- 通过引入延迟计数可以调整定时器值。

与定时器 2 有关的 SFR 寄存器有 10 个。

（1）T2MSEL——定时器 2 复用寄存器控制（Timer 2 Multiplex Select），如表 2.43 所示。

表 2.43　T2MSEL（0xC3）——定时器 2 复用选择

位	名　　称	复　　位	读 / 写	描　　述
7:0	—	0	R0	保留。读为 0
6:4	T2MOVFSEL	0	R/W	寄存器的值选择，当访问 T2MOVF0、T2MOVF1 和 T2MOVF2 时要修改或读取的内部寄存器 000：t2ovf（溢出计数器）；001：t2ovf_cap（溢出捕获） 010：t2ovf_per（溢出周期）；011：t2ovf_cmp1（溢出比较 1） 100：t2ovf_cmp2（溢出比较 2）；101-111：保留

位	名　称	复　位	读 / 写	描　述
3	—	0	R0	保留。读为 0
2:0	T2MSEL	0	R/W	寄存器的值选择，当访问 T2M0 和 T2M1 时要修改或读取的内部寄存器 000：t2tim（定时器计数值）；001：t2_cap（定时器捕获） 010：t2_per（定时器周期）；011：t2_cmp1（定时器比较 1） 100：t2_cmp2（定时器比较 2）；101-111：保留

（2）T2M1——定时器 2 多路复用寄存器 1（Timer 2 Multiplexed Register 1），如表 2.44 所示。

表 2.44　T2M1（0xA3）——定时器 2 多路复用寄存器 1

位	名　称	复　位	读 / 写	描　述
7:0	T2M1	0	R/W	T2MSEL.T2MSEL 的值决定一个内部寄存器的位 [15:8] 的间接返回 / 修改 T2MSEL.T2MSEL 设置为 000，读 T2M0 寄存器时，定时器值（t2tim）被锁定 T2MSEL.T2MSEL 设置为 000，读 T2M1 寄存器时，返回 T2min [15:8] 的锁定值

（3）T2M0——定时器 2 多路复用寄存器 0（Timer 2 Multiplexed Register 0），如表 2.45 所示。

表 2.45　T2M0（0xA2）——定时器 2 多路复用寄存器 0

位	名　称	复　位	读 / 写	描　述
7:0	T2M0	0	R/W	T2MSEL.T2MSEL 的值决定一个内部寄存器的位 [7:0] 的间接接返回 / 修改 T2MSEL.T2MSEL 设置为 000，T2CTRL.LATCH_MODE 设置为 0，读 T2M0 寄存器时，定时器值（t2tim）被锁定 T2MSEL.T2MSEL 设置为 000，T2CTRL.LATCH_MODE 设置为 1，读 T2M0 寄存器时，定时器值（t2tim）和溢出计数器值（t2ovf）被锁定

（4）T2MOVF2——定时器 2 复用溢出寄存器 2（Timer 2 Multiplexed Overflow Register 2），如表 2.46 所示。

表 2.46　T2MOVF2（0xA6）——定时器 2 复用溢出寄存器 2

位	名　称	复　位	读/写	描　述
7:0	T2MOVF2	0	R/W	T2MSEL.T2MOVFSEL 的值决定一个内部寄存器的位 [23:16] 的间接返回/修改 T2MSEL.T2MOVFSEL 设置为 000，读 T2MOVF2 寄存器时，返回 t2vof[23:16] 的锁定值

（5）T2MOVF1——定时器 2 复用溢出寄存器 1（Timer 2 Multiplexed Overflow Register 1），如表 2.47 所示。

表 2.47　T2MOVF1（0xA5）——定时器 2 复用溢出寄存器 1

位	名　称	复　位	读/写	描　述
7:0	T2MOVF1	0	R/W	T2MSEL.T2MOVFSEL 的值决定一个内部寄存器的位 [15:8] 的间接返回/修改 T2MSEL.T2MOVFSEL 设置为 000，读 T2MOVF1 寄存器时，返回 t2vof[15:8] 的锁定值

（6）T2MOVF0——定时器 2 复用溢出寄存器 0（Timer 2 Multiplexed Overflow Register 0），如表 2.48 所示。

表 2.48　T2MOVF0（0xA4）——定时器 2 复用溢出寄存器 0

位	名　称	复　位	读/写	描　述
7:0	T2MOVF0	0	R/W	T2MSEL.T2MOVFSEL 的值决定一个内部寄存器的位 [7:0] 的间接返回/修改 T2MSEL.T2MOVFSEL 设置为 000，T2CTRL.LATCH_MODE 设置为 0，读 T2MOVF0 寄存器时，溢出计数器值（t2ovf）被锁定 T2MSEL.T2MOVFSEL 设置为 000，T2CTRL.LATCH_MODE 设置为 1，读 T2M0 寄存器时，溢出计数器值（t2ovf）被锁定

（7）T2IRQF——定时器 2 中断标志（Timer 2 Interrupt Flags），如表 2.49 所示。

表 2.49　T2IRQF（0xA1）——定时器 2 中断标志

位	名　称	复　位	读/写	描　述
7:6	—	0	R0	保留。读为 0
5	TIMER2_OVF_COMPARE2F	0	R/W	当定时器 2 溢出计数器计数值达到 t2ovf_cmp2 设置的值时，该位置 1
4	TIMER2_OVF_COMPARE1F	0	R/W	当定时器 2 溢出计数器计数值达到 t2ovf_cmp1 设置的值时，该位置 1

位	名　称	复　位	读/写	描　述
3	TIMER2_OVF_PERF	0	R/W	当定时器 2 溢出计数器计数值等于 t2ovf_per 时，该位置 1
2	TIMER2_COMPARE2F	0	R/W	当定时器 2 计数器计数值达到 t2_cmp2 设置的值时，该位置 1
1	TIMER2_COMPARE1F	0	R/W	当定时器 2 计数器计数值达到 t2_cmp1 设置的值时，该位置 1
0	TIMER2_PERF	0	R/W	当定时器 2 计数器计数值等于 t2_per 时，该位置 1

（8）T2IRQM——定时器 2 中断屏蔽（Timer 2 Interrupt Mask），如表 2.50 所示。

表 2.50　T2IRQM（0xA7）——定时器 2 中断屏蔽

位	名　称	复　位	读/写	描　述
7:6	—	0	R0	保留。读为 0
5	TIMER2_OVF_COMPARE2M	0	R/W	使能 TIMER2_OVF_COMPARE2 中断
4	TIMER2_OVF_COMPARE1M	0	R/W	使能 TIMER2_OVF_COMPARE1 中断
3	TIMER2_OVF_PERM	0	R/W	使能 TIMER2_OVF_PER 中断
2	TIMER2_COMPARE2M	0	R/W	使能 TIMER2_COMPARE2 中断
1	TIMER2_COMPARE1M	0	R/W	使能 TIMER2_COMPARE1 中断
0	TIMER2-PERM	0	R/W	使能 TIMER2_PER 中断

（9）T2CSPCNF——定时器 2 事件接口配置（Timer 2 CSP Interface Configuration），如表 2-51 所示。

表 2.51　T2CSPCNF（0x9C）——定时器 2 事件接口配置

位	名　称	复　位	读/写	描　述
7	—	0	R0	保留。读为 0
6:4	TIMER2_EVENT2_CFG	0	R/W	选择触发一个 T2_EVENT2 脉冲的事件 000：t2_per_event；001：t2_cmp1_event 010：t2_cmp2_event；011：t2ovf_per_event 100：t2ovf_cmp1_event；101：t2ovf_cmp2_event 110：保留；111：未使用
3	—	0	R0	保留。读为 0

位	名　称	复　位	读 / 写	描　述
2:0	TEMER2_EVENT2_CFG	0	R/W	选择触发一个 T2_EVENT1 脉冲的事件 000: t2_per_event；001: t2_cmp1_event 010: t2_cmp2_event；011: t2ovf_per_event 100: t2ovf_cmp1_event；101: t2ovf_cmp2_event 110: 保留；111: 未使用

（10）T2CTRL——定时器 2 控制寄存器（Timer 2 Control Register），如表 2.52 所示。

表 2.52　T2CTRL（0x94）——定时器 2 控制寄存器

位	名　称	复　位	读 / 写	描　述
7:4	—	0	R0	保留。读为 0
3	LATCH_MODE	0	R/W	0: T2MSEL.T2MSEL=000，读 T2M0 时锁定定时器的高字节，使其准备好从 T2M1 中被读出。T2MOVF0.T2MOVFSEL=000，读 T2MOVF0 时锁定溢出计数器的两个最高字节，以便可以从 T2MOF1 和 T2MOF2 中读取它们 1: T2MSEL.T2MSEL=000，读 T2M0 时立即锁定定时器的高字节和整个溢出计数器，使得可以从 T2M1、T2MOVF0、T2MOVF1 和 T2MOVF2 中读取
2	STATE	0	R	定时器 2 状态 0: 定时器空闲；1: 定时器正在运行
1	SYNC	1	R/W	0: 立即运行定时器的开始和停止，即和 clk_rf_32m 同步 1: 在 32kHz 时钟的第一个正边沿启动定时器的开始和停止
0	RUN	0	R/W	写 1 到该位将启动定时器，写 0 到该位停止定时器。读该位返回最后写入值

定时器 2 有几个复用寄存器，这是为了所有的寄存器能够处于有限的 SFR 地址空间。

2.5　STM32 系列芯片

2.5.1　STM32 概述

意法半导体（ST）集团于 1987 年 6 月成立，是由意大利的 SGS 微电子公司和法国

Thomson 半导体公司合并而成。1998 年 5 月，SGS-THOMSON Microelectronics 将公司名称改为意法半导体有限公司。意法半导体是世界上最大的半导体公司之一，也是业内半导体产品线最广的厂商之一，从分立二极管、晶体管到复杂的片上系统（SoC）器件，再到包括参考设计、应用软件、制造工具与规范的完整平台解决方案，其主要产品类型有3000 多种，拥有多种的先进技术、知识产权（IP）资源及世界级制造工艺。

意法半导体的产品系列包含各种微控制器，从稳定的低成本 8 位 MCU 到带有各种外设的 32 位 ARM Cortex ™ -M0、Cortex ™ -M3 和 Cortex ™ -M4 Flash 微控制器。

STM32 系列芯片上印有一个蝴蝶图像，代表自由度，意在给工程师一个充分的创意空间。STM32 32 位微控制器是专为高性能、低成本、低功耗的嵌入式应用设计的 ARM Cortex-M3 内核，拥有 STM32L EnergyLite 32 位微控制器、STM32 F2 系列、STM32 F4 系列、STM32 F0 Entry-level、STM32 F3 Analog & DSP、STM32W Wireless、STM32 F1 系列。其中 STM32W 系列为无线射频应用 MCU，采用低功耗架构的嵌入式 2.4GHz IEEE 802.15.4 射频模块、利用 ARM Cortex-M3 内核实现了同类产品中最佳的代码密度。开放式平台为应用集成提供了更多资源，如可配置 I/O、模数转换器、定时器、SPI 和 UART，主软件库有 RF4CE、IEEE 802.15.4 MAC，借助于高达 109dB 的可配置链路总预算和 ARM Cortex-M3 内核的出色能效，STM32W 成为无线传感器网络市场的最佳选择。STM32W 系列包括带有 64 ～ 256KB 片上 Flash 存储器和 16KB SRAM 的器件，采用 VFQFN40、UFQFN48 和 VFQFN48 封装。

STM32W 采用硬件固化协议栈的方法，屏蔽了 RF 部分的寄存器，使用户不必理解、移植有关 WSN/ZigBee 协议栈以及射频部分的技术细节，就可以直接利用协议栈提供的 API 进行自己的应用开发，大大简化了应用系统开发，有利于产品快速上市。如 STM32W108CBU61 芯片固化了由 Ember 公司提供的、经过 ZigBee Alliance 认证的 ZigBee 2007/Pro 协议栈，具有优异的性能和良好的兼容性，可以和其他经过 ZigBee Alliance 认证的第三方产品互联互通。

STM32W108 与目前其他 2.4GHz SoC 芯片最大的区别或优势主要有：一是在保持低功耗的基础上，采用了 32 位 ARM Cortex-M3 内核，有别于其他 8、16 位处理器，提高了更强大的处理能力，并拥有广泛的 ARM 开发工具、群体支持；二是芯片内部带有功率放大器（PA），发射输出功率可达 +7dBm，无须外部功放就可以获得较大的通信距离；三是 STM32W108 芯片不同版本分别固化了 802.15.4 MAC、ZigBee、RF4CE 等协议栈，用户无须理解、开发网络协议，就可以进行符合相关标准的无线网络产品开发，可大大简化产品开发的技术复杂度，缩短产品上市时间。

2.5.2　STM32 系列 32 位微控制器特性

STM32 系列微控制器特征如下：
- 基于 ARM @ Cortex TM-M3 内核、哈佛总线结构。
- DMA 控制器、单周期乘法指令、硬件除法指令。
- 与 ARM7 TDMI 相比运行速度最多可快 35% 且代码最多可节省 45%。

- 900MIPs 运行速度，72MHz 主频运行的 CPU。
- 6KB、20KB 的 SRAM，32KB、128KB 的 Flash。
- 2 个 16 通道 12 位模数转换器，1μs 的转换时间。
- 高速通信口：USB、USATR、CAN、SPI、I2C。
- 带唤醒功能的低功耗模式、内部 RC 振荡器、内置复位电路。
- 在待机模式下，典型的耗电值仅为 2μA，非常适合电池供电的应用。
- 2.0V、3.6V 工作电压（5V I/O 电压容限）。
- 封装：48LQFP 144 L1FP，工作温度范围：−40℃ + 85℃～ 105℃。
- 3 个 16 位通用的定时器、PWM 输出、死区工致、边缘 / 中间对齐波形和紧急制动、1 个系统时间定时器（24 位自减型）。

2.5.3 STM32W108 的引脚

STM32W108 有两种封装引脚定义，分别是 48 脚 VFQFPN 封装（见图 2.18）和 40 脚 VFQFPN 封装（见图 2.19），后者少一些 GPIO 引脚。

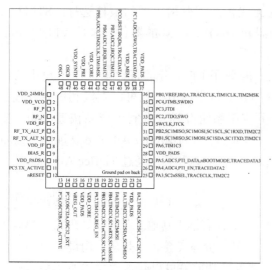

图 2.18 48 脚 VFQFPN 封装

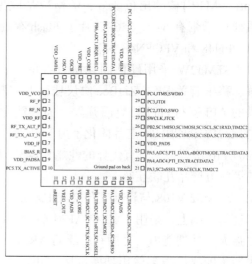

图 2.19 40 脚 VFQFPN 封装

2.5.4 STM32 模块结构

STM32W108 的系统模块框图如图 2.20 所示，包括电源、复位、时钟、系统定时器、电源管理、加密引擎和调试接口，如图 2.21 所示为这些模块之间的交互关系。

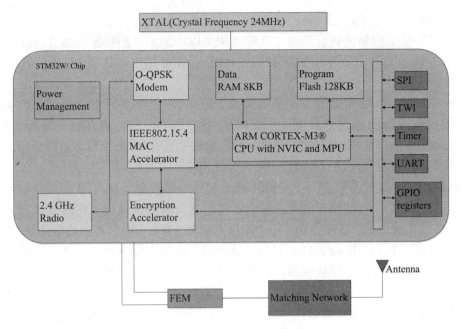

图 2.20　STM32 模块结构图

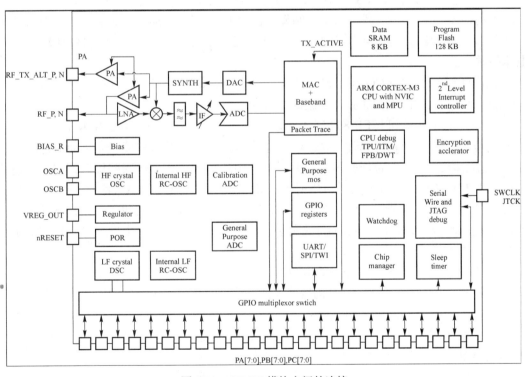

图 2.21　STM32 模块之间的连接

STM32W108 集成了一个经过优化的 ARM Cortex-M3 微处理器，它是业界领先的 32 位高性能内核，使用 ARM Thumb2 指令集，具有高性能、低功耗、高内存利用率的特点。它支持两种不同的操作模式：特权模式和非特权模式。网络协议栈软件运行在特权模式，可以访问芯片的所有资源；应用程序运行在非特权模式，对于访问

STM32W108 的资源有一定限制，即允许应用程序开发人员调度事件，但同时防止其对内存和寄存器的某些禁区进行修改，这种架构可以增加系统的稳定性和可靠性。该处理器在使用外部晶振时，运行在 12MHz 或 24MHz；在使用内部高频 RC 振荡器时，运行在 6MHz 或 12MHz。

STM32W108 的 RF 收发器采用高效架构，包含了一个模拟前后端和一个数字基带。集成的接收信道滤波器允许其他使用 2.4GHz 频段的通信标准共用这一频段，如 IEEE 802.11 和蓝牙。内部集成有稳压器、VCO、环路滤波器、功率放大器等。高性能无线模式（升压模式）可通过软件进行选择，以提高动态范围。

STM32W108 无线接收器是一种低中频、超外差接收器，接收器采用一个低 IF、超外差接收器，这个接收器使用复杂的混合、多相滤波来抑制像频。在模拟部分，天线输入的 RF 信号先被放大、混频合成一个 4MHz 的中频（IF），混频器的输出经滤波、组合、放大，然后被一个 12MB/s 的 ADC 采样，这个数字化的信号在数字基带上被解调。数字基带提供了接收器路径的增益控制，既可以有能力接收大范围的信号，也可以容忍较大的干扰。

STM32W108 无线发射器采用一个模拟前后端和数字基带来产生 O-QPSK 调制信号，这是一个面积小、能效高的两点调制架构，来调制由合成器产生的 RF 信号，调制过的 RF 信号被送到一个集成功放（PA），最后从 STM32W108 输出。集成功率放大器提供了较大的输出功率。数字逻辑电路控制发射路径和输出功率校准。如果 STM32W108 使用外部功率放大器，就需要使用 TX_ACTIVE 或 nTX_ACTIVE 信号控制外部转换逻辑电路的时序。

集成的 4.8GHz 的 VCO 和环路滤波器，最大限度地减少了片外电路。只再需要一个 24MHz 晶振及负载电容来构成 PLL 振荡器信号。

为了保持 ZigBee 和 IEEE 802.15.4:2003 标准要求的严格时间机制，STM32W108 在硬件上集成了许多 MAC 功能部件。MAC 硬件处理自动应答发送和接收、自动退避时延、为发送清除信道评估、自动过滤接收包。MAC 中还集成了数据包跟踪接口，它可以捕获所有 STM32W108 发送和接收到的数据包。MAC 的接口将片内 RAM 和收发基带模块连接起来。MAC 提供了基于硬件的 IEEE 802.15.4 数据包过滤。它提供了一个精确的符号时基，以尽量减少软件栈在同步和时序方面要做的工作。此外，它还提供了对 IEEE 802.15.4 CSMACA 算法的定时和同步援助。

STM32W108 提供了许多先进的电源管理功能，使电池寿命更长，其电源管理系统能实现最低的深睡眠电流消耗，并且仍然能保证灵活的唤醒源、定时器和调试器操作。

STM32W108 有以下 4 个睡眠模式。

（1）空闲睡眠（IdleSleep）：使 CPU 进入空闲状态，指令执行被暂停直到中断发生。所有的供电区域都保持有效供电，并且没有部件被复位。

（2）深睡眠 1：这是主要的一种深睡状态，在这种状态下，核心供电区域关闭，睡眠定时器激活。

（3）深睡眠 2：睡眠定时器不工作，以进一步降低节省功耗，其他和深睡眠 1 模式相同，在这种模式下，睡眠定时器不能唤醒 STM32W108。

（4）深睡眠 0（也就是仿真深睡眠）：芯片在不关闭核心区域供电的情况下，模仿一个真的深睡眠状态。核心区域保持供电，并且除了系统调试部件（ITM、DWT、FPB、NVIC）外，所有的外围设备保持在复位状态。这种睡眠模式的目的，是为了让STM32W108 的软件能在维持调试配置（如断点）的情况下实现深睡眠周期。

内部高频 RC 振荡器使处理器执行代码的速度非常快。多种睡眠模式都可达到小于 $1\mu A$ 的功耗，同时保证 RAM 中的数据不丢失。为了支持用户自定义应用，片上外设还包括 USART、SPI、TWI、ADC 以及通用定时器，同时还有 24 个 GPIO。此外，还提供了集成稳压器、上电复位电路、睡眠定时器等。

STM32W108 有 24 个 GPIO 引脚与其他外设共用或作为复用引脚，外部设备可以使用各种 GPIOs 的复用功能。集成的串行控制器 SC1 可以被配置为 SPI、TWI 或 USART；串行控制器 SC2 可以被配置为 SPI 或 TWI。

STM32W108 有一个通用 ADC，可以在单端或差分模式下，从 6 个 GPIO 引脚对模拟信号进行采样。它也可以采样 VDD_PADSA、VREF 和 GND。ADC 有两个可选电压范围：0V 到 1.2V（正常）以及在高电源电压供给下的 0.1V 到电源电压 −0.1V。ADC 有 DMA 模式，在这个模式下，ADC 采样得到的数据被自动发送到 RAM 中。集成的参考电压 VREF 可以供给外部电路使用，外部参考电压也可以供给 ADC 使用。

STM32W108 包含 4 个振荡器：一个高频 24MHz 外部晶体振荡器、一个高频 12MHz 内部 RC 振荡器、一个可选低频 32.768kHz 外部晶体振荡器和一个 10kHz 内部 RC 振荡器。多个时钟源给应用设计带来了很大的灵活性。

STM32W108 具有超低功耗，可选的深睡眠状态时钟。睡眠定时器可使用外部 32.768kHz 晶体振荡器或内部 10kHz RC 振荡器产生的 1kHz 时钟作为计数时钟。另外，所有时钟都可以在低功耗模式下被禁用，在这个模式下，只有 GPIO 引脚上的外部事件才能唤醒芯片。STM32W108 从深睡眠到执行第一条 ARM® Cortex-M3 指令的启动时间非常快（一般为 100μs）。

STM32W108 有 3 个电源域：时钟开启的电压源为 GPIO 焊盘和关键芯片功能部件供电；低电压源为芯片的剩余部分供电，低电压供电在深睡眠时被禁用，以减少耗电；集成稳压器可产生 1.25V 和 1.8V 电压。1.8V 稳压输出为模拟电路、RAM 和 Flash 内存供电，1.25V 稳压输出为核心逻辑电路供电。

除了两个通用定时器，STM32W108 还有一个看门狗定时器、一个 32 位睡眠定时器以及一个 NVIC 中的 ARM 标准系统事件定时器。看门狗定时器保证系统可以从软件崩溃和 CPU 锁定中恢复出来。睡眠定时器为系统定时，并在特定时间将系统唤醒。

STM32W108 同时支持 ARM 串行线调试（SWD）和 JTAG 调试接口。这些接口提供了实时的、非侵入性的编程和调试功能。串行线和 JTAG 提供相同的功能，但不能同时使用。串行线接口使用芯片 2 个引脚，JTAG 接口使用 5 个引脚。

2.5.5 EmberZNet 协议栈

协议定义的是一系列的通信标准，通信双方需要共同按照这一标准进行数据收发。协议栈是协议的具体实现形式，通俗的理解为用代码实现的函数库，以便开发人员调用。

ZigBee 协议分为两部分，IEEE 802.15.4 定义了物理层和 MAC 层技术规范，ZigBee 联盟定义了网络层、安全层和应用层技术规范，ZigBee 协议栈就是将各个层定义的协议都集合在一起，以函数的形式实现，并给用户提供一些应用层 API，供用户调用。

STM32W108 内置 ZigBee 协议栈，通过 EmberZNet-4.3.0 软件实现。EmberZNet 是一套完整的 ZigBee 协议栈并包括 ZigBee Pro 特性集，由 Ember 公司提供。

使用 ZigBee 协议栈进行开发的基本思路可以概括为如下 3 点：

（1）用户对 ZigBee 无线网络的开发简化为应用层的 C 语言开发，用户不需要深入研究复杂的 ZigBee 协议栈。

（2）ZigBee 无线传感网络中数据采集，只需用户在应用层中加入传感器的读取函数即可。

（3）如果考虑到节能，可以根据数据采集周期进行定时，定时时间到唤醒 ZigBee 的终端节点，终端节点醒来后，自动采集传感器数据，然后将数据发送给路由器或者直接发送给协调器。

2.6　STM8 系列芯片

2.6.1　STM8S 微控制器

1. STM8S 芯片

2009 年 3 月 4 日，意法半导体发布了针对工业应用和消费电子开发的微控制器 STM8S 系列产品，如图 2.22 所示。STM8S 芯片是 8 位微控制器的全新时代，高达 20 MIPS 的 CPU 性能和 2.95 ～ 5.5V 的电压范围，有助于现有的 8 位系统向电压更低的电源过渡。新产品嵌入的 130nm 非易失性存储器是当前 8 位微控制器中最先进的存储技术之一，并提供真正的 EEPROM 数据写入操作，可达 30 万次擦写极限。STM8S 芯片的功能包括 10 位模数转换器，最多有 16 条通道，转换用时小于 3MS；先进的 16 位控制定时器可用于马达控制、捕获／比较和 PWM 功能。其他外设包括一个 CAN2.0B 接口、两个 U（S）ART 接口、一个 I2C 端口、一个 SPI 端口。

STM8S 芯片的外设定义与 STM32 系列 32 位微控制器相同，应用代码可移植到 STM32 平台上，STM8S 的组件和封装在引脚上完全兼容，可让开发人员获得更大的自由空间，以便优化引脚数量和外设性能。

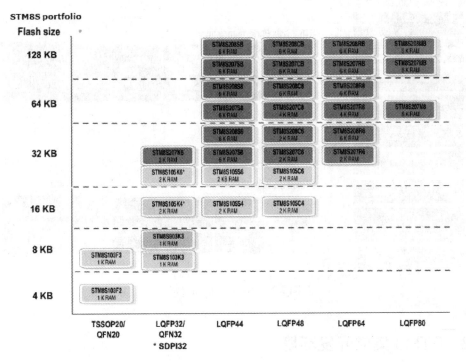

图 2.22　STM8S 系列产品

2. STM8S 主要特点和应用

（1）STM8S 主要特点

- 速度达 20 MIPS 的高性能内核。
- 抗干扰能力强，品质安全可靠。
- 领先的 130nm 制造工艺，优异的性价比。
- 程序空间从 4KB 到 128KB，芯片选择从 20 脚到 80 脚，宽范围产品系列。
- 系统成本低，内嵌 EEPROM 和高精度 RC 振荡器。
- 开发容易，拥有本地化工具支持。

（2）STM8S 主要应用

- 汽车电子：传感器、致动器、安全系统微控制器、DC 马达、车身控制、汽车收音机、LIN 节点、加热/通风空调。
- 工业应用：家电、家庭自动化、马达控制、空调、感应、计量仪表、不间断电源、安全。
- 消费电子：电源、小家电、音响、玩具、销售点终端机、前面板、电视、监视设备。
- 医疗设备：个人护理产品、健身器材、便携护理设备、医院护理设备、血压测量、血糖测量、监控、紧急求助。

STM8S 产品分为"Access Line"（入门级）和"Peroformance Line"（增强型），如图 2.23 所示。更详细产品信息请查看 ST 官方网站：http://www.st.com/mcu。

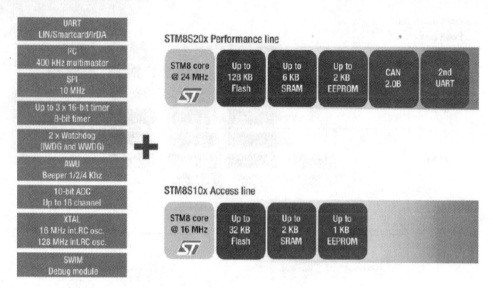

图 2.23　STM8S 产品分级

2.6.2　STM8 集成开发环境

1. ST TOOLSET

ST TOOLSET 是 ST 提供的微控制器开发套件。ST TOOLSET 包括两部分软件：ST Visual Develop（STVD）和 ST Visual Programmer（STVP），支持 STM8 全系列的开发。ST Toolset 可从 ST 的网站上下载：http://www.st.com/mcu。

STVD 是 ST 微控制器的集成开发环境，主要是面向 ST 的 8 位微控制器产品。STVD 可以创建、调试以及烧录 ST 微控制器。STVD 提供了一个免费的汇编编译器。用户可使用汇编语言直接在此环境（STVD）中编写汇编程序。

STVP 是 ST 提供的用于生产或批量的专用烧录软件。

2. COSMIC

Cosmic 公司（Cosmic Software Inc）的 Cosmic C 编译器（Cosmic C compiler）及全套嵌入开发工具支持 STM8 系列产品的开发。Cosmic 产品包括 C 交叉编译器、汇编、连接器、ANSI 库、仿真器、硬件调试器和易于使用的集成开发环境（IDEA）。

Cosmic 公司提供了 16KB 和 32KB 代码大小限制的全功能的免费软件。此软件可从 http://www.cosmicsoftware.com 免费下载。

3. IAR

IAR Systems 推出开发工具"STM8 系列嵌入式设计工作台"（EWSTM8），支持 8 位微控制器市场主流的 STM8（STM8A、STM8L、STM8S）系列产品。IAR EWSTM8 嵌入式设计工作台提供一整套开发工具，包括一个项目管理器、编辑器和项目创建工具（C 语言编译器和连接器）。该工作台还为开发人员提供调试功能，可以连接意法半导体价格低廉的在线调试器 ST-LINK 以及先进的高端仿真器 STice。

2.6.3　STM8 开发工具

目前，ST 有 ST-LINK 和 STX-RLINK 两款开发工具可以支持 STM8 的开发。其中 ST-LINK 是 ST 的开发工具，支持 STM32 和 STM8 两个产品系列的开发，如图 2.24 所示。

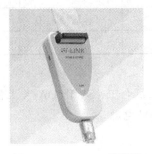

图 2.24　ST-LINK 编程器

1. ST-LINK

ST-LINK 是在线调试器和编程器，可用于 STM8 系列和 STM32 系列的设计开发生产，可满足用户大部分的应用开发和生产。

ST-LINK 提供的接口方式是 SWIM。

ST-LINK 目前支持的开发环境有 ST Visual Develop（STVD）、IAR EWSTM8、COSMIC。

ST-LINK 与 STM8 系列对应的引脚连接如表 2.53 所示。

表 2.53　ST-LINK 与 STM8 的连接

ST-LINK 引线	STM8 的引脚
TVCC 线	MCU VCC 电源引脚
SWIM 线	MCU SWIM 引脚
GND 线	MCU 的 GND 电源地
SWIM-RST	MCU 复位引脚

2. STX-RLINK

STX-RLINK 是 Raisonance 公司提供的第三方开发工具。STX-RLINK 是一个低成本的调试器 / 编程器，可以支持 STM32、STR9、STR7、STM8、ST7 和 uPSD。STM8 使用 SWIM 接口调试 / 编程（STM8: 4-pin SWIM），如表 2.54 和表 2.55 所示。

表 2.54　STX-RLINK 连接说明

信　号	描　述
SWIM	必须连接
PW_5V	如连接，则由 RLINK 供电；如不连接，则由目标板供电
ADAPT	连接
12MHz	不需要连接

表 2.55　SWIM 连接器连接说明

信　　号	4PINs	10PINs	24PINs
VCC	1	7	
SWIMDATA	2	2	6，12，15
GND	3	1，3，5，10	3，4，10，17，19，21，22
RST	4	4	9

注意：

（1）如果在目标板上没有上拉电阻，SWIMDATA 上需要增加一个 2kΩ 的上拉电阻。

（2）需要在目标板上外加 5V 电源。

2.6.4　STM8S103F3 芯片

STM8S103F3 基础型 8 位单片机提供容量为 8KB 的 Flash 程序存储器，集成真正的数据 EEPROM。

1. STM8S103 F3 基础型单片机的性能

（1）更低的系统成本

- 内部集成真正的 EEPROM 数据存储器，可以达到 30 万次的擦写周期。
- 高度集成了内部时钟振荡器、看门狗和掉电复位功能。

（2）高性能和高可靠性

- 16MHz CPU 时钟频率。
- 强大的 I/O 功能，拥有分立时钟源的独立看门狗。
- 时钟安全系统。

（3）完善的文档和多种开发工具选择

（4）最新技术打造的高水平内核和外设

2. STM8S103F3 模块框图

STM8S103F3 模块框如图 2.25 所示。

3. STM8S 的中央处理单元

8 位的 STM8 内核在设计时考虑了代码的效率和性能。它的 6 个内部寄存器都可以在执行程序中直接寻址。共有包括间接变址寻址和相对寻址在内的 20 种寻址模式和 80 条指令。

（1）结构和寄存器

- 哈佛结构。
- 3 级流水线。
- 32 位宽程序存储器总线，对于大多数指令可进行单周期取指。
- 两个 16 位寻址寄存器：X 寄存器和 Y 寄存器，允许带有偏移的和不带偏移的变址寻址模式和读—修改—写式的数据操作。
- 8 位累加器。
- 24 位程序指针，16MB 线性地址空间。

- 16 位堆栈指针，可以访问 64K 字节深度堆栈。
- 8 位状态寄存器，可根据上条指令的结果产生 7 个状态标志位。

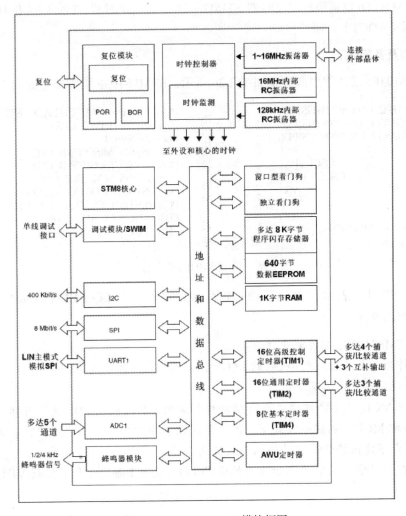

图 2.25 STM8S103F3 模块框图

（2）寻址
- 20 种寻址模式。
- 用于地址空间内任何位置上的查询数据表的变址寻址方式。
- 用于局部变量和参数传递的堆栈指针相对寻址模式。

（3）指令集
- 80 条指令，指令的平均长度为 2 字节。
- 标准的数据传送和逻辑／算术运算功能。
- 8 位乘 8 位的乘法指令。
- 16 位除 8 位和 16 位除 16 位除法指令。
- 位操作指令。
- 可通过对堆栈的直接访问实现堆栈和累加器之间的数据直接传送（push/pop）。
- 可使用 X 和 Y 寄存器传送数据或者在存储器之间直接传送数据。

另外还有单线接口模块（SWIM）和调试模块（DM）、中断控制器、Flash 程序存储器和数据 EEPROM 存储器、时钟控制器、电源管理、看门狗定时器、自动唤醒计数器、蜂鸣器、TIM1—16 位高级控制定时器、TIM2—16 位通用定时器、TIM4—8 位基本定时器、模数转换器（ADC1）、通信接口。

4. 引脚及其描述

STM8S103F3 芯片的引脚分布如图 2.26 所示，STM8S103F 引脚描述如表 2.56 所示。

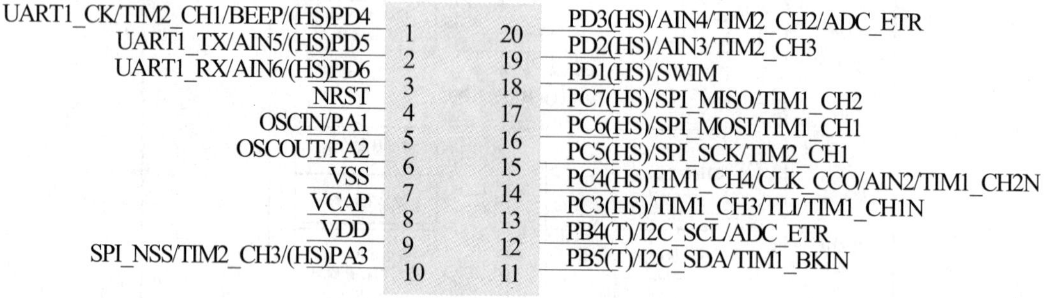

图 2.26　STM8S103F3 引脚分布图

图 2.26 中：HS 表示大电流吸收；T 表示真正的开漏 I/O（没有 P-buffer 和连接到 VDD 的保护二极管）。

使用 STM8S103F3 芯片时应注意：

（1）作为大电流输出或/吸收的 I/O 脚，必须均匀地围绕着器件。同时，总的驱动电流必须符合绝对最大值的规定。

（2）当 MCU 处于停机模式或活跃停机模式时，PA1 被自动配置为内部弱上拉并且不可用来唤醒 MCU。在这一模式下，PA1 无法设置为输出口。在应用中，在停机模式或活跃停机模式下建议将 PA1 作为输入模式使用。

（3）在开漏输出列中 T 表示真正的开漏 I/O（没有 P-buffer 和连接到 VDD 的保护二极管）。

表 2.56 STM8S103F 引脚描述

管脚编号		管脚名称	类型	输入				输出			主功能（复位后）	默认的复用功能	映射后的备选功能（设置选项）
TSSPO	WFQFPN20			浮空	弱上拉	外部中断	高吸收	速度	OD	PP			
1	18	PD4/BEEP/TIM2_CH1/UART1_CK	I/O	×		×	HS	03	×	×	端口 D4	定时器 2 通道 1/ 蜂鸣器输出 /UART1 时钟	
2	19	PD5/AIN6/UART1_TX	I/O	×		×	HS	03	×	×	端口 D5	模拟输入 5/ UART1 数据发送	
3	20	PD6/AIN6/UART1_RX	I/O	×		×	HS	03	×	×	端口 D6	模拟输入 6/ UART1 数据接收	
4	1	NRST	I/O	×	×						复位（Reset）		
5	2	PA1/OSCIN(2)	I/O	×	×	×		01	×	×	端口 A1	晶振输入	
6	3	PA2/OSCOUT	I/O	×	×	×		01	×	×	端口 A2	晶振输出	
7	4	VSS	S								数字部分接地		
8	5	VCAP	S								1.8V 调压器电容		
9	6	VDD	S								数字部分供电		
10	7	PA3/TIM2_CH3[SPI_NSS]	I/O	×		×	HS	03	×	×	端口 A3	定时器 2 通道 3	SPI 主 / 从选择 [AFR1]
11	8	PB5/I2C_SDA [TIM1_BKIN]	I/O	×		×		01	T(3)		端口 B5	I2C 数据	定时器 1 刹车输入 [AFR4]
12	9	PB4/I2C_SCL	I/O	×		×		01	T(3)		端口 B4	I2C 时钟	

续表

管脚编号		管脚名称	类型	输入			输出				主功能（复位后）	默认的复用功能	映射后的备选功能（设置选项）
TSSPO	WFQFPN20			浮空	弱上位	外部中断	高吸收	速度	OD	PP			
13	10	PC3/TIM1_CH3[TL1][TIM1_CH1N]	I/O	×	×	×	HS	03	×	×	端口 C3	定时器 1 通道 3	最高级中断 [AFR3] 定时器 1 通道 1 反相输出 [AFR7]
14	11	PC4/CLK_CCO/TIM1_CH4[TL2][TIM1_CH2N]	I/O	×	×	×	HS	03	×	×	端口 C4	配置时钟输出 / 定时器 1 通道 4	模拟输入 2[AFR2] 定时器 1 通道 2 反相输出 [AFR7]
15	12	PC5/SPI_SCK[TIM2_CH1]	I/O	×	×	×	HS	03	×	×	端口 C5	SP 时钟	定时器 2 通道 1 [AFR0]
16	13	PC6/SPI_MOSI[TIM1_CH1]	I/O	×	×	×	HS	03	×	×	端口 C6	SPI 主出 / 从入	定时器 1 通道 1 [AFR0]
17	14	PC7/SPI_MISO[TIM1_CH2]	I/O	×	×	×	HS	03	×	×	端口 C7	SPI 主入 / 从出	定时器 1 通道 2 [AFR0]
18	15	PD1/SWIM	I/O	×	×	×	HS	04	×	×	端口 D1	SWIM 数据接口	
19	16	PD2[AIN3][TIM2_CH3]	I/O	×	×	×	HS	03	×	×	端口 D2		模拟输入 3[AFR2] 定时器 2 通道 3[AFR1]
20	17	PD3/AIN4/TIM2_CH2/ADC_ETC	I/O	×	×	×	HS	03	×	×	端口 D3	模拟输入 4 / 定时器 2 通道 2/ADC 外部触发	

第 2 篇　实践与提高

第3章 物联网创新实验系统(OURS-IOTV2-CC2530)

北京奥尔斯电子科技有限公司的物联网创新实验系统(OURS-IOTV2-CC2530),采用系列传感器模块和无线节点模块组成无线传感网络,并扩展了嵌入式网关以实现广域访问,可实现多种物联网构架,完成物联网相关的传感器信息采集、无线信号收发、ZigBee网络通信、组件控制过程等多种实验教学和网络通信技术的开发,适合各大高校及大专院校的专业教学、创新和竞赛。

该实验系统由无线传感网通信模块、基本的传感器及控制器模块、嵌入式网关、计算机服务器等组成,如图3.1所示。

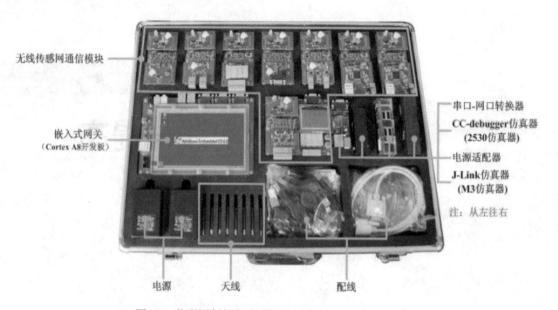

图 3.1　物联网创新实验系统(OURS-IOTV2-CC2530)

物联网创新实验系统(OURS-IOTV2-CC2530)的功能特点如下:

- 具有 USB 高速下载,支持 IAR 集成开发环境。
- 具有在线下载、调试、仿真功能。
- 提供 ZigBee 协议栈源代码。
- 所有实例程序以源代码方式提供。
- 配置灵活,可根据需求选配多种扩展模块,如传感器模块。
- 采用 C51 编程,入手快。
- 具有液晶显示,直观明了。
- 支持 3 种输入电源共存于同一系统,包括外接电源、锂电池和干电池。
- 硬件系统及软件代码程序自主设计完成,提供硬件原理图和接口通信协议。

3.1　无线传感网通信模块

实验系统包含 7 个无线传感网通信节点及 1 个无线网络协调器，其结构如图 3.2 所示。

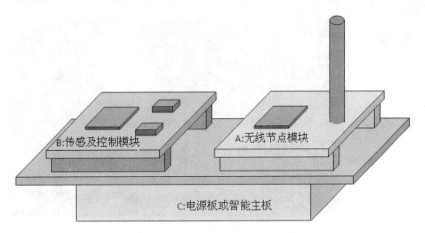

图 3.2　无线传感网节点结构

　　无线节点模块：主要由射频单片机构成，MCU 是 TI 的 CC2530 2.4G 载频，棒状天线。

　　传感及控制模块：系列传感及控制模块，包括温度传感模块、湿度传感模块、继电器模块和 RS232 模块等，也可以通过总线扩展用户自己的传感器及控制器部件。

　　电源板或智能主板：即实现无线节点模块与传感及控制模块的连接，又实现系统供电，目前主要两节电池供电，保留外接电源接口，可以直接由直流电源供电。

　　无线网络协调器和无线传感网通信节点实物如图 3.3 和图 3.4 所示。

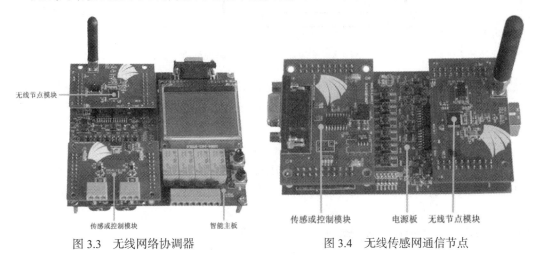

图 3.3　无线网络协调器　　　　　　　　　图 3.4　无线传感网通信节点

3.2　无线通信节点模块

无线通信节点模块如图 3.5 所示，无线通信节点模块内部框图如图 3.6 所示。

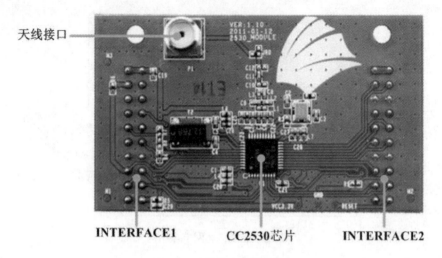

图 3.5　无线节点通信模块

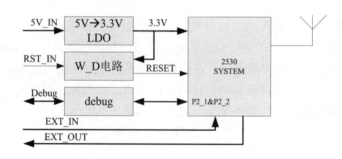

图 3.6　无线通信节点模块内部框图

整体模块使用 5V 供电输入，在内部使用 DC/DC 芯片转换成 3.3V（最大输出 200mA 电流）。CC2530 系统使用单芯片解决方案，CC2530 芯片的信号将从模块层面引出并进行系统规划。

使用上电＋手动复位芯片完成可靠的上电复位操作。

使用专用 5 脚的 FPC 插座完成 2 线 DEBUG 接口信号的引出，DEBUG 信号使用额外的扩展小板转换成标准的 DEBUG 插头可用的接口。另外将 P2_1、P2_2 管脚引到扩展插座。

3.2.1　输入 / 输出信号描述

无线通信节点模块使用两个 20 脚插座（双排）进行信号的交互。其接口电路管脚如图 3.7 所示。

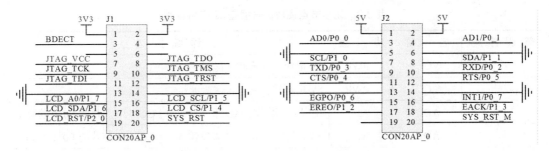

图 3.7　接口电路原理图

输入 / 输出信号的具体插座管脚描述如表 3.1 和表 3.2 所示。

表 3.1　无线节点模块信号插座 J1 管脚描述

管 脚 序 号	名　　称	类　　型	详 细 描 述
1	VCC	PWR	3.3V 电源输入管脚
2	VCC	PWR	3.3V 电源输入管脚
3	BDECT	I	使用类型检测输入，电源板 =L；智能主板 =H
4	RSV2	P	保留管脚，不连接
5	RSV0	P	保留管脚，与传感器板对应位置互联
6	RSV1	P	保留管脚，与传感器板对应位置互联
7	JTAG_VCC	PWR	JTAG 调试接口电源引脚
8	JTDO	O	JTAG 调试接口 TDO 引脚（CC2530 芯片的 P2_1 管脚）
9	JTCK	I	JTAG 调试接口 TCK 引脚（CC2530 芯片的 P2_2 管脚）
10	JTMS	I	JTAG 调试接口 TMS 引脚
11	JTDI	O	JTAG 调试接口 TDI 引脚
12	JTRST	I	JTAG 调试接口 RESET 引脚
13	GND	PWR	3.3V 电源的 GND 管脚
14	GND	PWR	3.3V 电源的 GND 管脚
15	LCD_A0	O	LCD 控制器的 A0 控制位（CC2530 芯片的 P1_7 管脚）
16	LCD_SCL	O	LCD 控制器的 SCL 控制位（CC2530 芯片的 P1_5 管脚）
17	LCD_SDA	IO	LCD 控制器的 SDA 控制位（CC2530 芯片的 P1_6 管脚）
18	LCD_CS	O	LCD 控制器的 CS 控制位（CC2530 芯片的 P1_4 管脚）
19	LCD_RESET	O	LCD 控制器的 RESET 控制位（CC2530 芯片的 P2_0 管脚）
20	RESET	I	模块整体复位控制信号输入，低有效

表 3.2　无线节点模块信号插座 J2 管脚描述

管脚序号	名　称	类　型	详　细　描　述
1	VCC	PWR	5V 电源输入管脚（保留）
2	VCC	PWR	5V 电源输入管脚（保留）
3	ADIN0	AI	模拟输入管脚，AD 采集输入 0（CC2530 芯片的 P0_0 管脚）
4	ADIN1	AI	模拟输入管脚，AD 采集输入 1（CC2530 芯片的 P0_1 管脚）
5	GND	PWR	5V 电源的 GND 管脚
6	GND	PWR	5V 电源的 GND 管脚
7	ESCL	O	扩展设备 IIC 总线的 SCL 管脚（CC2530 芯片的 P1_0 管脚）
8	ESDA	IO	扩展设备 IIC 总线的 SDA 管脚（CC2530 芯片的 P1_1 管脚）
9	ETXD	O	UART0 的 TXD 管脚，TTL 电平（CC2530 芯片的 P0_3 管脚）
10	ERXD	I	UART0 的 RXD 管脚，TTL 电平（CC2530 芯片的 P0_2 管脚）
11	EGPIO0	IO	外部逻辑输入管脚，系统启动时作为组网控制按钮（CC2530 芯片的 P0_4 管脚）。CTS(IN)
12	EGPIO1	IO	外部逻辑输入管脚，系统启动时作为组网控制按钮（CC2530 芯片的 P0_5 管脚）。RTS(OUT)
13	GND	PWR	5V 电源的 GND 管脚
14	GND	PWR	5V 电源的 GND 管脚
15	EGPO0	O	外部逻辑控制输出管脚，可程序控制（CC2530 芯片的 P0_6 管脚）
16	INT	I	外部逻辑控制输出管脚，可程序控制（CC2530 芯片的 P0_7 管脚），中断低有效，CC2530 模块内部需上拉
17	EREQ	O	外设功能请求握手请求信号输出（CC2530 芯片的 P1_2 管脚）
18	EACK	I	外设功能请求握手应答信号输入（CC2530 芯片的 P1_3 管脚）
19	RSV5	P	保留管脚，不连接
20	RESET	I	模块整体复位控制信号输入，低有效

在连接这两个插座时特别注意：

（1）CC2530 的调试管脚（P2_1、P2_2）在调试及编程时，作为 DEBUG 功能；在正式运行时，作为两个输出端口，控制两个 LED 输出，作为工作状态显示。

（2）CC2530 针对外部的 LCD 控制，仅仅在使用智能主板的情况下有效，LCD 输出使用软件模拟 LCD 的控制时序，针对非智能主板的应用，LCD 控制管脚可定义成其他功能。

（3）在芯片 BOOT 时，LCD_A0 管脚将暂时作为输入管脚使用，在 CC2530 模块内部，将 BDECT 信号通过电阻引到 LCD_A0(P1.7) 管脚上，作为判断是智能主板还是电源板的依据。外部状态读取完毕后，将 LCD_A0 管脚再重新设计成输出管脚。

3.2.2　内部各功能实现方法

1. RS232 扩展

使用 CC2530 内部的 UART0（工作于 UART 模式），将内部 UART 接口引出，作为外设的 UART 通信接口和作为协调器方式使用时的 UART 接口。

一般应用时，使用 TTL 电平的 UART 方式；与计算机互联时，使用 RS232 扩展芯片，完成 TTL 到 RS232 的电平转换。

2. 外部 LCD 扩展

使用 5 根数据线（包括图 3.8 中未列出的 RESET 信号），完成外部 LCD 的控制，LCD 的控制时序如图 3.8 所示。LCD 控制仅在使用智能主板的应用环境下才有意义，在其他应用场合，软件可将 LCD 控制定义成其他扩展应用模式。

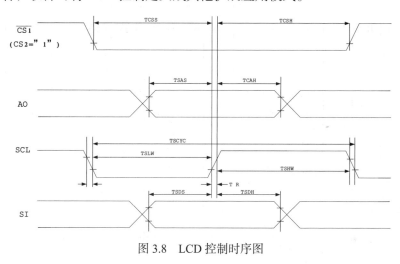

图 3.8　LCD 控制时序图

3. 外部 IIC 总线扩展

使用软件的方式，利用 P1_0、P1_1 管脚完成 IIC（Inter-Integrated Circuit，集成电路）总线设备的驱动，设计为 100 ~ 400K 自适应模式，利用 P1_0、P1_1 的电流驱动能力驱动更多的 IIC 设备。CC2530 作为主控制设备，链接其他 IIC 的从属设备。

3.2.3　工作模式

根据在不同的应用场合，CC2530 无线节点可工作在两种模式下：节点模式和协调器模式。在无线节点模式下，可检测应用中使用的传感器或控制模块类型，并根据使用类型智能配置输出的 IO 的功能以及工作模式，如表 3.3 所示。

表 3.3　无线节点模块工作模式

项目	P07	P06	P05	P04	P03	P02	P01	P00	P17	P16	P15	P14	P13	P12	P11	P10	P20
传感器应用模式（使用电源板）—节点模式																	
传感器	GPO	INT	RSV	RSV	TXD	RXD	AI	AI	RSV	RSV	RSV	RSV	ACK	REQ	SDA	SCL	O
控制器应用模式（使用电源板）—节点模式																	
控制器	GPO	INT	RSV	RSV	TXD	RXD	AI	AI	RSV	RSV	RSV	RSV	ACK	REQ	SDA	SCL	O
串口控制器	GPO	INT	RT	CT	TXD	RXD	AI	AI	RSV	RSV	RSV	RSV	ACK	REQ	SDA	SCL	O
网络协调器	GPO	INT	RT	CT	TXD	RXD	AI	AI	RSV	RSV	RSV	RSV	ACK	REQ	SDA	SCL	O
传感器应用模式（使用智能主板）—协调器模式																	
传感器	GPO	INT	RT	CT	TXD	RXD	AI	AI	LA0	LDO	LSCL	LCS	ACK	REQ	SDA	SCL	O
传感+串口	GPO	INT	RT	CT	TXD	RXD	AI	AI	LA0	LDO	LSCL	LCS	ACK	REQ	SDA	SCL	O
传感+协调器	GPO	INT	RT	CT	TXD	RXD	AI	AI	LA0	LDO	LSCL	LCS	ACK	REQ	SDA	SCL	O
控制器应用模式（使用智能主板）—协调器模式																	
控制器	GPO	INT	RT	CT	TXD	RXD	AI	AI	LA0	LDO	LSCL	LCS	ACK	REQ	SDA	SCL	O

续表

项目	P07	P06	P05	P04	P03	P02	P01	P00	P17	P16	P15	P14	P13	P12	P11	P10	P20
串口控制器	GPO	INT	RT	CT	TXD	RXD	AI	AI	LA0	LDO	LSCL	LCS	ACK	REQ	SDA	SCL	O
网络协调器	GPO	INT	RT	CT	TXD	RXD	AI	AI	LA0	LDO	LSCL	LCS	ACK	REQ	SDA	SCL	O

3.3　传感器及控制器模块

所有的传感器及控制器模块在 CC2530 模块的控制下统一运行，拥有相同的控制接口（包括控制信号以及物理尺寸）。实验系统支持的模块种类如表 3.4 所示。

表 3.4　传感器及控制器模块种类

序　号	名　　称	功　能　简　介
模拟量采集模块		
1	电流传感器	使用 2 路 AD 实现，测量范围为 0.5～2A，分辨率 0.01A，至少使用 10bit 的 AD
2	电压传感器	使用 2 路 AD 实现，测量范围为 -20～20V，分辨率 0.05V，至少使用 10bit 的 AD
3	温湿度传感器	温度测量范围为 -20℃～130℃，测量精度为 0.1℃；湿度测量范围为 0～100%；精度为 0.1%
4	光照传感器	使用 1 路 AD 实现，测量范围为 0～10000lx，分辨率 10lx。（注：温湿度传感器与光照传感器设计在一个公共模块中）
反馈控制模块		
5	电压控制输出	使用 IIC 扩展 DA 方式实现，1～4 组 DA，8bit 的 DA，0～10V 输出
6	红外控制输出（M3 模块）	使用串口 +CPU 方案实现，3 组 IR 输出
7	串口控制输出	使用 UART0+EGPIO0/1 扩展成带硬件握手的串口
8	继电器控制	使用 IIC 扩展 GPIO 芯片实现，4 组继电器，常开 / 常闭可任意配置

3.3.1 传感器及控制模块接口信号

所有传感器及控制模块，使用两个 20 脚插座（双排），在智能主板或电源板的支持下，与 CC2530 无线节点模块互联，受 CC2530 无线节点模块的控制。传感器及控制器模块接口信号管脚定义如表 3.5 和表 3.6 所示。

表 3.5 传感器或控制模块信号插座 1

管 脚 序 号	名 称	类 型	详 细 描 述
1	VCC	PWR	3.3V 电源输入管脚
2	VCC	PWR	3.3V 电源输入管脚
3	RSV3	P	保留管脚，不连接
4	RSV2	P	防呆设计管脚，不连接
5	RSV0	P	保留管脚，与无线节点的插座 1 对应管脚互联
6	RSV1	P	保留管脚，与无线节点的插座 1 对应管脚互联
7	GND	PWR	3.3V 电源的 GND 管脚
8	GND	PWR	3.3V 电源的 GND 管脚
9	GND	PWR	3.3V 电源的 GND 管脚
10	GND	PWR	3.3V 电源的 GND 管脚
11	GND	PWR	3.3V 电源的 GND 管脚
12	GND	PWR	3.3V 电源的 GND 管脚
13	GND	PWR	3.3V 电源的 GND 管脚
14	GND	PWR	3.3V 电源的 GND 管脚
15	GPIO0	IO	保留管脚，与无线节点的插座 1 对应管脚互联
16	GPIO1	IO	保留管脚，与无线节点的插座 1 对应管脚互联
17	GPIO2	IO	保留管脚，与无线节点的插座 1 对应管脚互联
18	GPIO3	IO	保留管脚，与无线节点的插座 1 对应管脚互联
19	GPIO4	IO	保留管脚，与无线节点的插座 1 对应管脚互联
20	RESET	I	模块整体复位控制信号输入，低有效

表 3.6 传感器或控制模块信号插座 2

管 脚 序 号	名 称	类 型	详 细 描 述
1	VCC	PWR	5V 电源输入管脚
2	VCC	PWR	5V 电源输入管脚
3	ADIN0	AO	模拟输出管脚（CC2530 插座 2 对应管脚，CC2530 的 P0_0）

管 脚 序 号	名 称	类 型	详 细 描 述
4	ADIN1	AO	模拟输出管脚（CC2530 插座 2 对应管脚，CC2530 的 P0_1）
5	GND	PWR	5V 电源的 GND 管脚
6	GND	PWR	5V 电源的 GND 管脚
7	ESCL	O	IIC 总线信号（CC2530 插座 2 对应管脚，CC2530 的 P1_0）
8	ESDA	IO	IIC 总线信号（CC2530 插座 2 对应管脚，CC2530 的 P1_1）
9	ETXD	O	TXD 管脚（CC2530 插座 2 对应管脚，CC2530 的 P0_3）
10	ERXD	I	RXD 管脚（CC2530 插座 2 对应管脚，CC2530 的 P0_2）
11	EGPIO0	IO	外部逻辑输入管脚，系统启动时作为组网控制按钮或 UART0 的 CT 管脚（CC2530 插座 2 对应管脚，CC2530 的 P0_4）
12	EGPIO1	IO	外部逻辑输入管脚，系统启动时作为组网控制按钮或 UART0 的 RT 管脚（CC2530 插座 2 对应管脚，CC2530 的 P0_5）
13	GND	PWR	5V 电源的 GND 管脚
14	GND	PWR	5V 电源的 GND 管脚
15	EGPO0	I	外部逻辑控制输入管脚（CC2530 插座 2 对应管脚，CC2530 的 P0_6）
16	EGPO1	O	外部逻辑控制输出管脚（CC2530 插座 2 对应管脚，CC2530 的 P0_7）
17	EREQ	I	主机功能请求握手请求信号输入（CC2530 插座 2 对应管脚，CC2530 的 P1_2）
18	EACK	O	外设功能请求握手应答信号输出（CC2530 插座 2 对应管脚，CC2530 的 P1_3）
19	RSV5	P	保留管脚，不连接
20	RESET	I	模块整体复位控制信号输入，低有效

3.3.2 传感器及控制器模块 ID 设计

实验系统使用一片 IIC 接口的 EEPROM 芯片完成所有模块的 ID（Identity 的缩写）设计，目前使用地址 0 及地址 1 的 2 字节，完成所有模块特征属性的设置。使用 2 字节进行设备 ID 的定义，第 1 字节进行工作方式及属性描述，第 2 字节进行具体设备的描述。

传感器及控制器模块 ID 设计如表 3.7 所示。

表 3.7　传感器及控制器模块的属性 ID 设计表

序　号	类　别	字节 1	字节 2	设 备 描 述
1		0x10	0x00	电压采集模块（单通道）
2		0x10	0x01	电压采集模块（双通道）
3		0x10	0x10	电流采集模块（单通道）
4		0x10	0x11	电流采集模块（双通道）
5		0x10	0x18	微电流传感器（单通道）
6		0x10	0x19	微电流传感器（双通道）
7	使用 AD 方式实现的功能	0x10	0x20	光敏传感器（单通道）
8		0x10	0x30	压力传感器模块
9		0x10	0x31	酒精传感器模块
10		0x10	0x32	压力传感器模块 + 酒精传感器模块
11		0x10	0x33	压强传感器
12		0x10	0x40	磁传感器
13		0x10	0x50	位移传感器
14		0x20	0x00	温湿度传感器
15	IIC 接口实现功能	0x20	0x01	温湿度传感器 + 光敏传感器（ADIN0）
16		0x20	0x10	电压输出控制器
17		0x20	0x20	继电器输出控制器 +GPIN 传感器
18		0x21	0x00	光电门传感器
19	IIC+ 外部 CPU 实现功能	0x21	0x01	红外输出控制器
20		0x21	0x02	红外输出控制器 + 光电门传感器
21		0x21	0x10	超声波传感器
22		0x30	0x00	RS232 接口控制（无线节点）
23	UART 接口实现功能	0x30	0x10	RDID 接口控制器
24		0x30	0x20	高温传感器
25		0x31	0x00	RS232 接口控制（协调器）

　　CC2530 代码启动后，需要从 EEPROM 中读取当前有效的传感器模块或控制器模块的 ID 代码，并根据 ID 代码，决定后续的 BOOT 进程，主要表现在对 IO 端口的配置以及功能模块的配置。

3.3.3　电流传感器模块

　　电流传感器模块如图 3.9 所示，有 2 路电流输入，使用 0.05Ω 的采样电阻，最大测量电流 3A。电流输入经过电流取样检测电路后成为电压信号，使用差分运放完成电流方向的识别，差分运放输出的双端信号经差分、单端运放后，成为单端信号，再经衰减电路调整到适合 AD 输入的电压范围（0～3V），经运放构成的缓冲器输出到无线节点模块的 ADIN 端。因同时支持 2 路 ADIN，所以电流传感器最多同时支持 2 路电流同时检测，其电路原理图如图 3.10 所示。

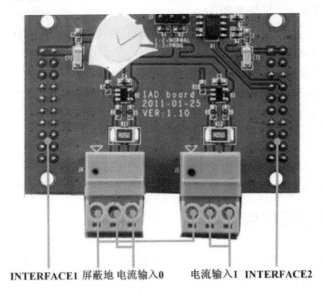

图 3.9 电流传感器模块

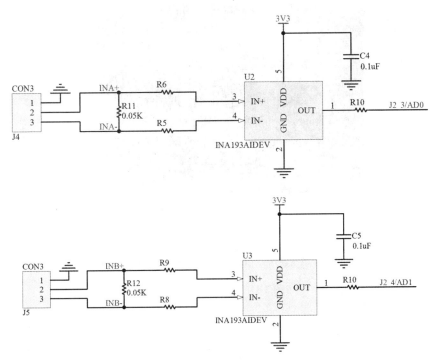

图 3.10 电流传感器模块原理图

使用 10 ～ 12bit 的 AD 采集器，一次采样使用 2 字节描述，MSB（Most Significant Bit，最高有效位）方式，电流传感器模块输出数据结构如下：

（1）仅采集通道 0，采集个数为 n

0 通道数据 1 高字节，0 通道数据 1 低字节，0 通道数据 2 高字节，0 通道数据 2 低字节……0 通道数据 n 高字节，0 通道数据 n 低字节。

（2）仅采集通道 1，采集个数为 n

1 通道数据 1 高字节，1 通道数据 1 低字节，1 通道数据 2 高字节，1 通道数据 2 低字节……1 通道数据 n 高字节，1 通道数据 n 低字节。

（3）同时采集通道 0、1，采集个数为 n

0 通道数据 1 高字节，0 通道数据 1 低字节，1 通道数据 1 高字节，1 通道数据 1 低字节……0 通道数据 n 高字节，0 通道数据 n 低字节，1 通道数据 n 高字节，1 通道数据 n 低字节。

注意：一次数据上传不能超过 128 字节，超过 128 字节数据将分包传输（下同）。

3.3.4　电压传感器模块

电压传感器模块实物如图 3.11 所示。电压输入使用大于 1MΩ 的等效输入阻抗的输入取样，将输入电压进行 15 倍衰减，然后使用差分、单端运放，将其变换到 0 ～ 3V 的范围，经电压两次缓冲后送到 AD 采集输入端。其电路原理图如图 3.12 所示。

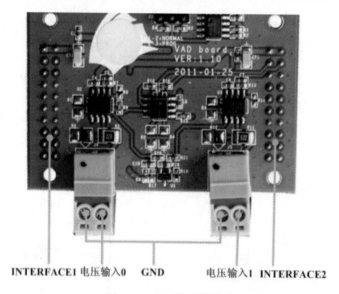

INTERFACE1　电压输入0　GND　　电压输入1　INTERFACE2

图 3.11　电压传感器模块

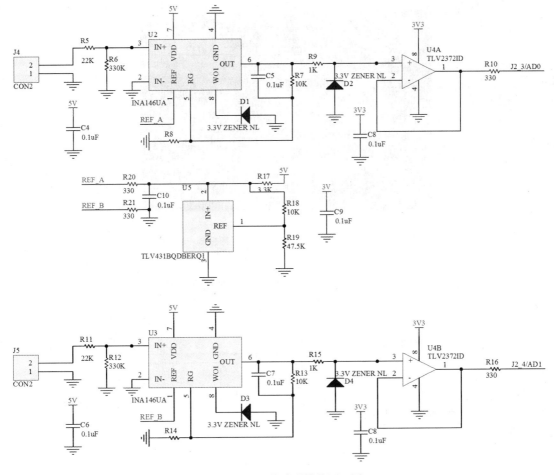

图 3.12　电压传感器模块原理图

使用 10 ～ 12bit 的 AD 采集器，一次采样使用 2 字节描述，MSB 方式，电压传感器模块输出数据结构与"电流传感器模块上传数据"结构一样。

3.3.5　温湿度及光电传感器模块

温湿度及光电传感器模块实物如图 3.13 所示。温湿度探头直接使用 IIC 接口进行控制，光敏探头经运放处理后输出电压信号到 AD 输入。IIC 接口将同时连接 EEPROM 以及温湿度传感器两个设备，将采用使用不同的 IIC 设备地址的方式进行区分。其电路原理图如图 3.14 所示。

使用 10 ～ 12bit 的 AD 采集器进行光敏信号采集，使用专用温湿度传感器（SHT1x,IIC 接口）进行温湿度信号采集。一次采样使用 2 字节描述，MSB 方式，温湿度及光电传感器模块输出数据结构如下。

（1）仅采集温度信息

温度数据高字节，温度数据低字节。

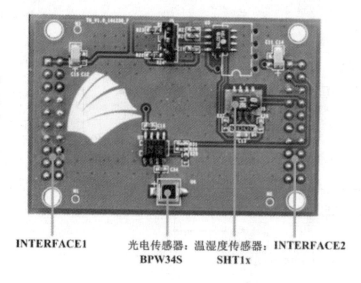

INTERFACE1 光电传感器： 温湿度传感器： INTERFACE2
BPW34S SHT1x

图 3.13 温湿度及光电传感器模块

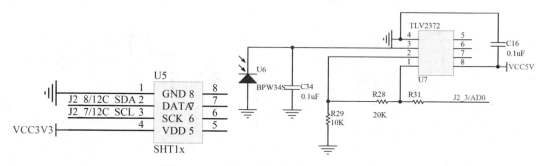

图 3.14 温湿度及光敏传感器模块原理图

（2）仅采集湿度信息

湿度数据高字节，湿度数据低字节。

（3）仅采集光强度信息

光强数据高字节，光强数据低字节。

（4）采集全部信息

温度数据高字节，温度数据低字节；湿度数据高字节，湿度数据低字节；光强数据高字节，光强数据低字节。

注意：本指令一次测量，最多只上传一次采集数据，不支持连续采集数据上传。

3.3.6 电压输出模块

电压输出模块实物如图 3.15 所示。采用 IIC 接口的 DA 实现程控电压输出，电压输出 DA 芯片使用 TI 的 DAC5573，缓冲放大运放使用 TLV2372。其电路原理图如图 3.16 所示。

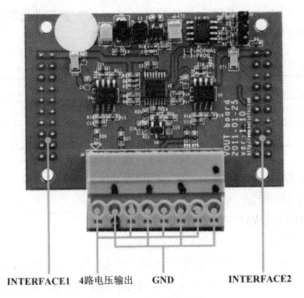

图 3.15　电压输出模块

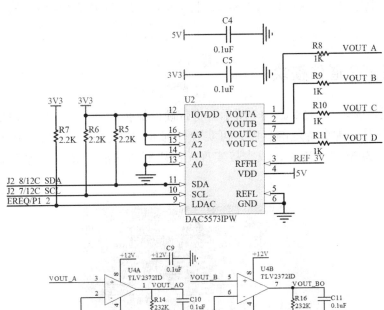

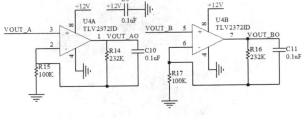

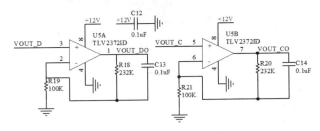

图 3.16　电压输出模块原理图

电压输出模块使用 1 个字节进行整体控制，使用 8 个字节进行数据输出。

（1）整体控制字节定义如表 3.8 所示。

表 3.8　整体控制字节定义

Bit.7	Bit.6	Bit.5	Bit.4	Bit.3	Bit.2	Bit.1	Bit.0
RST	ENS	RSV	RSV	ENA	ENB	ENC	END
0	0	0	0	0	0	0	0

RST：芯片复位控制，高有效。

ENS：芯片总体 OE 控制，高有效。

ENA~END：对应 DA 输出有效控制，高有效。

（2）数据字节定义。

后续 8 字节数据，MSB（高字节在前），依次为 DAA 高字节、DAA 低字节、DAB 高字节、DAB 低字节、DAC 高字节、DAC 低字节、DAD 高字节、DAD 低字节。其中第 3 位 A、B、C、D 为第几路输出。

当整体控制字节中 RST=0、ENS=1，且 ENA ～ END 对应位有效时，后续数据才有意义。

3.3.7　RS232 通信模块

RS232 通信模块实物如图 3.17 所示。将带硬件流控制的 TTL 电平的 UART 信号转换成 RS232 信号。配合特定的程序，可实现外部 RS232 接口的模块控制（以 CC2530 无线节点模块为 MASTER），或直接实现无线协调器功能。其电路原理图如图 3.18 所示。

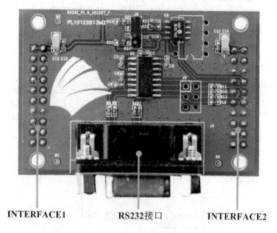

图 3.17　RS232 模块

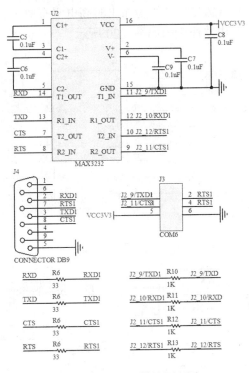

图 3.18　RS232 模块原理图

3.3.8　继电器输出模块

继电器输出模块实物如图 3.19 所示。继电器模块采用 1 片带中断输出的 IIC 接口的 GPIO 扩展芯片实现,其中继电器输出可任意配置成常开或常闭触点(使用双刀双触继电器,提高可靠性,使用跳线选择）, 按键或外部 GPIN 输入,可配置成高有效或低有效（有效时输出中断信号）。

CC2530 无线节点模块,需要在上电后,使用 IIC 接口配置 IIC 总线扩展芯片,才能使用上述功能。IIC 总线扩展芯片未配置时为默认输入,有默认状态的需要时,需要在继电器控制端使用上拉或下拉设计保证继电器默认输出逻辑的正确性。

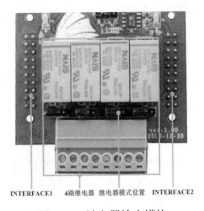

图 3.19　继电器输出模块

IIC 总线扩展芯片使用 PCA9554，作为输出时高电平有效（复位后默认为输入，使用下拉电阻作为默认值）。其电路原理图如图 3.20 所示。

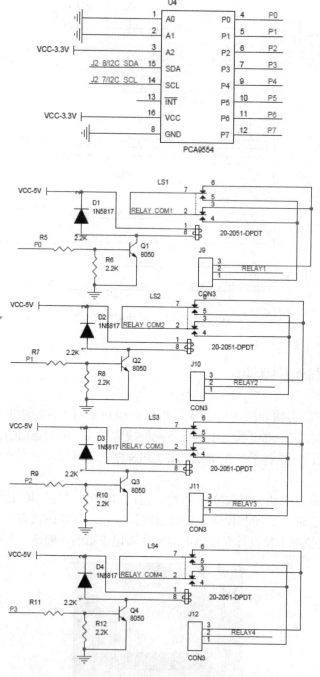

图 3.20　继电器模块原理图

继电器输出模块采用 IIC 扩展芯片设计实现，IIC 地址为 0x48（默认 PCA9554 地址）。

主机下传继电器控制数据，1 字节定义如表 3.9 所示，其中 ENA ～ END 对应 A、B、C、D 4 个继电器控制，高有效。

表 3.9　继电器控制数据字节定义

Bit.7	Bit.6	Bit.5	Bit.4	Bit.3	Bit.2	Bit.1	Bit.0
RSV	RSV	RSV	RSV	ENA	ENB	ENC	END
0	0	0	0	0	0	0	0

开关量输入控制使用 1 字节数据，定义如表 3.10 所示，其中 KA ～ KD 对应开关量输入位，高有效。

表 3.10　开关量输入控制数据定义

Bit.7	Bit.6	Bit.5	Bit.4	Bit.3	Bit.2	Bit.1	Bit.0
RSV	RSV	RSV	RSV	KA	KB	KC	KD
0	0	0	0	0	0	0	0

3.4　Cortex M3 模块（LM3S9B96）

LM3S9B96 是 TI 公司的基于 ARM Cortex-M3 的 32 位 MCU，CPU 工作频率 80MHz，1000MIPS 性能，ARM Cortex-M3 System Timer (SysTick) 定时器，片内具有高达 50MHz 的 256KB 单周期闪存和 96KB 单周期 SRAM，内部 ROM 加载 StellarisWare 软件，具有扩展的外设接口和串行接口，主要应用在遥控监视、POS 销售机、测试测量设备、网络设备和交换、工厂自动化、HVAC 和建筑物控制、游戏设备、运动控制、医疗设备、电源和交通运输、防火和安全等。LM3S9B96 参数如表 3.11 所示。

表 3.11　LM3S9B96 参数

MCU	LM3S9B96，80 MHz
Flash	256KB
RAM	96KB
StellarisWare in ROM	Yes
Boot Loader in ROM	1
DMA(Ch)	32
Memory Protection Unit (MPU)	Yes
Timers	5
RTC	Yes
Watchdog Timers	2
Motion PWM	8

PWM Faults	4
Ethernet	MAC+PHY
IEEE 1588	Yes
CAN	2
USB D, H/D, or OTG	O/H/D
UART(SCI)	3
UART Modem Status	Yes
I2C	2
SSI/SPI	2
I2S	Yes
Operating Temperature Range(°C)	−40 to 85

Cortex M3（LM3S9B96）模块采用 2×20Pin 镀金排针式座与外置的电源板或智能主板构成物理连接，其实现的功能如下：

- 100M 工业以太网通信。

实现方式：采用 LM3S9B96 处理器集成的 10/100M 以太网 MAC/PHY。

- USB（HOST/DEVICE/OTG）通信。

实现方式：采用 LM3S9B96 处理器内部集成的 USB 协议控制器。

- CAN 通信（2.0 版本）。

实现方式：采用 LM3S9B96 处理器内部集成的协议控制器、报文处理器、报文存储器+外部调制器 TJA1040 实现，基于板面空间限制和设计应用场合，本次设计没有进行电气隔离设计。

- 低功耗实现。

实现方式：采用 LM3S9B96 处理器内部集成的休眠模块，可定时唤醒或按键唤醒。

- UART 串行口通信。

实现方式：采用 LM3S9B96 处理器内置串行口外加 MAX3232 实现。

- 红外遥控信号的学习和发射功能。

- 远程固件升级。

Cortex M3 模块硬件电路如图 3.21 所示。其中，4 路红外发射接口（预留）须外接红外发射管，才能进行红外信号发射操作；JTAG 口须外接转换板，与 J-Link 仿真器进行硬件连接，如图 3.22 和图 3.23 所示。

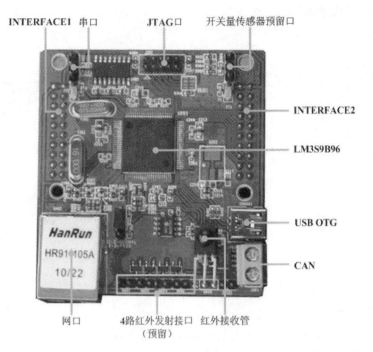

INTERFACE1 串口　　　　JTAG口　　开关量传感器预留口

INTERFACE2

LM3S9B96

USB OTG

CAN

网口　　　4路红外发射接口　红外接收管
　　　　　　（预留）

图 3.21　Cortex M3 模块硬件接口

图 3.22　与 J-Link 仿真器硬件连接

图 3.23　外接转换板

Cortex M3 模块逻辑框图如图 3.24 所示。

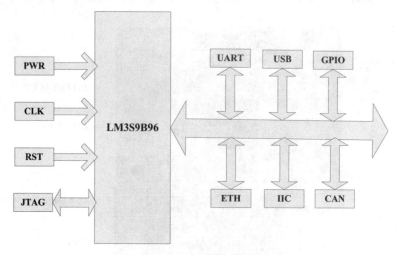

图 3.24　Cortex M3 模块逻辑框图

（1）电源（PWR）

因为 Cortex M3 模块是以扩展板的形式存在的，而在扩展板与母板的连接口上已经分别提供了 3.3V 和 5V 的电源引脚，因此不在本模块上单独设计电源系统，而是用母板提供的电源来进行供电。

（2）串口（UART）

LM3S9B96 处理器内置了 3 个 UART，本模块只引出了 UART0，使用常用的 MAX3232 芯片作为 RS232 的收发器，受体积限制 DB9 接口不能摆放在板子上，因此采用外接形式，具体逻辑图如图 3.25 所示。

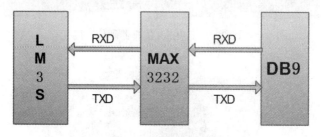

图 3.25　串口逻辑图

（3）控制器局域网（CAN）

CAN 作为当前应用最广泛的现场总线，LM3S9B96 处理器内置了 2 路 CAN2.0 A/B 控制器，Cortex M3 模块设计引出了 CAN0，在电路设计上可选择如图 3.26 所示带有电源隔离和信号隔离的工业设计方式，也可以选择不带有隔离的实验板设计方式。基于板面空间限制和设计应用场合，本次设计没有进行电气隔离设计。

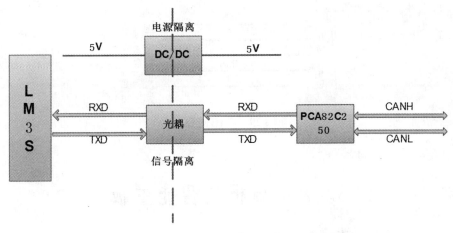

图 3.26　带有电源隔离和信号隔离的 CAN 设计

（4）USB(H/D/OTG)

LM3S9B96 处理器内置的 USB 2.0 控制器支持 OTG/HOST/DEVICE 这 3 种模式，如图 3.27 所示。

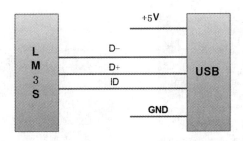

图 3.27　USB(H/D/OTG) 逻辑图

（5）Ethernet

LM3S9B96 处理器内部集成以太网的 MAC 和 PHY，使以太网的实现更便捷，使用更灵活、更稳定，成本更低，如图 3.28 所示。

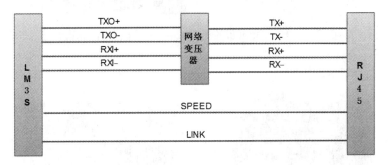

图 3.28　Ethernet 逻辑图

（6）JTAG

Cortex M3 模块引出 JTAG 口，方便对模块进行程序的下载及单步跟踪调试，如图 3.29 所示。

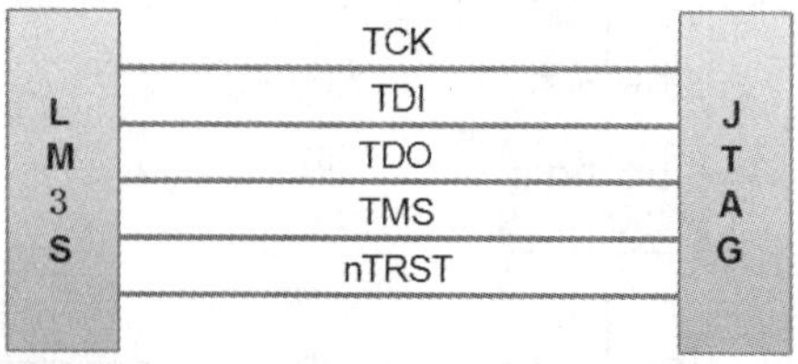

图 3.29　JTAG 逻辑图

3.5　电源板及智能主板

电源板及智能主板采用部分相同的电路设计（物理尺寸不同），其中，电源板可认为是智能主板的一个设计子集，如图 3.30 和图 3.31 所示。

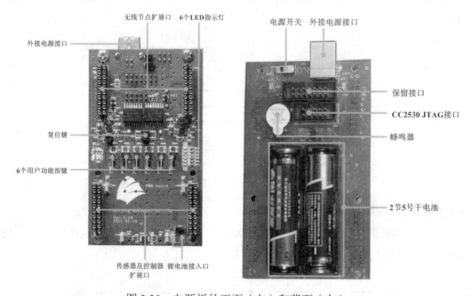

图 3.30　电源板的正面（左）和背面（右）

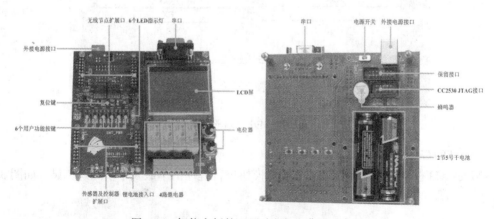

图 3.31　智能主板的正面（左）和背面（右）

其工作模式的异同比较，如表 3.12 所示。

表 3.12　电源板与智能主板工作模式异同比较

项 目 列 表		电 源 板	智 能 主 板
相同部分	RF 模块	使用相同的 RF 模块	
	传感器模块	使用相同的传感器模块	
	供电切换	使用 3 路电源输入，直流电源、干电池以及锂电池，智能切换	
	充电控制	使用相同充电控制，只对锂电池充电，使用直流电源	
	DC/DC 变换	使用相同 DC/DC 变换，将供电切换输出稳定在 5V/1A 输出	
	DEBUG 接口	使用相同规格的 DEBUG 接口，信号从无线节点模块引出	
	按键开关控制	使用 6 个按键开关，使用 IIC 接口扩展	
	LED 控制	系统使用 6 个 LED 输出，使用 IIC 接口扩展	
	蜂鸣器控制	一个蜂鸣器控制，与 LED 使用相同的 IIC 接口扩展	
不同部分	模拟 AD 测试	无	2 个电位器模拟 2 路 AD 输入信号
	继电器控制	无	4 路继电器控制输出（IIC 扩展）
	LCD 控制	无	128×64 点阵 LCD 显示（串口）
	RS232 变换	无	无线节点中串口变换为 RS232

输入电源同时支持外部电源、锂电池及普通干电池（不支持镍氢充电电池），电源使用的优先顺序为外接电源、锂电池、干电池。在使用外部电源时，如锂电池同时存在且电量处于非满电状态，将启动锂电池充电状态，充电过程自动控制，充满自动结束。

在电源板及智能主板左侧，安排了 3 个 LED 指示灯，依次为：

● 电源状态：单蓝（D104）。

● 充电指示：2 个 LED，充电为红（D301），充满为绿（D302）。

在电源板及智能主板中，统一使用 IIC 接口的 GPIO 扩展芯片 PCA9554，PCA9554 具备 8 个芯片内部的子地址，电源板使用 3 个，分别为 0、1、2（3 作为保留设置），其余地址（4～7）将分配给传感器芯片使用。

（1）LED 及蜂鸣器的控制

IIC 地址为 0x40（PCA9554），控制 LED+ 蜂鸣器，控制数据如表 3.13 所示，其中 SPK 蜂鸣器控制位，高有效。指示灯 LED 控制，LED5～LED0 高有效。

表 3.13　LED 及蜂鸣器控制数据定义

Bit.7	Bit.6	Bit.5	Bit.4	Bit.3	Bit.2	Bit.1	Bit.0
RSV	SPK	LED5	LED4	LED3	LED2	LED1	LED0
0	0	0	0	0	0	0	0

（2）按键开关输入

IIC 地址为 0x42（PCA9554），控制外部 6 个按键，按键输入高有效。控制数据如表 3.14 所示。

表 3.14　按键开关控制数据定义

Bit.7	Bit.6	Bit.5	Bit.4	Bit.3	Bit.2	Bit.1	Bit.0
RSV	RSV	KIN 5	KIN 4	KIN 3	KIN 2	KIN 1	KIN0
0	0	0	0	0	0	0	0

（3）继电器控制及外部输入

IIC 地址为 0x44（PCA9554），控制外部 4 个继电器，控制数据如下：

主机下传继电器控制数据，1 字节定义如表 3.15 所示，其中 ENA ～ END 对应继电器控制，高有效。

表 3.15　继电器控制数据字节定义

Bit.7	Bit.6	Bit.5	Bit.4	Bit.3	Bit.2	Bit.1	Bit.0
RSV	RSV	RSV	RSV	ENA	ENB	ENC	END
0	0	0	0	0	0	0	0

开关量输入控制使用 1 字节数据，定义如表 3.16 所示，其中 INA ～ IND 对应开关量输入位，高有效。

表 3.16　开关量输入控制数据定义

Bit.7	Bit.6	Bit.5	Bit.4	Bit.3	Bit.2	Bit.1	Bit.0
RSV	RSV	RSV	RSV	INA	INB	INC	IND
0	0	0	0	0	0	0	0

3.6　嵌入式网关（Cortex A8DB 开发板）

作为物联网创新实验系统 OURS-IOTV2-CC2530 中的嵌入式网关，Cortex A8DB 开发板（见图 3.32）采用 TI 公司新一代移动应用处理器——OMAP3530，该处理器在单一的芯片上集成了 600MHz ARM Cortex-A8 Core、412MHz TMS320C64x+ DSP Core、图形引擎、视频加速器以及丰富的多媒体外设，以核心板外加底板的模式，提供了 7 寸 TFT 24 位液晶触摸屏，接口资源丰富，扩展了通用的存储器、通信接口，在很小的体积下构成了高性能、低功耗的嵌入式最小系统，成为下一代智能手机、GPS 系统、媒体播放器以及全新便携式设备等嵌入式应用的最佳选择。如图 3.33 所示为 Cortex A8 核心板。

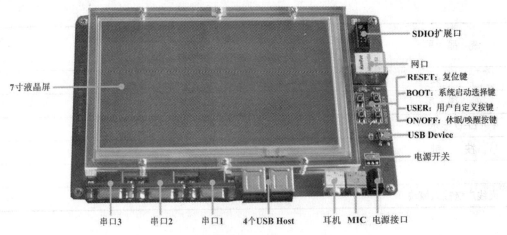

图 3.32　嵌入式网关（Cortex A8DB 开发板）

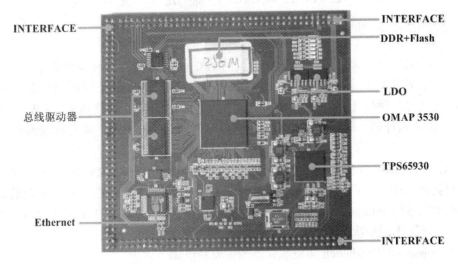

图 3.33　Cortex A8 核心板

CortexA8 核心板参数如表 3.17 所示。

表 3.17　嵌入式网关（Cortex A8，7 寸液晶屏）核心板参数

CPU	ARM Cortex-A8 600M 以上
DDR	256M
FLASH	256M
以　太　网	100M Ethernet controller
SD card	SD 卡控制器
USB HOST	4 个
USB CLIENT	1 个
RS232 接口	3 路

续表

液 晶 屏	7 寸 TFT LCD（包含触摸屏和有机玻璃外壳） 16:9 显示，分辨率：800 × 480
音 频	AC97 标准音频
触 摸 屏	电阻式触摸屏
LED 显示	9 个 LED 工作状态指示
按 键	4 个功能按键
	无线广域接入模块
无线广域接入模块	GPRS/3G

3.7 IAR EW8051 集成开发环境

IAR Embedded Workbench（简称 EW）的 C/C++ 交叉编译器和调试器是当今世界最完整和最容易使用的专业嵌入式应用开发工具。EW 对不同的微处理器提供相同用户界面。EW 支持 35 种以上的 8 位、16 位、32 位 ARM 的微处理器结构。EW 包括嵌入式 C/C++ 优化编译器、汇编器、连接定位器、库管理员、编辑器、项目管理器和 C-SPY 调试器。

EWARM 是 IAR 目前发展很快的产品，EWARM 已经支持 ARM7/9/10/11XSCALE，并且在同类产品中具有明显价格优势。其编译器可以对一些 SoC 芯片进行专门的优化，如 Atmel、TI、ST、Philips。除了 EWARM 标准版外，IAR 公司还提供 EWARM BL（256K）的版本，方便了不同层次客户的需求。

IAR Embedded Workbench 集成编译器的主要特点如下：

- 高效 PROMable 代码。
- 完全标准 C 兼容。
- 内建对应芯片的程序速度和大小优化器。
- 目标特性扩充。
- 版本控制和扩展工具支持良好。
- 便捷的中断处理和模拟。
- 瓶颈性能分析。
- 高效浮点支持。
- 内存模式选择。
- 工程中相对路径支持。

3.7.1　IAR 安装

（1）打开附带光盘 "\IOT-CC2530\OURS-CC2530\OURS_CC2530LIB\lib1_ 建立开发环境" 中 IAR 安装包，如在 Windows XP 下安装，双击 autorun.exe 进行安装；如在 Windows 7 下安装，将以 "管理员身份" 安装 autorun.exe 程序，界面如图 3.34 所示。

注意：书中所提光盘为试验箱中所配光盘。

图 3.34　安装 IAR 界面

（2）单击 Install IAR Embedded Workbench 至下一步，再单击 Next 按钮，进行接受许可协议界面，填写你的名字、公司以及认证序列号，如图 3.35 所示。

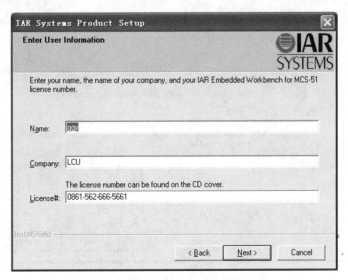

图 3.35　序列号输入

（3）正确填写后，单击 Next 按钮至下一步界面，将需要输入计算机的机器码和认证序列生成的序列钥匙，如图 3.36 所示。

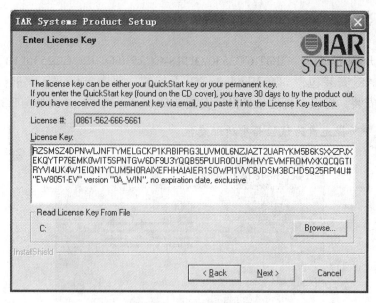

图 3.36 序列钥匙输入

（4）输入的认证序列以及序列钥匙正确后，单击 Next 按钮至下一步界面，如图 3.37 所示。在其中设置安装路径并选择完全安装或是典型安装，在这里选中第一个单选按钮，即完全安装。

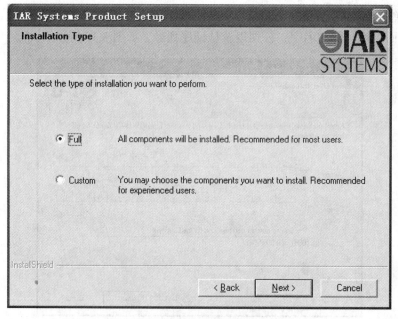

图 3.37 选择安装类型

（5）多次单击 Next 按钮至下一步骤直到安装完成，如图 3.38 所示，单击 Finish 按钮完成安装。

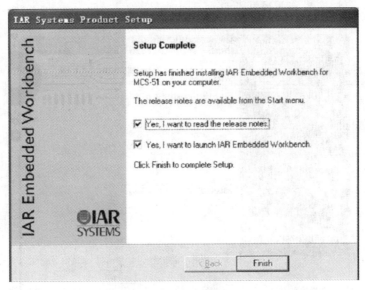

图 3.38　IAR 完成安装

3.7.2　ZStack 协议栈的安装

（1）协议栈的安装：在附带光盘"\IOT-CC2530\OURS-CC2530\OURS_CC2530LIB\ lib1_ 建立开发环境 \ZStack-2007"中，双击 ZStack-CC2530-2.3.1-1.4.0.exe 开始安装 ZigBee 协议栈。

（2）单击 Next 按钮进入接受许可协议界面，选择接受许可协议，单击 Next 按钮，进入如图 3.39 所示界面，选中 Typical 单选按钮，然后单击 Next 按钮进入下一步。

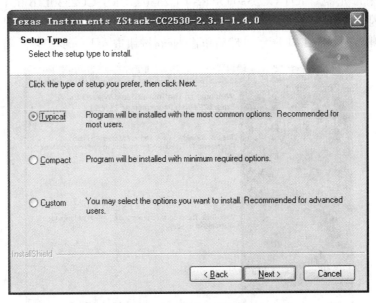

图 3.39　选择典型安装

（3）单击 Finish 按钮安装完成，如图 3.40 所示。

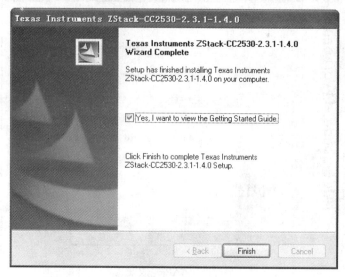

图 3.40　安装完成

3.7.3　Setup_SmartRFProgr_1.7.1 烧写工具安装

SmartRF 闪存编程器可用于对德州仪器（TI）射频片上系统器件中的闪存进行编程，并对 SmartRF04EB、SmartRF05EB 和 CC2430DB 上找到的 USB MCU 中的固件进行升级。此外，闪存编程器还可通过 MSP-FET430UIF 和 eZ430 软件狗对 MSP430 器件的闪存进行编程。SmartRF 闪存编程器安装步骤如下：

（1）在附带光盘 "\IOT-CC2530\OURS-CC2530\OURS_CC2530LIB\lib1_ 建立开发环境 \SmartRF 闪存编辑器" 中，双击 Setup_SmartRFProgr_1.7.1.exe，进行安装。

（2）打开界面如图 3.41 所示，然后单击 Next 按钮进入下一步安装界面。

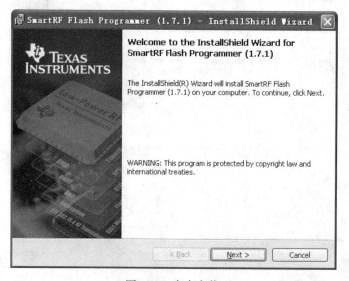

图 3.41　完全安装

（3）一直单击 Next 或 Install 按钮，直到进入界面如图 3.42 所示，单击 Finish 按钮安装完成。

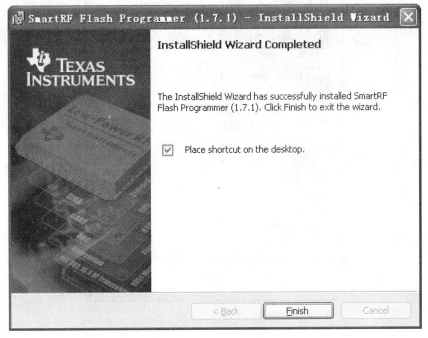

图 3.42　安装完成

3.8　IAR 软件的使用

ZigBee2530 开发套件实验部分，使用的软件开发环境为 IAR Embedded Workbench for MCS-51 7.51A Evaluation。本节将介绍如何使用该 IAR 环境搭建配套实验工程。以下将通过一个简单的 LED 闪灯测试程序工程带领读者逐步熟悉 IAR for 51 实验开发环境。

1. 创建工作区

使用 IAR 开发环境前首先应建立一个新的工作区，即建立一个工作文件存放的子目录，如建立 test_iar 子目录。在一个工作区中可创建一个或多个工程。用户打开 IAR Embedded Workbench 时，可选择打开最近使用的工作区或向当前工作区添加新的工程。

2. 建立一个新工程

（1）打开 IAR 软件，默认进入 Embedded Workbench Startup 界面，如图 3.43 所示。

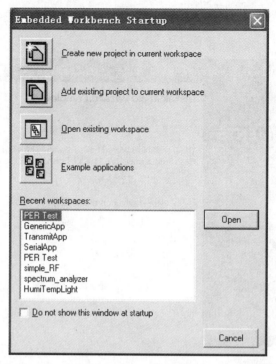

图 3.43　建立一个新工程

（2）单击 Create new project in current workspace 按钮 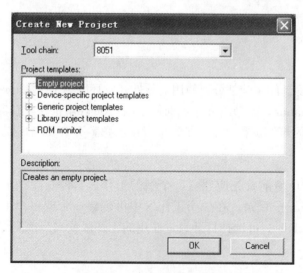，弹出如图 3.44 所示界面，在 Tool chain 下拉列表框中选择 8051 选项，在 Project templates 列表框中选择 Empty project 选项，单击 OK 按钮。

图 3.44　选择工程类型

（3）在打开的对话框中根据需要选择工程保存的位置，然后输入工程名称 ledtest，如图 3.45 所示，单击"保存"按钮，这样便建立了一个新的工程。

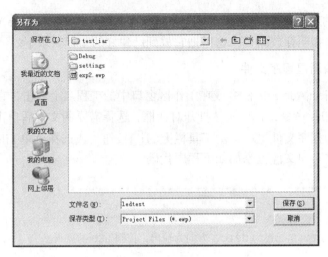

图 3.45　保存工程

这时新建的工程就出现在工作区窗口中了，如图 3.46 所示。

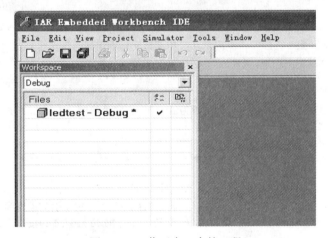

图 3.46　工作区窗口中的工程

系统产生两个创建配置：调试（Debug）和发布（Release），在这里只使用 Debug，如图 3.47 所示。

图 3.47　选择 debug 模式工程

项目名称后的星号（＊）表示修改还没有保存。选择菜单 File|Save Workspace 命令，保存工作区文件并指明存放路径，这里把它放到已建好的工程目录下。

3. 添加文件或新建程序文件

选择菜单 Project|Add File 命令或在工作区窗口中的工程名上右击，在弹出的快捷菜单中选择 Add|Add Files 命令，弹出文件打开对话框，选择需要的文件后单击"打开"按钮。

如没有建好的程序文件也可单击工具栏上的 ☐ 按钮，或选择菜单 File|New|File 命令新建一个空文本文件。向文件里添加如下程序代码：

```
/**************************************************************************
* 文件名：GPIO.c
* 功  能：GPIO 输出实验
* 将 CC2530 的 P1.0 配置为 GPIO，方向为输出，控制 LED 的亮灭。
* 注  意：
*    LED_Green = P1.0
*    LED_Red = P1.1
*    LED_Yellow = P1.4
* 版  本：V1.0
**************************************************************************/
#include "ioCC2530.h"          // 申明该文件中用到的头文件
void delay(void);              // 延时函数
/**************************************************************************
    * 函数名称：main
    * 功能描述：CC2530 的 P1.0 配置为 GPIO，方向为输出，控制 LED 的亮灭。
    * 参    数：无
    * 返 回 值：无
**************************************************************************/
void main( void )
{
    P1SEL &= 0xEC;            // 将 P1.0,P1.1,P1.4 引脚设置为 GPIO 模式
    P1DIR |= 0x13;            // 设置 P1.0,P1.1,P1.4 为输出方式

    while(1)
    {
        P1_0 = 1;            //点亮 LED_Green
        delay();             // 延时
        P1_1 = 1;            //点亮 LED_Red
        delay();             // 延时
        P1_4 = 1;            //点亮 LED_Yellow
        delay();             // 延时
        P1 &= 0xEC;          // 所有 LED 熄灭
        delay();             // 延时
    }
}
/**************************************************************************
    * 函数名称：delay
    * 功能描述：延时一段时间（此函数为不精确延时）。
    * 参    数：无
```

```
    * 返 回 值: 无
    *****************************************************************/
void delay(void)
{
    unsigned int i;
    unsigned char j;

    for(i=0;i<1000;i++)
    {
        for(j=0;j<200;j++)
        {
            asm("NOP");
            asm("NOP");
            asm("NOP");
        }
    }
}
```

选择菜单 File|Save 命令，弹出保存对话框，填写文件名为 gpio.c，单击"保存"按钮。

按照前面添加文件的方法将 gpio.c 添加到当前工程中，即选择菜单 Project|Add Files 命令，选择需要加入的文件 gpio.c，完成的结果如图 3.48 所示。

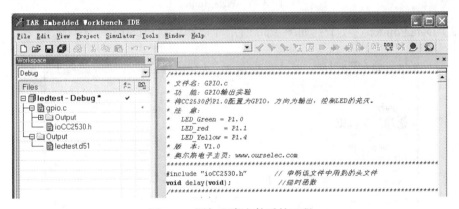

图 3.48　添加程序文件后的工程

4. 设置工程选项参数

选中左侧 Files 选项卡下的工程名，选择 Project|Options 命令，配置与 CC2530 相关的选项。

（1）Target 选项卡：按如图 3.49 所示配置 Target 选项卡，选择 Code model 和 Data model 下拉列表框中的相应选项，以及其他参数。单击 Device information 选项区域下 Device 后边的按钮选择程序安装位置，这里是 IAR Systems\Embedded Workbench 5.3\8051\config\devices\Texas Instruments 下的文件 CC2530.i51。

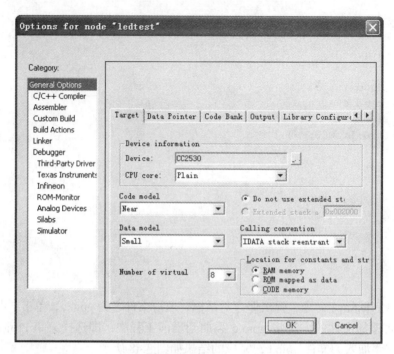

图 3.49 配置 Target

（2）Data Pointer 选项卡：如图 3.50 所示，选择数据指针 1 个、16 位。

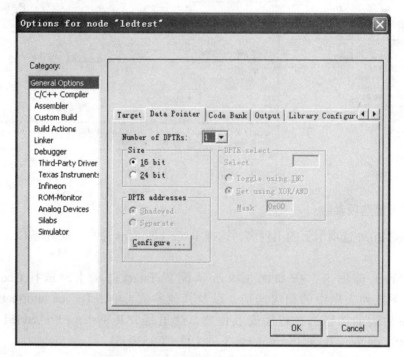

图 3.50 数据指针选择

（3）Stack/Heap 选项卡：如图 3.51 所示，改变 XDATA 栈大小到 0x1FF。

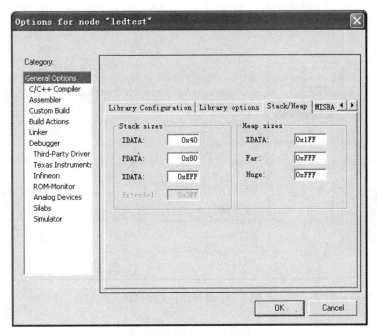

图 3.51 Stack/Heap 设置

（4）选择 Options for node"ledtest" 对话框左侧 Category 列表框中的 Linker 选项，配置相关的选项。

① Output 选项卡：选中 Override default 复选框，可以在下面的文本框中更改输出文件名。如果要用 C-SPY 进行调试，选中 Format 选项区域下的 Debug information for C-SPY 单选按钮，如图 3.52 所示。

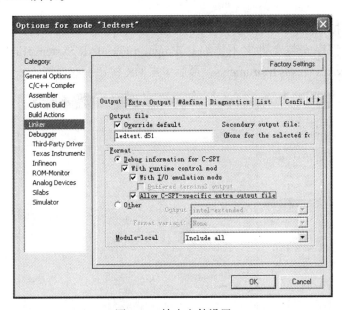

图 3.52 输出文件设置

② Config 选项卡：如图 3.53 所示，单击 Linker command file 选项区域右边的按钮，选择正确的连接命令文件，选择方式如表 3.18 所示。

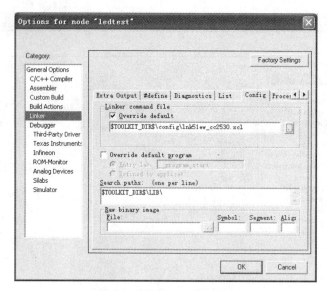

图 3.53　选择连接命令文件

表 3.18　Code Model 关系表

Code Model	File
Near	lnk51ew_cc2530.xcl
Banked	lnk51ew_cc2530b.xcl

（5）选择 Options for node"ledtest" 对话框左侧 Category 列表框中的 Debugger 选项，配置相关的选项。

Setup 选项卡按如图 3.54 所示设置。在 Device Description file 选项区域中选择 CC2530.ddf 文件，其位置在程序安装文件夹下，如 C:\Program Files\IAR Systems\Embedded Workbench 5.3\8051\config\devices \Texas Instruments，最后单击 OK 按钮保存设置。

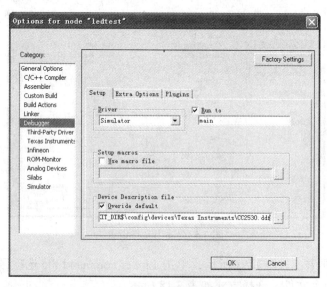

图 3.54　配置调试器

5. 编译、连接、下载

选择 Project|Make 命令或按 F7 键编译和连接工程，如图 3.55 所示。

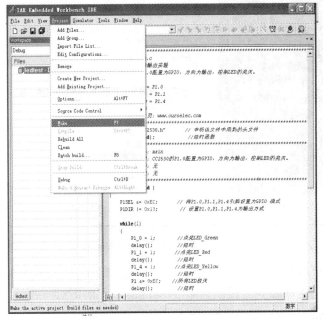

图 3.55　编译和连接工程

成功编译工程，显示没有错误信息如图 3.56 所示，然后按照图 3.57 所示连接硬件系统。

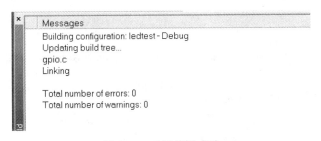

图 3.56　工程编译成功

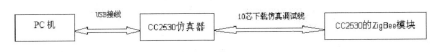

图 3.57　系统硬件连接图

选择 IAR 集成开发环境中菜单 Project|Debug 命令或按快捷键 Ctrl+D 进入调试状态，也可单击工具栏上 按钮进入程序下载，程序下载完成后，IAR 将自动跳转至仿真状态。

6. 安装仿真驱动

安装仿真器驱动前确认 IAR Embedded Workbench 已经安装，手动安装适用于系统以前没有安装过仿真器驱动的情况。CC2530 多功能仿真器通过实验箱附带的 USB 线（A 型转 B 型）连接到 PC 机，在 Windows XP 系统下，系统找到新硬件后弹出对话框如图 3.58

所示，选中"从列表或指定位置安装（高级）"单选按钮，单击"下一步"按钮。

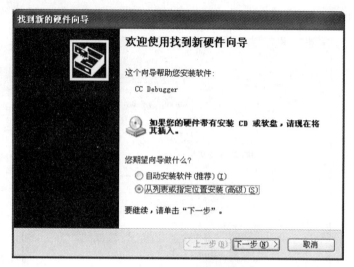

图 3.58　系统找到仿真器

进入如图 3.59 所示驱动安装选项对话框，单击"浏览"按钮选择驱动所在路径。驱动文件在 IAR 程序安装目录下，默认为 C:\Program Files\IAR Systems\Embedded Workbench 5.3\8051\drivers\Texas Instruments。

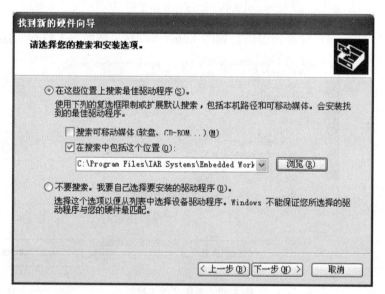

图 3.59　安装驱动文件

单击"下一步"按钮，系统安装完驱动程序后提示完成对话框，单击"完成"按钮退出安装。

7. 仿真调试

完成 CC2530 多功能仿真器驱动后，通过 USB 线把 ZigBee 硬件平台与计算机连接后，进入 IAR 开发环境进行仿真调试。选择菜单 Project|Debug 命令或按快捷键 Ctrl+D 进入调试状态，也可按工具栏上的 按钮进入调试。进入调试后，整体窗口如图 3.60 所示。

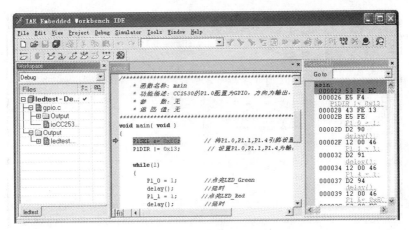

图 3.60　程序调试界面

（1）调试窗口管理

在 IAR Embedded Workbench 中用户可以在特定的位置停靠窗口，并利用标签组来管理它们。也可以使某个窗口处于悬浮状态，即让它始终停靠在窗口的上层。状态栏位于主窗口底部，包含了如何管理窗口的帮助信息。更详细信息参见帮助文件中的 EW8051_UserGuide。

查看源文件常用语句如下。

- Step Into ⤵：执行内部函数或子进程的调用。
- Step Over ⤴：每步执行一个函数调用。
- Next Statement ⤵：每次执行一个语句。

（2）调试管理

C-SPY 允许用户在源代码中查看变量或表达式，可在程序运行时跟踪其值的变化。选择菜单 View|Auto 命令开启窗口，如图 3.61 所示。窗口会自动显示当前被修改过的表达式。

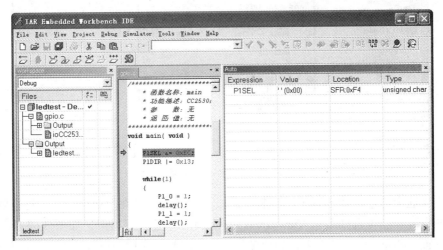

图 3.61　自动窗口

连续观察 P1SEL 值的变化情况。选择菜单 View|Watch 命令，打开 Watch 窗口。单击 Watch 窗口中的虚线框，出现输入区域时输入 P1SEL 并按 Enter 键。也可以先选中一个变量将其从编辑窗口拖到 Watch 窗口，如图 3.62 所示。

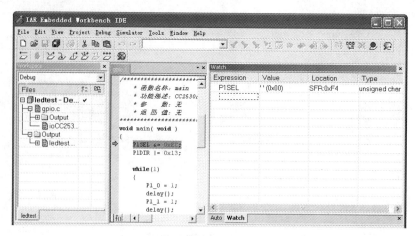

图 3.62　Watch 窗口

单步执行，观察 P1SEL 的变化。如果要在 Watch 窗口中去掉一个变量，先选中然后按键盘上的 Delete 键或右击，在弹出的快捷菜单中选择 Delete 命令。

（3）设置并监控断点

使用断点最便捷的方式是将其设置为交互式，即将插入点的位置指到一个语句里或靠近一个语句，然后选择 Toggle Breakpoint 命令。在编辑窗口选择要插入断点的语句，如在 delay 语句处插入断点，选择菜单 Edit|Toggle Breakpoint 命令，或者在工具栏上单击 按钮，如图 3.63 所示。

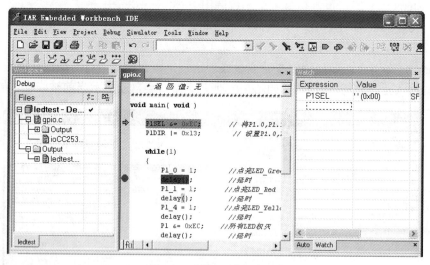

图 3.63　设置一个新断点

这样在这个语句中就设置了一个断点，用高亮表示并且在左边标注一个红色圆点显示有一个断点存在。可选择菜单 View|Breakpoints 命令打开断点窗口，如图 3.64 所示，观察工程所设置的断点。在主窗口下方的调试日志 Debug Log 窗口中可以查看断点的执行情况。如要取消断点，在原来断点的设置处再执行一次 Toggle Breakpoint 命令即可。

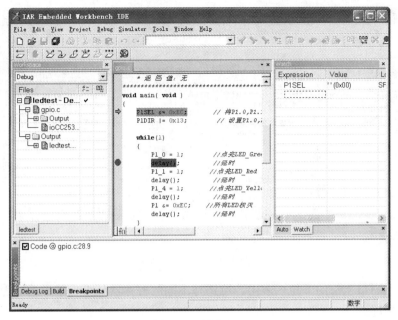

图 3.64　断点窗口

（4）反汇编模式中调试

在反汇编模式，每一步都对应一条汇编指令，用户可对底层进行完全控制。选择菜单
View|Disassembly 命令，打开反汇编调试窗口，用户可看到当前 C 语言语句对应的汇编语
言指令，如图 3.65 所示。

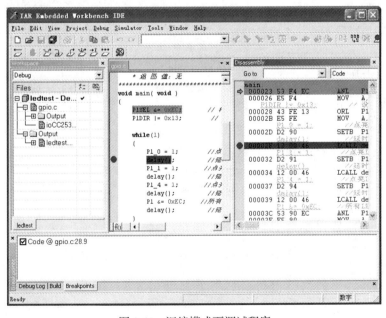

图 3.65　汇编模式下调试程序

（5）监控寄存器

寄存器窗口允许用户监控并修改寄存器的内容。选择菜单 View|Register 命令，打开寄
存器窗口，如图 3.66 所示。

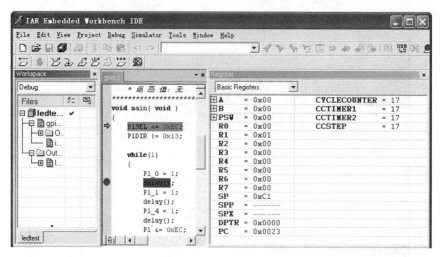

图 3.66　寄存器窗口

在寄存器窗口上部的下拉列表中，可选择不同的寄存器分组。单步运行程序观察寄存器值的变化情况。

（6）监控存储器

存储器窗口允许用户监控存储器的指定区域。选择菜单 View|Memory 命令，打开存储器窗口，如图 3.67 所示。

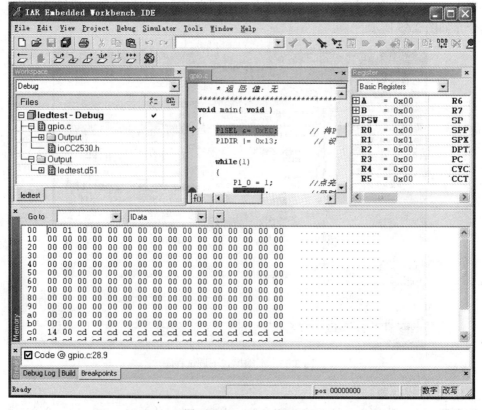

图 3.67　Memory 窗口

　　单步执行程序，观察存储器中值的变化。用户可以在存储器窗口中对数据进行编辑、修改，在想进行编辑的存储器数值处放置插入点，输入期望值即可。

　　（7）运行程序

　　选择菜单 Debug|Go 命令或单击调试工具栏上 按钮，如果没有断点，程序将一直运行下去，可以看到在 ZigBee 开发平台中相关的硬件反应，具体实验内容见第 4 章。如果要停止，选择菜单 Debug|Break 命令或单击调试工具栏上的 按钮，停止程序运行。

　　（8）退出调试

　　选择菜单 Debug|Stop Debugging 命令或单击调试工具栏上的 按钮退出调试模式。

第 4 章　ZigBee 实践项目（OURS-IOTV2 TI 方案）

4.1　CC2530 GPIO 控制实验

4.1.1　实验目的

熟悉 IIC 工作原理和 GPIO 控制。

4.1.2　实验内容

通过对 IIC 的控制实现 6 个灯轮流闪烁。

4.1.3　实验设备

（1）装有 IAR 软件的 PC 机一台。
（2）CC2530 仿真器、USB 连线（A 型转 B 型）。
（3）无线节点模块、电源板或智能主板。

4.1.4　实验原理

该实验采用 CC2530 的 I/O 口（P1.0 和 P1.1）模拟 IIC 总线的 SCL 和 SDA，然后通过 IIC 总线形式控制 GPIO 扩展芯片 PCA9554，最后通过扩展的 I/O 来控制 LED 的亮灭。

具体定义函数清单如下：

```
#define SCL        P1_0        //IIC 时钟线
#define SDA        P1_1        //IIC 数据线
#define ON         0x01        //LED 状态
#define OFF        0x00
```

1. IIC 总线特点

IIC 总线最主要的优点是其简单性和有效性。由于接口直接在组件之上，因此 IIC 总线占用的空间非常小，减少了电路板的空间和芯片管脚的数量，降低了互联成本。总线的长度可高达 7.62 米，并且能够以 10Kbps 的最大传输速率支持 40 个组件。IIC 总线的另一个优点是，它支持多主控（multimastering），其中任何能够进行发送和接收的设备都可以成为主总线。一个主控能够控制信号的传输和时钟频率。当然，在任何时间点上只能有一个主控。

2. IIC 总线工作原理

IIC 总线是由数据线 SDA 和时钟 SCL 构成的串行总线，可发送和接收数据。在 CPU 与被控 IC 之间、IC 与 IC 之间进行双向传送，最高传送速率 100Kbps。各种被控制电路均并联在这条总线上，就像电话机一样只有拨通各自的号码才能工作，所以每个电路和模块都有唯一的地址，在信息的传输过程中，IIC 总线上并接的每一模块电路既是主控器（或被控器），又是发送器（或接收器），这取决于它所要完成的功能。CPU 发出的控制信号分为地址码和控制量两部分，地址码用来选址，即接通需要控制的电路，确定控制的种类；控制量决定该调整的类别（如对比度、亮度等）及需要调整的量。这样，各控制电路虽然挂在同一条总线上，却彼此独立，互不相关。

IIC 总线在传送数据过程中共有 3 种类型信号，它们分别是开始信号、结束信号和应答信号。

- 开始信号：SCL 为高电平时，SDA 由高电平向低电平跳变，开始传送数据。
- 结束信号：SCL 为低电平时，SDA 由低电平向高电平跳变，结束传送数据。
- 应答信号：接收数据的 IC 在接收到 8bit 数据后，向发送数据的 IC 发出特定的低电平脉冲，表示已收到数据。CPU 向受控单元发出一个信号后，等待受控单元发出一个应答信号，CPU 接收到应答信号后，根据实际情况做出是否继续传递信号的判断。如未收到应答信号，则判断为受控单元出现故障。

3. IIC 总线基本操作

IIC 规程运用主 / 从双向通信。器件发送数据到总线上，则定义为发送器，器件接收数据则定义为接收器。主器件和从器件都可以工作于接收和发送状态。总线必须由主器件（通常为微控制器）控制，主器件产生串行时钟（SCL）控制总线的传输方向，并产生起始和停止条件。SDA 线上的数据状态仅在 SCL 为低电平的期间才能改变，SCL 为高电平的期间，SDA 状态的改变被用来表示起始和停止条件，如图 4.1 所示。

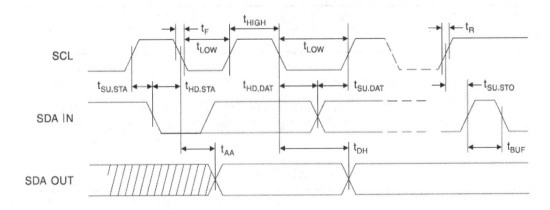

图 4.1　IIC 总线时序

4. 带中断的 8 位 IIC 和 SMBus I/O 口芯片

PCA9554 寄存器是 16 脚的 CMOS 器件，它们提供了 IIC/SMBus 应用中的 8 位通用并行输入 / 输出口 GPIO 的扩展。

（1）命令字节

在写数据发送过程中，命令字节是紧跟地址字节之后的第一个字节，它作为一个指针指向要进行写或读操作的寄存器，如表 4.1 所示。

表 4.1 命令字节含义

命 令	协 议	寄 存 器
0	读字节	输入端口
1	读 / 写字节	输出端口
2	读 / 写字节	极性反转端口
3	读 / 写字节	配置端口

（2）寄存器 0——输入端口寄存器

该寄存器是一个只读端口，无论寄存器 3 将端口定义成输入或输出，它都只反映管脚的输入逻辑电平，对此寄存器的写操作无效，如表 4.2 所示。

表 4.2 寄存器 0 各位含义

位	I7	I6	I5	I4	I3	I2	I1	I0
默 认	1	1	1	1	1	1	1	1

（3）寄存器 1——输出端口寄存器

该寄存器是一个只可输出口，它反映了由寄存器 3 定义的管脚的输出逻辑电平。当管脚定义为输入时，该寄存器中的位值无效。从该寄存器读出的值表示的是触发器控制的输出选择，而非真正的管脚电平，如表 4.3 所示。

表 4.3 寄存器 1 各位含义

位	O7	O6	O5	O4	O3	O2	O1	O0
默 认	1	1	11	1	1	1	1	1

（4）寄存器 2——极性反转寄存器

用户可利用此寄存器对输入端口寄存器的内容取反，若该寄存器某一位被置位写入 1，相应输入端口数据的极性取反。若寄存器的某一位被清 0 写入 0，则相应输入端口数据保持不变，如表 4.4 所示。

表 4.4 寄存器 2 各位含义

位	N7	N6	N5	N4	N3	N2	N1	N0
默 认	0	0	0	0	0	0	0	0

（5）寄存器 3——配置寄存器

该寄存器用于设置 I/O 管脚的方向。如该寄存器中某一位被置位写入 1，则相应的端口配置成带高阻输出驱动器的输入口。如寄存器的某一位被清 0 写入 0，则相应的端口配置成输出口。复位时，I/O 口配置为带弱上拉的输入口，如表 4.5 所示。

表 4.5　寄存器 3 各位含义

位	C7	C6	C5	C4	C3	C2	C1	C0
默　认	0	0	0	0	0	0	0	0

（6）中断输出

当端口某个管脚的状态发生变化且此管脚配置为输入时，开漏中断激活。当输入返回到前一个状态或读取输入端口寄存器时，中断不被激活。

需要注意的是，将一个 I/O 口的状态从输出变为输入，如果管脚的状态与输入端口寄存器的内容不匹配，将可能产生一个错误的中断。

4.1.5　程序流程图及核心代码

（1）程序流程图如图 4.2 所示。

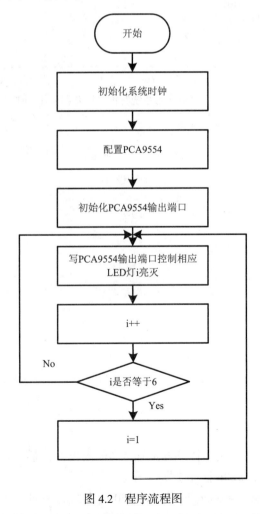

图 4.2　程序流程图

（2）程序核心代码如下：

```
#include "hal.h"
#define ON              0x01        //LED 状态
#define OFF             0x00
extern void ctrPCA9554LED(UINT8 led,UINT8 operation);
extern void PCA9554ledInit();
/*****************************************************************************
 * 函数名称: halWait
 * 功能描述: 延时
 * 参    数: wait - 延时时间
 * 返 回 值:无
 ****************************************************************************/
void halWait(BYTE wait){
    UINT32 largeWait;
    if(wait == 0)
    {return;}
    largeWait = ((UINT16) (wait << 7));
    largeWait += 114*wait;
    largeWait = (largeWait >> CLKSPD);
    while(largeWait--);
    return;
}
/*****************************************************************************
 * 函数名称: main
 * 功能描述:反复选择不同的振荡器作为系统时钟源，并调用 led 控制程序，闪烁 LED 灯
 ****************************************************************************/
void main()
{
  uint8 i;
    HAL_BOARD_INIT();           // 时钟设置
    PCA9554ledInit();
    while(1)                    // 流水灯
    {
      for (i=0;i<6;i++)
      {
       ctrPCA9554LED(i,ON);
       Wait(100);
       ctrPCA9554LED(i,OFF);
       Wait(100);
      }
    }
}
```

4.1.6　实验步骤

（1）将一个无线节点模块即传感器或输入 / 输出模块，插到电源板或带 LCD 智能主板的相应位置（即 J205 和 J206 插座上）。

（2）将标有 ourselec cc-debugger 的 CC2530 仿真器的一端，通过 10Pin 下载线连接到电源板或智能主板的 CC2530 JTAG 口（J203）；另一端通过 USB 线（A 型转 B 型）连接

到 PC 机的 USB 接口。

（3）给电源板或智能主板供电（USB 外接电源或 2 节干电池）。

（4）将电源板或智能主板上电源开关拨至开位置，智能主板上的 LCD 屏显示 OURS-CC2530，SensorDemo，GatWay Mode，PANID:2530。按下仿真器上的按钮，仿真器上的指示灯为绿色时，表示连接成功。

（5）使用 IAR7.51 软件打开 "…\OURS_CC2530LIB\lib2(gpio_iic)\ IAR_files" 下的 gpio_iic.eww 文件，如图 4.3 所示。

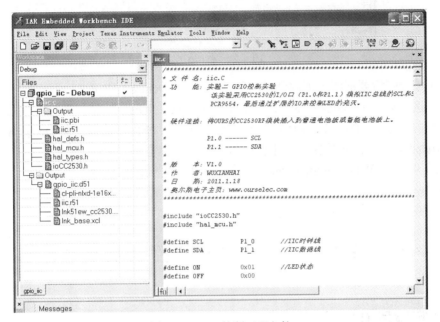

图 4.3　GPIO 控制工程文件

（6）打开后选择 Project|Rebuild All 命令，或者选中工程文件右击，在弹出的快捷菜单中选择 Rebuild All 命令，如图 4.4 所示。

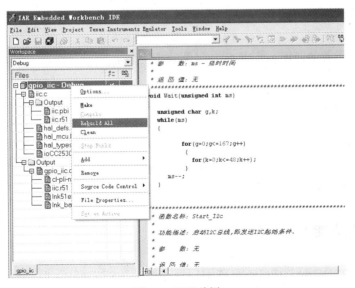

图 4.4　工程编译

（7）选择 Rebuild All 命令对 gpio_iic.eww 工程进行编译，编译完成直至无错误，显示如图 4.5 所示。

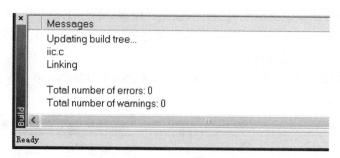

图 4.5　编译结果

（8）编译完后要把程序下载到模块里，单击 (Debug) 按钮进行下载。

（9）选择菜单 Debug|Go 命令，或单击调试工具栏上的 按钮，运行程序。可以看到电源板或智能主板上的 6 个 LED 灯循环闪亮。如果要停止，选择菜单 Debug|Break 命令或单击调试工具栏上的 按钮，停止程序运行。

（10）选择菜单 Debug|Stop Debugging 命令或单击调试工具栏上的 按钮，退出调试模式。

4.2　CC2530 LCD 控制实验

4.2.1　实验目 0 的

简易 GUI 的各相关函数的使用。

4.2.2　实验内容

通过各相关函数的使用，实现 GUI 界面的相关显示。

4.2.3　实验设备

（1）装有 IAR 软件的 PC 机一台。
（2）CC2530 仿真器、USB 连线（A 型转 B 型）。
（3）无线节点模块、带 LCD 的智能主板。

4.2.4　实验原理及说明

在 SO12864FPD-14ASBE(3S) 点阵图形液晶模块（ST7565P）驱动程序的基础上，学习一个简易的 GUI（图形用户接口），如画点、线、矩形、矩形填充，显示一幅 126×64

的图画以及汉字显示等。

其中 I/O 分配为：

SCL　　　　　P1.5

SID　　　　　P1.6

A0　　　　　P1.7

CSn　　　　　P1.4

RESETn　　　　P2.0

1. 12864 点阵型 LCD 简介

12864 是一种图形点阵液晶显示器，主要由行驱动器 / 列驱动器及 128×64 全点阵液晶显示器组成，可完成图形显示，也可以显示 8×4 个（16×16 点阵）汉字，其引脚说明如表 4.6 所示。

表 4.6　12864LCD 的引脚说明

管脚号	管脚名称	LEVER	管脚功能描述
1	VSS	0	电源地
2	VDD	+5.0V	电源电压
3	V0	−	液晶显示器驱动电压
4	D/I(RS)	H/L	D/I="H"，表示 DB7 ～ DB0 为显示数据 D/I="L"，表示 DB7 ～ DB0 为显示指令数据
5	R/W	H/L	R/W="H"，E="H" 数据被读到 DB7 ～ DB0 R/W="L"，E="H→L" 数据被写到 IR 或 DR
6	E	H/L	R/W="L"，E 信号下降沿锁存 DB7 ～ DB0 R/W="H"，E="H" DDRAM 数据读到 DB7 ～ DB0
7	DB0	H/L	数据线
8	DB1	H/L	数据线
9	DB2	H/L	数据线
10	DB3	H/L	数据线
11	DB4	H/L	数据线
12	DB5	H/L	数据线
13	DB6	H/L	数据线
14	DB7	H/L	数据线
15	CS1	H/L	H: 选择芯片（右半屏）信号
16	CS2	H/L	H: 选择芯片（左半屏）信号
17	RET	H/L	复位信号，低电平复位
18	VOUT	−10V	LCD 驱动负电压
19	LED+	−	LED 背光板电源
20	LED−	−	LED 背光板电源

（1）指令寄存器（IR）

IR 是用于寄存指令码，与数据寄存器数据相对应。当 D/I=0 时，在 E 信号下降沿的作用下，指令码写入 IR。

（2）数据寄存器（DR）

DR 是用于寄存数据的，与指令寄存器寄存指令相对应。当 D/I=1 时，在下降沿作用下，图形显示数据写入 DR，或在 E 信号高电平作用下由 DR 读到 DB7 ～ DB0 数据总线。DR 和 DDRAM 之间的数据传输是模块内部自动执行的。

（3）忙标志：BF

BF 标志提供内部工作情况。BF=1 表示模块在内部操作，此时模块不接受外部指令和数据。BF=0 时，模块为准备状态，随时可接受外部指令和数据。利用 STATUS READ 指令，可以将 BF 读到 DB7 总线，从而检验模块的工作状态。

（4）显示控制触发器（DFF）

此触发器是用于模块屏幕显示开和关的控制。DFF=1 为开显示（DISPLAY ON），DDRAM 的内容就显示在屏幕上，DFF=0 为关显示（DISPLAY OFF）。DDF 的状态是受指令 DISPLAY ON/OFF 和 RST 信号控制的。

（5）XY 地址计数器

XY 地址计数器是一个 9 位计数器。高 3 位是 X 地址计数器，低 6 位为 Y 地址计数器，XY 地址计数器实际上是作为 DDRAM 的地址指针，X 地址计数器为 DDRAM 的页指针，Y 地址计数器为 DDRAM 的 Y 地址指针。

X 地址计数器是没有记数功能的，只能用指令设置。

Y 地址计数器具有循环记数功能，各显示数据写入后，Y 地址自动加 1，Y 地址指针从 0 到 63。

（6）显示数据 RAM（DDRAM）

DDRAM 是存储图形显示数据的。数据为 1 表示显示选择，数据为 0 表示显示非选择。DDRAM 与地址和显示位置的关系见 DDRAM 地址表。

（7）Z 地址计数器

Z 地址计数器是一个 6 位计数器，此计数器具备循环记数功能，它是用于显示行扫描同步。当一行扫描完成，此地址计数器自动加 1，指向下一行扫描数据，RST 复位后 Z 地址计数器为 0。

Z 地址计数器可以用指令 DISPLAY START LINE 预置。因此，显示屏幕的起始行就由此指令控制，即 DDRAM 的数据从哪一行开始显示在屏幕的第一行。此模块的 DDRAM 共 64 行，屏幕可以循环滚动显示 64 行。

2. 12864LCD 的指令系统及时序

该类液晶显示模块（即 KS0108B 及其兼容控制驱动器）的指令系统比较简单，总共有 7 种，其指令表如表 4.7 所示。

表 4.7　12864LCD 指令表

指 令 名 称	控 制 信 号		控 制 代 码							
	R/W	RS	DB7	DB6	DB5	DB4	DB3	DB2	DB1	DB0
显示开关	0	0	0	0	1	1	1	1	1	1/0
显示起始行设置	0	0	1	1	X	X	X	X	X	X
页设置	0	0	1	0	1	1	1	X	X	X
列地址设置	0	0	0	1	X	X	X	X	X	X
读状态	1	0	BUSY	0	ON/OFF	RST	0	0	0	0
写数据	0	1	写数据							
读数据	1	1	读数据							

（1）显示开 / 关指令

当 DB0 = 1 时，LCD 显示 RAM 中的内容；DB0 = 0 时，关闭显示。

（2）显示起始行（ROW）设置指令

该指令设置了对应液晶屏最上一行的显示 RAM 的行号，有规律地改变显示起始行，可以使 LCD 实现显示滚屏的效果。

（3）页（PAGE）设置指令

显示 RAM 共 64 行，分 8 页，每页 8 行。

（4）列地址（Y Address）设置指令

设置了页地址和列地址，就唯一确定了显示 RAM 中的一个单元，这样 MPU 就可以用读、写指令读出该单元中的内容或向该单元写进一个字节数据。

（5）读状态指令

该指令用来查询液晶显示模块内部控制器的状态，各参量含义如下。

- BUSY：1 表示内部在工作，0 表示正常状态。
- ON/OFF：1 表示显示关闭，0 表示显示打开。
- RESET：1 表示复位状态，0 表示正常状态。

在 BUSY 和 RESET 状态时，除读状态指令外，其他指令均不对液晶显示模块产生作用。在对液晶显示模块操作之前要查询 BUSY 状态，以确定是否可以对液晶显示模块进行操作。

（6）写数据指令和读数据指令

读、写数据指令每执行完一次读、写操作，列地址就自动增一。必须注意的是，进行读操作之前，必须有一次空读操作，紧接着再读才会读出所要读的单元中的数据。

（7）控制时序

12864LCD 控制时序如图 4.6 所示。

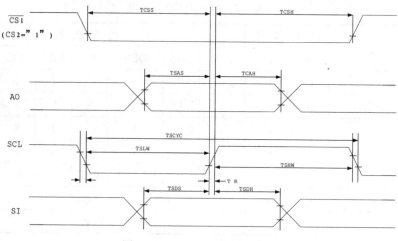

图 4.6　12864LCD 控制时序

4.2.5　程序流程图及核心代码

（1）程序流程图如图 4.7 所示。

（2）程序核心代码如下：

```
void main(void)
{
  UINT8 i;

  GUI_Init();                                    //GUI 初始化
  GUI_SetColor(1,0);                             // 显示色为亮点，背景色为暗点
  // 向显示缓冲区加载一幅 128×64 点阵的单色位图
  GUI LoadBitmap(0, 0, (UINT8 *)Logo, 128, 64);
  LCM_Refresh();// 将显示缓冲区中的数据刷新到 SO12864FPD-13ASBE(3S) 上显示

  change();                                      // 延时大约 2S 后清屏
  // 向显示缓冲区加载一幅 128×64 点阵的单色位图（反色）
  GUI_LoadBitmapN(0, 0, (UINT8 *)Logo, 128, 64);
  LCM_Refresh();
  change();
  while(1)
  {
    GUI_PutString5_7(0, 2, "Point");             // 显示字符串
    LCM_Refresh();
    for(i=0;i<128;i+=8)
    {
      /* 在指定坐标画点 */
      GUI_Point(i,30,1);
      LCM_Refresh();
      halWait(200);                              // 延时大约 0.2S
    }
    change();
```

```
GUI_PutString5_7(0, 2, "HLine");
LCM_Refresh();
for(i=30;i<64;i+=2)
{
    /* 按指定坐标画水平线 */
    GUI_HLine(0,i,127,1);
    LCM_Refresh();
    halWait(200);
}
change();
GUI_PutString5_7(0, 2, "RLine");
LCM_Refresh();
for(i=64;i<128;i+=2)
{
    /* 按指定坐标画垂直线 */
    GUI_RLine(i,0,63,1);
    LCM_Refresh();
    halWait(200);
}
change();
/* 按指定坐标画矩形 */
GUI_PutString5_7(0, 2, "Rectangle");
GUI_Rectangle(34,22,94,42,1);
LCM_Refresh();
change();              /* 按指定坐标画填充矩形 */
GUI_PutString5_7(0, 2, "RectangleFill");
GUI_RectangleFill(34,22,94,42,1);
LCM_Refresh();
change();              /* 在指定坐标显示汉字 */
GUI_PutHZ(16, 24, (UINT8 *)AO, 16, 16);
LCM_Refresh();
halWait(200);
GUI_PutHZ(40, 24, (UINT8 *)ER, 16, 16);
LCM_Refresh();
halWait(200);
GUI_PutHZ(64, 24, (UINT8 *)SI, 16, 16);
LCM_Refresh();
halWait(200);
GUI_PutHZ(88, 24, (UINT8 *)ZAO, 16, 16);
LCM_Refresh();
change();
}
}
```

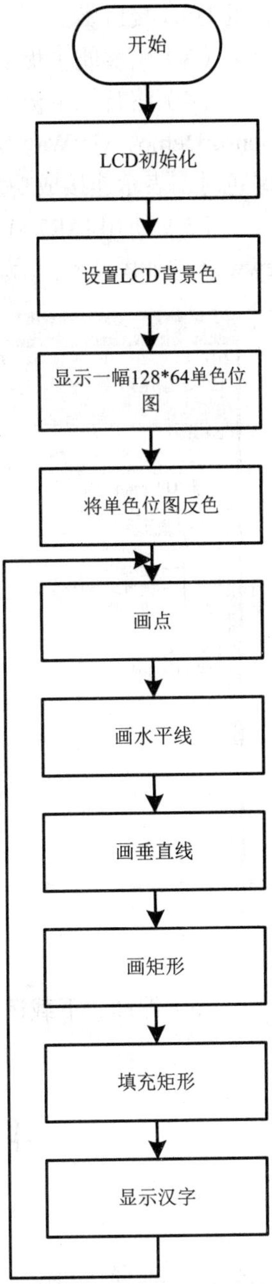

图 4.7　程序流程图

4.2.6　实验步骤

（1）将一个无线节点模块即传感器或输入 / 输出模块，插到带 LCD 智能主板的相应位置（即 J205 和 J206 插座上）。

（2）将标记为 ourselec cc-debugger 的 CC2530 仿真器的一端，通过 10Pin 下载线连接到智能主板的 CC2530 JTAG 口（J203），另一端通过 USB 线（A 型转 B 型）连接到 PC

机的 USB 接口。

（3）给智能主板供电（USB 外接电源或 2 节干电池）。

（4）将智能主板上电源开关拨至开位置，智能主板上的 LCD 屏显示 OURS-CC2530，SensorDemo，GatWay Mode，PANID:2530。按下仿真器上的按钮，仿真器上的指示灯为绿色时，表示连接成功。

（5）使用 IAR7.51 软件打开 "···\OURS_CC2530LIB\lib3(lcd)\ IAR_files" 下的 GUIDemo.eww 文件如图 4.8 所示。

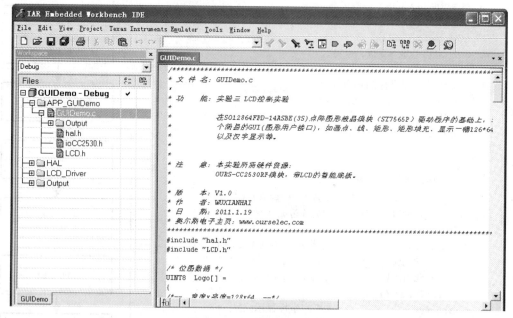

图 4.8　LCD 控制工程文件

（6）编译、下载运行后，可以看到智能主板上的 LCD 屏图形的变化。

4.3　CC2530 外部中断实验

4.3.1　实验目的

学习如何处理中断。

4.3.2　实验内容

编写和获取中断的程序。

4.3.3　实验设备

（1）装有 IAR 软件的 PC 机一台。
（2）CC2530 仿真器、USB 连线（A 型转 B 型）。
（3）无线节点模块、电源板或智能主板。

4.3.4　实验原理及说明

通过 PCA9554 的扩展 I/O 按键输入变化，对应的 PCA9554 将输出一个低电平中断，该中断接入 CC2530 的 P0.7 端口，从而产生 P0 中断。对 P0.7 中断初始化设置代码如下：

```
void Init_IO(void)
{
    P0SEL |=0x80;            // 将 P0.7 设置为外设功能
    P0DIR &=~0x80;           // 将 P0.7 设置为输入
    P0INP &=~0x80;           // 端口输入模式设置（P0.7 有上拉-下拉）
    P0IEN |=0x80;            //P0.7 中断使能
    PICTL |=0x01;            //P0.7 为下降沿触发中断
    EA = 1;                  // 使能全局中断
    IEN1 |=0x20;             //P0 口中断使能
    P0IFG &= ~0x80;          //P0.7 中断标志清 0
};
```

在中断服务程序中读取相应的按键值，然后再通过 IIC 控制另一个 PCA9554，即 LED 的亮灭。

CC2530 具有 18 个中断源，P0 口输入中断（POINT）是其中的一个。该中断的具体说明如下。

● 中断编号：13。
● 描述：P0 口输入。
● 中断名称：P0INT。
● 中断向量：6BH。
● 中断使能位：IEN1.P0IE。
● 中断标志位：IRCON.P0IF。

P0 口输入中断可由 P0 口所有引脚（P0.0 ～ P0.7）上的上升沿或下降沿信号产生，可通过 PICTL 寄存器的 P0ICON 位来设置。

P0 口包含 8 个引脚，但不能为这 8 个引脚单独使能 / 禁止中断。这 8 个引脚被分为 2 组，即低 4 位（P0.0 ～ P0.3）为 1 组，高 4 位（P0.4 ～ P0.7）为 1 组。中断的使能 / 禁止是以组为单位的，例如，如想由 P0.2 引脚产生中断，应该使能低 4 位组的中断，如想由 P0.5 引脚产生中断，应该使能高 4 位组的中断。PICTL 的 P0IENL 位用来设置低 4 位组的中断使能 / 禁止；PICTL 的 P0IENH 位用来设置高 4 位组的中断使能 / 禁止。

P0 口所有引脚的中断状态标志可从 P0IFG 寄存器读出。当产生中断时，相应位将置 1，用户可以以此判断中断是由 P0 口的哪个引脚上的信号产生。用户可以软件清零该寄存器的各位。

为了使能 CC2530 的任何中断，建议采取以下步骤。

（1）清除中断标志。

（2）如果有的话，设置在外设特殊功能寄存器（SFR）中单独的中断使能位。

（3）设置在 IEN0、IEN1 或 IEN2 寄存器中相应的、独立的中断使能位为 1。

（4）通过设置 IEN0 寄存器中的 EA 位为 1 来使能全局中断。

（5）在相应的中断向量地址开始中断服务程序。

本实验用的 IIC 总线控制和 PCA9554 相关内容，请参考 4.1 节内容。

4.3.5 程序流程图及核心代码

（1）程序流程图如图 4.9 所示。

（2）程序核心代码如下：

```c
#include "ioCC2530.h"
#include "hal_mcu.h"

#define OSC_32KHZ   0x00          // 使用外部 32K 晶体振荡器
// 时钟设置函数
#define     HAL_BOARD_INIT()
{

  uint16 i;

  SLEEPCMD &= ~OSC_PD; /* 开启 16MHz RC 和 32MHz XOSC */
  while (!(SLEEPSTA & XOSC_STB)); /* 等待 32MHz XOSC 稳定 */
  asm("NOP");
  for (i=0; i<504; i++) asm("NOP"); /* 延时 63ms*/
  /* 设置 32MHz XOSC 和 32kHz 时钟 */
  CLKCONCMD = (CLKCONCMD_32MHZ | OSC_32KHZ);
   while (CLKCONSTA != (CLKCONCMD_32MHZ |
OSC_32KHZ)); /* 等待时钟生效 */
  SLEEPCMD |= OSC_PD;          /* 关闭 16MHz RC */
}
extern void ctrPCA9554LED(uint8 led,uint8
operation);
extern void PCA9554ledInit();
extern void ctrPCA9554FLASHLED(uint8 led);
extern uint8 GetKeyInput();
/*************************************************
**********************
 * 函数名称：Init_IO
 * 功能描述：P0.7 中断初始化设置
 * 参    数：无
 * 返 回 值：无
 *************************************************
******************/
void Init_IO(void)
{
```

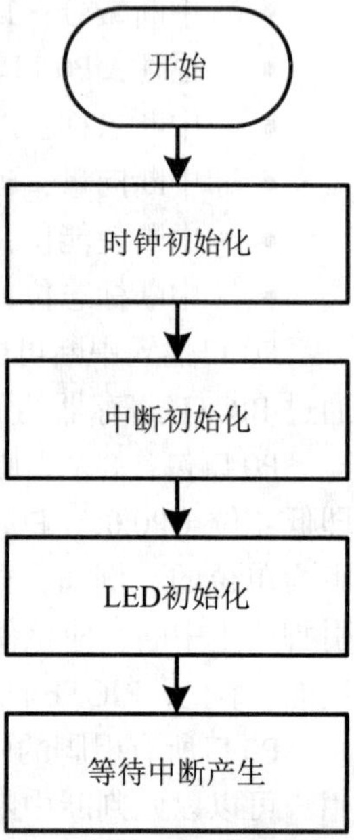

图 4.9 程序流程图

```
    P0SEL  |=0x80;                    // 将 P0.7 设置为外设功能
    P0DIR  &=~0x80;                   // 将 P0.7 设置为输入
    P0INP  &=~0x80;                   // 端口输入模式设置（P0.7 有上拉、下拉）
    P0IEN  |=0x80;                    //P0.7 中断使能
    PICTL  |=0x01;                    //P0.7 为下降沿触发中断
    EA = 1;                           // 使能全局中断
    IEN1  |=0x20;                     //P0 口中断使能
    P0IFG  &= ~0x80;                  //P0.7 中断标志清 0
};
/*******************************************************************
* 函数名称：P0_IRQ
* 功能描述：P0 口输入中断的中断服务程序。
* 参    数：无
* 返 回 值：无
*******************************************************************/
#pragma vector=P0INT_VECTOR
__interrupt void P0_IRQ(void)
{
    uint8 key = 0;
    P0IFG &= ~0x80;                   //P0.7 中断标志清 0
    key = GetKeyInput();              // 读取按键值
    if(key)
    {
     ctrPCA9554FLASHLED(key);         // 控制相应的 LED 亮灭
    }
}
/*******************************************************************
* 函数名称：main
* 功能描述：初始化时钟和中断口
P0.7 的下降沿（按下 6 个按键中的任意一个）产生 P0 口输入中断
*******************************************************************/
void main(void)
{
  HAL_BOARD_INIT();       // 初始化时钟
  Init_IO();              // 中断初始化
  PCA9554ledInit();       //LED 初始化
  while(1);               // 死循环，等待 P0 口下降沿中断（本实验由 P0.7 产生中断）
}
```

4.3.6　实验步骤

（1）将一个无线节点模块即传感器或输入 / 输出模块，插到电源板或带 LCD 智能主板的相应位置（即 J205 和 J206 插座上）。

（2）将标记为 ourselec cc-debugger 的 CC2530 仿真器的一端，通过 10Pin 下载线连接到电源板或智能主板的 CC2530 JTAG 口（J203），另一端通过 USB 线（A 型转 B 型）连接到 PC 机的 USB 接口。

（3）给电源板或智能主板供电（USB 外接电源或 2 节干电池）。

（4）将电源板或智能主板上电源开关拨至开位置，按下仿真器上的按钮，仿真器上的指示灯为绿色时，表示连接成功。

（5）使用 IAR7.51 软件打开 "…\OURS_CC2530LIB\lib4(int)\ IAR_files" 下的 INT.eww 工程文件，如图 4.10 所示。

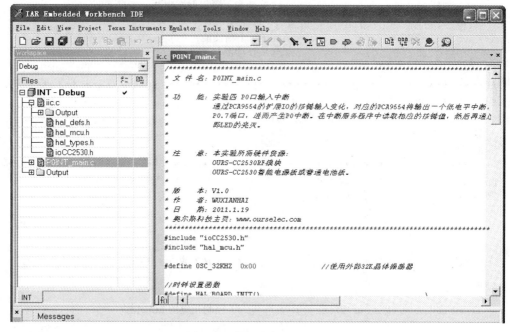

图 4.10　外部中断工程文件

（6）编译、下载、运行后，对电源板或智能主板按键操作将出现以下现象：

- SW401 对应 D406 LED 的亮灭；SW402 对应 D405 LED 的亮灭。
- SW403 对应 D404 LED 的亮灭；SW404 对应 D403 LED 的亮灭。
- SW405 对应 D402 LED 的亮灭；SW406 对应 D401 LED 的亮灭。

4.4　CC2530 时钟源选择实验

4.4.1　实验目的

学习配置 CC2530 不同的时钟源。

4.4.2　实验内容

选择不同的振荡器作为系统时钟源，调用 LED 控制程序，闪烁 LED 灯。

4.4.3　实验设备

（1）装有 IAR 软件的 PC 机一台。

（2）CC2530 仿真器、USB 连线（A 型转 B 型）。

（3）无线节点模块、电源板或智能主板。

4.4.4　实验原理及说明

该实验通过配置 CC2530 不同的时钟源（16MHz 的 RC 振荡器和 32MHz 的晶体振荡器），从而改变 LED 灯的闪烁频率。

CC2530 有一个内部的系统时钟。时钟源可以是一个 16MHz 的 RC 振荡器，也可以是一个 32MHz 的晶体振荡器。时钟控制是通过使用 CLKCON 特殊功能寄存器来执行的。系统时钟也提供给所有的 8051 外设。

32MHz 晶体振荡器的启动时间对于某些应用而言太长了，因此 CC2530 可以运行在 16MHz RC 振荡器直到晶体振荡器稳定。16MHz RC 振荡器的功耗要少于晶体振荡器，但是由于它没有晶体振荡器精确，因此它不适用于射频收发器。

CLKCONCMD.OSC 位被用来选择系统时钟源。要使用射频收发器，32MHz 晶体振荡器必须被选择并且稳定。改变 CLKCON.OSC 位并不即刻生效，这是因为在实际改变时钟源之前，被选择的时钟源要首先达到稳定。CLKCONSTA.CLKSPD 位将反映系统时钟频率，因此它是 CLKCON.OSC 位的"镜子"。

当 SLEEPSTA.XOSC_STB 为 1 时，表示系统报告 32MHz 晶体振荡器稳定。然而，这可能并不是实际情况，在选择 32MHz 时钟作为系统时钟源之前，应该等待一个额外的 64ms 的安全时间，可以通过增加一条空指令 NOP 来实现。如果不等待，可能会造成系统崩溃。

未被选择作为系统时钟源的振荡器，通过设置 SLEEP.OSC_PD 为 1（默认状态）将被设置为掉电模式。因此，当 32MHz 晶体振荡器被选择作为系统时钟源后，16MHz RC 振荡器可能被关闭，反之亦然。

当 SLEEPCMD.OSC_PD 为 0 时，这两个振荡器都被上电并运行。当 32MHz 晶体振荡器被选择作为系统时钟源并且 16MHz RC 振荡器也被上电时，根据供电电压和运行温度，16MHz RC 振荡器将被不断校准以确保时钟稳定。当 16MHz RC 振荡器被选择作为系统时钟源时，该校准不被执行。

4.4.5　程序流程图及核心代码

（1）程序流程图如图 4.11 所示。

（2）程序核心代码如下：

```
void main(void)
{
  UINT8 i;
  PCA9554ledInit();
  while(1)
  {
    SET_MAIN_CLOCK_SOURCE(CRYSTAL);
    /* 设置系统时钟源为 32MHz 晶体振荡器（大约用时
150ms），关闭 16MHz RC 振荡器 */
    for (i=0;i<10;i++)
    {
      ctrPCA9554LED(0,ON);
      halWait(200);
      ctrPCA9554LED(0,OFF);
      halWait(200);
    }
    SET_MAIN_CLOCK_SOURCE(RC);
    // 选择 16MHz RC 振荡器，关闭 32MHz 晶体振荡器
    PCA9554ledInit();
    halWait(200);
    for (i=0;i<10;i++)
    {
      ctrPCA9554LED(1,ON);
      halWait(200);
      ctrPCA9554LED(1,OFF);
      halWait(200);
    }
  }
}
```

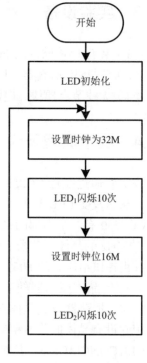

图 4.11　程序流程图

4.4.6　实验步骤

（1）将一个无线节点模块即传感器或输入/输出模块，插到电源板或带 LCD 智能主板的相应位置（即 J205 和 J206 插座上）。

（2）将标记为 ourselec cc-debugger 的 CC2530 仿真器的一端，通过 10Pin 下载线连接到电源板或智能主板的 CC2530 JTAG 口（J203），另一端通过 USB 线（A 型转 B 型）连接到 PC 机的 USB 接口。

（3）给电源板或智能主板供电（USB 外接电源或 2 节干电池）。

（4）将电源板或智能主板上电源开关拨至开位置，按下仿真器上的按钮，仿真器上的指示灯为绿色时，表示连接成功。

（5）使用 IAR7.51 软件打开 "…\OURS_CC2530LIB\lib5(SystemClock)\IAR_files" 下的 SystemClock.eww 工程文件，如图 4.12 所示。

图 4.12　时钟源选择工程

（6）编译、下载、运行后，观察电源板或智能主板上的 LED 灯的闪烁，可以发现有 D405 和 D406 两个 LED 灯交替闪烁，且频率不同。

4.5　CC2530 功耗模式选择实验

4.5.1　实验目的

通过外部按键设置 CC2530 的功耗模式。

4.5.2　实验内容

通过编写程序使目标板工作在不同的功耗模式下。

4.5.3　实验设备

（1）装有 IAR 软件的 PC 机一台。
（2）CC2530 仿真器、USB 连线（A 型转 B 型）。
（3）无线节点模块、电源板或智能主板。

4.5.4　实验原理及说明

该实验通过外部按键设置 CC2530 的功耗模式，通过智能主板上的 LCD 可以显示 CC2530 当前的功耗模式。如果要验证 CC2530 的功耗，用户也可以使用万用表等工具测量 CC2530 处于不同的功耗模式时，电源电流的变化。

（1）CC2530 功耗

CC2530 使用不同的运行模式或功耗模式以允许低功耗运行。超低功耗是通过关闭模块电源以避免静态功耗，以及通过使用时钟门控和关闭振荡器来减少动态功耗而获得的。CC2530 有 4 个功耗模式，被称为 PM0、PM1、PM2 和 PM3。PM0 是激活模式，PM3 具有最低功耗。

（2）PM0

全功能模式，连接到数字内核的电压调整器打开，16MHz RC 振荡器或 32MHz 晶体振荡器运行或者它们同时运行，32.753kHz RC 振荡器或 32.768kHz 晶体振荡器运行。

PM0 模式下，CPU、片内外设和 RF 收发器都处于激活状态，数字电压调整器打开，该模式也被称为激活模式。当处于 PM0(SLEEPCMD.MODE=0x00) 模式时，通过使能 PCON.IDLE 位，CPU 核将停止运行，所有片内外设功能正常并且 CPU 核将被任何一个使能的中断唤醒。

（3）PM1

连接到数字内核的电压调整器打开，16MHz RC 振荡器和 32MHz 晶体振荡器都不运行。32.753kHz RC 振荡器或 32.768kHz 晶体振荡器运行。在产生复位、外部中断或当睡眠定时器到期时系统将返回到 PM0。

PM1 模式下，高频振荡器掉电（32MHz XOSC 和 16MHz RCOSC）。电压调整器和被使能的 32kHz 振荡器打开。当进入 PM1 后，一个掉电序列运行。当设备从 PM1 回到 PM0 模式时，高频振荡器被启动。设备将运行在 16MHz RC 振荡器，直到 32MHz 晶体振荡器通过软件方法被选择作为系统时钟源。当直到一个唤醒事件出现时的预期时间相对较短时（少于 3ms）可以使用 PM1，因为 PM1 使用了一个快速的上电 / 掉电序列。

（4）PM2

连接到数字内核的电压调整器关闭，16MHz RC 振荡器和 32MHz 晶体振荡器都不运行，32.753kHz RC 振荡器或 32.768kHz 晶体振荡器运行。在产生复位、外部中断或当睡眠定时器到期时系统将返回到 PM0。

PM2 模式下，上电复位、外部中断、32.768kHz 振荡器和睡眠定时器处于激活状态。I/O 引脚保持在进入 PM2 模式前的 I/O 模式和输出值设置。其他所有的内部电路掉电，电压调整器也被关闭。

当进入 PM2 后，一个掉电序列运行。当使用睡眠定时器（也可结合外部中断）作为唤醒事件时，通常选择进入 PM2。与 PM1 相比，当睡眠时间超过 3ms 时，通常应选择 PM2。与使用 PM1 相比，使用较少的睡眠时间将不会减少系统功耗。

（5）PM3

连接到数字内核的电压调整器关闭，没有振荡器运行。在产生复位或外部中断时系统将返回到 PM0。

　　PM3 模式下，由电压调整器供电的所有内部电路关闭（基本上是所有的数字模块，中断检测和上电复位除外）。复位（上电复位或外部复位）和外部 I/O 端口中断是该模式下仅有的功能。I/O 引脚保持在进入 PM3 模式前的 I/O 模式和输出值设置。一个复位条件或一个使能的外部 I/O 中断事件将唤醒设备并将它带入 PM0（外部中断将从进入 PM3 的位置开始，而复位将返回程序执行的开始）。在此模式下，RAM 和寄存器的内容被部分保存。PM3 使用了与 PM2 相同的掉电 / 上电序列。当等待一个外部事件时，PM3 可被用来实现极低功耗。所需要的功耗模式可以通过 SLEEPCMD 控制寄存器的 MODE 位来选择。在设置了 MODE 位后，设置特殊功能寄存器 PCON.IDLE 位，即可进入所选择的睡眠模式。一个来自端口引脚的使能中断或睡眠定时器或上电复位，将唤醒设备并通过复位 MODE 位将设备带回 PM0。

4.5.5　程序流程图及核心代码

　　（1）程序流程图如图 4.13 所示。

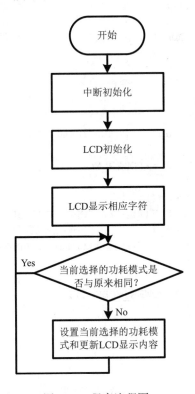

图 4.13　程序流程图

　　（2）程序核心代码如下：

```
void main(void)
{
  Init_IO();
  GUI_Init();                          // GUI 初始化
  GUI_SetColor(1,0);                   // 显示色为亮点，背景色为暗点
```

```
GUI_PutString5_7(25, 2, "OURS-CC2530");                     // 显示字符串
GUI_PutString5_7(5, 30, "PowerMode 0:CPU RUN"); // 显示字符串
LCM_Refresh();    // 将显示缓冲区中的数据刷新到 SO12864FPD-14ASBE(3S) 上显示

while(1)
{
  switch(Key_Flag)
  {
    /* 功耗模式 0 */
    case 0:
      if(PowerMode_Flag != POWER_MODE_0) // 如当前不在功耗模式 0 下
      {
        PowerMode_Flag = POWER_MODE_0;     // 更新当前功耗模式标志变量

        GUI_ClearScreen();                                   // 清屏
        GUI_PutString5_7(25, 2, "OURS-CC2530");              // 显示字符串
        GUI_PutString5_7(5, 30, "PowerMode 0:CPU STOP"); // 显示字符串
        // 将显示缓冲区中的数据刷新到 SO12864FPD-14ASBE(3S) 上显示
        LCM_Refresh();

        SET_POWER_MODE(POWER_MODE_0);       // 设置功耗模式为功耗模式 0
      }
      break;

    /* 功耗模式 1 */
    case 1:
      if(PowerMode_Flag != POWER_MODE_1 )        // 如当前不在功耗模式 1 下
      {
        PowerMode_Flag = POWER_MODE_1;             // 更新当前功耗模式标志变量

        GUI_ClearScreen();                                 // 清屏
        GUI_PutString5_7(25, 2, "OURS-CC2530");            // 显示字符串
        GUI_PutString5_7(5, 30, "PowerMode 1");            // 显示字符串
        // 将显示缓冲区中的数据刷新到 SO12864FPD-14ASBE(3S) 上显示
        LCM_Refresh();

        SET_POWER_MODE(POWER_MODE_1);              // 设置功耗模式为功耗模式 1
      }
      break;

    /* 功耗模式 2 */
    case 2:
      if(PowerMode_Flag != POWER_MODE_2 )        // 如当前不在功耗模式 2 下
      {
        PowerMode_Flag = POWER_MODE_2;             // 更新当前功耗模式标志变量

        GUI_ClearScreen();                         // 清屏
        GUI_PutString5_7(25, 2, "OURS-CC2530"); // 显示字符串
        GUI_PutString5_7(5, 30, "PowerMode 2"); // 显示字符串
```

```
        // 将显示缓冲区中的数据刷新到 SO12864FPD-14ASBE(3S) 上显示
        LCM_Refresh();

        SET_POWER_MODE(POWER_MODE_2);                    // 设置功耗模式为功耗模式 2
      }
      break;

    /* 功耗模式 3 */
    case 3:
      if(PowerMode_Flag != POWER_MODE_3)                 // 如当前不在功耗模式 3 下
      {
        PowerMode_Flag = POWER_MODE_3;                   // 更新当前功耗模式标志变量

        GUI_ClearScreen();                               // 清屏
        GUI_PutString5_7(25, 2, "OURS-CC2530");// 显示字符串
        GUI_PutString5_7(5, 30, "PowerMode 3");// 显示字符串
        // 将显示缓冲区中的数据刷新到 SO12864FPD-14ASBE(3S) 上显示
        LCM_Refresh();

        SET_POWER_MODE(POWER_MODE_3);                    // 设置功耗模式为功耗模式 3
      }
      break;
      default:
      break;
    }
  }
}
```

4.5.6　实验步骤

（1）将一个无线节点模块即传感器或输入 / 输出模块，插到带 LCD 智能主板的相应位置（即 J205 和 J206 插座上）。

（2）将标记为 ourselec cc-debugger 的 CC2530 仿真器的一端，通过 10Pin 下载线连接到智能主板的 CC2530 JTAG 口（J203），另一端通过 USB 线（A 型转 B 型）连接到 PC 机的 USB 接口。

（3）给智能主板供电（USB 外接电源或 2 节干电池）。

（4）将智能主板上电源开关拨至开位置，按下仿真器上的按钮，仿真器上的指示灯为绿色时，表示连接成功。

（5）使用 IAR7.51 软件打开 "···\OURS_CC2530LIB\lib6(PowerModes) \IAR_files" 下的 PowerModes.eww 工程文件，如图 4.14 所示。

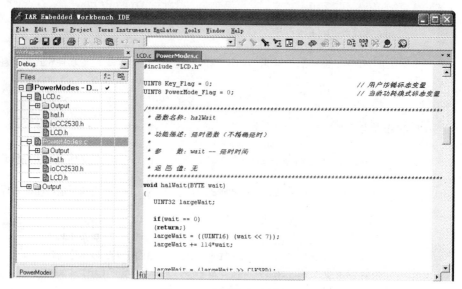

图 4.14　功耗模式选择实验

（6）编译、下载、运行后，通过按键 SW401 切换 CC2530 的功耗模式，观察智能主板上的 LCD 依次显示如下信息。

PowerMode 0：CPU STOP

PowerMode 1

PowerMode 2

PowerMode 3

4.6　CC2530 睡眠定时器使用实验

4.6.1　实验目的

学会编写睡眠时间程序。

4.6.2　实验内容

在 PM2 下睡眠定时器，4s 定时到期后唤醒设备回到 PM0 激活状态。

4.6.3　实验设备

（1）装有 IAR 软件的 PC 机一台。

（2）CC2530 仿真器、USB 连线（A 型转 B 型）。

（3）无线节点模块、带 LCD 的智能主板。

4.6.4 实验原理及说明

睡眠定时器被用来设置系统进入和退出低功耗睡眠模式之间的时间。当进入低功耗睡眠模式时，睡眠定时器也可被用来在定时器 2（MAC 定时器）中维持定时。

睡眠定时器具有以下主要特性：

（1）运行在 32kHz 时钟的 24 位上计数定时器。

（2）24 位比较。

（3）运行在 PM2 模式下的低功耗模式。

（4）中断和 DMA 触发。

睡眠定时器是一个 24 位定时器，它运行在 32kHz 时钟（RC 或 XOSC）。该定时器在系统复位后立即启动并且连续不间断地运行。定时器的当前值可以从特殊功能寄存器 ST2:ST1:ST0 中被读出。定时器比较出现在当定时器值等于 24 位比较值的时候。比较值可通过写寄存器 ST2:ST1:ST0 来设置。

当出现定时器比较时，中断标志 STIF 被置位。

睡眠定时器中断的中断使能位是 IEN0.STIE，中断标志位是 IRCON.STIF。

睡眠定时器运行在除 PM3 模式外的所有功耗模式下。在 PM1 和 PM2 功耗模式下，睡眠定时器比较事件被用来唤醒设备返回到 PM0 的激活模式。

系统复位后，默认的比较值为 0xFFFFFF。在设置了新的比较值之后，进入 PM2 之前，应该等待 ST0 发生改变。

睡眠定时器比较也可被用作一个 DMA 触发。

在 PM2 下，如果供电电压下降到 2V 以下，定时器间隔可能会受影响。

4.6.5 程序流程图及核心代码

（1）程序流程图如图 4.15 所示。

（2）程序核心代码如下：

```
void main(void)
{
  UINT8 i;
  // 设置 32kHz 时钟源为 32.768kHz 晶体振荡器
  SET_32KHZ_CLOCK_SOURCE(CRYSTAL);

  GUI_Init();        // GUI 初始化
  GUI_SetColor(1,0); // 显示色为亮点，背景色为暗点

  GUI_PutString5_7(24,0,"OURS-CC2530");
  // 显示 OURS-CC2530EB
  GUI_PutString5_7(30,15,"SleepTimer");
  // 显示 SleepTimer
  // 将显示缓冲区中的数据刷新到 SO12864FPD-14ASBE(3S) 上显示
```

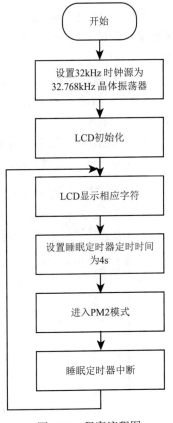

图 4.15 程序流程图

```
    LCM_Refresh();

    while(1)
    {
      GUI_PutString5_7(5, 30, "PowerMode 0:CPU RUN");        // 显示字符串
      LCM_Refresh();     // 将显示缓冲区中的数据刷新到 SO12864FPD-14ASBE(3S) 上显示
      for(i=0;i<20;i++) halWait(200);                          // 延时大约 4s

      GUI_PutString5_7(5, 30, " PowerMode 2 ");                // 显示字符串
      LCM_Refresh();     // 将显示缓冲区中的数据刷新到 SO12864FPD-14ASBE(3S) 上显示
      addToSleepTimer(4);                     // 增加睡眠定时器的定时时间为 4s
      INT_ENABLE(INUM_ST, INT_ON);            // 使能睡眠定时器中断
      INT_GLOBAL_ENABLE(TRUE);                // 使能全局中断
      SET_POWER_MODE(2);                      // 进入 PM2
    }
  }
```

4.6.6　实验步骤

（1）将一个无线节点模块即传感器或输入输出 / 模块，插到带 LCD 智能主板的相应位置（即 J205 和 J206 插座上）。

（2）将标记为 ourselec cc-debugger 的 CC2530 仿真器的一端，通过 10Pin 下载线连接到智能主板的 CC2530 JTAG 口（J203），另一端通过 USB 线（A 型转 B 型）连接到 PC 机的 USB 接口。

（3）给智能主板供电（USB 外接电源或 2 节干电池）。

（4）将智能主板上电源开关拨至开位置，按下仿真器上的按钮，仿真器上的指示灯为绿色时，表示连接成功。

（5）使用 IAR7.51 软件打开 "…\OURS_CC2530LIB\lib7(SleepTimer) \IAR_files" 下的 SleepTimer.eww 工程文件，如图 4.16 所示。

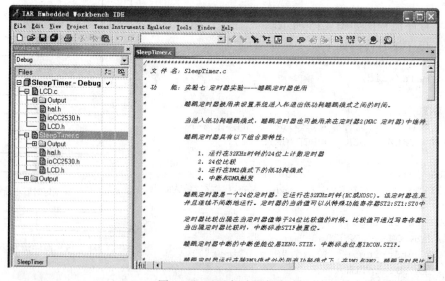

图 4.16　睡眠定时器实验

（6）编译、下载、运行后，观察智能主板上的 LCD 显示如下信息。

SleepTimer

PowerMode 0：CPU RUN 或

PowerMode 2 交替显示。

4.7　CC2530 串口通信实验

4.7.1　实验目的

学习串口通信原理。

4.7.2　实验内容

串口间歇发送 www.ourselec.com 字符串。

4.7.3　实验设备

（1）装有 IAR 软件的 PC 机一台。

（2）CC2530 仿真器、USB 连线（A 型转 B 型）。

（3）无线节点模块、带 LCD 的智能主板。

4.7.4　实验原理及说明

UART 接口可以使用 2 线或者含有引脚 RXD、TXD、可选 RTS 和 CTS 的 4 线。

UART 操作由 USART 控制及状态寄存器 UxCSR 和 UART 控制寄存器 UxUCR 控制。这里的 x 是 USART 的编号，其数值为 0 或者 1。

当 UxCSR.MODE 设置为 1 时，就选择了 UART 模式。

当 USART 收 / 发数据缓冲器、寄存器 UxBUF 写入数据时，该字节发送到输出引脚 TXDx。UxBUF 寄存器是双缓冲的。

当字节传输开始时，UxCSR.ACTIVE 位变为高电平，而当字节传送结束时为低。当传送结束时，UxCSR.TX_BYTE 位设置为 1。当 USART 收 / 发数据缓冲寄存器就绪，准备接收新的发送数据时就产生了一个中断请求，该中断在传送开始之后立刻发生，因此当字节正在发送时，新的字节能够装入数据缓冲器。

当 1 写入 UxCSR.RE 位时，在 UART 上数据接收就开始了。然后 UART 会在输入引脚 TXDx 中寻找有效起始位，并且设置 UxCSR.ACTIVE 位为 1。当检测出有效起始位时，收到的字节就传入到接收寄存器，UxCSR.RX_BYTE 位设置为 1。该操作完成时，产生接收中断。同时 UxCSR.ACTIVE 变为低电平。

通过寄存器 UxBUF 提供到的数据字节。当 UxBUF 读出时，UxCSR.RX_BYTE 位由硬件清 0。

4.7.5　程序流程图及核心代码

（1）程序流程图如图 4.17 所示。

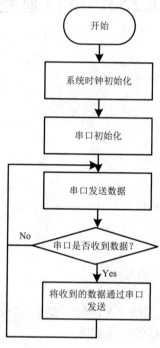

图 4.17　程序流程图

（2）程序核心代码如下：

```
/*********************************************************************
* 函数名称：initUART
* 功能描述：CC2530 串口初始化
*********************************************************************/
void initUART(void)
{
    PERCFG = 0x00;              // 位置 1 P0 口
    POSEL = 0x3c;              //P0 用作串口
    U0CSR |= 0x80;            //UART 方式
    U0GCR |= 11;              //baud_e = 11;
    U0BAUD |= 216;            // 波特率设为 115200
    UTX0IF = 1;
    U0CSR |= 0X40;            // 允许接收
    IEN0 |= 0x84;             //uart0 接收中断
}
/*********************************************************************
* 函数名称：UartTX_Send_String
* 功能描述：串口发送数据函数
```

```
*  参    数: *Data --- 发送数据指针
*              len   --- 发送的数据长度
*  返 回 值: 无
********************************************************************/
void UartTX_Send_String(UINT8 *Data,int len)
{
  int j;
  for(j=0;j<len;j++)
   {
    U0DBUF = *Data++;
    while(UTX0IF == 0);
    UTX0IF = 0;
   }
}


/********************************************************************
*  函数名称: HAL_ISR_FUNCTION
*  功能描述: 串口接收数据中断函数
*  参    数: halUart0RxIsr --- 中断名称
*              URX0_VECTOR  --- 中断向量
*  返 回 值: 无
********************************************************************/
HAL_ISR_FUNCTION( halUart0RxIsr, URX0_VECTOR )
{
   UINT8 temp;
   URX0IF = 0;
   temp = U0DBUF;
   *(str + count) = temp;
   count++;
}


/********************************************************************
*  函数名称: main
*  功能描述: 串口间歇发送 www.ourselec.com 字符串, 当串口接收到数据后, 再通过
串口回发出去。
********************************************************************/
void main()
{
  UINT8 *uartch = "www.ourselec.com ";
  UINT8 temp = 0;
  SET_MAIN_CLOCK_SOURCE(CRYSTAL);    // 设置主时钟为 32MHz 晶振
  initUART();                        // 初始化串口
  while(1)
   {
    UartTX_Send_String(uartch,17);   // 发送 www.ourselec.com
    halWait(200);
    halWait(200);
    if(count)                        // 判断串口是否接收到数据
     {
      temp = count;                  // 保存接收的数据长度
      halWait(50);                   // 等待数据接收完成
      if(temp == count)              // 判断数据是否接收完成
```

```
    {
        UartTX_Send_String(str,count);        // 回发接收到的数据
        str = 0;
        count = 0;
    }
    }
  }
}
```

4.7.6 实验步骤

（1）将一个无线节点模块即传感器或输入/输出模块，插到带 LCD 智能主板的相应位置（即 J205 和 J206 插座上）。

（2）将标记为 ourselec cc-debugger 的 CC2530 仿真器的一端，通过 10Pin 下载线连接到智能主板的 CC2530 JTAG 口（J203），另一端通过 USB 线（A 型转 B 型）连接到 PC 机的 USB 接口。

（3）给智能主板供电（USB 外接电源或 2 节干电池）。

（4）用一条串口直通线将智能主板串口和 PC 机的串口相连。

（5）将智能主板上电源开关拨至开位置，按下仿真器上的按钮，仿真器上的指示灯为绿色时，表示连接成功。

（6）使用 IAR7.51 软件打开 "…\OURS_CC2530LIB\lib8(uart)\IAR_files" 下的 uart.eww 工程文件，如图 4.18 所示。

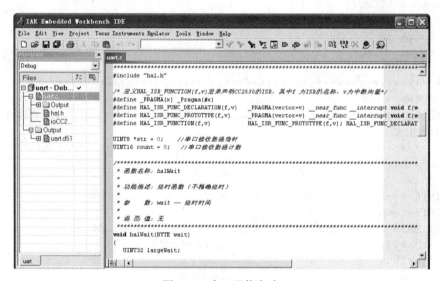

图 4.18　串口通信实验

（7）编译、下载、运行工程后，在 PC 机上打开一个串口调试助手如 AcceePort.exe，波特率设置为 115200，校验位为 NONE，数据位为 8，停止位为 1。观察 PC 机串口调试助手收到的信息，如图 4.19 所示。

图 4.19　串口显示的信息

（8）通过串口调试助手向 CC2530 发送数据，如图 4.20 所示，此时再观察串口调试助手收到的信息。

图 4.20　串口输入和返回显示的信息

注意：本实验也可以用一个电源板加上一个 RS232 模块代替智能主板。

4.8　CC2530 ADC 实验

4.8.1　实验目的

学习数模转换原理。

4.8.2　实验内容

采样 AIN0 和 AIN1 上的电压，转换后在 LCD 上显示。

4.8.3　实验设备

（1）装有 IAR 软件的 PC 机一台。
（2）CC2530 仿真器、USB 连线（A 型转 B 型）。
（3）无线节点模块、带 LCD 的智能主板。

4.8.4　实验原理及说明

本实验将使用 CC2530 内部的 ADC，当调节 OURS-CC2530 开发板上的电位器时，输出电压（连接到 CC2530 的 AIN0 和 AIN01）被采样、转换，然后在 LCD 上显示出电压值。

CC2530 内部包含一个 ADC，它支持最高达 12 位的模拟到数字的转换。该 ADC 包含一个模拟多路复用器支持最高达 8 路的独立可配置通道、参考电压产生器，转换结果通过 DMA 被写入存储器。支持多种运行模式。

ADC 的主要特性如下：

- 可选择的抽取率，分辨率 7 ～ 12 位。
- 8 个独立的输入通道，单端或差分。
- 参考电压可选择为内部、外部单端、外部差分或 AVDD_SOC。
- 可产生中断请求。
- 转换结束时 DMA 触发。
- 温度传感器输入。
- 电池测量。

（1）ADC 输入

P0 端口引脚上的信号可被用来作为 ADC 输入，将这些引脚记为 AIN0 ～ AIN7 引脚。输入引脚 AIN0 ～ AIN7 被连接到 ADC，ADC 可被设置为自动执行一个转换序列，当该序列被完成时可随意地从任一通道执行一个附加的转换。

输入可配置为单端或差分输入。当使用差分输入时，差分输入由输入组 AIN0-1、AIN2-3、AIN3-4、AIN4-5 和 AIN6-7 组成。注意，负电压不能被连接到这些引脚，大于

VDD 的电压也不能被连接到这些引脚。

除了输入引脚 AIN0 ～ AIN7 外，一个片上温度传感器的输出可被选择作为 ADC 的一个输入用来进行温度测量。还可以选择相当于 AVDD_SOC/3 的电压作为 ADC 的一个输入。该输入可被用来进行电池监测。所有这些输入引脚的配置可通过寄存器 ADCCON2.SCH 进行配置。

（2）ADC 转换序列

ADC 可执行一个转换序列并将结果传送到存储器（通过 DMA）而不需要与 CPU 进行任何互操作。转换序列可被 ADCCFG 寄存器影响，因为来自于 I/O 引脚的 ADC 的 8 个模拟输入不必全部被编程作为模拟输入。如果一个通道作为一个序列的一部分，但相应的模拟输入在 ADCCFG 中被禁止，则跳过该通道。对于通道 8 ～ 12，输入引脚必须使能。

ADCCON2.SCH 寄存器位用来定义一个来自 ADC 输入的 ADC 转换序列。当 ADCCON2.SCH 被设置为小于 8 的值时，一个转换序列将包含从 0 到该值的所有通道。

单端输入 AIN0 ～ AIN7 由 ADCCON2.SCH 中的通道号 0 ～ 7 来表示。通道号 8 ～ 11 分别表示差分输入 AIN0-1、AIN2-3、AIN4-5 和 AIN6-7。通道号 12 ～ 15 分别表示 GND、内部参考电压、温度传感器和 AVDD_SOC/3。

当 ADCCON2.SCH 被设置为一个 8 ～ 12 之间的值时，转换序列将从通道 8 开始。对于更高的设置值，只进行单一的转换。

除了转换序列外，通过编程当 ADC 转换序列完成，可以从任一通道执行一次单一转换，称为附加转换，由 ADCCON3 寄存器控制。

（3）ADC 运行模式

ADC 有 3 个控制寄存器，分别是 ADCCON1、ADCCON2 和 ADCCON3。这些寄存器用来配置 ADC 和报告状态。

ADCCON1.EOC 位是一个状态位，当一个转换结束时该位被设置为高，当 ADCH 被读取时该位被清 0。ADCCON1.ST 位用来开始一个转换序列。当该位设置为高、ADCCON1.STSEL 为 11 并且当前没有转换在运行时，一个转换序列将开始。当该转换序列完成时该位自动清 0。ADCCON1.STSEL 位被用来选择哪一个事件将开始一个新的转换序列。可选择的事件有外部引脚 P2_0 上的上升沿信号、前一个转换序列结束、定时器 1 通道 0 比较事件和 ADCCON1.ST 位设置为 1。

ADCCON2 寄存器控制如何执行一个转换序列。ADCCON2.SREF 用来选择参考电压。参考电压只能在没有转换的时候被改变。ADCCON2.SDIV 用来选择抽取率（分辨率、完成一次转换所需时间和采样率）。抽取率只能在没有转换的时候改变。ADCCON2.SCH 用来选择一个转换序列中的最后一个通道。

ADCCON3 寄存器用来控制附加转换的通道号、参考电压和抽取率。在 ADCCON3 寄存器更新后，附加转换将立刻发生。ADCCON3 寄存器的位定义与 ADCCON2 寄存器的位定义非常相似。

（4）ADC 转换结果

数字转换结果由二进制补码形式表示。对于单端输入，结果总为正。当输入振幅等于 VREF（选定的参考电压）时转换结果将达到最大值。对于差分输入，两引脚之间的差值被转换，该值可以是负的。对于 12 位分辨率，当模拟输入等于 VREF 时数字转换结果为 2047；当模拟输入等于 -VREF 时数字转换结果为 -2048。

当 ADCCON1.EOC 设置为 1 时，数字转换结果可从 ADCH 和 ADCL 中得到。

当 ADCCON2.SCH 位读取时，读取值将指示通道号，在 ADCH 和 ADCL 中的转换结果是该通道之前的那个通道的转换结果。例如，当从 ADCCON2.SCH 中读取的值为 0x1，这意味着转换结果是来自于 AIN0。

（5）ADC 参考电压

模/数转换的正参考电压是可选择的。内部产生的 1.25V 电压、AVDD_SOC 引脚上的电压、连接到 AIN7 引脚上的外部电压或连接到 AIN6-7 输入的差分电压都可以作为正参考电压。

为了进行校准，可以选择参考电压作为 ADC 的输入进行参考电压的转换。类似地，可以选择 GND 作为 ADC 的输入。

（6）ADC 转换时间

当在 32MHz 系统时钟下，该时钟被 8 分频后产生一个 4MHz 的时钟供 ADC 运行。三角积分调变器和抽取滤波器都是用 4MHz 时钟进行计算。使用其他的频率将会影响结果和转换时间。以下描述假设使用 32MHz 系统时钟。

执行一次转换所需要的时间取决于所选择的抽取率。例如，当抽取率被设置为 128 时，抽取滤波器使用 128 个 4MHz 时钟周期来计算结果。当一个转换开始后，输入多路复用器需要 16 个 4MHz 时钟周期来稳定。16 个 4MHz 时钟周期的稳定时间适用于所有抽取率。因此一般而言，转换时间由下式给定：Tconv = (抽取率 + 16) × 0.25μs。

（7）ADC 中断

当一个附加转换完成时 ADC 将产生一个中断。当来自转换序列的一个转换完成时将不会产生中断。

（8）ADC DMA 触发

当来自一个转换序列的每一个转换完成时，ADC 将产生一个 DMA 触发。当一个附加转换完成时不产生 DMA 触发。首次在 ADCCON2.SCH 中定义的 8 个通道的每一个都有一个 DMA 触发。当一个新的采样就绪时 DMA 触发被激活。另外，还有一个 DMA 触发 ADC_CHALL，当 ADC 转换序列中的任何通道有新数据就绪时该触发被激活。

4.8.5 程序流程图及核心代码

（1）程序流程图如图 4.21 所示。

（2）程序核心代码如下：

```
void main(void)
{
  INT8 adc0_value;
  UINT8 pot0Voltage = 0;
  INT8 adc1_value;
```

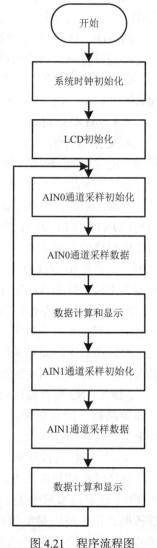

图 4.21　程序流程图

```
UINT8 pot1Voltage = 0;
char   s[16];

SET_MAIN_CLOCK_SOURCE(CRYSTAL);       // 设置系统时钟源为 32MHz 晶体振荡器

GUI_Init();                           // GUI 初始化
GUI_SetColor(1,0);                    // 显示色为亮点，背景色为暗点
GUI_PutString5_7(25,6,"OURS-CC2530"); // 显示 OURS-CC2530
GUI_PutString5_7(42,22,"ADC LIB");
GUI_PutString5_7(10,35,"adc0_value");
GUI_PutString5_7(10,48,"adc1_value");
LCM_Refresh();

while(1)
{
  /* AIN0 通道采样 */
  ADC_ENABLE_CHANNEL(ADC_AIN0);            // 使能 AIN0 为 ADC 输入通道

  /* 配置 ADCCON3 寄存器以便在 ADCCON1.STSEL = 11（复位默认值）
且 ADCCON1.ST = 1 时进行单一转换 */
  /* 参考电压：AVDD_SOC 引脚上的电压 */
  /* 抽取率: 64                        */
  /* ADC 输入通道: AIN0                 */
  ADC_SINGLE_CONVERSION(ADC_REF_AVDD | ADC_8_BIT | ADC_AIN0);

  ADC_SAMPLE_SINGLE();                     // 启动一个单一转换

  while(!ADC_SAMPLE_READY());              // 等待转换完成

  ADC_ENABLE_CHANNEL(ADC_AIN0);            // 禁止 AIN0

  adc0_value = ADCH;                       // 读取 ADC 值

  /* 根据新计算出的电压值是否与之前的电压值相等来决定是否更新显示 */
  if(pot0Voltage != scaleValue(adc0_value))
   {
    pot0Voltage = scaleValue(adc0_value);
    sprintf(s, (char*)"%d.%dV", ((INT16)(pot0Voltage/10)),((INT16)
(pot0Voltage% 10)));
    GUI_PutString5_7(72,35,(char *)s);
    LCM_Refresh();
    halWait(100);
   }

   /* AIN1 通道采样 */
   ADC_ENABLE_CHANNEL(ADC_AIN1);  // 使能 AIN1 为 ADC 输入通道
   /* 配置 ADCCON3 寄存器以便在 ADCCON1.STSEL = 11（复位默认值）
且 ADCCON1.ST = 1 时进行单一转换 */
   /* 参考电压：AVDD_SOC 引脚上的电压 */
   /* 抽取率: 64                        */
   /* ADC 输入通道: AIN1                 */
   ADC_SINGLE_CONVERSION(ADC_REF_AVDD | ADC_8_BIT | ADC_AIN1);
```

```
ADC_SAMPLE_SINGLE();                        // 启动一个单一转换
while(!ADC_SAMPLE_READY());                 // 等待转换完成
ADC_ENABLE_CHANNEL(ADC_AIN1);               // 禁止 AIN1
adc1_value = ADCH;                          // 读取 ADC 值

/* 根据新计算出的电压值是否与之前的电压值相等来决定是否更新显示 */
if(pot1Voltage != scaleValue(adc1_value))
  {
   pot1Voltage = scaleValue(adc1_value);
   sprintf(s, (char*)"%d.%d V", ((INT16)(pot1Voltage/10)), ((INT16)
(pot1Voltage % 10)));
   GUI_PutString5_7(72,48,(char *)s);
   LCM_Refresh();
   halWait(100);
  }
 }
}
```

4.8.6 实验步骤

（1）将无线节点模块即传感器或输入 / 输出模块拔出 LCD 智能主板的相应位置（即进行该实验时，智能主板上不能插其他传感模块）。

（2）将标记为 ourselec cc-debugger 的 CC2530 仿真器的一端，通过 10Pin 下载线连接到智能主板的 CC2530 JTAG 口（J203），另一端通过 USB 线（A 型转 B 型）连接到 PC 机的 USB 接口。

（3）给智能主板供电（USB 外接电源或 2 节干电池）。

（4）将智能主板上电源开关拨至开位置，按下仿真器上的按钮，仿真器上的指示灯为绿色时，表示连接成功。

（5）使用 IAR7.51 软件打开 "…\OURS_CC2530LIB\lib9(ADC) \IAR_files" 下的 adc.eww 工程文件，如图 4.22 所示。

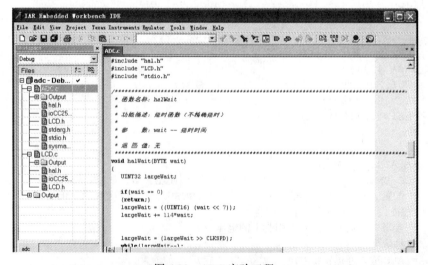

图 4.22　ADC 实验工程

（6）编译、下载、运行后，LCD 屏上显示 adc0_value、adc1_value，旋转智能主板上的两个电位器，观察电压显示的变化。

4.9　温湿度及光照采集实验

4.9.1　实验目的

（1）学习使用 CC2530 及相应模块采集温湿度、光电信号。
（2）学习针对温湿度及光电传感器的编程。

4.9.2　实验内容

读取温度、湿度和光照强度数据，并用 LCD 显示。

4.9.3　实验设备

（1）装有 IAR 软件的 PC 机一台。
（2）CC2530 仿真器，USB 线（A 型转 B 型）。
（3）无线节点模块，带 LCD 的智能主板，温湿度及光电传感器模块。

4.9.4　实验原理及说明

本实验将使用 CC2530 读取温湿度传感器 SHT10 的温度和湿度数据，并通过 CC2530 内部的 ADC 得到光照传感器的数据。最后将采样到的数据转换然后在 LCD 上显示。其中对温湿度的读取是利用 CC2530 的 I/O（P1.0 和 P1.1）模拟一个类 IIC 的过程。对光照的采集使用内部的 AIN0 通道。

光照和温湿度传感器：SHT10 是一款高度集成的温湿度传感器芯片，提供全标定的数字输出。它采用专利的 CMOSens 技术，确保产品具有极高的可靠性与卓越的长期稳定性。传感器包括一个电容性聚合体测湿敏感元件、一个用能隙材料制成的测温元件，并在同一芯片上，与 14 位的 AD 转换器以及串行接口电路实现无缝连接。

1. SHT10 引脚特性

（1）VDD、GND：SHT10 的供电电压为 2.4 ～ 5.5V。传感器上电后，要等待 11ms 以越过"休眠"状态。在此期间无须发送任何指令。电源引脚（VDD、GND）之间可增加一个 100nF 的电容，用以去耦滤波。

（2）SCK 用于微处理器与 SHT10 之间的通信同步。由于接口包含了完全静态逻辑，因而不存在最小 SCK 频率。

（3）DATA 三态门用于数据的读取。DATA 在 SCK 时钟下降沿之后改变状态，并仅在 SCK 时钟上升沿有效。数据传输期间，在 SCK 时钟高电平时，DATA 必须保持稳定。为避免信号冲突，微处理器应驱动 DATA 在低电平。需要一个外部的上拉电阻（如10kΩ）将信号提拉至高电平。上拉电阻通常已包含在微处理器的 I/O 电路中。

2. 向 SHT10 发送命令

用一组"启动传输"时序，来表示数据传输的初始化。它包括：当 SCK 时钟高电平时 DATA 翻转为低电平，紧接着 SCK 变为低电平，随后在 SCK 时钟高电平时 DATA 翻转为高电平。后续命令包含 3 个地址位（目前只支持 000）和 5 个命令位。SHT10 会以下述方式表示已正确地接收到指令：在第 8 个 SCK 时钟的下降沿之后，将 DATA 拉为低电平（ACK 位）。在第 9 个 SCK 时钟的下降沿之后，释放 DATA（恢复高电平）。

3. 测量时序（RH 和 T）

发布一组测量命令（00000101 表示相对湿度 RH，00000011 表示温度 T）后，控制器要等待测量结束。这个过程需要大约 11/55/210ms，分别对应 8/12/14bit 测量。确切的时间取决于内部晶振速度，最多有 ±15% 变化。SHTxx 通过下拉 DATA 至低电平并进入空闲模式，表示测量的结束。控制器在再次触发 SCK 时钟前，必须等待这个"数据备妥"信号来读出数据。检测数据可以先存储，这样控制器可以继续执行其他任务，在需要时再读出数据。接着传输 2 个字节的测量数据和 1 个字节的 CRC 奇偶校验。CRC 需要通过下拉 DATA 为低电平，以确认每个字节。所有的数据从 MSB 开始，右值有效（如对于 12bit 数据，从第 5 个 SCK 时钟起算作 MSB；而对于 8bit 数据，首字节则无意义）。用 CRC 数据的确认位，表明通信结束。如果不使用 CRC-8 校验，控制器可以在测量值 LSB 后，通过保持确认位 ACK 高电平，来中止通信。在测量和通信结束后，SHTxx 自动转入休眠模式。

4. 通信复位时序

如果与 SHTxx 通信中断，下列信号时序可以复位串口：当 DATA 保持高电平时，触发 SCK 时钟 9 次或更多。在下一次指令前，发送一个"传输启动"时序。这些时序只复位串口，状态寄存器内容仍然保留。更多 SHT10 信息，请参考相应文档。

5. 光照强度采集

光照采集主要是通过用 CC2530 内部的 ADC，来得到 OURS-CC2530 开发板上的光照传感器输出电压。传感器输出电压连接到 CC2530 的 AIN0。

4.9.5　程序流程图及核心代码

（1）程序流程图如图 4.23 所示。

（2）程序代码如下：

```
void main()
{
 int tempera;
 int humidity;
 char  s[16];
```

```
UINT8 adc0_value[2];
float num = 0;
SET_MAIN_CLOCK_SOURCE(CRYSTAL);
// 设置系统时钟源为 32MHz 晶体振荡器

GUI_Init();                      // GUI 初始化
GUI_SetColor(1,0);   // 显示色为亮点，背景色为暗点
// 显示 OURS-CC2530
GUI_PutString5_7(25,6,"OURS-CC2530");
GUI_PutString5_7(10,22,"Temp:");
GUI_PutString5_7(10,35,"Humi:");
GUI_PutString5_7(10,48,"Light:");
LCM_Refresh();

while(1)
{
 th_read(&tempera,&humidity);   // 读取温度和湿度
 // 将温度结果转换为字符串
 sprintf(s, (char*)"%d%d C", ((INT16)((int)
tempera /10)), ((INT16)((int)tempera % 10)));
    GUI_PutString5_7(48,22,(char *)s); // 显示结果
    LCM_Refresh();
    // 将湿度结果转换为字符串
     sprintf(s, (char*)"%d%d %%", ((INT16)((int)
humidity / 10)), ((INT16)((int)humidity % 10)));

    GUI_PutString5_7(48,35,(char *)s); // 显示结果
    LCM_Refresh();

    /* AIN0 通道采样 */
    ADC_ENABLE_CHANNEL(ADC_AIN0);            // 使能 AIN0 为 ADC 输入通道

    /* 配置 ADCCON3 寄存器以便在 ADCCON1.STSEL = 11（复位默认值）
    且 ADCCON1.ST = 1 时进行单一转换   */
    /* 参考电压：AVDD_SOC 引脚上的电压 */
    /* 抽取率：512                 */
    /* ADC 输入通道：AIN0          */
    ADC_SINGLE_CONVERSION(ADC_REF_AVDD | ADC_14_BIT | ADC_AIN0);
    ADC_SAMPLE_SINGLE();                     // 启动一个单一转换
    while(!ADC_SAMPLE_READY());              // 等待转换完成
    ADC_ENABLE_CHANNEL(ADC_AIN0);           // 禁止 AIN0
    adc0_value[0] = ADCL;                    // 读取 ADC 值
    adc0_value[1] = ADCH;                    // 读取 ADC 值
    adc0_value[0] = adc0_value[0]>>2;
    num = (adc0_value[1]*256+adc0_value[0])*3.3/8192; // 有一位符号位，取 2^13
    num /= 4;
    num=num*913;                             // 转换为 Lx
      sprintf(s,(char*)"%d%d%d%dlx", ((INT16)((int)num/1000)),((INT16)
((int)num%1000/100)),((INT16)((int)num%100/10)),((INT16)((int)num%10)));
    // 将光照结果转换为字符串
      GUI_PutString5_7(48,48,(char *)s);              // 显示结果
      LCM_Refresh();
```

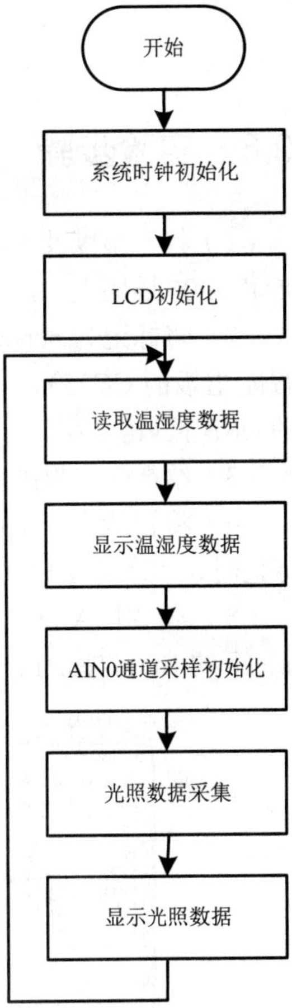

图 4.23　程序流程图

```
    }
  }
```

4.9.6 实验步骤

（1）将温湿度及光电传感器模块插到带 LCD 智能主板的传感及控制扩展口位置（即 J205 和 J206 插座上）。

（2）将标记为 ourselec cc-debugger 的 CC2530 仿真器的一端，通过 10Pin 下载线连接到智能主板的 CC2530 JTAG 口（J203），另一端通过 USB 线（A 型转 B 型）连接到 PC 机的 USB 接口。

（3）给智能主板供电（USB 外接电源或 2 节干电池）。

（4）将智能主板上电源开关拨至开位置，按下仿真器上的按钮，仿真器上的指示灯为绿色时，表示连接成功。

（5）使用 IAR7.51 软件打开 "…\OURS_CC2530LIB\lib10(HumiTempLight)\IAR_files" 下的 HumiTempLight.eww 工程文件，如图 4.24 所示。

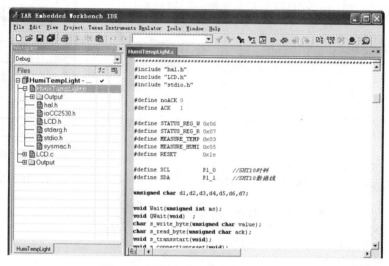

图 4.24　温湿度及光照采集实验工程

（6）编译、下载、运行后，在 LCD 上显示出温度、湿度和光照强度如下。

Temp: 17C

Humi: 28%

Light: 0849 lx

（7）用一个物体挡住光照传感器的光线，观察 LCD 上光照强度数据的变化。

（8）向温湿度传感器吹一口气体，观察 LCD 上温湿度数据的变化。

4.10　点到点无线通信实验

4.10.1　实验目的

学习怎么配置 CC2530 RF 功能。

4.10.2　实验内容

该实验将实现两个 CC2530 模块进行简单的无线通信。

4.10.3　实验设备

（1）装有 IAR 软件的 PC 机一台。
（2）CC2530 仿真器，USB 线（A 型转 B 型）。
（3）无线节点模块两块，带 LCD 的智能主板两块，2.4G 天线两根。

4.10.4　实验原理及说明

本实验主要是学习怎么配置 CC2530RF 功能。本实验主要分为 3 部分，第一部分为初始化与 RF 相关的信息；第二部分为发送数据和接收数据；最后为选择模块功能函数。其中模块功能的选择是通过智能主板上的按键来选择的，其中按键功能分配如下。

- SW1：开始测试（进入功能选择菜单）。
- SW2：设置模块为接收功能（Light）。
- SW3：设置模块为发送功能（Switch）。
- SW4：发送模块发送命令按键。

当发送模块按下 SW4 时，将发射一个控制命令，接收模块在接收到该命令后，将控制 LDE1 的亮或者灭。其中 LED6 为工作指示灯，当工作不正常时，LED5 将为亮状态。

4.10.5　程序流程图及核心代码

（1）程序流程图如图 4.25 所示。

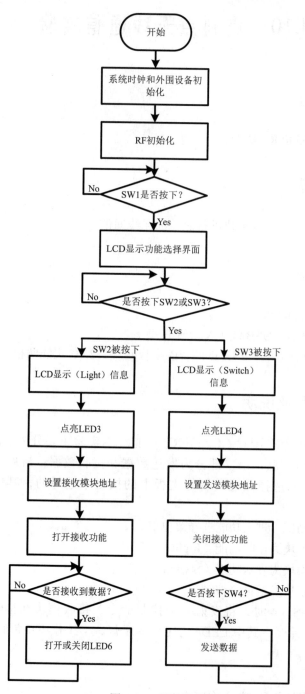

图 4.25　程序流程图

（2）程序核心代码如下：

```
#include "hal_board.h"
#include "hal_int.h"
#include "hal_mcu.h"
#include "hal_rf.h"
#include "basic_rf.h"
#include "LCD.h"
```

```
#define RF_CHANNEL      25              // 2.4 GHz RF 使用通道 25

#define PAN_ID              0x2011      // 通信 PANID
#define SWITCH_ADDR     0x2530          // 开关模块地址
#define LIGHT_ADDR          0xBEEF      // 灯模块地址
#define APP_PAYLOAD_LENGTH  1           // 命令长度
#define LIGHT_TOGGLE_CMD    0           // 命令数据

// 应用状态
#define IDLE   0
#define SEND_CMD   1

// 应用角色
#define NONE   0
#define SWITCH   1
#define LIGHT   2
#define APP_MODES   2

// 按键
#define HAL_BUTTON_1   1
#define HAL_BUTTON_2   2
#define HAL_BUTTON_3   3
#define HAL_BUTTON_4   4
#define HAL_BUTTON_5   5
#define HAL_BUTTON_6   6

static uint8 pTxData[APP_PAYLOAD_LENGTH];   // 发送数据数组
static uint8 pRxData[APP_PAYLOAD_LENGTH];   // 接收数据数组
static basicRfCfg_t basicRfConfig;          //RF 初始化结构体

extern void halboardinit(void);             // 硬件初始化函数
extern void ctrPCA9554FLASHLED(uint8 led);  //IIC 灯控制函数
extern void ctrPCA9554LED(uint8 led,uint8 operation);
extern uint8 halkeycmd(void);               // 获取按键值函数

#ifdef SECURITY_CCM                         // 安全密钥
static uint8 key[]= {
    0xc0, 0xc1, 0xc2, 0xc3, 0xc4, 0xc5, 0xc6, 0xc7,
    0xc8, 0xc9, 0xca, 0xcb, 0xcc, 0xcd, 0xce, 0xcf,
};
#endif

static void appLight();                     // 灯应用处理函数
static void appSwitch();                    // 开关应用处理函数
static uint8 appSelectMode(void);           // 应用功能选择函数

/**********************************************************************
 * 函数名称：appLight
 * 功能描述：接收模式应用函数，初始化 RF 一些参数，接收另一个模块发送的
   控制命令，然后控制相应的 LED 灯
 * 参      数：无
 * 返 回 值：无
```

```
********************************************************************/
static void appLight()
{
    basicRfConfig.myAddr = LIGHT_ADDR;              // 设置接收模块的地址
    if(basicRfInit(&basicRfConfig)==FAILED)         //RF 初始化
    {
        ctrPCA9554FLASHLED(5);                      //RF 初始化不成功，则所有的
LED5 闪烁
    }
    basicRfReceiveOn();                             // 打开接收功能
    // Main loop
    while (TRUE)
    {
        while(!basicRfPacketIsReady());             // 准备接收数据

        if(basicRfReceive(pRxData, APP_PAYLOAD_LENGTH, NULL)>0)// 接收数据
        {
            if(pRxData[0] == LIGHT_TOGGLE_CMD)      // 判断命令是否正确
            {
                ctrPCA9554FLASHLED(1);              // 关闭或打开 LED1
            }
        }
    }
}


/********************************************************************
 * 函数名称：appSwitch
 * 功能描述：发送模式应用函数，初始化发送模式 RF，通过按下 SW4 向另一个
   模块发送控制命令。
 * 参    数：无
 * 返 回 值：无
 ********************************************************************/
static void appSwitch()
{
    pTxData[0] = LIGHT_TOGGLE_CMD;                  // 向发送数据中写入命令

    basicRfConfig.myAddr = SWITCH_ADDR;            // 设置发送模块的地址

    if(basicRfInit(&basicRfConfig)==FAILED)         //RF 初始化
    {
        ctrPCA9554FLASHLED(5);              //RF 初始化不成功，则所有的 LED5 闪烁
    }

    basicRfReceiveOff();                            // 关闭接收功能
    // Main loop
    while (TRUE)
    {
        if(halkeycmd() == HAL_BUTTON_4)             // 判断是否按下 SW4
        {
            basicRfSendPacket(LIGHT_ADDR, pTxData, APP_PAYLOAD_LENGTH);
            // 发送资料
```

```
        halIntOff();                                    // 关闭全局中断

        halIntOn();                                     // 打开中断
      }
    }
}
/*************************************************************************
 * 函数名称: appSelectMode
 * 功能描述: 通过 SW2 或 SW3 选择模块的应用模式。
 * 参    数: 无
 * 返 回 值: LIGHT -- 接收模式
 *           SWITCH -- 发送模式
 *           NONE -- 不正确模式
 *************************************************************************/
static uint8 appSelectMode(void)
{
  uint8 key;
  GUI_ClearScreen();                                    //LCD 清屏
  GUI_PutString5_7(25,6,"OURS-CC2530");                 // 在 LCD 上显示相应的文字
  GUI_PutString5_7(10,22,"Device Mode: ");
  GUI_PutString5_7(10,35,"SW2 -> Light");
  GUI_PutString5_7(10,48,"SW3 -> Switch");
  LCM_Refresh();
 do
 {
   key = halkeycmd();
 } while(key == HAL_BUTTON_1);                          // 等待模式选择
 if(key == HAL_BUTTON_2)                                // 接收模式
 {
     GUI_ClearScreen();
     GUI_PutString5_7(25,6,"OURS-CC2530");              // 在 LCD 上显示相应的文字
     GUI_PutString5_7(10,22,"Device Mode: ");
     GUI_PutString5_7(10,35,"Light");
     LCM_Refresh();

     return LIGHT;
   }
   if(key == HAL_BUTTON_3)                              // 发送模式
   {
     GUI_ClearScreen();
     GUI_PutString5_7(25,6,"OURS-CC2530");              // 在 LCD 上显示相应的文字
     GUI_PutString5_7(10,22,"Device Mode: ");
     GUI_PutString5_7(10,35,"Switch");
     GUI_PutString5_7(10,48,"SW4 Send Command");
     LCM_Refresh();

     return SWITCH;
   }
   return NONE;
}
/*************************************************************************
 * 函数名称: main
```

```
    * 功能描述：通过不同的按键，设置模块的应用角色（接收模式或发送模式）。
      通过 SW4 发送控制命令
    * 参    数：无
    * 返 回 值：无
    ***********************************************************************/
void main(void)
{
    uint8 appMode = NONE;                      // 应用职责（角色）初始化
    basicRfConfig.panId = PAN_ID;              // 配置 PANID  2011
    basicRfConfig.channel = RF_CHANNEL;        // 设置通道 25
    basicRfConfig.ackRequest = TRUE;           // 需要 ACK 请求
#ifdef SECURITY_CCM                            // 编译选项（未选）
    basicRfConfig.securityKey = key;           // 安全密钥
#endif
    halboardinit();                   // 初始化板的外围设备（包括 LED LCD 和按键等）
    if(halRfInit()==FAILED)                    // 初始化 RF
    {
      ctrPCA9554FLASHLED(5);                         //RF 初始化不成功，则所有的 LED5 闪烁
    }
    ctrPCA9554FLASHLED(6);                     // 点亮 LED6，以指示设备正常运行
    GUI_PutString5_7(10,22,"Simple RF test");      // 在 LCD 上显示相应的文字
    GUI_PutString5_7(10,35,"SW1 -> Start");
    LCM_Refresh();
    while (halkeycmd() != HAL_BUTTON_1);       // 等待按键 1 按下，进入下一级菜单
    halMcuWaitMs(350);                         // 延时 350ms
    // 设置应用职责（角色）同时在 LCD 上显示相应的设置信息
    appMode = appSelectMode();
    if(appMode == SWITCH)                      // 发送模式
    {
        ctrPCA9554LED(2,1);
        appSwitch();                           // 执行发送模式功能
    }
    else if(appMode == LIGHT)                  // 接收模式
    {
        ctrPCA9554LED(3,1);
        appLight();                            // 执行接收模式功能
    }
}
```

4.10.6　实验步骤

（1）将 2 个无线节点模块即传感器或输入 / 输出模块，分别插到 2 个带 LCD 智能主板的相应位置（即 J205 和 J206 插座上）。

（2）将 2.4G 的天线安装在无线节点模块上。

（3）将标记为 ourselec cc-debugger 的 CC2530 仿真器的一端，通过 10Pin 下载线连接到智能主板的 CC2530 JTAG 口（J203），另一端通过 USB 线（A 型转 B 型）连接到 PC 机的 USB 接口。

（4）给智能主板供电（USB 外接电源或 2 节干电池）。

（5）将智能主板上电源开关拨至开位置，按下仿真器上的按钮，仿真器上的指示灯

为绿色时，表示连接成功。

（6）使用 IAR for MCS-51 7.51A 软件打开 "…\OURS_CC2530LIB\lib11(simple_RF)\ IAR_files" 下的 simple_RF.eww 工程文件，如图 4.26 所示。

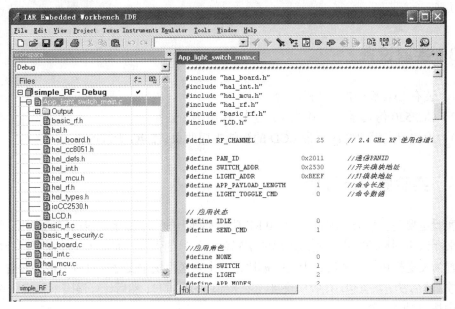

图 4.26　无线通信实验工程

（7）编译、下载后，关掉智能主板上的电源拔下仿真器，按（5）、（6）步骤对另一个智能主板模块下载程序。

（8）打开两个模块的电源，当 LED1 处于亮时，按下 SW1 进入模块功能选择。然后一个模块按下 SW2 设置为接收功能（Light），此时 LED3 将被点亮；另一个模块按下 SW3 设置为发送功能（Switch），此时 LED4 将被点亮。

（9）按下发送模块的 SW4 按键，接收模块的 LED6 将被点亮，再次按下 SW4 按键，LED6 将被熄灭。

注意：

（1）如果需要重新设置模块的收发功能，按复位按键。

（2）在实验中，为了避免多模块之间互相干扰，可通过修改 PANID 方法避免。修改 PANID 的方法如下：在 App_per_test_main.h 中找到如下程序段（L41）#define PAN_ID 0x2011，修改 0x 后面的 4 位数字即可，但通信的两模块必须有相同的 PANID。

4.11　CC2530 无线通信丢包率测试实验

4.11.1　实验目的

测试 CC2530 无线通信在不同环境或不同通信距离的误码率和信号的强弱。

4.11.2　实验内容

该实验使用两个 CC2530 模块，测试在某个环境或通信距离内，CC2530 无线通信数据包丢失率。

4.11.3　实验设备

（1）装有 IAR 软件的 PC 机一台。
（2）CC2530 仿真器，USB 线（A 型转 B 型）。
（3）无线节点模块两块，带 LCD 的智能主板两块，2.4G 天线两根。

4.11.4　实验原理及说明

本实验主要是在学会了配置 CC2530 RF 功能基础上的一个简单无线通信的应用，该实验可以用来测试不同环境或不同通信距离的误码率和信号的强弱。完成本实验需要两个模块，一个设置为发送模块，一个设置为接收模块，其中发送模块主要是通过板上按键设置不同的发送参数，然后发送数据包。接收模块接收发送模块的数据包，然后计算误码率和信号的强度。

其中按键功能分配如下。
- SW1：开始测试（进入功能选择菜单）。
- SW2：设置功能加。
- SW3：设置功能减。
- SW4：确定按钮。

在每完成一个参数设置或选择时，都是通过 SW4 来确定，然后进入下一个参数设置，其中发送模式下的发送开始和停止也是通过 SW4 控制的。在测试中，接收模块可以通过 SW4 来复位测试结果。

发送模块需设置的参数如下。

（1）通道选择：802.15.4 中 2.4G 频段通道有 16 个，为通道 11 ~ 26，对应的频率为 2405 ~ 2480MHz。通过 SW2 和 SW3 可以对 16 个通道进行选择。

注意：测试时要与接收模块选择相同的信道。

（2）发射功率设置：CC2530 提供的发送功率有 −3dBm、0dBm 和 4dBm 这 3 种，通过 SW2 和 SW3 可以选择发送模块的不同发射功率。

（3）发送数据包数量设置：程序中提供的数据包数量有 1000、10000、100000 和 1000000 共 4 种，推荐测试时，选择 1000 或 10000 即可。其中也是通过 SW2 和 SW3 来选择的。

（4）发送速度设置：发送速度即 1 秒中发送资料包的个数。程序中提供 5 个 /s、10 个 /s、20 个 /s 和 50 个 /s 共 4 种速度。通过 SW2 和 SW3 来选择。

接收模块只需要设置和发送模块相同的信道即可。接收模块测量时显示的信息如下。

（1）数据包丢失率（显示为 x/1000）。
（2）信号强度（RSSI）。
（3）收到的资料包个数。

其中 LED1 为工作指示灯，当工作不正常时，LED2 将为亮状态。

4.11.5　程序流程图

程序流程图如图 4.27 所示。

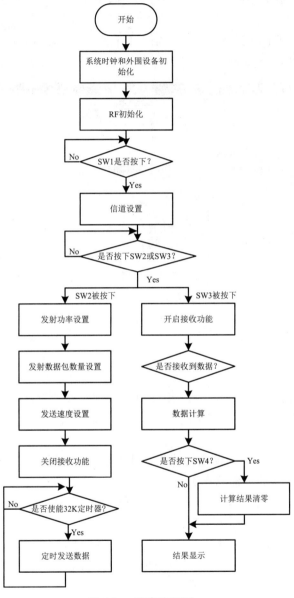

图 4.27　程序流程图

4.11.6　实验步骤

（1）将 2 个无线节点模块即传感器或输入 / 输出模块，分别插到 2 个带 LCD 智能主板的相应位置（即 J205 和 J206 插座上）。

（2）将 2.4G 的天线安装在无线节点模块上。

（3）将标记为 ourselec cc-debugger 的 CC2530 仿真器的一端，通过 10Pin 下载线连接到智能主板的 CC2530 JTAG 口（J203），另一端通过 USB 线（A 型转 B 型）连接到 PC 机的 USB 接口。

（4）给智能主板供电（USB 外接电源或 2 节干电池）。

（5）将智能主板上电源开关拨至开位置，按下仿真器上的按钮，仿真器上的指示灯为绿色时，表示连接成功。

（6）使用 IAR for MCS-51 7.51A 软件打开 "…\OURS_CC2530LIB\lib12(PER Test)\IAR_files" 下的 PER Test.eww 工程文件，如图 4.28 所示，编译、下载程序。

图 4.28　无线通信丢包率测试实验工程

（7）关掉智能主板上的电源，拔下仿真器，按（5）、（6）步骤对另一个智能主板模块下载程序。

（8）打开两个模块的电源，当 LED1 处于亮时，按下 SW1 进入下级菜单，按 SW2 和 SW3 对通信信道进行选择（两个模块必须设置相同的信道）。选定后，按 SW4 进入下一个设置。

（9）一个模块按下 SW3 设置为接收模式，按下 SW4 确定。接收模块设置完成（此时接收模块已经处于接收待命状态）。

（10）另一个模块按下 SW2 设置为发送模式，按下 SW4 确定进入下一个设置。

（11）使用 SW2 和 SW3 对发送模块发射功率选择，选定后，按 SW4 进入下一个设置。

（12）使用 SW2 和 SW3 对发送模块发射数据包数量选择，选定后，按 SW4 进入下一个设置。

（13）使用 SW2 和 SW3 对发送模块发射速度选择，选定后，按 SW4 进入发送准备状态。

（14）将发送和接收模块安放在不同的地方，按下发送模块的 SW4 开始发送数据（再次按下将停止发送）。观察接收模块的测试结果（此时按下接收模块的 SW4，将会清除测试结果）。

（15）改变两个模块的位置，再次测量，观察测量结果。

注意：

（1）如果需要重新设置模块的收发功能，按复位按键。

（2）在实验中，为了避免多模块之间互相干扰，可通过修改 PANID 方法避免。修改 PANID 的方法如下：

在 App_per_test_main.h 中找到如下程序段（L41）：

```
#define PAN_ID  0x2011
```

修改 0x 后面的 4 位数字即可，但通信的两模块必须有相同的 PANID。

（3）从 4.11 节开始，由于程序实现的功能复杂，代码清单占用篇幅较大，在此不再一一赘述，查看源代码详见北京奥尔斯电子科技有限公司研发的物联网创新实验系统（OURS-IOTV2-CC2530）所附带光盘 "\IOT-CC2530\OURS-CC2530\OURS_CC2530LIB"。

4.12　802.15.4-2.4G 各信道信号强度测试实验

4.12.1　实验目的

掌握分析 2.4G 频段通道 11 ～ 26 各个信道的信号强度。

4.12.2　实验内容

该实验使用 CC2530 模块，测试在某个环境中 802.15.4-2.4G 频段中 16 个信道各信道的信号强度。

4.12.3　实验设备

（1）装有 IAR 软件的 PC 机一台。
（2）CC2530 仿真器，USB 线（A 型转 B 型）。
（3）无线节点模块 1 块，带 LCD 的智能主板 1 块，2.4G 天线 1 根。

4.12.4　实验原理及说明

本实验主要是在学会了配置 CC2530 RF 功能基础上，掌握分析 2.4G 频段通道 11 ～ 26 各个信道的信号强度。然后通过 LCD 显示测试结果，结果的显示分为两个部分，一部分是通过 16 个矩形条的形式同时显示各个信道中的信号强度，16 个矩形条从左至右依次代表信道 11 到信道 26 的 RSSI 值，其中矩形越高，表示该通道的 RSSI 值越强。另一部分是通过按键可以切换显示（LCD 的左上角）不同通道具体的 RSSI 值。

其中按键功能分配如下。
- SW1：开始测试。
- SW2：显示 RSSI 值的信道加。
- SW3：显示 RSSI 值的信道减。

测试中，矩形条高度的变化是完成一次测试就改变一次。而具体的显示 RSSI 值是每个通道抽取 8 个值后再显示。其中扫描 16 个信道的间隔为 2000μs。

其中 LED1 为工作指示灯，当工作不正常时，LED2 将为亮状态。

4.12.5　程序流程图

程序流程图如图 4.29 所示。

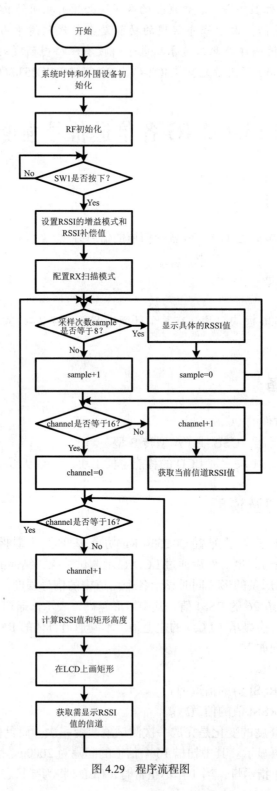

图 4.29　程序流程图

4.12.6　实验步骤

（1）将一个无线节点模块即传感器或输入 / 输出模块插到带 LCD 智能主板的相应位置（即 J205 和 J206 插座上）。

（2）将 2.4G 的天线安装在无线节点模块上。

（3）将标记为 ourselec cc-debugger 的 CC2530 仿真器的一端通过 10Pin 下载线连接到智能主板的 CC2530 JTAG 口（J203），另一端通过 USB 线（A 型转 B 型）连接到 PC 机的 USB 接口。

（4）给智能主板供电（USB 外接电源或 2 节干电池）。

（5）将智能主板上电源开关拨至开位置，按下仿真器上的按钮，仿真器上的指示灯为绿色时，表示连接成功。

（6）使用 IAR7.51 软件打开 "···\OURS_CC2530LIB\lib13(spectrum_analyzer)\IAR_files" 下的 spectrum_analyzer.eww 工程文件，如图 4.30 所示。

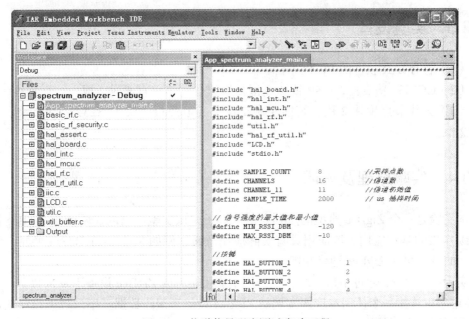

图 4.30　信道信号强度测试实验工程

（7）编译、下载、运行程序后，观察智能主板上的 LCD 显示信息：

Spectrum An1

SW1 —> Start

（8）按 SW1 进入测试，显示 CH11 信道的 RSSI 值为 -109dBm。按 SW2（加）和 SW3（减）分别查看其他信道的 RSSI 值。

4.13　无线串口点对点通信实验

4.13.1　实验目的

学习 TI Z-Stack 点到点通信，本实验的应用工程可以作为用户开发的模板，用户只需要对本工程进行复制和简单的修改，就可以作为用户应用的开发工程。

4.13.2　实验内容

一个 PC 通过串口连接一个 ZigBee 设备来发送数据，另一个 PC 通过串口连接一个 ZigBee 设备来接收数据。

4.13.3　实验设备

（1）装有 IAR 软件的 PC 机一台。

（2）CC2530 仿真器，USB 线（A 型转 B 型），串口直通线 2 根。

（3）无线节点模块 2 块，智能主板 2 块（或电源板 2 块 +RS232 模块 2 块），2.4G 天线 2 根。

4.13.4　实验原理及说明

本实验是一个 ZigBee 典型的点到点通信例子，该实验可以取代两个非 ZigBee 设备之间电缆连接的基本应用。该应用具有实际应用意义，例如 RS232-ZigBee 转换器，给具有 RS232 的设备增加 ZigBee 通信功能。

实验中一个 PC 通过串口连接一个使用本应用实例的 ZigBee 设备来发送数据。另一个 PC 通过串口连接一个使用本应用实例的 ZigBee 设备来接收数据。串口数据传输被设计为双向全双工，无硬件流控，强制允许 OTA（多跳）时间和丢包重传。

本实验需要两个模块分别下载不同的程序，其中一个模块下载 Workspace 选项中的 EndDeviceEB（终端节点工程）程序，另一个下载 CoordinatorEB（协调器）程序。在设备绑定时，先启动协调器绑定，然后再启动终端节点绑定。

按键控制如下。

- SW1：设备之间绑定。
- SW2：启动匹配描述符请求。

4.13.5　程序流程图

（1）Z-Stack 程序流程图如图 4.31 所示。

（2）应用程序无线接收串口转发流程图如图 4.32 所示。

（3）应用程序串口接收无线转发流程图如图 4.33 所示。

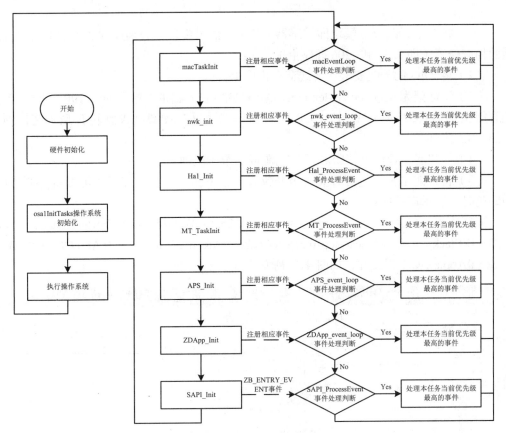

图 4.31 Z-Stack 程序流程图

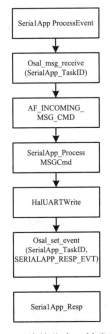

图 4.32 无线接收串口转发流程图

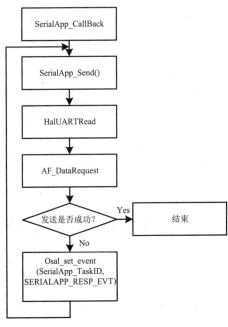

图 4.33 串口接收无线转发流程图

4.13.6 实验步骤

（1）将2个无线节点模块即传感器或输入/输出模块，分别插到2个带LCD智能主板的相应位置（即J205和J206插座上）。

（2）将2.4G的天线安装在无线节点模块上。

（3）将标记为 ourselec cc-debugger 的 CC2530 仿真器的一端，通过10Pin下载线连接到智能主板的 CC2530 JTAG 口（J203），另一端通过 USB 线（A 型转 B 型）连接到 PC 机的 USB 接口。

（4）给智能主板供电（USB 外接电源或2节干电池）。

（5）将智能主板上电源开关拨至开位置，按下仿真器上的按钮，仿真器上的指示灯为绿色时，表示连接成功。

（6）使用IAR7.51软件打开 "…\OURS_CC2530LIB\lib14(APP1_ZigBee(ZStack))\APP1_ZigBee (ZStack)\OURS-ZStack(ptop)\Projects\zstack\IAR_file\Wireless uart App\CC2530DB" 下的 SerialApp.eww 工程文件，如图4.34所示。

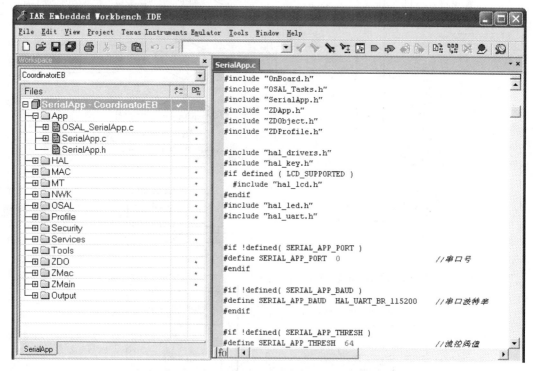

图4.34　无线串口点对点通信实验工程

（7）选择 Workspace 下的下拉列表框中的 CoordinatorEB 工程配置，编译下载到一个模块中。

（8）选择 Workspace 下的下拉列表中的 EndDeviceEB 工程配置，编译下载到另一个模块中。

（9）关掉智能主板上电源，拔下仿真器，用两条串口线将智能主板上的串口分别与两台 PC 机的串口相连。

（10）首先打开 CoordinatorEB 工程模块的电源，再打开 EndDeviceEB 工程模块的电源。按下 CoordinatorEB 工程模块的 SW1，在 5s 内，按下 EndDeviceEB 工程模块的 SW1。如果两个模块上的 LED3 都被点亮，则绑定成功。如果 LED3 没有点亮，则绑定失败，重复该过程，直到绑定成功。

（11）分别打开两台 PC 机上的串口调试助手，波特率设置为 115200、校验位为 NONE、数据位为 8、停止位为 1。

（12）通过两台 PC 机的串口调试助手收发数据，观察通信是否正常。

注意：

（1）如果需要重新设置模块的收发功能，按复位按键。

（2）在实验中，为了避免多模块之间互相干扰，可通过修改 PANID 方法避免。修改 PANID 的方法如下。

在 NWK/ZGlobals.c 中找到如下程序段（L211）：

```
uint16 zgConfigPANID=1234;
```

修改等号后面的 4 位数字即可，但通信的两模块必须有相同的 PANID。

4.14　最大吞吐量点对点通信实验

4.14.1　实验目的

学习 TI Z-Stack 点到点通信，测试一个 ZigBee 网络中两个设备间的最大吞吐量。

4.14.2　实验内容

测试一个 ZigBee 网络中两个设备间的最大吞吐量。

4.14.3　实验设备

（1）装有 IAR 软件的 PC 机一台。

（2）CC2530 仿真器，USB 线（A 型转 B 型）。

（3）无线节点模块 2 块，智能主板 2 块（或电源板 2 块 +RS232 模块 2 块），2.4G 天线 2 根。

4.14.4　实验原理及说明

本实验为一个 TI Z-Stack 点到点通信实例，使用本实验应用工程的发送设备 A，尽可能快地发送一个数据包给另一个使用本实验应用工程的接收设备 B。发送设备 A 在收到接收设备 B 对已收到数据的确认后将继续发送下一个数据包给接收设备 B，如此循环。

接收设备 B 将计算以下数值。

（1）最后一秒的字节数量。

（2）运行了多少秒。

（3）每秒平均字节数量。

（4）接收到的数据包数量。

本实验可用来测试一个 ZigBee 网络中两个设备间的最大吞吐量。这两个设备一个是协调器设备，另一个是路由器设备。

本实验使用的功能键如下。

- SW1：启动终端设备绑定。
- SW2：开始发送 / 停止发送切换开关。
- SW3：清 0 显示值。
- SW4：启动匹配描述符请求。

本实验需要两个模块，分别下载不同的程序，其中一个下载 Workspace 选项中的 RouterEB（路由节点工程）程序；另一个下载 CoordinatorEB（协调器）程序。在设备绑定时，先启动协调器绑定，然后再启动终端节点绑定。

本实验也可用在一个终端设备和一个路由设备（或协调器设备）之间，但是不建议这样使用。如果确定要这样使用，必须在源代码中使能延时特性（TRANSMITAPP_DELAY_SEND）和（TRANSMITAPP_SEND_DELAY）。如果不使能延时，终端设备将不能接收信息，因此它将停止查询，此外，延时必须大于 RESPONSE_POLL_RATE（默认为 100ms）。

4.14.5　程序流程图

（1）Z-Stack 程序执行流程图参考图 4.31。

（2）应用程序数据发送流程图如图 4.35 所示。

（3）应用程序数据接收流程图如图 4.36 所示。

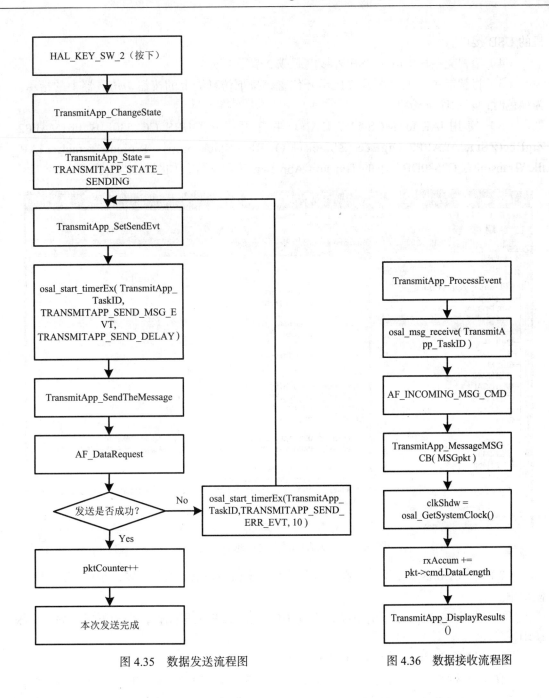

图 4.35   数据发送流程图   图 4.36   数据接收流程图

4.14.6   实验步骤

（1）将 2 个无线节点模块即传感器或输入 / 输出模块分别，插到 2 个带 LCD 智能主板的相应位置（即 J205 和 J206 插座上）。

（2）将 2.4G 的天线安装在无线节点模块上。

（3）将标记为 ourselec cc-debugger 的 CC2530 仿真器的一端，通过 10Pin 下载线连接到智能主板的 CC2530 JTAG 口（J203），另一端通过 USB 线（A 型转 B 型）连接到 PC

机的 USB 接口。

（4）给智能主板供电（USB 外接电源或 2 节干电池）。

（5）将智能主板上电源开关拨至开位置，按下仿真器上的按钮，仿真器上的指示灯为绿色时，表示连接成功。

（6）使用 IAR for MCS-51 7.51A 软件打开 "…\OURS_CC2530LIB\ lib15(APP2_ZigBee(ZStack))\APP2_ZigBee (ZStack) \ OURS-ZStack(ptop) \ Projects\zstack \ IAR_file \Transmit \CC2530DB" 下的 Transmit-App.eww 工程文件，如图 4.37 所示。

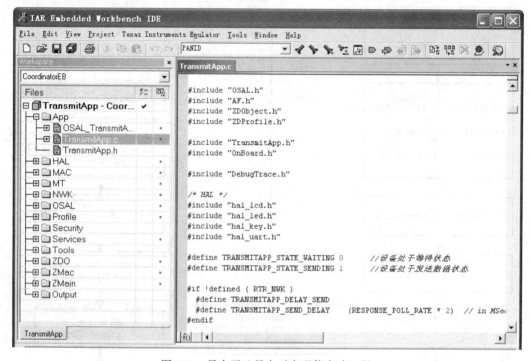

图 4.37　最大吞吐量点对点通信实验工程

（7）选择 Workspace 下的下拉列表框中的 CoordinatorEB 工程配置，编译下载到一个模块中。

（8）选择 Workspace 下的下拉列表框中的 RouterEB 工程配置，编译下载到另一个模块中。

（9）关掉智能主板上电源，拔下仿真器。

（10）首先打开 CoordinatorEB 工程模块的电源，再打开 RouterEB 工程模块的电源。按下 CoordinatorEB 工程模块的 SW1，在 5s 内，按下 RouterEB 工程模块的 SW1。如果两个模块上的 LED3 都被点亮，则绑定成功。如果 LED3 没有点亮，则绑定失败，重复该过程，直到绑定成功。

（11）按下其中一个模块的 SW2 键，开始本模块发送数据，观察两个模块的 LCD 显示信息。

（12）按下另一个模块的 SW2 键，开始本模块发送数据，观察两个模块的 LCD 显示信息。

（13）如果需要将显示的信息清 0，按下 SW3。

注意：

（1）如果需要重新设置模块的收发功能，按复位按键。

（2）在实验中，为了避免多模块之间互相干扰，可通过修改 PANID 方法避免。修改 PANID 的方法如下。

在 OSAL/ZComDef.h 中找到如下程序段（L57）：

```
#define PAN_ID    2011;
```

修改其中的 4 位数字即可，但通信的两个模块必须有相同的 PANID。

4.15　两终端数据包间隔互发点对点通信实验

4.15.1　实验目的

学习 TI Z-Stack 点到点通信，以 5s 为周期进行数据包的间隔互发，同时统计接收到的数据包数量。

4.15.2　实验内容

以 5s 为周期进行数据包的间隔互发，统计接收到的数据包数量。

4.15.3　实验设备

（1）装有 IAR 软件的 PC 机一台。

（2）CC2530 仿真器，USB 线（A 型转 B 型）。

（3）无线节点模块 3 块，带 LCD 的智能主板 3 块（或带 LCD 的智能主板 2 块加电源板 1 块，其中使用电源板的节点作为网络协调器使用），2.4G 天线 3 根。

4.15.4　实验原理及说明

本实验为一个 TI Z-Stack 点到点通信实例，加了一个转发设备。其中转发设备为网络协调器，另外两个为终端设备，两终端绑定后，以 5s 为周期进行 Hello ZigBee 和 www.ourselec.com 数据包的间隔互发，同时统计接收到的数据包数量。

本实验的按键功能如下。

● SW1：启动终端设备绑定。

- SW2：启动匹配描述符请求。

数据包互发如图 4.38 所示。

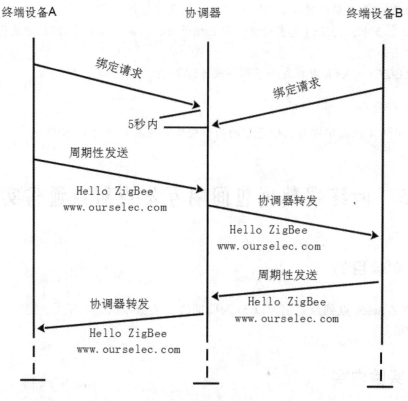

图 4.38　数据包互发

本实验需要 3 个模块分别下载不同的程序，其中两个带 LCD 的下载 Workspace 选项中的 EndDeviceEB（终端节点工程）程序；另一个下载 CoordinatorEB（协调器）程序。在设备绑定时，先启动协调器绑定，然后再启动终端节点绑定。

4.15.5　程序流程图

（1）Z-Stack 程序执行流程图参考实验 4.13 中图 4.31。

（2）应用程序数据发送流程图如图 4.39 所示。

（3）应用程序数据接收流程图如图 4.40 所示。

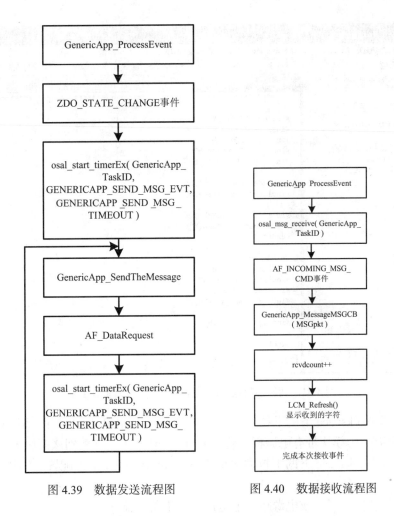

图 4.39　数据发送流程图　　　　图 4.40　数据接收流程图

4.15.6　实验步骤

（1）将 3 个无线节点模块即传感器或输入／输出模块，分别插到 3 个带 LCD 的智能主板（或 2 块带 LCD 的智能主板和 1 块电源板）的相应位置（即 J205 和 J206 插座上）。

（2）将 2.4G 的天线安装在无线节点模块上。

（3）将标记为 ourselec cc-debugger 的 CC2530 仿真器的一端，通过 10Pin 下载线连接到电源板或智能主板的 CC2530 JTAG 口（J203），另一端通过 USB 线（A 型转 B 型）连接到 PC 机的 USB 接口。

（4）给电源板或智能主板供电（USB 外接电源或 2 节干电池）。

（5）将电源板或智能主板上电源开关拨至开位置，按下仿真器上的按钮，仿真器上的指示灯为绿色时，表示连接成功。

（6）使用 IAR for MCS-51 7.51A 软件打开"…\OURS_CC2530LIB\ lib16(APP3_ZigBee (ZStack)) \APP3_ZigBee(ZStack)\OURS-ZStack(ptop)\Projects\zstack\IAR_file\GenericApp\CC2530DB"下的 Generic-App.eww 工程文件，如图 4.41 所示。

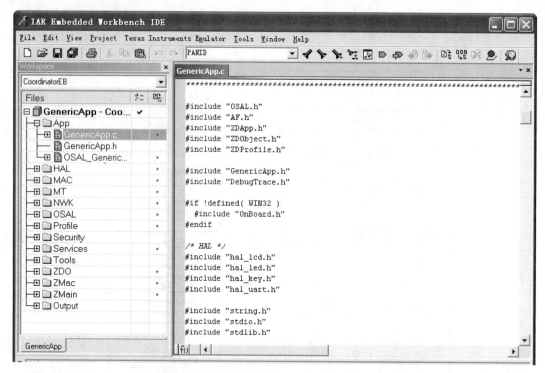

图 4.41　两终端数据包间隔互发点对点通信实验工程

（7）选择 Workspace 下的下拉列表框中的 CoordinatorEB 工程配置，编译下载到一个模块中（如果有一个模块带有电源板，将 CoordinatorEB 工程下载到该模块）。

（8）选择 Workspace 下的下拉列表框中的 EndDeviceEB 工程配置，编译下载到另两个模块中。

（9）关掉智能主板（或电源板）上电源，拔下仿真器。

（10）首先打开 CoordinatorEB 工程模块的电源，再打开另外两个 EndDeviceEB 工程模块的电源。按下 CoordinatorEB 工程模块的 SW1，然后在 5s 内按下一个 EndDeviceEB 工程模块的 SW1；按下 CoordinatorEB 工程模块的 SW1，在 5s 内，按下另一个 EndDeviceEB 工程模块的 SW1。如果两个模块上的 LED3 都被点亮，则绑定成功。如果 LED3 没有点亮，则绑定失败，重复该过程，直到绑定成功。

（11）观察两个 EndDeviceEB 模块的 LCD 显示信息。

第5章 ZigBee 综合实例

5.1 物联网综合演示系统

为了更好地管理和监控 ZigBee 无线网络，通过"串口—网口"转换器，将物联网传感层所实现对各种物理量的传感采集和反馈控制，以物联网中间件（IOTService）方式提供给 PC 机不同形式的上层应用程序，物联网综合演示系统就属于其中之一。下面将逐一介绍物联网中间件和物联网综合演示系统及其安装。

5.1.1 物联网中间件（IOTService）介绍

IOTService 是一个以 Windows 系统服务形式存在的服务程序，目的在于将不同的应用项目集中到统一的软件平台中。所有的设备及上层应用都通过网络连接到 IOTService，并通过 IOTService 进行通信。IOTService 的优势在于给不同形式的上层应用提供了统一的接口，比如可以让设备与 C/S 架构的桌面程序进行通信，也可以搭建 WebService，通过 WebService 和 IOTService 进行通信，再进一步编写 B/S 架构的应用软件。整个系统结构如图 5.1 所示。

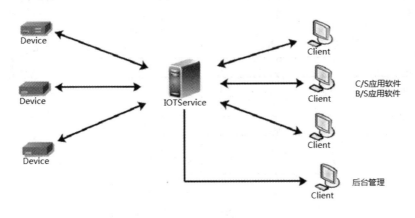

图 5.1　系统结构图

1. 设备定义

设备是指按规定协议与外部进行通信的设备，接口可以是串口、以太网、USB 或其他，但最终连接到 IOTService 的是以太网，如果是非以太网接口的设备则需要相应的适配器转换成网络接口。比如在无线传感器网的应用中，协调器是一个设备，但输出的是串口数据，需要经过一个"串口—网口"转换器连接到 IOTService。

设备与 IOTService 之间的通信必须按照一定的协议和流程，总的来说设备的通信过程分两个阶段。第一阶段是与中间服务的通信，这个阶段设备主要是与中间服务建立连接并完成设备类型的识别以及一些通信参数的初始化，第一阶段完成后进入第二阶段，第二阶段需要有上层应用的配合，如果有上层应用也连接到服务，则设备开始通过服务与上层应用进行应用级的通信，此时服务扮演的角色变为数据转发器，协调上层应用和设备之间的通信，不对数据进行处理。

设备与服务之间必须按照一定的协议和流程进行通信，协议请参考文档《无线传感网通讯协议》（见附带光盘 "\IOT-CC2530" 中）。

2. 应用定义

上层应用可以是 B/S 架构的 Web 应用软件，也可以是 C/S 架构的桌面应用程序。与设备一样，也是通过 TCP 协议连接到服务，也需要按规定的协议和流程进行通信，同样需要分两个阶段进行，第一阶段是应用连接服务并完成应用类型的识别；第二阶段是与设备进行通信。

3. 通信流程

通信流程如图 5.2 所示。

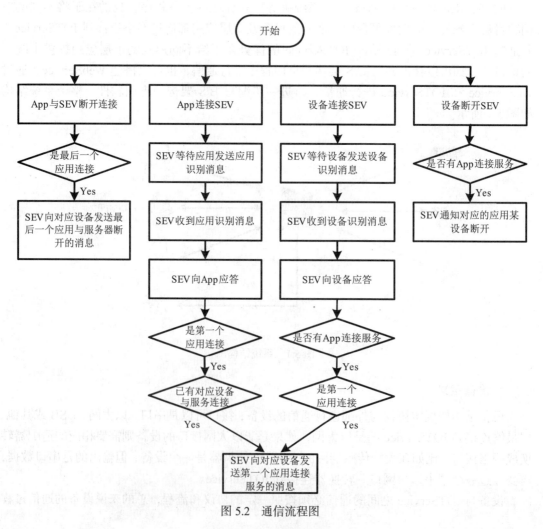

图 5.2　通信流程图

5.1.2　IOTService 安装

1. 运行环境

（1）Windows XP SP3 或更高版本。
（2）VS2008 SP1 运行库（已包含在 IOTService 安装包中）。

2. 安装步骤

在附带光盘 "\IOT-CC2530\OURS-CC2530 " 中找到 IOTService 中间件的安装程序 IOTServerInstall.exe，双击打开，如图 5.3 所示。

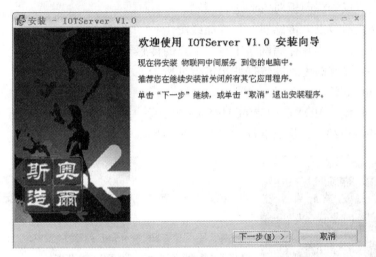

图 5.3　IOService 安装

按照提示保持默认选项进行安装，安装成功后可在 "控制面板" | "管理工具" | "服务" 中找到名为 IOTSevice 的服务，默认为开启状态，如图 5.4 所示。

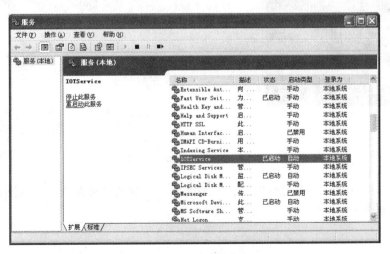

图 5.4　查看安装状态

5.1.3 物联网综合演示系统（WSNPlatform）

物联网综合演示系统（WSNPlatform）可在 PC 上实现对无线 ZigBee 网络数据的管理和维护，通过数字和图表的方式，可多方位显示无线传感网的状态及控制传感网上的设备，还配套有波形存储与分析工具。具体可实现：

- 树状显示每一个节点上的资源。
- 可以显示每个节点的参数信息。
- 可以动态地显示当前的网络拓扑。
- 支持不同传感器的数据同时显示在一个屏幕中。
- 提供节点资源面板对资源进行控制。
- 能够显示节点上传感器的采样曲线图。
- 可以选择采集并存储网络中每个节点的传感器数据。
- 可以将存储的传感器数据调出进行分析。

WSNPlatform 安装：

在附带光盘"\IOT-CC2530\OURS-CC2530"中找到 WSNPlatform 的安装程序 WSNPlatformInstall20.exe 并双击打开，如图 5.5 所示。

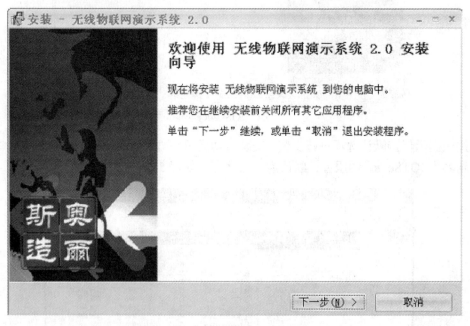

图 5.5 WSNPlatform 的安装

按照提示保持默认选项进行安装，安装完成后，找到其桌面快捷方式图标，双击打开，界面如图 5.6 所示。

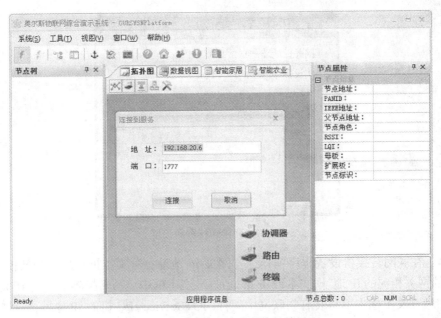

图 5.6　物联网综合演示系统连接界面

在连接到服务窗口的"地址"文本框中填写装有物联网中间件（IOTService）PC 机的 IP 地址，"端口"文本框默认，单击"连接"按钮即可完成 WSNPlatform 与 IOTService 服务的连接，以进行数据通信。

注意：装有物联网中间件（IOTService）的 PC 机，需与装有 WSNPlatform 的 PC 机同在一个局域网内或同为一台 PC 机。

5.1.4　"串口—网口"转换器配置

根据上文物联网中间件（IOTService）的介绍可知，在物联网创新实验系统 IOT-2530 的应用中，协调器是一个设备，但输出的是串口数据，需要经过一个"串口—网口"转换器连接到 IOTService 服务。下面将介绍如何配置"串口—网口"转换器，使协调器设备连接到 IOTService 服务，以进行数据通信。

（1）用两个跳线端子分别将"串口—网口"转换器的 SIP2_1 和 SIP2_2 短接（要求"串口—网口"转换器必须在断电情况下）。

（2）将"串口—网口"转换器的一端通过直通串口线连接到 PC 机的串口，另一端通过交叉网线连接到 PC 机的网口（或通过直通网线连接到路由器，进入装有物联网中间件（IOTService）PC 机的所在网络）；用一根 USB 线（A 型转 B 型）将"串口—网口"转换器与 PC 机 USB 口（或电源分配器）相连，予之供电。

注意：该 PC 机需与装有物联网中间件（IOTService）的 PC 机，同在一个局域网内或同为一台 PC 机。

（3）在附带光盘"\IOT-CC2530\OURS-CC2530\soft\ 串口—网口转换器配置程序"中找到联网转接器设置程序 run.exe 并双击打开，如图 5.7 所示。

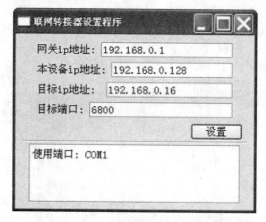

图 5.7 联网转接器的设置

（4）在联网转接器设置程序窗口，"网关 ip 地址："文本框中填写与转换器设备所在网络的网关相同的 IP 地址，"本设备 ip 地址："文本框中填写转换器设备的 IP 地址，"目标 ip 地址："文本框中填写装有物联网中间件（IOTService）PC 机的 IP 地址，"目标端口："文本框默认。单击"设置"按钮，如果"串口—网口"转换器配置成功，界面如图 5.8 所示。

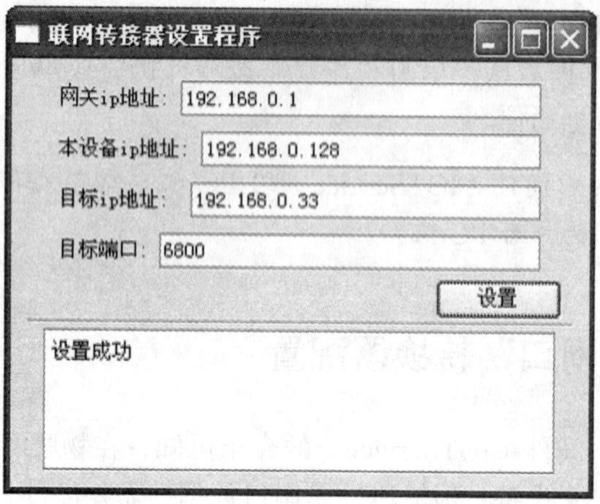

图 5.8 "串口—网口"转换器的配置

注意：转换器设备的 IP 地址，需与装有物联网中间件（IOTService）PC 机的 IP 地址同在一个局域网内。

（5）拔下与"串口—网口"转换器相连的 USB 线（即断电），同时取下 SIP2_1 和 SIP2_2 的跳线端子。"串口—网口"转换器就配置完成了，可以用它将协调器与 IOTService 服务相连，进行数据通信。

5.2 Z-Stack 星状网通信实验

5.2.1 实验目的

学习建立 Z-Stack（ZigBee 2007）星状网拓扑结构。

5.2.2 实验内容

Z-Stack 星状网中多点数据采集和控制输出。

5.2.3 实验设备

（1）装有 IAR 软件和物联网综合演示系统（WSNPlatform）的 PC 机一台。

（2）装有物联网中间件（IOTService）的 PC 机一台，或与装有物联网综合演示系统（WSNPlatform）的 PC 机同在一个局域网内或同为一台 PC 机。

（3）物联网创新实验系统（IOV-T-2530）1 套。

5.2.4 实验原理及说明

第 5.2 节实验到第 5.4 节实验都是无线多点数据采集和控制输出，所不同的是，这 3 节实验所组成的网络结构不同或所选用的 ZigBee 功能集不同。其中本节实验网络拓扑为 Z-Stack(ZigBee 2007)星状网，第 5.3 节实验网络拓扑为 Z-Stack(ZigBee 2007)网状网(MESH 网)，而第 5.4 节实验网络拓扑结构为 Z-Stack（ZigBee PRO）网络。但是这 3 个实验的应用层代码完全相同，所实现的功能也完全相同。

（1）ZigBee 2007 简介

ZigBee 2007 规范定义了 ZigBee 和 ZigBee Pro 两个特性集，全新的 ZigBee 2007 规范建立在 ZigBee 2006 之上，不但提供了增强型的功能，而且在某些网络条件下还具有向后兼容性。

ZigBee 特性集提供了树寻址、按需距离矢量路由协议（AODV）网状路由、单播、广播和群组通信以及安全等特性。相比之下 ZigBee Pro 用随机寻址取代了树寻址，虽然包括了 ZigBee 2006 和 ZigBee 2007 规范中所使用的 AODV 路由，但是却提供了多对一源路由备选方案。ZigBee Pro 还增加了有限的广播寻址功能，并增加了对"高级"安全性的支持功能。

ZigBee 树寻址功能按照等级分配地址。ZigBee Pro 采用随机寻址法随机地为设备分配地址，并通过不断监控和达到"管理"流量将冲突挑选出来。ZigBee 不仅受益于可靠、独特的寻址方法，而且不存在经常性的监控通信与处理地址冲突的开销。但 Pro

却得益于调整功能，如当通信限制会导致一个由多个（5 个以上）调频（Hop）组成的网络时；或当一个网络由多个移动终端设备组成时，该优势是以不断增加的启动延迟为代价，因为 ZigBee Pro 必须要允许一定的时间以解决地址冲突问题，而对树寻址而言则并非必须。

ZigBee 和 ZigBee Pro 路由均使用 Ad Hoc 方式的按需距离矢量路由协议（AODV），但是只有 Pro 可支持一对多路由选项。在牺牲一个较大协议栈的前提下，多对一源路由实现了快速路由建立，此时多个设备（如传感器）均向一个接收器（Sink）报告（如网关设备）。对于自主双向和点对点通信（如灯控开关）来说，多对一就变得高效了，并且在一些情况下会变得不合时宜。

ZigBee 和 ZigBee Pro 均支持集群寻址，但是 Pro 增加了对有限广播集群寻址支持，可在所有集群成员相对紧密临近时防止整个网络出现不必要的溢流（Flooding）。该特性在降低大型网络的带宽通信开销方面及其有用，但随之而来的是占用更多宝贵的节点空间。

虽然存在一些细微的差异，但 ZigBee 和 ZigBee Pro 之间最主要的特性差异是对高级别安全性的支持。高级别安全性提供了一个点对点连接之间建立链路密匙的机制，并且当网络设备在应用层无法得到信任时增加了更多的安全性。像许多 Pro 特性那样，高级安全特性对于某些应用而言非常有用，但在有效利用宝贵节点空间方面却付出很大代价。

尽管 ZigBee 和 ZigBee Pro 在大部分特性上相同，但只有在有限条件下二者的设备才能在同一网络中同时使用。如果所建立的网络（由协调器建立）为一个 ZigBee 网络，那么 ZigBee Pro 设备将只能以有限的终端设备角色连接和参与到该网络中，即该设备将通过一个父级设备（路由器或协调器）与网络保持通信，且不参与到路由或允许更多设备连接到网络中。同样，如果网络最初建立为一个 ZigBee Pro 网络，那么 ZigBee 设备也只能以有限的终端设备的角色参与到该网络中来。

（2）Z-Stack（ZigBee 2007）星状网

在星状网中，设备类型为协调器和终端设备，且所有的终端设备都直接与协调器通信。网络中协调器负责网络的建立和维护外，还负责与上位机进行通信，包括向上位机发送数据和接收上位机的数据并无线转发给下面各个节点。协调器对应的工程文件为 CollectorEB。终端设备主要根据协调器发送的命令来执行数据采集或控制被控对象。终端设备对应的工程文件为 SensorEB。

将 Z-Stack（ZigBee 2007）协议栈设置为星状网时，只需要改变协议栈中 NWK 文件夹下的 nwk_globals.h 文件的以下代码：

```
#elif ( STACK_PROFILE_ID == HOME_CONTROLS )
  ...
#define NWK_MODE  NWK_MODE_STAR  // 设置为星状网
  ...
```

（3）Z-Stack（ZigBee 2007）MESH 网

MESH 网又称为网状网，在 MESH 网中，设备类型为协调器和路由设备，其中所有的路由设备并不都直接与协调器通信，有的设备需要中间路由节点才能将数据上传到协调器。网络中协调器除负责网络的建立和维护外，还负责与上位机进行通信，包括向上位机发送数据和接收上位机的数据并无线转发给下面各个节点。协调器对应的工程文件为 CollectorEB。路由设备除了需要根据协调器发送的命令执行数据采集或控制被控对象，还需承担路由任务，路由设备对应的工程文件为 RouterEB。

将 Z-Stack（ZigBee 2007）协议栈设置为 MESH 网时，只需要改变协议栈中的 NWK 文件夹下的 nwk_globals.h 文件中以下代码：

```
#elif ( STACK_PROFILE_ID == HOME_CONTROLS )
...
#define NWK_MODE    NWK_MODE_MESH    // 设置为 MESH 网
...
```

（4）Z-Stack（ZigBee PRO）网络

Z-Stack(ZigBee PRO) 网络即为 ZigBee PRO 功能集形成的网络。将 Z-Stack(ZigBee 2007) 协议栈设置为 ZigBee PRO 功能集时，只需要通过改变工程的编译选项，改变方法为：使用 IAR 打开实验工程文件后，单击 IAR|Project|Options|C/C++Compiler|Preprocessor，然后在 Defined symbols: 中加入 ZigBee PRO。

ZigBee PRO 功能集形成的网络设备类型为协调器和路由设备，其中所有的路由设备并不都直接与协调器通信，有的设备需要中间路由节点才能将数据上传到协调器。网络中协调器负责网络的建立和维护外，还负责与上位机进行通信，包括向上位机发送数据和接收上位机的数据并无线转发给下面各个节点。协调器对应的工程文件为 CollectorEB-PRO。路由设备除了需要根据协调器发送的命令来执行数据采集或控制被控对象之外，还要承担路由任务，路由设备对应的工程文件为 SensorEB-PRO。

5.2.5　程序流程图

（1）Z-Stack 程序执行流程图，参考 4.13 节实验内容及图 4.31。
（2）应用层协调器程序执行流程图如图 5.9 所示。
（3）应用层终端程序执行流程图如图 5.10 所示。

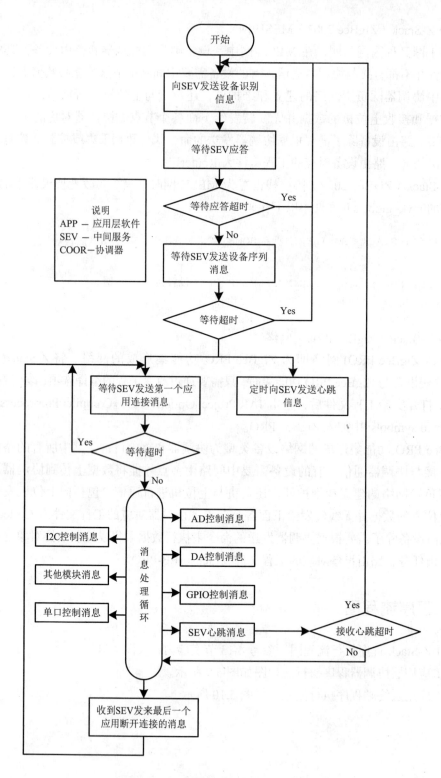

图 5.9　应用层协调器程序执行流程图

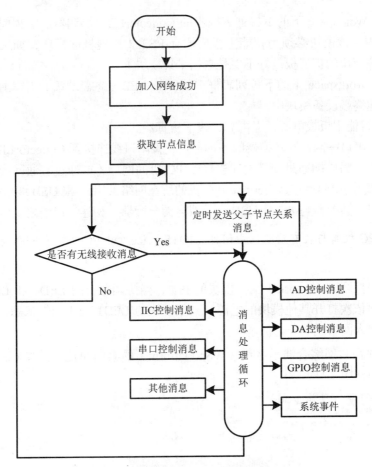

图 5.10 应用层终端程序执行流程图

5.2.6 实验步骤

（1）将一个传感器或输入 / 输出模块插到带 LCD 智能主板的相应位置（即 J205 和 J206 插座上），然后将其他的无线节点模块插入到剩下的电源板的相应位置上。注意，RS232 模块不能插到智能主板上。

（2）将 2.4G 的天线安装在无线节点模块上。

（3）将标记为 ourselec cc-debugger 的 CC2530 仿真器的一端，通过 10Pin 下载线连接到智能主板或电源板的 CC2530 JTAG 口（J203），另一端通过 USB 线（A 型转 B 型）连接到 PC 机的 USB 接口。

（4）给电源板或智能主板供电（USB 外接电源或 2 节干电池）。

（5）将电源板或智能主板上电源开关拨至开位置，按下仿真器上的按钮，仿真器上的指示灯为绿色时，表示连接成功。

（6）使用 IAR7.51 打开 "…\OURS_CC2530LIB\ lib17(APP4_ZigBee(ZStack))\ APP4_ZigBee(ZStack)\OURS-SensorDemo\Projects\zstack\IAR_file\SensorDemo\CC2530DB" 下 的 SensorDemo.eww 文件。

（7）选择 Workspace 下的下拉列表框中的 CollectorEB（协调器）工程配置，编译下载到一个模块中（该模块必须为智能主板或插有 RS232 扩展板的模块，如果选择的是智能主板模块，该模块的扩展板最好不要是数据采集模块）。

（8）选择 Workspace 下的下拉列表框中的 SensorEB（终端设备）工程配置，编译并依次下载到其他终端设备模块中。

（9）关掉智能主板或电源板上电源，拔下仿真器。

（10）将"串口—网口"转换器的一端通过交叉串口线连接到 CollectorEB（协调器）工程模块的串口，另一端通过交叉网线连接到 PC 机的网口（或通过直通网线连接到路由器，进入装有物联网中间件（IOTService）PC 机的所在网络）；用一根 USB 线（A 型转 B 型）将"串口—网口"转换器与 PC 机 USB 口（或电源分配器）相连，以予之供电。

注意：该 PC 机需与装有物联网中间件（IOTService）的 PC 机同在一个局域网内或同为一台 PC 机。

（11）首先打开 CollectorEB 工程模块的电源，当协调器上的 LED1 和 LED2 都处于点亮状态时，再依次打开其他模块的电源，其他模块的 LED1 处于闪烁状态、LED2 处于常亮时，表示加入网络成功。

（12）找到物联网综合演示系统（WSNPlatform）的桌面快捷方式图标，并双击打开，界面如图 5.11 所示。

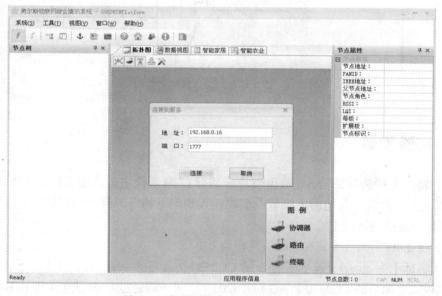

图 5.11　物联网综合演示系统连接界面

在连接到服务窗口的"地址"文本框中填写装有物联网中间件（IOTService）PC 机的 IP 地址，"端口"文本框默认，单击"连接"按钮，出现如图 5.12 所示星状网络界面。

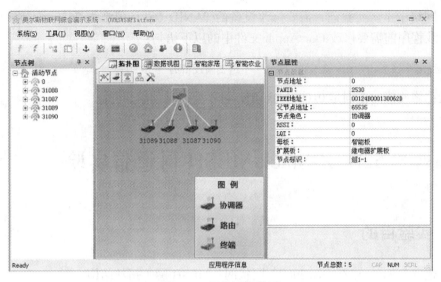

图 5.12　星状网络界面

注意：装有物联网中间件（IOTService）的 PC 机需与装有 WSNPlatform 的 PC 机同在一个局域网内或同为一台 PC 机。

（13）双击任意一个节点图标（如图标 31089），即可进入数据采集和被控对象的控制，如图 5.13 所示。

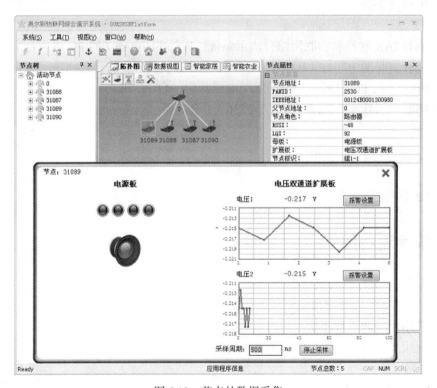

图 5.13　节点的数据采集

在做实验时，如有多组同时实验，为了避免干扰（干扰是指同样 PANID 的设备，会加入一个网络中）。实验前，需要修改设备的 PANID（默认值都为 2530），修改方法是在编译下载程序前需要修改 OursApp.h 文件中的以下语句：

```
#define MY_PAN_ID    2530      // 本组实验设备的 PANID
```

定义：修改值的范围是 0x0001-0x3fff，且不要与其他组相同。

5.3　Z-Stack MESH 网通信实验

5.3.1　实验目的

学习建立 Z-Stack（ZigBee 2007）网状网（MESH 网）拓扑结构。

5.3.2　实验内容

Z-Stack 网状网中多点数据采集和控制输出。

5.3.3　实验设备

（1）装有 IAR 软件和物联网综合演示系统（WSNPlatform）的 PC 机一台。
（2）装有物联网中间件（IOTService）的 PC 机一台，或与装有物联网综合演示系统（WSNPlatform）的 PC 机同在一个局域网内或同为一台 PC 机。
（3）物联网创新实验系统（IOV-T-2530）1 套。

5.3.4　实验原理及说明

参考 5.2 节实验。

5.3.5　程序流程图

（1）Z-Stack 程序执行流程图
参考 4.13 节——无线串口点对点通信实验内容及图 4.31 所示。
（2）应用层协调器程序执行流程图如图 5.14 所示。
（3）应用层路由程序执行流程图如图 5.15 所示。

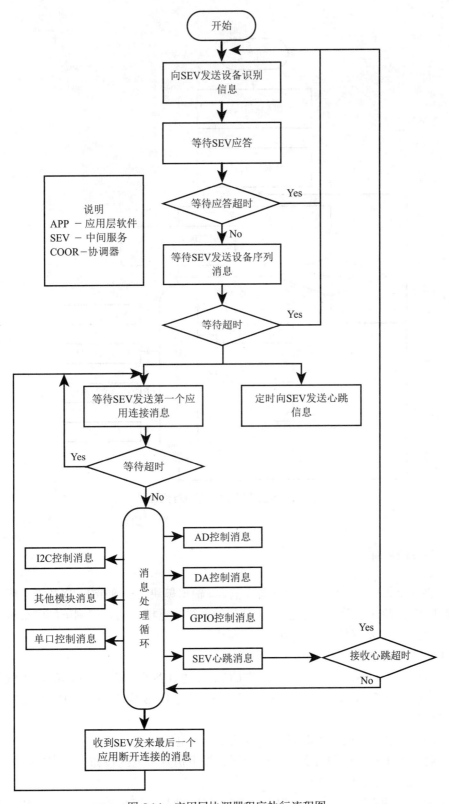

图 5.14　应用层协调器程序执行流程图

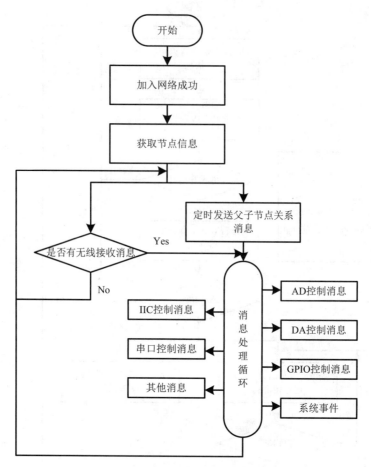

图 5.15　应用层路由程序执行流程图

5.3.6　实验步骤

（1）将 1 个无线节点模块即传感器或输入 / 输出模块，插到带 LCD 智能主板的相应位置（即 J205 和 J206 插座上），然后将其他的无线节点模块插入到剩下的电源板的相应位置上。注意，RS232 模块不能插到智能主板上。

（2）将 2.4G 的天线安装在无线节点模块上。

（3）将标记为 ourselec cc-debugger 的 CC2530 仿真器的一端，通过 10Pin 下载线连接到智能主板的 CC2530 JTAG 口（J203），另一端通过 USB 线（A 型转 B 型）连接到 PC 机的 USB 接口。

（4）给智能主板供电（USB 外接电源或 2 节干电池）。

（5）将智能主板上电源开关拨至开位置，按下仿真器上的按钮，仿真器上的指示灯为绿色时，表示连接成功。

（6）使用 IAR7.51 打 开 …\OURS_CC2530LIB\ lib18(APP5_ZigBee(ZStack))\ APP4_ZigBee(ZStack)\OURS-SensorDemo\Projects\zstack\IAR_file\SensorDemo\CC2530DB 下

的 SensorDemo.eww 文件。

（7）选择 Workspace 下的下拉列表框中的 CollectorEB（协调器）工程配置，编译下载到一个模块中（该模块必须为智能主板或插有 RS232 扩展板的模块，如果选择的是智能主板模块，该模块的扩展板最好不要插入数据采集模块）。

（8）选择 Workspace 下的下拉列表框中的 SensorEB（路由设备）工程配置，编译并依次下载到其他模块中。

（9）关掉智能主板或电源板上电源，拔下仿真器。

（10）将"串口—网口"转换器的一端通过交叉串口线连接到 CollectorEB（协调器）工程模块的串口，另一端通过交叉网线连接到 PC 机的网口（或通过直通网线连接到路由器，进入装有物联网中间件（IOTService）PC 机的所在网络）；用一根 USB 线（A 型转 B 型）将"串口—网口"转换器与 PC 机 USB 口（或电源分配器）相连，以予之供电。

注意：该 PC 机需与装有物联网中间件（IOTService）的 PC 机同在一个局域网内或同为一台 PC 机。

（11）首先打开 CollectorEB 工程模块的电源，当协调器上的 LED1 和 LED2 都处于点亮状态时，再依次打开其他模块的电源，其他模块的 LED1 处于闪烁状态、LED2 处于常亮时，表示加入网络成功。

（12）找到物联网综合演示系统（WSNPlatform）的桌面快捷方式图标，并双击打开，界面如图 5.16 所示。

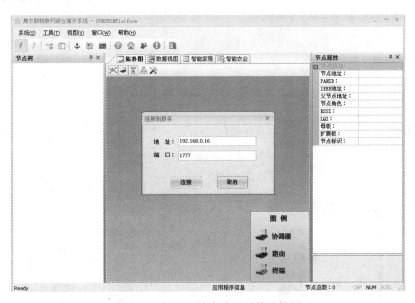

图 5.16　物联网综合演示系统连接图

在连接到服务窗口的"地址"文本框中填写装有物联网中间件（IOTService）PC 机的 IP 地址，"端口"文本框默认，单击"连接"按钮，出现如图 5.17 所示 MESH 网络界面。

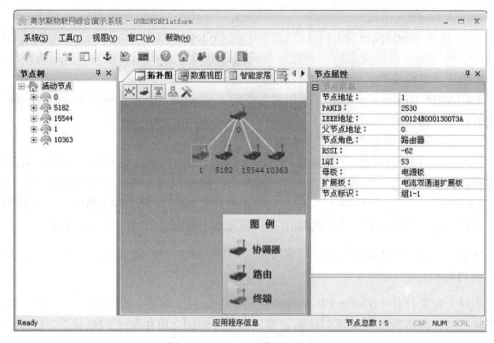

图 5.17　MESH 网络界面连接图

注意：装有物联网中间件（IOTService）的 PC 机需与装有 WSNPlatform 的 PC 机同在一个局域网内或同为一台 PC 机。

（14）双击任意一个节点图标（如图 5.18 中标 1 节点），即可进入数据采集和被控对象的控制，如图 5.18 所示。

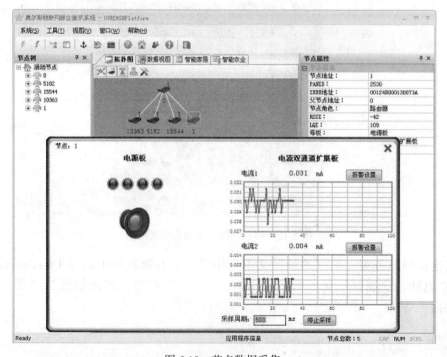

图 5.18　节点数据采集

在做实验时，如有多组同时实验，为了避免干扰（干扰是指同样 PANID 的设备，会加入一个网络中）。实验前，需要修改设备的 PANID（默认值都为 2530），修改方法是在编译下载程序前需要修改 OursApp.h 文件中的以下语句。

```
#define MY_PAN_ID   2530    // 本组实验设备的 PANID
```

定义：修改值的范围是 0x0001-0x3fff，且不要与其他组相同。

5.4　ZigBee PRO 通信实验

5.4.1　实验目的

学习建立 Z-Stack（ZigBee PRO）网络拓扑结构。

5.4.2　实验内容

Z-Stack（ZigBee PRO）网络中多点数据采集和控制输出。

5.4.3　实验设备

（1）装有 IAR 软件和物联网综合演示系统（WSNPlatform）的 PC 机一台。

（2）装有物联网中间件（IOTService）的 PC 机一台；或与装有物联网综合演示系统（WSNPlatform）的 PC 机同在一个局域网内或同为一台 PC 机。

（3）物联网创新实验系统（IOV-T-2530）1 套。

5.4.4　实验原理及说明

参考 5.2 节实验内容。

5.4.5　程序流程图

（1）Z-Stack 程序执行流程图参考 4.13 节实验内容及图 4.31。

（2）应用层协调器（CollectorEB-PRO）程序执行流程图如图 5.19 所示。

（3）应用层 SensorEB-PRO 程序执行流程图如图 5.20 所示。

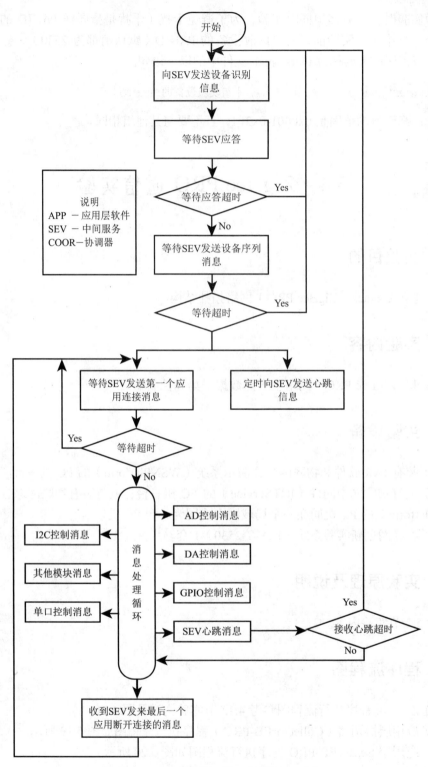

图 5.19　应用层协调器程序执行流程图

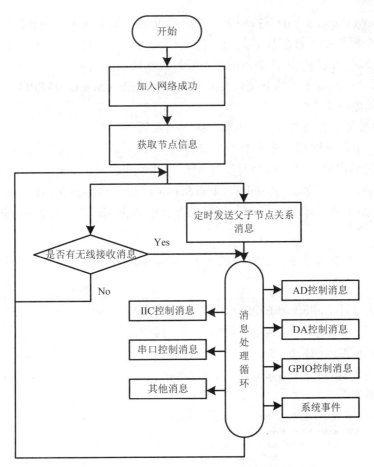

图 5.20　应用层 SensorEB-PRO 程序执行流程图

5.4.6　实验步骤

（1）将 1 个无线节点模块即传感器或输入 / 输出模块插到带 LCD 智能主板的相应位置（即 J205 和 J206 插座上），然后将其他的无线节点模块插入到剩下的电源板的相应位置上。注意，RS232 模块不能插到智能主板上。

（2）将 2.4G 的天线安装在无线节点模块上。

（3）将标记为 ourselec cc-debugger 的 CC2530 仿真器的一端通过 10Pin 下载线连接到智能主板的 CC2530 JTAG 口（J203），另一端通过 USB 线（A 型转 B 型）连接到 PC 机的 USB 接口。

（4）给智能主板供电（USB 外接电源或 2 节干电池）。

（5）将智能主板上电源开关拨至开位置，按下仿真器上的按钮，仿真器上的指示灯为绿色时，表示连接成功。

（6）使用 IAR7.51 打开 …\OURS_CC2530LIB\ lib19(ZStack_ZigBee PRO)\APP6_ZigBee(ZStack_ZigBeePRO)\OURS-SensorDemo\Projects\zstack\IAR_file\SensorDemo\CC2530DB 下的 SensorDemo.eww 文件。

（7）选择 Workspace 下的下拉列表框中的 CollectorEB（CollectorEB-PRO）工程配置，编译下载到一个模块中（该模块必须为智能主板或插有 RS232 扩展板的模块，如果选择的是智能主板模块，该模块的扩展板最好不要是数据采集模块）。

（8）选择 Workspace 下的下拉列表框中的 SensorEB（SensorEB-PRO）工程配置，编译依次下载到其他模块中。

（9）关掉智能主板或电源板上电源，拔下仿真器。

（10）将"串口—网口"转换器的一端通过交叉串口线连接到 CollectorEB-PRO（协调器）工程模块的串口，另一端通过交叉网线连接到 PC 机的网口（或通过直通网线连接到路由器，进入装有物联网中间件（IOTService）PC 机的所在网络）；用一根 USB 线（A 型转 B 型）将"串口—网口"转换器与 PC 机 USB 口（或电源分配器）相连，以予之供电。

注意：该 PC 机需与装有物联网中间件（IOTService）的 PC 机同在一个局域网内或同为一台 PC 机。

（11）首先打开 CollectorEB-PRO 工程模块的电源，当协调器上的 LED1 和 LED2 都处于点亮状态时，再依次打开其他模块的电源，其他模块的 LED1 处于闪烁状态、LED2 处于常亮时，表示加入网络成功。

（12）找到物联网综合演示系统（WSNPlatform）的桌面快捷方式图标 奥尔斯无线物联网演示系统，并双击打开，界面如图 5.21 所示。

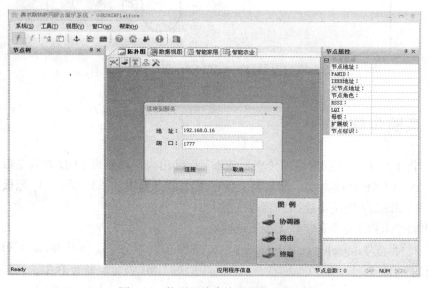

图 5.21　物联网综合演示系统连接图

在连接到服务窗口的"地址"文本框中填写装有物联网中间件（IOTService）PC 机的 IP 地址，"端口"文本框默认，单击"连接"按钮，出现如图 5.22 所示 ZigBee PRO 网络界面。

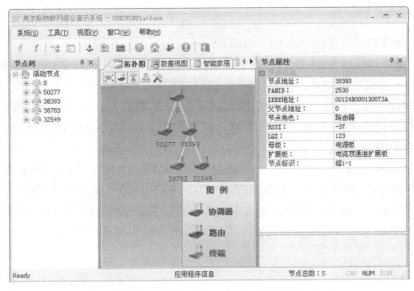

图 5.22　ZigBee PRO 网络界面

注意：装有物联网中间件（IOTService）的 PC 机需与装有 WSNPlatform 的 PC 机同在一个局域网内或同为一台 PC 机。

（13）双击任意一个节点图标（如节点 38393），即可进入数据采集和被控对象的控制，如图 5.23 所示。

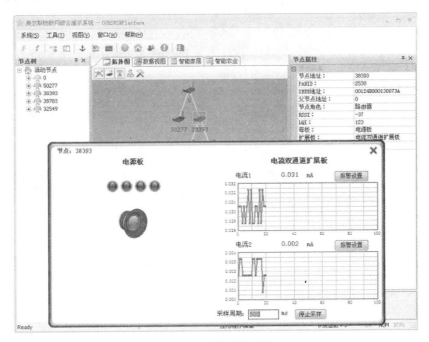

图 5.23　节点数据采集

在做实验时，如有多组同时实验，为了避免干扰（干扰是指同样 PANID 的设备，会加入一个网络中），实验前，需要修改设备的 PANID（默认值都为 2530），修改方法是在编译下载程序前需要修改 OursApp.h 文件中的以下语句。

```
#define MY_PAN_ID    2530        // 本组实验设备的 PANID
```

定义：修改值的范围是 0x0001-0x3fff，且不要与其他组相同。

另外，也可以通过带 LCD 的智能主板对各个无线节点模块进行 PANID 设置（默认值都为 2530）。修改方法如下：

（1）将需要修改的无线节点模块插入到带 LCD 的智能主板上，打开电源。

（2）按下模块上的 SW1 键，如果液晶提示为 ZigBee PRO PANID Setting，则表示进入了 PANID 修改程序中。

（3）然后按下 SW2，PANID 值将加 1；按下 SW3，PANID 值将加 10；按下 SW4，PANID 值将加 100。根据这 3 个按键，设置想要的 PANID 值（范围是 0x0001～0x3fff），最后通过 SW6 键完成设置。同时在设置中，可以通过先按 SW5 键再按 SW6 来取消设置。

（4）拔下该无线节点模块，重复上面步骤，将本组实验其他模块的 PANID 值设置为相同值。

第6章　全功能物联网教学科研平台（CBT–SuperIOT）

全功能物联网教学科研平台（标准版 CBT-SuperIOT）是北京赛佰特科技有限公司基于物联网多功能、全方位教学科研需求，推出的一款集无线 ZigBee、IPv6、Bluetooth、WiFi、RFID 和智能传感器等通信模块于一体的全功能物联网教学科研平台，以强大的 Cortex-A8（可支持 Linux/Android/WinCE 操作系统）嵌入式处理器作为核心智能终端，结合自主开发的通用型 IPv6 物联网网关，支持多种无线传感器通信模块组网方式。由浅入深，提供丰富的实验例程和文档资料，便于物联网无线网络、传感器网络、RFID 技术、嵌入式系统及下一代互联网等多种物联网课程的教学和实践。

6.1　CBT-SuperIOT 平台概述

6.1.1　开发平台

如图 6.1 所示，全功能物联网教学科研平台（标准版 CBT-SuperIOT）的组成主要由主板右上方 Cortex-A8 嵌入式智能核心板、智能终端底板（两块板均在 7 寸显示屏下方）、IPv6/IPv4 智能网关、主板右下方 ZigBee 协调器、IPv6 节点、蓝牙主机、RFID 阅读器、ST-Link 调试接口、J-Link 调试接口、主板调试接口、Cortex-A8 扩展接口、根节点调试端口等，主板左边 3 排、4 列组成无线通信模块和智能传感器模块节点，以及左上角的 5V/5A 电源接口。

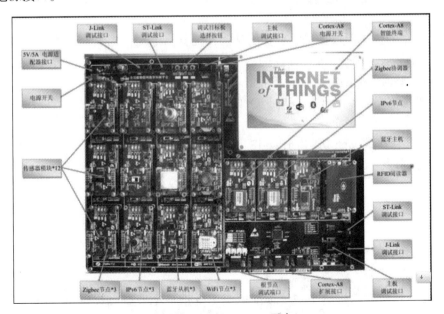

图 6.1　CBT-SuperIOT 平台

全功能物联网教学科研平台的结构拓扑图，如图 6.2 所示。

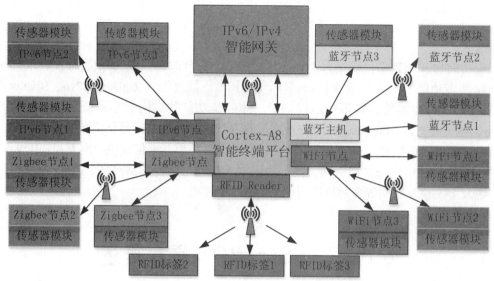

图 6.2　CBT-SuperIOT 平台应用拓扑结构

6.1.2　平台特点

（1）丰富快捷的无线组网功能：系统配备 ZigBee、IPv6、蓝牙、WiFi 4 种无线通信节点及 RFID 读/写卡器，可以快速构成小规模 ZigBee、IPv6、蓝牙、WiFi 无线传感器通信网络。

（2）IPv6 网络协议的无线网络应用：通过 IPv6/IPv4 智能网关，各节点可以快速连接 IPv6；同时通过支持 802.15.4 的 IPv6 节点，可以构建基于 IPv6 的无线传感器网络。

（3）丰富的传感器数据采集和扩展功能：配备温湿度、光敏、震动、三轴加速计、红外热释、烟雾等多种基于 MCU 的智能传感器模块，可以通过标准接口与通信节点建立连接，实现传感器数据的快速采集和通信。

（4）可视化终端界面开发：基于 Qt 的跨平台图形界面开发，用户可以快速开发友好的人机界面。

（5）方便快捷的 Web 访问：IPv6/IPv4 智能网关内嵌 Webserver，可以通过智能网关，直接访问通信节点。

6.2　平台主板接口

全功能物联网教学科研平台（标准版）主板接口主要有电源接口、JATG 下载口、UART 串口。

6.2.1 电源接口

全功能物联网教学科研平台（标准版）主板的电源有 5V 和 3.3V 两种接口，5V 的电源接口主要是供电给全功能物联网教学科研平台，如图 6.3 所示；3.3V 的电源接口是扩展电源接口，如图 6.4 所示。

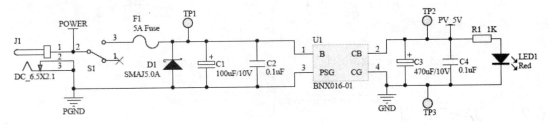

图 6.3　5V 电源原理图

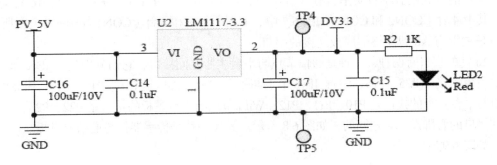

图 6.4　3.3V 电源原理图

6.2.2 JATG 下载口

全功能物联网教学科研平台（标准版）主板的 JATG 下载口有 3 种，分别为 J-Link 下载调试口（P15 和 P21，两个调试口管脚设置相同，P21 如图 6.5 所示）、ST-Link 下载调试口（P14 和 P20，两个调试口管脚设置相同，P20 如图 6.6 所示）、CPLD 下载调试口（P13 和 P19，JTAG 口），其中 P14 和 P15 用于子节点程序的下载与调试，P20 和 P21 用于协调器程序的下载与调试。CPLD 下载调试口是为 CPLD 芯片烧写程序所用的（出厂时已经烧写完毕，一般无须更改）。J-Link 下载调试口是为 ZigBee、IPv6、BlueTooth、WiFi 4 种无线通信模块的下载与调试，ST-Link 下载调试口为传感器及 RFID 读 / 写卡器模块的下载与调试。

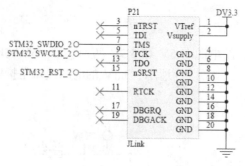

图 6.5　J-Link 下载调试口

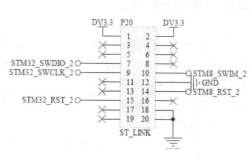

图 6.6　ST-Link 下载调试口

6.2.3　UART 串口

全功能物联网教学科研平台有 3 种串口，4 针 2 个、6 针 1 个、9 针 4 个、16 针的 16 个。其中 4 针（CON2 和 CON3 如图 6.7 中、下图所示）和 6 针（CON1 如图 6.7 上图所示）接口是主板与 A8 智能终端底板连接的串口。

16 针的接口有两种，一种是通信节点与平台主版之间接口，它们分别是 ZigBee 节点与平台主板的接口 P25、P26、P27；IPv6 节点与平台主板的接口是 P16、P17、P18；BlueTooth 从机与平台主板的接口是 P10、P11、P12；WiFi 节点与平台主板的接口是 P22、P23、P24；这些接口的管脚设置是相同的，如图 6.8 所示。另外一种是传感器板与通信节点板之间接口 P1，如图 6.9 所示。

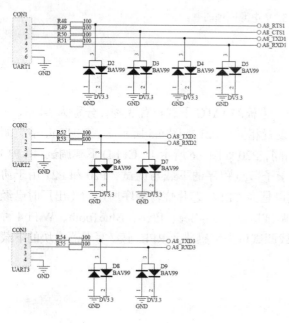

图 6.7　主板与 A8 串口连接图

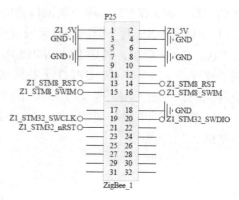

图 6.8　节点与主板的接口连接图

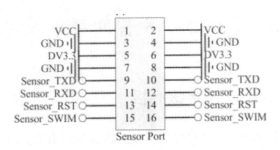

图 6.9　传感器与节点板接口

平台引出 4 路 9 针 RS232 串口 CN1、CN2、CN3 和 CN4，分别如图 6.10（A）、图 6.10（B）、图 6.10（C）和图 6.10（D）所示。其中 Debug UART 为根节点调试使用串口，用于与 PC 机 RS232 串口连接，读取数据或发送数据，其余 3 个 UART 为 Cortex-A8 终端扩展串口，用于预留扩展使用其他模块。关于根节点串口的选择，可以使用根节点下方的 4 位拨码开关（S28）来控制这些根节点的串口，其中第 1、2、3 位分别对应根节点与 Cortex-A8 相应串口的连接，第 4 位用于根节点与 Debug UART 串口的连接。同一时间，只能有一个根节点使用 Debug UART 串口，如果串口使用出错，相应的 UART ERROR 串口指示灯会点亮。

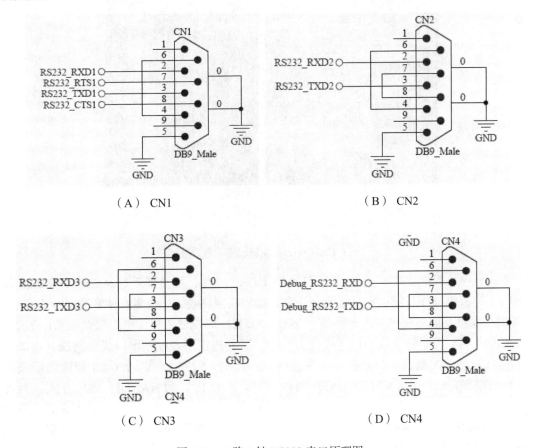

图 6.10　4 路 9 针 RS232 串口原理图

6.3 Cortex-A8 智能终端核心板

6.3.1 Cortex-A8 智能终端核心板

全功能物联网科研教学平台右上方 S7 显示屏的下面为 Cortex-A8 嵌入式智能终端核心板和底板。Cortex-A8 嵌入式智能终端核心板采用三星 S5PV210 作为主处理器，运行主频可高达 1GHz。S5PV210 内部集成了 PowerVR SGX540 高性能图形引擎，支持 3D 图形流畅运行，并可流畅播放 1080P 大尺寸视频。

Cortex-A8 智能终端核心板主要采用了 2.0mm 间距的双排针，引出 CPU 大部分常用功能引脚，并力求和 Tiny6410 核心板三排引脚兼容（P1、P2、CON2）；另外还根据 S5PV210 芯片的特性，分别引出了标准的 mini HDMI 接口和 1.0mm 间距的贴片 CON1 座（51Pin），如图 6.11 所示。

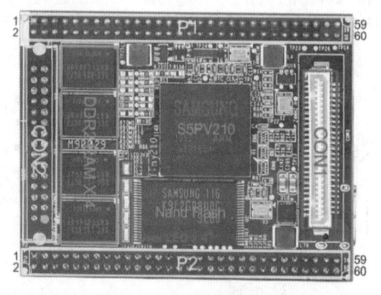

图 6.11　Cortex-A8 智能终端核心板

Cortex-A8 智能终端核心板拥有 512MB DDR2 内存，可流畅运行 Android、Linux 和 WinCE6 等高级操作系统。它非常适合开发高端物联网终端、广告多媒体终端、智能家居、高端监控系统、游戏机控制板等设备。Cortex-A8 智能终端核心板详细组成如表 6.1 所示。

Cortex-A8 智能终端核心板在进行实验时，需要连接平台配套串口线和网线。串口线连接至 Cortex-A8 默认串口 0 接口（靠近网口一端的 RS232）。Cortex-A8 智能终端核心板启动支持从 SD 卡和 NANDFLASH 两种方式，默认出厂为 NANDFLASH 方式，两者可以通过 Cortex-A8 终端的 BOOT 开关进行选择。出厂时已配套 1 个 SD 卡备份，用户切记不要将其从平台拿出，以免造成系统无法启动。连接平台配套 5V 电源适配器，启动 Cortex-A8 智能终端电源开关，可以通过平台配套的串口线与 PC 机连接。

HDMI 输出口：除了 TV-OUT 输出，S5PV210 还支持 HDMI 高清输出，Cortex-A8 核心板通过 Type C 型 mini HDMI 将其引出，用户可使用常见的 HDMI 电缆连接输出至带有

HDMI 的显示器或电视。Linux、Android 和 WinCE 系统均可支持 LCD 和 HDMI 同步输出显示，并且 HDMI 支持音频与视频同步输出。

表 6.1　Cortex-A8 智能终端组成

Cortex-A8 智能终端	描　　述
CPU 处理器	处理器 Samsung S5PV210，基于 CortexM-A8，运行主频 1GHz
	内置 PowerVR SGX540 高性能图形引擎
	支持流畅的 2D/3D 图形加速
	最高支持 1080p@30fps 硬件解码视频流畅播放，格式为 MPEG4、H.263、H.264 等
	最高支持 1080p@30fps 硬件编码（Mpeg-2/VC1）视频输入
RAM 内存	512MB DDR2
	32bit 数据总线，单通道
	运行频率为 200MHz
FLASH 存储	SLC NAND Flash 1GB
显示	7 寸 LCD 液晶电阻触摸屏
接口	1 路 HDMI 输出
	4 路串口，RS232 *2、TTL 电平 *4
	USB Host 2.0、mini USB Slave 2.0 接口
	3.5mm 立体声音频（WM8960 专业音频芯片）输出接口、板载麦克风
	1 路标准 SD 卡座
	10/100M 自适应 DM9000AEP 以太网 RJ45 接口
	SDIO 接口
	CMOS 摄像头接口；AD 接口 *6，其中 AIN0 外接可调电阻，用于测试 IIC-EEPROM 芯片（256 byte），主要用于测试 IIC 总线；用户按键（中断式资源引脚）*8；PWM 控制蜂鸣器；板载实时时钟备份电池
电源	电源适配器 5V（支持睡眠唤醒）

目前大部分高端 CPU 都支持 SD 卡启动，JTAG 接口已经用途不大，如用户钟情于 JTAG 调试开发，因电路板尺寸有限，Cortex-A8 特留出相应的 JTAG 测试点，如图 6.12 所示。

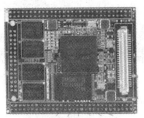

① XjRSTn
② XnRESET
③ XjTMS
④ XjTDi
⑤ XjTCK
⑥ XjTDO

① ② ③ ④ ⑤ ⑥

图 6.12　JATG 自用引脚说明图

6.3.2　Cortex-A8 智能终端底板

Cortex-A8 智能终端底板如图 6.13 所示，底板接口布局如图 6.14 所示。底板常用的器件和接口有 USB 接口、ADC 输入接口、PWM 控制蜂鸣器、IIC–EEPROM、SD 卡、SDIO-II/SD-WiFi 接口和 CMOS CAMERA 接口等。

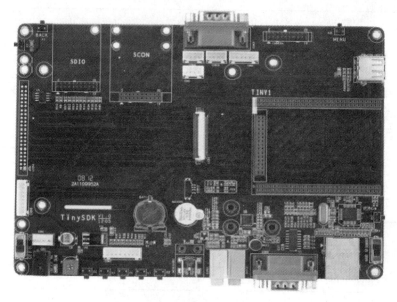

图 6.13　底板框架图

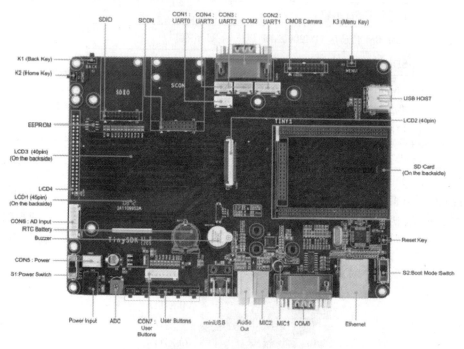

图 6.14　底板接口布局

（1）USB 接口：Cortex-A8 智能终端主板具有两种 USB 接口，一种是 USB Host（2.0）

接口，共 2 个，它和普通 PC 的 USB 接口是一样的，可以接 USB 摄像头、USB 键盘、USB 鼠标、优盘等常见的 USB 外设；另外一种是 mini USB（2.0），主要用于 Android 系统下的 ADB 功能，用于软件安装和程序调试。mini USB 的接口定义和 USB Host 的接口定义如表 6.2 所示。

表 6.2　mini USB 和 USB Host 接口引脚

mini USB	引脚定义	USB Host	引脚定义
1	Vbus	1	5V
2	D-	2	D-
3	D+	3	D+
4	OTGID	4	GND
5	GND		

（2）ADC 输入：Cortex-A8 智能终端带有 6 路 ADC（模数转换）转换通道，根据不同的用途，分散于各个接口：AIN0 连接到了开发板上的可调电阻 W1；AIN0/1/4/5/6/7 位于 CON6 接口座。S5PV210 的 AD 转换可以配置为 10bit/12bit。

（3）PWM 控制蜂鸣器：Cortex-A8 智能终端的蜂鸣器 Buzzer 是通过 PWM0 控制的，其中 PWM0 对应 GPD0_0，该引脚可通过软件设置为 PWM 输出，也可以作为普通的 GPIO 使用。

（4）IIC-EEPROM：Cortex-A8 智能终端具有一个直接连接 CPU 之 IIC0 信号引脚的 EEPROM 芯片 AT24C08，它的容量有 256 Byte，主要是为了供用户测试 IIC 总线而用，它并没有存储特定的参数。S5PV210 总共有 3 路 IIC，此处使用了 IIC0。

（5）SD 卡：Cortex-A8 智能终端引出 2 路 SDIO 接口，在本开发底板中，SDIO0 被用作普通 SD 卡接口使用，接口可以支持 SDHC，即高速大容量卡。

（6）SDIO-II/SD-WiFi 接口：Cortex-A8 智能终端处理器 S5PV210 的第 3 路 SDIO 接口通过 CON9 座引出，它是一个 2.0mm 间距的 20Pin 插针座；为了配合 SDIO 使用，该接口中还包含了 1 路 SPI、1 路 IIC、4 个 GPIO 等信号。SDIO 接口一般用于连接 SD-WiFi 模块。

（7）CMOS CAMERA 接口：Cortex-A8 智能终端带有一个 CMOS 摄像头接口，它是一个 20 脚 2.0mm 间距的针座，用户可以直接使用提供的 CAM130 摄像头模块。CAM130 摄像头模块上面没有任何电路，它只是一个转接板，它直接连接使用了型号为 ZT130G2 摄像头模块。CAMERA 接口是一个复用端口，它可以通过设置相应的寄存器改为 GPIO 使用。

6.4　通信模块

全功能物联网科研教学平台上无线通信模块有 ZigBee & IPv6 模块、Bluetooth 蓝牙模块、WiFi 模块和 RFID 模块等，如表 6.3 所示。

表 6.3　无线通信模块

无线通信节点	描　述
ZigBee 节点 （ST 方案）	处理器 STM32W108，基于 ARM Cortex-M3 高性能的 32 位微处理器，集成了 2.4GHz IEEE 802.15.4 射频收发器，板载天线
	存储器：128KB 闪存和 8KB RAM
	射频数据速率：250Kbps，RX 灵敏度：-99dBm（1% 收包错误率）
	用户自定制：按键 *2，LED *2
	供电电压：3.7V 收发电流：27mA/40mA，支持电池供电
	扩展 ST-Link 调试接口
ZigBee 节点 （TI 方案）	处理器 CC2530，内置增强型 8 位 51 单片机和 RF 收发器，符合 IEEE 802.15.4/ZigBee 标准规范，频段范围 2045 ～ 2483.5M，板载天线
	存储器：256KB 闪存和 8KB RAM
	射频数据速率：250Kbps，可编程的输出功率高达 6.5 dB
	用户自定制：按键 *2，LED *2
	供电电压：2 ～ 3.6V，支持电池供电
	扩展调试接口
IPv6 节点	处理器 STM32W108，基于 ARM Cortex-M3 高性能的微处理器，集成了 2.4GHz IEEE 802.15.4 射频收发器，板载天线
	存储器：128KB 闪存和 8KB RAM，
	用户自定制：按键 *1，LED *2
	供电电压：3.7V 收发电流：27mA/40mA，支持电池供电
	扩展 J-Link 调试接口
蓝牙节点	BF-10 蓝牙模块，BlueCore4-Ext 芯片，板载天线
	处理器 STM32F103 基于 ARM Cortex-M3 内核，主频 72MHz
	完全兼容蓝牙 2.0 规范，硬件支持数据和语音传输，最高可支持 3M 调制模式
	支持 UART 透传，I/O 配置
	扩展 J-Link 接口，外设主从开关，支持一键主从模式转换
	支持电池供电
WiFi 节点	型号：嵌入式 WiFi 模块（支持 802.11b/g/n 无线标准）内置板载天线
	处理器 STM32F103 基于 ARM Cortex-M3 内核，主频 72MHz
	支持多种网络协议：TCP/IP/UD，支持 UART/ 以太网数据通信接口
	支持无线工作在 STA/AP 模式，支持路由 / 桥接模式网络架构
	支持透明协议数据传输模式，支持串口 AT 指令
	扩展 J-Link 接口
	支持电池供电

无线通信节点	描　　述
RFID 阅读器	MF RC531（高集成非接触读写卡芯片）支持 ISO/IEC 14443A/B 和 MIFARE 经典协议
	处理器 STM8S207S8T6 高性能 8 位架构的微控制器，主频 24MHz
	支持 mifare1 S50 等多种卡类型
	用户自定制：按键 *1，LED *1
	最大工作距离：100mm，最高波特率：424kb/s
	Crypto1 加密算法并含有安全的非易失性内部密匙存储器
	扩展 ST-Link 接口

6.4.1　ZigBee & IPv6 模块

ZigBee & IPv6 模块使用的是上海庆科公司推出的 EMZ3018B 可编程射频模块，该模块核心是 ST 公司最新的 STM32W 系列 32 位射频处理器，符合 IEEE 802.15.4 规范，内置专业的 Ember ZigBee 2007 PRO 协议栈，处理器内核基于 ARM 公司主流的 Cortex-M3 内核，编程开发方式与 STM32 系列 MCU 一致，方便用户快速入手，满足用户对低成本、低功耗无线传感器网络的需求。

1. 特点

- 专业的电子设计，降低研发和生产成本。
- 邮票孔接口设计，方便安装。
- 32 位 Cortex-M3 内核 MCU。
- 优秀的射频电路设计，保证一致性和可靠性。
- 多种外接天线选择，使用灵活。
- 高性价比，面向大规模、低成本应用。

2. 硬件资源

- 尺寸：$31.60\text{mm} \times 20.70\text{mm} \times 3.90\text{mm}$。
- 倒 F 型天线设计，天线增益约为 0dBi。
- 高接收灵敏度：−102dBm。
- 出色的链路预算：122dB。
- 输出功率高达 20dBm。
- 极低的功耗：休眠模式：<1μA，最大接收电流：27 mA，最大发射电流：40 mA。
- 处理器型号为 EMZ3018B，丰富的存储资源：128KB Flash，8KB RAM。
- 多种接口：模拟接口和数字接口，其中 24 个 GPIO，4 个外部中断，6 路模拟输入通道，1 个 USART，带硬件流控制，1 个 IIC 接口，1 个 SPI 接口，支持 MAC 地址写入 Flash 功能。
- 多种天线可供选择。
- 符合 IEEE 802.15.4 规范。

● 2.4G ISM 免许可证工作频段。

3. 原理图说明

（1）EMZ3018B 模块

EMZ3018B 模块如图 6.15 所示，电路中将常用接口全部引出，具体各引脚的含义请参考 EMZ3018B 数据手册或者 STM32W 数据手册。

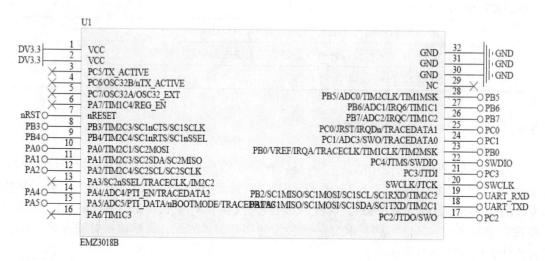

图 6.15　EMZ3018B 模块

（2）供电系统

如图 6.16 所示，供电系统通过 J1 接入直流电源给系统供电，电压范围为 3.7 ～ 5.5V，直流电源可以使用直流电源适配器或者锂电池。CAT6219-330 为低压差稳压芯片，输出 3.3V 电压给 EMZ3018B 模块以及外设供电，LED1 为电源指示灯，点亮表示电源正常工作。另一种供电方式可以通过扩展接口，参照扩展接口说明，注意两种供电方式不能同时使用。

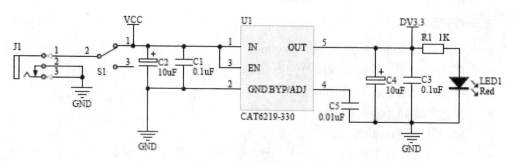

图 6.16　供电系统电路图

（3）外设

如图 6.17 所示，系统提供了 2 个 LED，3 个按键，其中 S3 为系统复位按键，按下系统将复位。SWCLK 和 SWDIO 是 STM32W 的调试接口，接 R3、R4 10K 上拉电阻使通信更可靠。PA1、PA2 是 STM32W IIC 通信接口，根据 IIC 总线规范，必须接上拉电阻。在使用 IIC 总线前，应检查 4.7K 上拉电阻是否焊接。

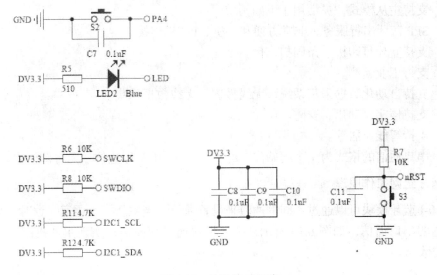

图 6.17 外设接口电路

（4）扩展接口

如图 6.18 所示，P1 为通信节点 EMZ3018B 模块与传感器板接口，其中 VCC 和 GND 两个引脚可用于给整个系统供电，DV3.3V、GND、Sensor_TXD、Sensor_RXD 用于给传感器供电及与传感器的串口通信，Sensor_RST 和 Sensor_SWIM 是传感器上的 STM8 单片机的下载调试接口。P2 用于将 EMZ3018B 所有的引脚引出，方便用户进行扩展实验。

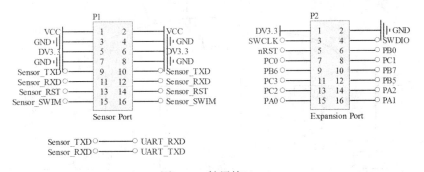

图 6.18 扩展接口

6.4.2 蓝牙（Bluetooth）模块

1. 蓝牙模块简介

蓝牙组网使用的是 BF10-I 蓝牙模块。该模块主要用于短距离的数据无线传输领域，可以方便地和 PC 机、手机蓝牙设备连接，也可以用于两个模块之间的数据互联。避免烦琐的线缆连接，能直接替代现有的串口线。

BF10-I 模块的主要特点如下。

- 支持 I/O 配置蓝牙通道和波特率。最多支持 64 个蓝牙通道和 1200 ～ 1382400bps 等多种通信波特率。

- 支持主从模式，灵活用于不同领域。
- SPP 蓝牙串行服务，非常方便和手机、PC 机连接。
- 支持蓝牙打印机、条码扫描仪。
- 支持工业遥测。
- 支持自动化数据采集系统、无线抄表、无线数据采集。
- 支持楼宇自动化、安防。
- 支持智能家居等。
- 串口通信的格式为 1 个起始位、8 个数据位、1 个停止位、无奇偶校验。

2. 蓝牙组网工作原理

BF10-I 蓝牙模块可以通过不同的通道来设置通信，当主从模块通道一致时，会自动连接形成透明串口通信，如图 6.19 所示，蓝牙模块通过切换通道实现主从机的连接，获取传感器的数据。

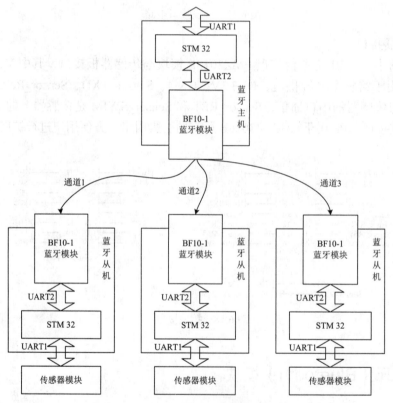

图 6.19　蓝牙模块工作原理

具体工作流程为：

（1）STM32 设置蓝牙主机的通道为通道 1，并复位 BF10-I 至少 5ms，则蓝牙主机自动和通道 1 的蓝牙从机建立连接，获取传感器的数据。

（2）蓝牙主机和通道 1 的蓝牙从机通信完毕后，STM32 设置蓝牙主机的通道为通道 2，复位 5ms，与通道 2 的蓝牙从机建立连接，获取传感器的数据。

（3）同样与通道 3 的蓝牙从机建立连接，获取传感器的数据。

（4）BF10-I 主机最多可与 63 个不同通道的蓝牙从机建立连接。

通信时蓝牙主机上面的 S4 开关放到主位置，下方的拨码开关 S9 的第 3 个拨到上 ON 位置，其余为下。蓝牙从机上面的 S4 开关放到从位置。

3. 原理图说明

（1）BF10-I 蓝牙模块

BF10-I 蓝牙模块原理图如图 6.20 所示，BT_RST 为 BF10-I 复位引脚，低电平复位，S5 为 BF10-I 复位按键。S4 为主从模式切换开关，接地时为从机模式。BT_STATE 为连接状态指示引脚，连接成功后输出高电平，LED 点亮；否则输出脉冲电平，LED 闪烁。CH0 ～ CH5 接单片机 IO 口，通过 IO 电平高低设置蓝牙模块通道。BD0 ～ BD1 接单片机 IO 口，通过 IO 电平高低设置串口通信波特率。UART_TX、UART_RX 为串口通信接口，与 STM32 的 UART2 连接。

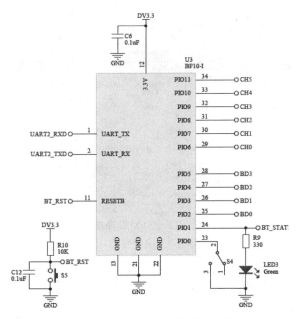

图 6.20　BF10-I 蓝牙模块电路图

（2）供电系统

如图 6.21 所示，通过 J1 接入直流电源给系统供电，电压范围为 3.7 ～ 5.5V，直流电源可以使用直流电源适配器或者锂电池。CAT6219-330 为低压差稳压芯片，输出 3.3V 电压给蓝牙模块以及外设供电，LED1 为电源指示灯，亮表示电源正常工作。

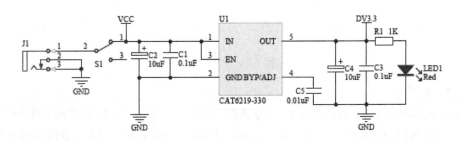

图 6.21　供电系统

（3）STM32 系统

STM32 系统如图 6.22 所示，外设电路如图 6.23 所示。系统提供了一个 LED，两个按键，其中 S3 为系统复位按键，按下系统将复位。SWCLK 和 SWDIO 是 STM32W 的调试接口，接 R6、R8 10K 上拉电阻使通信更可靠。IIC1_SCL、IIC1_SDA 是 STM32 IIC 通信接口，根据 IIC 总线规范，必须接上拉电阻，所以用户使用 IIC 总线前，应检查 R11、R12 的 4.7K 上拉电阻是否焊接。

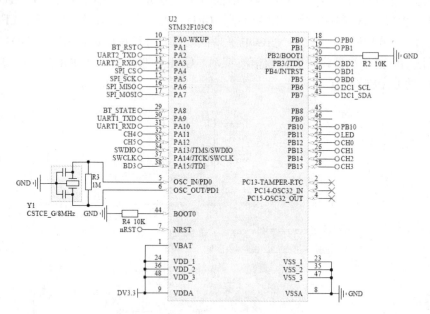

图 6.22　STM32 系统

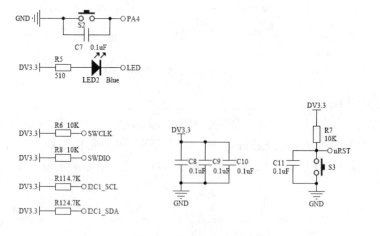

图 6.23　外设电路

（4）扩展接口

如图 6.24 所示，P1 为蓝牙节点与传感器通信接口，其中 VCC 和 GND 两个引脚可用于给整个系统供电，DV3.3V、GND、Sensor_TXD、Sensor_RXD 用于给传感器供电及与传感器的串口通信，Sensor_RST 和 Sensor_SWIM 是传感器上的 STM8 单片机的下载调试接口。P2 用于将 STM32 的部分引脚引出，方便用户进行扩展实验。

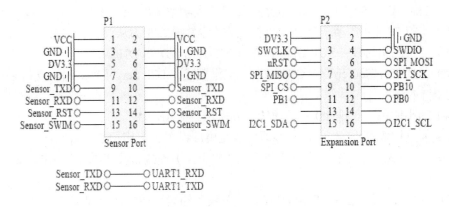

图 6.24　扩展接口

6.4.3　WiFi 模块

1. WiFi 模块简介

WiFi 模块为串口或 TTL 电平转 WiFi 通信的一种传输转换产品，Uart-WiFi 模块是基于 Uart 接口的符合 WiFi 无线网络标准的嵌入式模块，内置无线网络协议 IEEE 802.11 协议栈以及 TCP/IP 协议栈，能够实现串口或 TTL 电平数据到无线网络之间的转换。

全功能物联网教学科研平台采用工业级嵌入式 WiFi 转串口模块 USR-WIFI232-A 实现 WiFi 功能，如图 6.25 所示为模块实物图。

图 6.25　WiFi 模块实物图

2. WiFi 串口模块性能和功能

（1）通信距离：外置天线 400 米，内置天线 300 米。测试条件：开阔地视距，两个模块自行组网，57600 波特率双向互传不丢包，轻松穿三层混凝土墙。

（2）最高支持波特率 115200×8 波特率。

（3）支持绝大多数 WiFi 加密方式和算法，WEP/WAP-PSK/WAP2-PSK/WAPI，加密类型 WEP64/WEP128/TKIP/AES。

（4）支持 IEEE 802.11b/g/n，远距离覆盖的大功率 AP 多使用 802.11n 协议。

（5）支持 DHCP 自动获取 IP，支持工作在 AP 模式时为从设备分配 IP。

（6）支持网络协议：TCP/UDP/ARP/ICMP/HTTP/DNS/DHCP。

（7）可选 TCP Server/TCP Client/UDP 工作模式，TCP Server 模式时可支持多达 32 个 Client 连接。

（8）超小体积，双排 2.0 间距插针，方便用户应用。

（9）通过拉低 Reload IO 口一秒即可恢复出厂设置，不用担心设置错误。

（10）支持无线工作在 AP 模式和节点（Station）模式，真正的硬件 AP，安卓系统可以直接访问。

（11）可选内置板载（USR-WIFI232-A）或者外置天线（USR-WIFI232-B）。

（12）支持透明 / 协议数据传输模式，高达 1MB 缓存空间。

（13）提供 AT+ 指令集配置。

（14）提供友好的 Web 配置页面，通过网页配置。

（15）串口分帧延迟和数据量可以设置。

（16）3.3V 单电源供电。

（17）支持路由 / 桥接模式网络构架。

（18）强大的技术支持，可提供定制服务。

3. 技术参数

- 通过认证：FCC、CE、RoHS。
- 频率范围：2.412 ~ 2.484GHz。
- 工作电压：3.3V（+/-5%）。
- 工作电流：170 ~ 300mA。
- 工作温度：-20℃~ 80℃。
- 存储温度：-40℃~ 85℃。

4. 原理图说明

（1）WiFi 模块电路如图 6.26 所示，Wifi_nRST 为 WiFi 模块复位引脚，低电平复位，复位时间需大于 300ms，S3 为 WiFi 复位按键。S4 为恢复出厂设置按键，按下 S4 大于 1s 后释放，模块将恢复出厂设置并重启。Wifi_nREADY 为模块启动状态指示，模块启动完毕后输出 0，否则输出 1。Wifi_nLINK 为连接状态指示，WiFi 有连接时输出 0，否则输出 1。UART_TXD、UART_RXD、UART_CTS、UART_RTS 为串口通信接口，带硬件流控制，与 STM32 的 UART2 连接。

（2）供电系统与 ZigBee 模块供电系统相同。

（3）STM32 系统与 ZigBee 模块的 STM32 系统相同，如图 6.22 所示。

（4）扩展接口与 ZigBee 模块扩展接口相同。

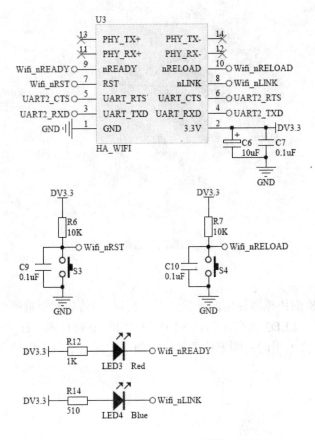

图 6.26　WiFi 模块电路图

6.5　传感器模块

6.5.1　磁检测传感器

1. 工作原理

磁检测传感器的实物如图 6.27 所示，使用的是干簧管（Reed Switch）。干簧管也称舌簧管或磁簧开关，是一种磁敏的特殊开关。这些簧片触点被封装在充有惰性气体（如氮、氦等）或真空的玻璃管里，玻璃管内平行封装的簧片端部重叠，并留有一定间隙或相互接触以构成开关的常开或常闭触点。干簧管比一般机械开关结构简单、体积小、速度高、工作寿命长；而与电子开关相比，它又有抗负载冲击能力强等特点，工作可靠性很高。

干簧管可以作为传感器用，用于计数、限位等。例如，有一种自行车公里计数器就是在轮胎上粘上磁铁，在一旁固定上干簧管构成的。把干簧管装在门上，可作为开门时的报警用，也可作为开关使用。

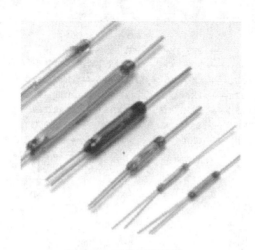

图 6.27　磁检测传感器

2. 原理图说明

如图 6.28 所示，磁检测传感器使用的是常开型干簧管。当传感器靠近磁性物质（如磁铁）时，U2 闭合，Q1 导通，LED3 点亮。通过 STM8 单片机 20 脚读取 GH_IO 状态，可知当前是否靠近磁性物质，高电平时表明未检测到磁性物质，低电平时表明检测到磁性物质。

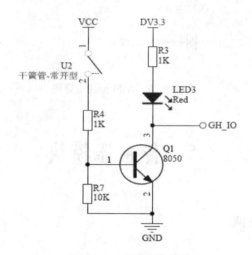

图 6.28　磁检测传感器

6.5.2　光照传感器

1. 工作原理

光照传感器使用的是光敏电阻。光敏电阻又称光导管，常用的制作材料为硫化镉，另外还有硒、硫化铝、硫化铅和硫化铋等材料。这些制作材料具有在特定波长的光照射下，其阻值迅速减小的特性。这是由于光照产生的载流子都参与导电，在外加电场的作用下做漂移运动，电子奔向电源的正极，空穴奔向电源的负极，从而使光敏电阻器的阻值迅速下降。

光敏电阻器一般用于光的测量、光的控制和光电转换（将光的变化转换为电的变化）。常用的光敏电阻器是硫化镉光敏电阻器，它是由半导体材料制成的。光敏电阻器的阻值随入射光线（可见光）的强弱变化而变化，在黑暗条件下，它的阻值（暗电阻）可达 $1 \sim 10\text{M}\Omega$，在强光条件（100LX）下，它的阻值（亮电阻）仅有几百至数千欧姆。光敏电阻器对光的敏感性（即光谱特性）与人眼对可见光（波长 $0.4 \sim 0.76\mu\text{m}$）的响应很接近，只要人眼可感受的光，都会引起它的阻值变化。

2. 原理图说明

如图 6.29 所示，传感器使用的光敏电阻的暗电阻为 $1 \sim 2\text{M}\Omega$，亮电阻为 $1 \sim 5\text{k}\Omega$。可以计算出：

在黑暗条件下，Light_AD 的数值为 3.3V * 10K /(1000K + 10K) = 0.033V。

在光照条件下，Light_AD 的数值为 3.3V * 10K /(10K + 5K) = 2.2V。

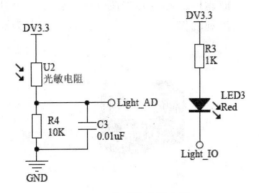

图 6.29　光照传感器电路

如图 6.30 所示，STM8 单片机内部带有 10 位 AD 转换器，参考电压为供电电压 3.3V。根据上面计算结果，选定 2.2V（需要根据实际测量结果进行调整）作为临界值。当 Light_AD 为 2.2V 时，AD 读数为 2.2/ 3.3 * 1024 = 682，当 AD 读数小于 682 时说明无光照，当 AD 读数大于 682 时说明有光照，并点亮 LED3 作为指示。

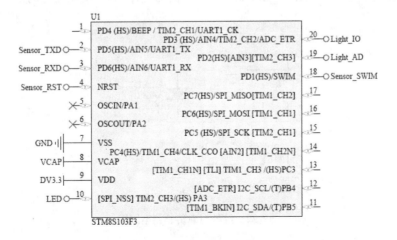

图 6.30　STM8S103F3 单片机与光照传感器连接电路图

6.5.3 红外对射传感器

1. 工作原理

红外对射传感器使用的是槽型红外光电开关。红外光电传感器是捕捉红外线这种不可见光，采用专用的红外发射管和接收管，转换为可以观测的电信号。红外光电传感器有效地防止周围可见光的干扰，进行无接触探测，不损伤被测物体。红外光电传感器在一般情况下由三部分构成，它们分别是发送器、接收器和检测电路。红外光电传感器的发送器对准目标发射光束，当前面有被检测物体时，物体将发射器发出的红外光线反射回发射器，接收器接受不到红外光线，于是红外光电传感器就"感知"了物体的存在，产生输出信号。

如图 6.31 所示，槽型红外光电开关把一个红外光发射器和一个红外光接收器面对面地装在一个槽的两侧。发光器能发出红外光，在无阻挡情况下光接收器能收到光。但当被检测物体从槽中通过时，光被遮挡，光电开关便动作，输出一个开关控制信号，切断或接通负载电流，从而完成一次控制动作。槽型开关的检测距离因为受整体结构的限制一般只有几厘米。

图 6.31 槽型红外光电开关

2. 原理图说明

如图 6.32 所示，当槽型光电开关 U2 中间有障碍物遮挡时，IR_DATA 为高电平，LED3 熄灭；当槽型光电开关 U2 中间无障碍物遮挡时，IR_DATA 为低电平，LED3 点亮。通过 STM8 单片机 20 脚读取 IR_DATA 的高低电平状态，即可获知红外对射传感器是否检测到障碍物。

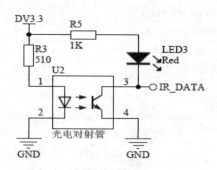

图 6.32 红外对射传感器电路图

6.5.4　红外反射传感器

1. 工作原理

　　红外反射传感器实物如图 6.33 所示，使用的是反射型红外光电开关，反射型红外光电开关把一个红外光发射器和一个红外光接收器装在同一面上，前方装有滤镜，滤除干扰光。发光器能发出红外光，在无阻情况下光接收器不能收到光。但当前方有障碍物时，光被反射回接收器，光电开关便动作，输出一个开关控制信号，切断或接通负载电流，从而完成一次控制动作。反射型光电开关的检测距离从几厘米到几米不等，在工业测控、安防等方面具有很广的应用。

图 6.33　红外反射传感器

2. 原理图说明

　　如图 6.34 所示，红外光电开关 U3 供电电压为 5V，集电极开路输出。当无障碍物时，U3 的 2 脚输出高电平，Q1 导通，IR_DATA 为低电平；当有障碍物时，U3 的 2 脚输出低电平，Q1 截止，IR_DATA 为高电平。通过 STM8 单片机 20 脚读取 IR_DATA 的高低电平状态，即可获知红外反射传感器是否检测到障碍物，当检测到障碍物时，STM8 单片机 19 脚输出低电平，点亮 LED3 作为指示。

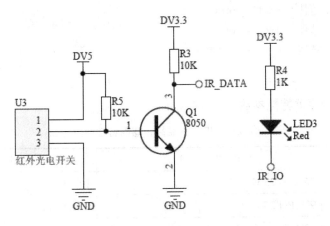

图 6.34　红外反射传感器电路图

6.5.5 结露传感器

如图 6.35 所示，HDS05 结露传感器是正特性开关型元件，对低湿度不敏感而仅对高湿度敏感，可以在直流电压下工作。

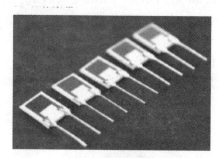

图 6.35 结露传感器外形

1. HDS05 结露传感器的特点

- 高湿环境下具有极高敏感性。
- 具有开关功能。
- 直流电压下工作。
- 响应速度快。
- 抗污染能力强。
- 高可靠性、稳定性好。

2. 使用范围

电子、制药、粮食、仓储、烟草、纺织、气象等行业，温湿度表、加湿器、除湿机、空调、微波炉等产品。

3. 使用参数

- 供电电压：DC 0.8V（安全电压）。
- 使用温度范围：+1℃～60℃。
- 使用湿度范围：1%～100%RH。
- 结露测试范围：94%～100%RH。

4. 特性参数

HDS05 结露传感器特性参数如表 6.4 所示。

表 6.4 HDS05 结露传感器特性参数

项 目	试 验 条 件	规 格
电阻值	75%RH 25℃	10kΩ Max
	93%RH 25℃	70kΩ Max
	100%RH 60℃	200kΩ Max
响应速度	25℃，60%RH → 60℃，100%RH	5s 以下

续表

项　目		试　验　条　件	规　格	
温度循环		–40℃，30 分钟→85℃，30 分钟 5 个循环	试验后的特征 1. 响应速度：10s 以下 2. 电阻值↓	
放置	高温	85℃，2000 小时		
	低温	–40℃，2000 小时		
	低湿	40℃，5%RH，2000 小时	相对湿度	电阻值
	高湿	40℃，90% ～ 95%RH，2000 小时	25℃，75%RH	20kΩ Max
高湿负载		40℃，90% ～ 95% 中加 DC 0.8V 2000 小时	25℃，93%RH	90 ～ 100kΩ
结露循环		25℃，60%RH，57 分钟←→ 25℃，100%RH 3 分钟 2000 次	60℃，100%RH	100kΩ 以上

5. 原理图说明

如图 6.36 所示，用 STM8 的 PD2（19 脚）即 HDS05_AD 采集电压模拟量并转换为数字量，当大于某一阈值（如 120）时，判断已经结露，置 HDS05_IO 低电平，点亮 LED3。HDS05_AD 最大值为 70K/(70K+100K) * 3.3V = 1.36V。由特性参数表中可知，75% RH 25℃条件下，HDS05 电阻为 10kΩ，此时，容易计算出 HDS05_AD 为 0.3V。当湿度增加时，电阻增大，HDS05_AD 增大，选定一个临界值（根据实际情况选择），比如 0.3V，此时 AD 读数为 0.3 / 3.3 * 1024 = 93，当 AD 采集的数值大于 93 时表明有结露，并点亮 LED3 作为指示。

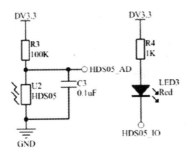

图 6.36　结露传感器电路图

6.5.6　酒精传感器

1. 工作原理

酒精传感器选用 MQ-3 酒精检测用半导体气敏元件。MQ-3 所使用的气敏材料是在清洁空气中导电率较低的二氧化锡（SnO_2）。使用简单的电路即可将导电率的变化转换为与该气体浓度相对应的输出信号。MQ-3 气体传感器对酒精的灵敏度高，可以抵抗汽油、烟雾、水蒸气的干扰。这种传感器可检测多种浓度酒精气体，是一款应用广泛的低成本酒精传感器。

MQ-3 气敏元件的内部构造，由微型 Al_2O_3 陶瓷管、SnO_2 敏感层，测量电极和加热器构成的敏感元件固定在塑料或不锈钢制成的腔体内，加热器为气敏元件提供了必要的工作条件。封装好的气敏元件有 6 只针状管脚，其中 4 个用于信号取出，2 个用于提供加热电流。

2. 应用

用于机动车驾驶人员是否酗酒及其他严禁酒后作业人员的现场检测；也用于其他场所乙醇蒸气的检测。

3. 原理图说明

如图 6.37 所示，MQ-3 传感器的供电电压 Vc 和加热电压 Vh 都为 5V，负载电阻 R4 为 1MΩ。从技术指标表中可知，在 0.4mg/L 酒精中，传感器电阻 Rs 为 2 ～ 20K，取 Rs = 10K。假设检测到酒精浓度为 10mg/L 时报警，由灵敏度特性曲线可知，MQ-3 电阻值为 10K*0.12=1.2K，MQ3_AD 接 STM8 单片机 19 脚，此时 MQ3_AD=5V*1K/ (1K+1.2K)≒2.27V，AD 读数为 2.27 / 3.3 * 1024 = 704，当 AD 采集的数值大于 704 时表明检测到酒精，STM8 单片机 1 脚输出低电平，点亮 LED3 作为指示。

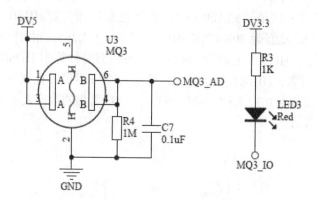

图 6.37　MQ-3 酒精传感器

6.5.7　人体检测传感器

1. 工作原理

人体检测传感器使用的是热释电人体红外线感应模块，如图 6.38 所示。人体红外线感应模块是基于红外线技术的自动控制产品，灵敏度高，可靠性强，用于各类感应电器设备，适合干电池供电的电器产品；低电压工作模式，可方便与各类电路实现对接；尺寸小，便于安装。人体红外线感应模块适用于感应广告机、感应水龙头、各类感应灯饰、感应玩具、感应排气扇、感应垃圾桶、感应报警器、感应风扇等。

图 6.38　人体检测传感器

2. 主要技术指标

- 工作电压：DC5 ～ 20V。
- 静态功耗：<50 微安。
- 电平输出：高 3.3V。待机时输出为 0V。
- 延时时间：可制作范围零点几秒至十几分钟可调。
- 封锁时间：可制作范围零点几秒至几十秒。
- 触发方式：可重复触发。
- 感应范围：≤ 110° 锥角，7 米以内。
- 工作温度：–20° ～ +60° 。

3. 工作方式

（1）不可重复触发方式：即感应输出高电平后，延时时间段一结束，输出将自动从高电平变为低电平。

（2）可重复触发：即感应输出高电平后，在延时时间段内，如果有人体在其感应范围活动，其输出将一直保持高电平，直到人离开后才延时将高电平变为低电平（感应模块检测到人体的每一次活动后会自动顺延一个延时时间段，并且以最后一次活动的时间为延时时间的起始点）。

（3）感应封锁时间：感应模块在每一次感应输出后（高电平变成低电平）段，在此时间段内感应器不接受任何感应信号。此功能可以实现"感应输出时间"和"封锁时间"两者的间隔工作，可应用于间隔探测产品；同时此功能可有效抑制负载切换过程中产生的各种干扰。

（4）模块出厂时已设置为：可重复触发方式，延时时间大约为 0.5s，感应锁存时间为 2 ～ 3s，灵敏度设为最小灵敏度。模块上电后大约会有 10s 的预热时间，此时输出是不稳定的。

4. 原理图说明

如图 6.39 所示，传感器检测到人时，U3 第 2 脚输出高电平，Q1 导通，I/O 输出低电平；未检测到人时，Q1 截止，I/O 输出高电平。通过 STM8 单片机 20 脚读取 I/O 值可知现在的传感器状态。热释电人体红外线感应模块只对人体活动产生感应信号，对静止的人体不做反应，因此，使用时在模块上方挥舞手模拟人体活动。

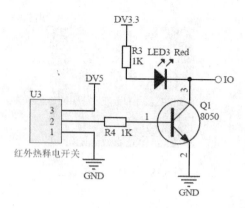

图 6.39 人体检测传感器

6.5.8 三轴加速度传感器

1. 工作原理

三轴加速度传感器选用的是 ADI 公司的 ADXL345，如图 6.40 所示。ADXL345 是一款小而薄的低功耗三轴加速度计，分辨率高（13 位），测量范围达 ±16g。数字输出数据为 16 位二进制补码格式，可通过 SPI（3 线或 4 线）IIC 数字接口访问。ADXL345 非常适合移动设备应用。它可以在倾斜检测应用中测量静态重力加速度，还可以测量运动或冲击导致的动态加速度，能够测量不到 1.0° 的倾斜角度变化，该器件提供多种特殊检测功能。活动和非活动检测功能检测有无运动发生，以及任意轴上的加速度是否超过用户设置的限值。敲击检测功能可以检测单击和双击动作，自由落体检测功能可以检测器件是否正在掉落，这些功能可以映射到两个中断输出引脚中的一个。32 级先进先出（FIFO）缓冲器可用于存储数据，最大程度地减少主机处理器的干预。低功耗模式支持基于运动的智能电源管理，从而以极低的功耗进行阈值感测和运动加速度测量。ADXL345 采用 3mm × 5mm × 1mm、14 引脚小型超薄塑料封装。

2. 原理图说明

如图 6.41 所示，ADXL345 与 STM8 单片机通过 SPI 接口进行通信，并通过 INT1 作为中断输入。

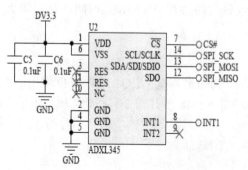

图 6.40 三轴加速度传感器电路图

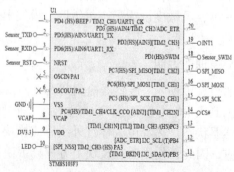

图 6.41 STM8S103F3 单片机电路图

6.5.9　声响检测传感器

1. 工作原理

声响检测传感器使用麦克风（咪头）作为拾音器，经过运算放大器放大，单片机 AD 采集，获取声响强度信号。麦克风是将声音信号转换为电信号的能量转换器件，和喇叭正好相反。我们选用的是驻极体电容式麦克风。电路原理如图 6.42 所示，其中，FET（场效应管）是麦克风（MIC）的主要器件，起到阻抗变换和放大的作用；C 是一个通过膜片震动而改变电容量的电容，是声电转换的主要部件；C1、C2 是为了防止射频干扰而设置的，可以分别对两个射频频段的干扰起到抑制作用，C1 一般是 10pF，C2 一般是 33pF，10pF 滤波 1800MHz 的信号，33pF 滤波 900MHz 的信号；RL 负载电阻，它的大小决定灵敏度的高低；Vs 工作电压，MIC 提供工作电压；C 隔直电容，信号输出端。

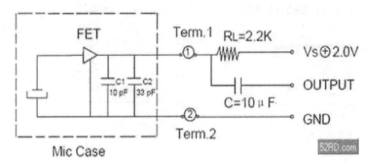

图 6.42　声响检测传感器原理图

2. 原理图说明

如图 6.43 所示，由于麦克风输出的信号微弱，必须经过运放放大才能保证 AD 采样的精度。麦克风输入的是交流信号，C7 和 C6 用于耦合输入；运放芯片 LMV321 将信号放大 101 倍，经过 D1 保留交流信号的正向信号，最后输入到 STM8S103F3 单片机 19 脚 AD 进行采样。在实验室进行测试，静止条件下，MIC_AD 为 0V；给一个拍手的声响信号，MIC_AD 最大到 1V 左右，此时 AD 值约为 300。因此，取 300 作为临界值，AD 采样值大于 300 时，表明检测到声响，STM8S103F3 单片机 20 脚输出低电平，点亮 LED3 作为指示。

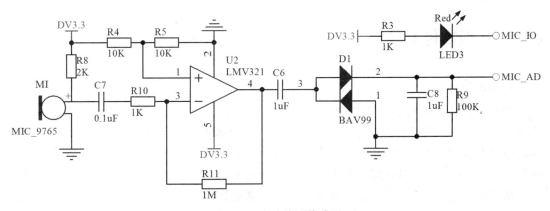

图 6.43　声响检测传感器

6.5.10　温湿度传感器

1. 工作原理

如图 6.44 所示为温湿度传感器外形，图 6.45 为电路连接图，温湿度传感器选用的是 AM2302（DHT22）数字温湿度模块。AM2302 湿敏电容数字温湿度模块是一款含有已校准数字信号输出的温湿度复合传感器，它使用专用的数字采集技术和温湿度传感技术，确保产品具有极高的可靠性与卓越的长期稳定性。传感器包括一个电容式感湿元件和一个高精度测温元件，并与一个高性能 8 位单片机相连接。因此该产品具有品质卓越、每个传感器都在极为精确的湿度校验室中进行校准。校准系数以程序的形式储存在单片机中，传感器内部在检测信号的处理过程中要调用这些校准系数。标准单总线接口，使系统集成变得简易快捷。超小的体积、极低的功耗，信号传输距离可达 20 米以上，使其成为各类应用甚至最为苛刻的应用场合的最佳选择。产品为 3 引线（单总线接口）连接方式。

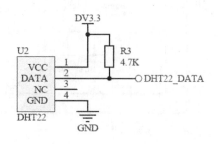

图 6.44　温湿度传感器　　　　　图 6.45　温湿度传感器电路图

2. 原理图说明

用户主机（MCU）发送一次起始信号（把数据总线 SDA 拉低至少 $800\mu s$）后，AM2302 从休眠模式转换到高速模式。待主机开始信号结束后，AM2302 发送响应信号，从数据总线 SDA 串行送出 40bit 的数据，发送的数据依次为湿度高位、湿度低位、温度高位、温度低位、校验位，发送数据结束触发一次信息采集，采集结束传感器自动转入休眠模式，直到下一次通信来临。

DHT22 与 STM8 单片机 20 脚通过单总线通信，使用 PD3 I/O 口模拟单总线时序。

6.5.11　烟雾传感器

1. 工作原理

烟雾传感器选用 MQ2 可燃气体检测用半导体气敏元件。MQ2 所使用的气敏材料是在清洁空气中导电率较低的二氧化锡（SnO_2），当传感器所处环境中存在可燃气体时，传感器的导电率随空气中可燃气体浓度的增大而增大。使用简单的电路即可将导电率的变化转换为与该气体浓度相对应的输出信号。MQ2 气体传感器对液化气、丙烷、氢气的灵敏度高，对天然气和其他可燃气体的检测也很理想。这种传感器可检测多种可燃气体，是一款应用广泛的低成本传感器。

2. 原理图说明

如图 6.46 所示，MQ2 传感器的供电电压 Vc 和加热电压 Vh 都为 5V，负载电阻 R4 为 5.1kΩ。MQ2_AD 在清洁空气中的值以及检测到烟雾时的值需要根据实际应用情况进行调整，在实验室条件下，清洁空气中 MQ2_AD 的 AD 采样值为 78；在烟雾中（打火机泄漏的液化气）MQ2_AD 的 AD 采样值为 300。所以，当 AD 采集的数值大于 300 时表明检测到烟雾，并点亮 LED3 作为指示。MQ2_AD 接 STM8S 单片机 19 脚，MQ2_IO 接 STM8S 单片机 1 脚。

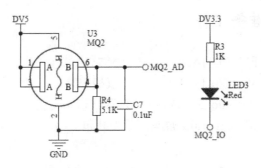

图 6.46　MQ2 烟雾传感器电路图

6.5.12　振动检测传感器

1. 工作原理

如图 6.47 所示，振动传感器选用的是振动开关。在静止条件下为开路状态，当受到外力或运动速度达到适当的离心力时，会产生短时间内非连续性导通。

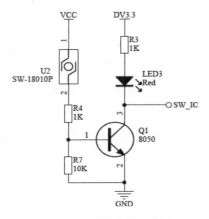

图 6.47　振动传感器电路图

2. 原理图说明

当有振动时，U2 导通，Q1 导通，SW_IO 接 STM8S 单片机 20 脚输出低电平，并点亮 LED3。由于振动开关为非连续性导通，因此，可采用中断方式采集 SW_IO 信号，在指定时间内（如 10ms）对中断信号计数，当它大于指定值（如 5），说明存在振动。

6.6 Windows 下系统开发环境（TI 方案）

CBT-SuperIOT 型全功能物联网平台的 ZigBee 模块（TI 方案）采用 TI 的 CC2530 处理器，其上位机 Windows 开发环境使用的是嵌入式集成开发环境 IAR EWARM。该开发环境针对目标处理器集成了良好的函数库和工具支持。

6.6.1 软件安装准备工作

（1）嵌入式集成开发环境 IAR EW8051-EV-751A 安装包。

（2）ZStack-CC2530-2.3.0-1.4.0 ZigBee 协议栈安装包。

（3）Setup_SmartRFstudio_5.11.5.exe 仿真器驱动安装包。

（4）Setup_SmartRFProgr_1.6.2 烧写工具安装包。

6.6.2 嵌入式集成开发环境 IAR EWARM 安装

打开 IAR 安装包进入安装界面，双击 EW8051-EV-751A 进行安装，安装过程参看 3.7.1 节内容。

6.6.3 ZStack-CC2530-2.3.0-1.4.0 ZigBee 协议栈安装

在 ..\ 工具软件 \ZigBee2007 协议栈文件夹中，双击 Zstack-CC2530-2.3.0-1.4.0 开始安装 ZigBee 协议栈，安装过程参看 3.7.2 节内容。

6.6.4 Setup_SmartRFstudio_5.11.5.exe 仿真器驱动安装过程

（1）在工具软件中找到 Setup_SmartRF_Studio 所在位置，如图 6.48 所示，双击 Setup_SmartRF_Studio_5.11.6 文件开始安装。

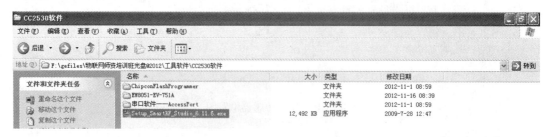

图 6.48 SmartRF_Studio 软件

（2）如图 6.49 所示，选中 Modify 单选按钮，然后单击 Next 按钮进入下一步。

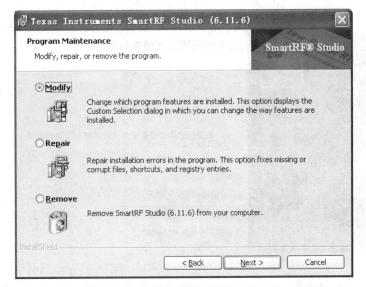

图 6.49　安装模式

（3）一直单击 Next 按钮或 Install 按钮，直到如图 6.50 所示，安装完成。

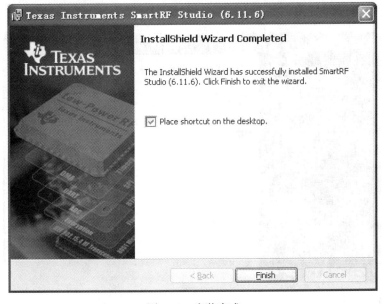

图 6.50　安装完成

（4）将仿真器通过开发系统附带的 USB 电缆连接到 PC 机，在 Windows XP 系统下，系统找到新硬件后出现如图 6.51 所示对话框，选择自动安装软件，单击"下一步"按钮。

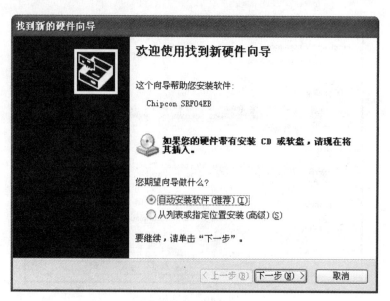

图 6.51　自动安装

（5）向导会自动搜索并复制驱动文件到系统。系统安装完驱动后出现完成对话框，如图 6.52 所示，单击"完成"按钮。

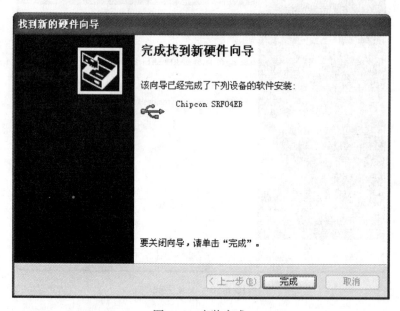

图 6.52　安装完成

（6）仿真器驱动检查。

双击桌面上的 SmartRF_Studio 图标，打开已安装的 SmartRF Studio 软件，插上仿真器到计算机的 USB 口，显示如图 6.53 所示，表明仿真器驱动已成功安装。

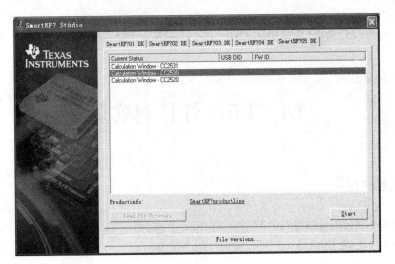

图 6.53　测试是否安装成功

6.6.5　Setup_SmartRFProgr_1.6.2 烧写工具安装

在工具软件中找到 Setup_SmartRFProgr_1.6.2 所在位置，双击 Setup_SmartRFProgr_1.6.2.exe
程序进行安装，安装过程参看 3.7.3 节内容，这里不再赘述。

第7章 ZigBee基础实践项目(CBT-SuperIOT TI方案)

7.1 LED灯控制实验

7.1.1 实验环境

（1）硬件：ZigBee(CC2530)模块，ZigBee下载调试板，USB仿真器，PC机。

（2）软件：IAR Embedded Workbench for MCS-51。

7.1.2 实验内容

（1）阅读ZigBee2530开发套件ZigBee模块硬件部分文档，熟悉ZigBee模块硬件接口。

（2）使用IAR开发环境设计程序，利用CC2530的I/O控制LED外设的闪烁。

（3）掌握P1和P1DIR寄存器的设置方法。

（4）掌握I/O端口初始化程序、延时程序的编写方法。

7.1.3 实验原理

1. 硬件接口

ZigBee(CC2530)模块LED硬件接口电路如图7.1所示。

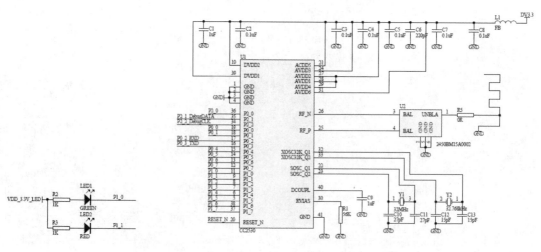

图7.1　LED硬件接口

ZigBee(CC2530)模块硬件上设计有两个LED灯，用来编程调试使用，分别连接

CC2530 的 P1_0、P1_1 两个 I/O 引脚。从图 7.1 中可以看出，两个 LED 灯共阳极，当 P1_0、P1_1 引脚为低电平时，LED 灯点亮。

　　实验用到了 P1 和 P1DIR 两个寄存器的设置，P1 寄存器为可读写的数据寄存器，P1DIR 为 I/O 选择寄存器，其他 I/O 寄存器的功能使用默认配置。详情请参考第 2 章内容或 CC2530 的芯片手册。

2. 软件设计

```c
#include <I/OCC2530.h>
#define uint unsigned int
#define uchar unsigned char
   // 定义控制 LED 灯的端口
#define LED1 P1_0    // 定义 LED1 为 P10 口控制
#define LED2 P1_1    // 定义 LED2 为 P11 口控制

   // 函数声明
void Delay(uint);   // 延时函数
void Initial(void);// 初始化 P1 口

/***************************
   // 延时函数
***************************/
void Delay(uint n)
{
  uint i,t;
  for(i = 0;i<5;i++)
    for(t = 0;t<n;t++);
}

/***************************
   // 初始化程序
***************************/
void Initial(void)
{
    P1DIR |= 0x03;        //P1_0、P1_1 定义为输出
    LED1 = 1;             //LED1 灯熄灭
    LED2 = 1;             //LED2 灯熄灭
}

/***************************
   // 主函数
***************************/
void main(void)
{
  Initial();          // 调用初始化函数
  LED1 = 0;           //LED1 点亮
  LED2 = 0;           //LED2 点亮
  while(1)
  {
  LED2 = !LED2;       //LED2 闪烁
  Delay(50000);
```

```
    }
  }
```

程序通过配置 CC2530 I/O 寄存器的高低电平来控制 LED 灯的状态，用循环语句来实现程序的不间断运行。

7.1.4　实验步骤

（1）使用"ZigBee DeBuger 仿真器"一端连接 PC 机的 USB 口，另一端 20 针的插头连接 Jlink(P15) 插座，打开总电源开关和 ZigBee(CC2530) 模块开关，按动 S14 和 S15 按钮进行"选择 +、−"，选中要实验的 ZigBee(CC2530) 模块，此时 ZigBee 模块下方的 Debug LED 黄灯亮起。

（2）启动 IAR Embedded Workbench for MCS-51 开发环境，按照新建工程步骤，建立 Exp1 工程（不建议直接使用 Exp1 实验工程），如图 7.2 所示。

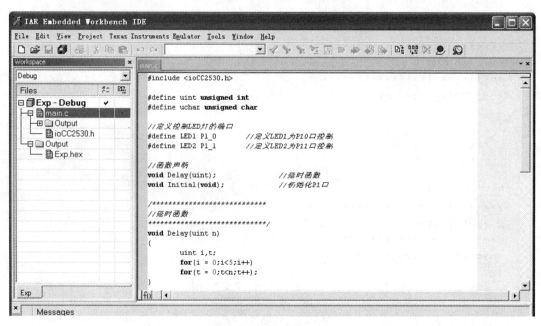

图 7.2　Exp1 实验工程

（3）在 IAR 开发环境中编译、下载、运行和调试程序。

（4）仔细观察实验现象，是否与所要求的一致。

（5）查看 P1 寄存器和 P1DIR 寄存器的工作状态是否与要求的一致。

7.2　Timer1 控制实验

7.2.1　实验环境

（1）硬件：ZigBee(CC2530) 模块，ZigBee 下载调试板，USB 仿真器，PC 机。

（2）软件：IAR Embedded Workbench for MCS-51。

7.2.2　实验内容

（1）阅读 ZigBee2530 开发套件 ZigBee 模块硬件部分文档，熟悉 ZigBee 模块硬件接口。

（2）使用 IAR 开发环境设计程序，利用 CC2530 的 Timer1 定时器控制 LED 外设的闪烁。

（3）掌握 Timer1 定时器的 T1CTL 寄存器和 IRCON 寄存器的设置方法。

（4）查看 T1CTL 寄存器和 IRCON 寄存器的工作状态。

7.2.3　实验原理

1. 硬件接口

ZigBee(CC2530) 模块 LED 硬件接口如图 7.1 所示。实验用到了 P1 和 P1DIR 两个寄存器，以及与 CC2530 处理器 Timer1 定时器相关的 T1CTL 寄存器和 IRCON 寄存器。其中 P1 寄存器为可读写的数据寄存器；P1DIR 为 I/O 选择寄存器；T1CTL 寄存器为 Timer1 定时器控制状态寄存器，通过该寄存器来设置定时器的模式和预分频系数；IRCON 寄存器为中断标志位寄存器，通过该寄存器可以判断相应控制器 Timer1 的中断状态。详情请参考第 2 章内容或 CC2530 的芯片手册。

2. 软件设计

```
#include <I/OCC2530.h>
#define uint unsigned int
#define uchar unsigned char
#define LED1 P1_0
#define LED2 P1_1

uint counter=0;                    // 统计溢出次数
uint TempFlag;                     // 用来标志是否要闪烁

void Initial(void);
void Delay(uint);

/*****************************
   // 延时程序
***************************/
```

```
void Delay(uint n)
{
  uint i,t;
  for(i = 0;i<5;i++)
  for(t = 0;t<n;t++);
}


/**************************
   // 初始化程序
**************************/
void Initial(void)
{
  // 初始化 P1
  P1DIR = 0x03;  //P1_0 P1_1 为输出
  LED1 = 1;
  LED2 = 1;        // 熄灭 LED

  // 初始化 T1 定时器
  T1CTL = 0x0d;   // 中断无效，128 分频，自动重装模式（0x0000~0xffff）
}


/**************************
// 主函数
**************************/
void main()
{
  Initial();      // 调用初始化函数
  LED1 = 0;       // 点亮 LED1
  while(1)        // 查询溢出
  {
     if(IRCON > 0)
       {
            IRCON = 0;                   // 清溢出标志
            TempFlag = !TempFlag;
       }
       if(TempFlag)
       {
            LED2 = LED1;
            LED1 = !LED1;
            Delay(6000);
       }
  }
}
```

　　程序通过配置 CC2530 处理器的 Timer1 定时器进行自动装载计数，通过查询 IRCON 中断标志来检查 Timer1 定时器计数溢出中断状态，从而控制 LED 灯的闪烁状态。

7.2.4　实验步骤

　　（1）使用"ZigBee DeBuger 仿真器"一端连接 PC 机的 USB 口，另一端 20 针的插头连接 Jlink(P15) 插座，打开总电源开关和 ZigBee(CC2530) 模块开关，按动 S14 和 S15 按钮进行"选择 +、–"，选中要实验的 ZigBee(CC2530) 模块，此时 ZigBee 模块下方的 Debug LED 黄灯亮起。

（2）启动 IAR 开发环境，按照 7.2 节新建工程步骤，建立 Exp2 工程（不建议直接使用 Exp2 实验工程），如图 7.3 所示。

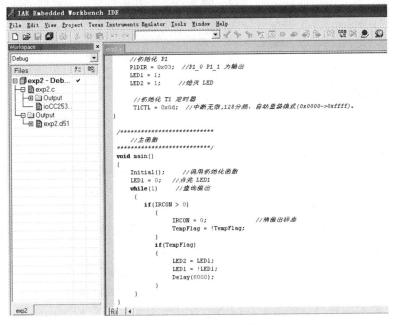

图 7.3　Exp2 实验工程

（3）在 IAR 开发环境中编译、下载、运行和调试程序。

（4）仔细观察实验现象，是否与所要求的一致。

（5）查看 T1CTL 寄存器和 IRCON 寄存器的工作状态是否与要求的一致。

7.3　Timer2 控制实验

7.3.1　实验环境

（1）硬件：ZigBee(CC2530) 模块，ZigBee 下载调试板，USB 仿真器，PC 机。

（2）软件：IAR Embedded Workbench for MCS-51。

7.3.2　实验内容

（1）阅读 ZigBee2530 开发套件 ZigBee 模块硬件部分文档，熟悉 ZigBee 模块硬件接口。

（2）使用 IAR 开发环境设计程序，利用 CC2530 的 Timer2 定时器控制 LED 外设的闪烁。

（3）掌握 T2CTRL 控制寄存器、T2MSEL 控制寄存器的设置。

（4）了解 T2M0 和 T2M1 寄存器、T2MOVF0、T2MOVF1、T2MOVF2 寄存器存放计数值溢出的次数。

（5）掌握 T2IRQF 中断标志寄存器、T2IRQM 中断使能屏蔽寄存器的使用。

（6）了解 IEN0 和 IEN1 寄存器分别控制系统中断总开关和 Timer2 定时器中断源开关。

（7）学会中断处理函数的编写。

7.3.3 实验原理

1. 硬件接口

ZigBee(CC2530) 模块 LED 硬件接口如图 7.1 所示。实验用到 CC2530 处理器的 P1 I/O 相关寄存器，其中用到了 P1 和 P1DIR 两个寄存器的设置，P1 寄存器为可读写的数据寄存器，P1DIR 为 I/O 选择寄存器，其他 I/O 寄存器的功能使用默认配置。

实验还用到 CC2530 处理器 Timer2 定时器相关的寄存器，其中包括 T2CTRL Timer2 控制寄存器，用来控制定时器的开关；T2MSEL 控制寄存器，用来对 Timer2 功能的选择；T2M0 和 T2M1 用来存放 16 位计数值；T2MOVF0、T2MOVF1、T2MOVF2 用来存放计数值溢出的次数；T2IRQF 为 Timer2 中断标志寄存器；T2IRQM 为中断使能屏蔽寄存器；IEN0 和 IEN1 两个寄存器分别控制系统中断总开关和 Timer2 定时器中断源开关。详情请参考第 2 章内容或 CC2530 的芯片手册。

2. 软件设计

```
#include <emot.h>

uint counter=0;                 // 统计溢出次数
uchar TempFlag;                 // 用来标志是否要闪烁

/*****************************
   // 延时程序
*****************************/
void Delay(uint n)
{
    uint i,t;
    for(i = 0;i<5;i++)
    for(t = 0;t<n;t++);
}

/*****************************
// 初始化程序
*****************************/
void Initial(void)
{
  LED_ENALBLE();
```

```
    // 设置 T2 定时器相关寄存器
    SET_TIMER2_CAP_INT();                    // 设置溢出中断
    SET_TIMER2_CAP_COUNTER(0x55);            // 设置溢出值
}


/***************************
    // 主函数
***************************/
void main()
{
    Initial();                               // 调用初始化函数

    LED1 = 0;                                //LED1 常亮
    LED2 = 1;

    TIMER2_RUN();

    while(1)                                 // 等待中断
    {
        if(TempFlag)
        {
            LED2 = !LED2;
            TempFlag = 0;
        }
    }
}


/***************************
    // 中断处理函数
***************************/
#pragma vector = T2_VECTOR               // 重定位中断向量表
__interrupt void T2_ISR(void)            // 定义中断处理函数
{
 TIMER2_STOP();
 SET_TIMER2_CAP_COUNTER(0X55);            // 设置溢出值
 CLEAR_TIMER2_INT_FLAG();                 // 清 T2 中断标志

 if (counter<100) counter++;              //100 次中断 LED 闪烁一轮
 else
 {
     counter = 0;                         // 计数清 0
     TempFlag = 1;                        // 改变闪烁标志
 }
}
```

程序通过配置 CC2530 处理器的 Timer2 定时器进行计数中断设置，从而控制 LED2 的闪烁状态。

7.3.4 实验步骤

（1）使用"ZigBee DeBuger 仿真器"一端连接 PC 机的 USB 口，另一端 20 针的插头连接 Jlink(P15) 插座，打开总电源开关和 ZigBee(CC2530) 模块开关，按动 S14 和 S15 按钮进行"选择 +、–"，选中要实验的 ZigBee(CC2530) 模块，此时 ZigBee 模块下方的 Debug LED 黄灯亮起。

（2）启动 IAR 开发环境，按照新建工程步骤，建立 Exp3 工程（不建议直接使用 Exp3 实验工程）如图 7.4 所示。

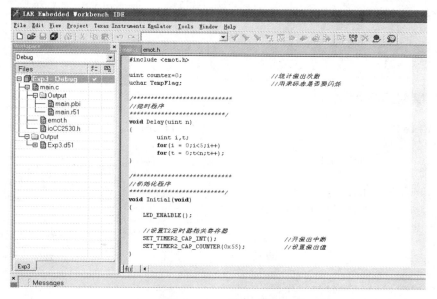

图 7.4　Exp3 实验工程

（3）在 IAR 开发环境中编译、下载、运行和调试程序。

（4）仔细观察实验现象，是否与所要求的一致。

（5）查看 T2CTRL 控制寄存器、T2MSEL 控制寄存器、T2IRQF 中断标志寄存器、T2IRQM 中断使能屏蔽寄存器的工作状态是否与要求的一致。

7.4　Timer3 控 制 实 验

7.4.1 实验环境

（1）硬件：ZigBee(CC2530) 模块，ZigBee 下载调试板，USB 仿真器，PC 机。

（2）软件：IAR Embedded Workbench for MCS-51。

7.4.2　实验内容

（1）阅读 ZigBee2530 开发套件 ZigBee 模块硬件部分文档，熟悉 ZigBee 模块硬件接口。

（2）使用 IAR 开发环境设计程序，利用 CC2530 的 Timer3 定时器控制 LED 外设的闪烁。

（3）掌握 T3CTL 控制寄存器的开关和模式设置。

（4）了解 T3CCTL0 和 T3CC0、T3CCTL1 和 T3CC1 为 Timer3 通道 0 和通道 1 比较 / 捕获控制寄存器和值寄存器的作用。

（5）掌握 IEN0 与 IEN1 寄存器分别控制系统中断总开关和 Timer3 定时器中断源开关的设置。

7.4.3　实验原理

1. 硬件接口

ZigBee(CC2530) 模块 LED 硬件接口如图 7.1 所示。实验用到 CC2530 处理器的 P1 I/O 相关寄存器，其中只用到了 P1 和 P1DIR 两个寄存器的设置，P1 寄存器为可读写的数据寄存器，P1DIR 为 I/O 选择寄存器，其他 I/O 寄存器的功能使用默认配置。

实验还用到 CC2530 处理器 Timer3 定时器相关的寄存器，其中包括 T3CTL 控制寄存器，用来控制定时器的开关和模式；T3CCTL0 和 T3CC0 为 Timer3 通道 0 比较 / 捕获控制寄存器和值寄存器；T3CCTL1 和 T3CC1 为 Timer3 通道 1 比较 / 捕获控制寄存器和值寄存器；IEN0 与 IEN1 两个寄存器分别控制系统中断总开关和 Timer3 定时器中断源开关。详情请参考第 2 章内容或 CC2530 的芯片手册。

2. 软件设计

```
#include <I/OCC2530.h>

#define YLED P1_0
#define RLED P1_1

#define uchar unsigned char

/*******************************************
// 定义全局变量
*******************************************/
uchar counter = 0;

/*******************************************
//T3 配置定义
*******************************************/
// 定时器必须是 3 或 4
// 初始化定时器 3 或 4
// 将 T3/4 配置寄存复位
#define TIMER34_INIT(timer)
```

```
do{
    T##timer##CTL   = 0x06;
    T##timer##CCTL0 = 0x00;
    T##timer##CC0   = 0x00;
    T##timer##CCTL1 = 0x00;
    T##timer##CC1   = 0x00;
 } while (0)
```

```
// 设置 T3/4 溢出中断
#define TIMER34_ENABLE_OVERFLOW_INT(timer,val)
do{T##timer##CTL = (val) ? T##timer##CTL | 0x08 : T##timer##CTL & ~0x08;
  EA = 1;
  T3IE = 1;
  }while(0)
```

```
//启动 T3
#define TIMER3_START(val)
  (T3CTL = (val) ? T3CTL | 0X10 : T3CTL&~0X10)
```

```
// 时钟分步选择
#define TIMER3_SET_CLOCK_DIVIDE(val)
```

```
do{
   T3CTL  &= ~0XE0;
   (val==2 )?  (T3CTL|=0X20):
   (val==4 )?  (T3CTL|=0x40):
   (val==8) ?  (T3CTL|=0X60):
   (val==16)?  (T3CTL|=0x80):
   (val==32)?  (T3CTL|=0xa0):
   (val==64 )? (T3CTL|=0xc0):
   (val==128) ? (T3CTL|=0XE0):
   (T3CTL|=0X00);                 /* 1 */
}while(0)
```

```
// 设置 T3 的工作方式
 #define TIMER3_SET_MODE(val)
do{
  T3CTL &= ~0X03;
  (val==1)?(T3CTL|=0X01):        /*DOWN           */
  (val==2)?(T3CTL|=0X02):        /*Modulo         */
  (val==3)?(T3CTL|=0X03):        /*UP / DOWN      */
  (T3CTL|=0X00);                 /*free runing    */
}while(0)
```

```
 #define T3_MODE_FREE     0X00
 #define T3_MODE_DOWN      0X01
 #define T3_MODE_MODULO 0X02
 #define T3_MODE_UP_DOWN 0X03
```

```
/*********************************************
//T3 及 LED 初始化
*********************************************/
```

```
void Init_T3_AND_LED(void)
{
 P1DIR = 0X03;
 RLED = 1;
 YLED = 1;

 TIMER34_INIT(3);                      // 初始化 T3
 TIMER34_ENABLE_OVERFLOW_INT(3,1);     // 开 T3 中断
   // 时钟 32 分频 101
 TIMER3_SET_CLOCK_DIVIDE(16);
 TIMER3_SET_MODE(T3_MODE_FREE);        // 自动重装 00～0xff
 TIMER3_START(1);                      // 启动
};

/*****************************************
   // 主函数
*****************************************/
void main(void)
{
  Init_T3_AND_LED();
  YLED = 0;
  while(1);                            // 等待中断
}

#pragma vector = T3_VECTOR
  __interrupt void T3_ISR(void)
{
  //IRCON = 0x00;                      // 清中断标志，硬件自动完成
  if (counter<200) counter++;          //200 次中断 LED 闪烁一轮
  else
  {
        counter = 0;                   // 计数清 0
        RLED = !RLED;                  // 改变小灯的状态
  }
}
```

程序通过配置 CC2530 处理器的 Timer3 定时器进行计数中断设置，从而控制 RLED 灯的闪烁状态。

7.4.4　实验步骤

（1）使用"ZigBee DeBuger 仿真器"一端连接 PC 机的 USB 口，另一端 20 针的插头连接 Jlink(P15) 插座，打开总电源开关和 ZigBee(CC2530) 模块开关，按动 S14 和 S15 按钮进行"选择＋、－"，选中要实验的 ZigBee(CC2530) 模块，此时 ZigBee 模块下方的 Debug LED 黄灯亮起。

（2）启动 IAR Embedded Workbench for MCS-51 开发环境，按照新建工程步骤，建立 Exp4 工程（不建议直接使用 Exp4 实验工程），如图 7.5 所示。

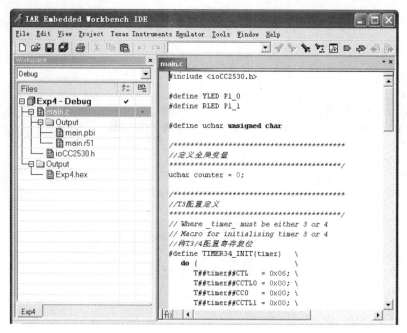

图 7.5　Exp4 实验工程

（3）在 IAR 开发环境中编译、下载、运行和调试程序。

（4）仔细观察实验现象，是否与所要求的一致。

（5）查看 T3CTL 控制寄存器，T3CCTL0 和 T3CC0 Timer3 通道 0 比较 / 捕获控制寄存器和值寄存器、T3CCTL1 和 T3CC1 Timer3 通道 1 比较 / 捕获控制寄存器和值寄存器、IEN0 与 IEN1 寄存器的工作状态是否与要求的一致。

7.5　Timer4 控制实验

7.5.1　实验环境

（1）硬件：ZigBee(CC2530) 模块，ZigBee 下载调试板，USB 仿真器，PC 机。

（2）软件：IAR Embedded Workbench for MCS-51。

7.5.2　实验内容

（1）阅读 ZigBee2530 开发套件 ZigBee 模块硬件部分文档，熟悉 ZigBee 模块硬件接口。

（2）使用 IAR 开发环境设计程序，利用 CC2530 的 Timer4 定时器控制 LED 外设的闪烁。

（3）掌握 T4CTL 控制寄存器的开关和模式设置。

（4）了解 T4CCTL0 和 T4CC0、T4CCTL1 和 T4CC1 Timer4 通道 0 和通道 1 比较 / 捕获控制寄存器和值寄存器；

（5）熟悉 IEN0 与 IEN1 寄存器控制系统中断总开关和 Timer4 定时器中断源开关。

7.5.3　实验原理

1. 硬件接口

ZigBee(CC2530) 模块 LED 硬件接口如图 7.1 所示。实验用到 CC2530 处理器的 P1 I/O 相关寄存器，其中只用到了 P1 和 P1DIR 两个寄存器的设置，P1 寄存器为可读写的数据寄存器，P1DIR 为 I/O 选择寄存器，其他 I/O 寄存器的功能，使用默认配置。

实验还用到 CC2530 处理器 Timer4 定时器相关的寄存器，其中包括 T4CTL 控制寄存器，用来控制定时器的开关和模式；T4CCTL0 和 T4CC0 为 Timer4 通道 0 比较 / 捕获控制寄存器和值寄存器；T4CCTL1 和 T4CC1 为 Timer4 通道 1 比较 / 捕获控制寄存器和值寄存器；IEN0 与 IEN1 两个寄存器分别控制系统中断总开关和 Timer4 定时器中断源开关。详情请参考第 2 章内容或 CC2530 的芯片手册。

2. 软件设计

```
#include <I/OCC2530.h>

#define led1 P1_0
#define led2 P1_1

#define uchar unsigned char

/*****************************************
   // 定义全局变量
*****************************************/
uchar counter = 0;

/*****************************************
//T4 配置定义
*****************************************/
// 定时器必须是 3 或 4
// 初始化定时器 T3/4
  #define TIMER34_INIT(timer)
do {
   T##timer##CTL = 0x06;
   T##timer##CCTL0 = 0x00;
   T##timer##CC0   = 0x00;
   T##timer##CCTL1 = 0x00;
   T##timer##CC1   = 0x00;
} while (0)

// 设置 T3/4 溢出中断
  #define TIMER34_ENABLE_OVERFLOW_INT(timer,val)
do {
```

```
    (T##timer##CTL = (val) ? T##timer##CTL | 0x08 : T##timer##CTL & ~0x08);
    EA=1\
    T4IE=1\
}while(0)


// 配置 T3/4 的信道 1 作为 PWM 方式
#define TIMER34_PWM_CONFIG(timer)
do{
    T##timer##CCTL1 = 0x24;
    if(timer == 3){
        if(PERCFG & 0x20) {
            I/O_FUNC_PORT_PIN(1,7,I/O_FUNC_PERIPH);
        }
        else {
            I/O_FUNC_PORT_PIN(1,4,I/O_FUNC_PERIPH);
        }
    }
    else {
        if(PERCFG & 0x10) {
          I/O_FUNC_PORT_PIN(2,3,I/O_FUNC_PERIPH);
        }
        else {
            I/O_FUNC_PORT_PIN(1,1,I/O_FUNC_PERIPH);
        }
    }
} while(0)


// 在 PWM 模式下设置定时器脉冲长度
#define TIMER34_SET_PWM_PULSE_LENGTH(timer, value)
do {
    T##timer##CC1 = (BYTE)value;
} while (0)


// 设置定时器 T3/4 位捕捉定时器
#define TIMER34_CAPTURE_TIMER(timer,edge)
do{
    T##timer##CCTL1 = edge;
    if(timer == 3){
        if(PERCFG & 0x20) {
            I/O_FUNC_PORT_PIN(1,7,I/O_FUNC_PERIPH);
        }
        else {
            I/O_FUNC_PORT_PIN(1,4,I/O_FUNC_PERIPH);
        }
    }
    else {
        if(PERCFG & 0x10) {
            I/O_FUNC_PORT_PIN(2,3,I/O_FUNC_PERIPH);
        }
        else {
            I/O_FUNC_PORT_PIN(1,1,I/O_FUNC_PERIPH);
        }
```

```
    }
}while(0)

// 设置定时器 T3/4 时钟滴答声
#define TIMER34_START(timer,val)
  (T##timer##CTL = (val) ? T##timer##CTL | 0X10 : T##timer##CTL&~0X10)

#define TIMER34_SET_CLOCK_DIVIDE(timer,val)
do{
  T##timer##CTL &= ~0XE0;
  (val==2 )? (T##timer##CTL|=0X20):
  (val==4 )? (T##timer##CTL|=0x40):
  (val==8) ? (T##timer##CTL|=0X60):
  (val==16)? (T##timer##CTL|=0x80):
  (val==32)? (T##timer##CTL|=0xa0):
  (val==64 )? (T##timer##CTL|=0xc0):
  (val==128) ? (T##timer##CTL|=0XE0):
  (T##timer##CTL|=0X00);                    /* 1 */
}while(0)

// 设置定时器 T3/4 模式
#define TIMER34_SET_MODE(timer,val)
do{                                  \
  T##timer##CTL &= ~0X03; \
  (val==1)?(T##timer##CTL|=0X01): /* 定时器减少            */
  (val==2)?(T##timer##CTL|=0X02): /* 定时器取模            */
  (val==3)?(T##timer##CTL|=0X03): /* 定时器计数增加 / 减少  */
  (T##timer##CTL|=0X00);                    /* 无干涉运行    */
}while(0)

/****************************************
//T4 及 LED 初始化
****************************************/
void Init_T4_AND_LED(void)
{
  P1DIR = 0X03;
  led1 = 1;
  led2 = 1;

  TIMER34_INIT(4);                          // 初始化 T4
  TIMER34_ENABLE_OVERFLOW_INT(4,1);         // 开 T4 中断
  TIMER34_SET_CLOCK_DIVIDE(4,128);
  TIMER34_SET_MODE(4,0);                    // 自动重装 00 —>0xff

  TIMER34_START(4,1);                       // 启动
};

void main(void)
{
  Init_T4_AND_LED();                        // 初始化 LED 和 T4
  while(1);                                 // 等待中断
}
```

```
#pragma vector = T4_VECTOR
  __interrupt void T4_ISR(void)
{
    IRCON = 0x00;                  // 可不清中断标志，硬件自动完成
    led2 = 0;                      // 测试
    if(counter<200)counter++;      //200 次中断 LED 闪烁一轮
    else
    {
        counter = 0;               // 计数清 0
        led1 = !led1;              // 改变小灯的状态
    }
}
```

程序通过配置 CC2530 处理器的 Timer4 定时器进行计数中断设置，从而控制 LED1 灯的闪烁状态。

7.5.4　实验步骤

（1）使用"ZigBee DeBuger 仿真器"一端连接 PC 机的 USB 口，另一端 20 针的插头连接 Jlink(P15) 插座，打开总电源开关和 ZigBee(CC2530) 模块开关，按动 S14 和 S15 按钮进行"选择 +、-"，选中要实验的 ZigBee(CC2530) 模块，此时 ZigBee 模块下方的 Debug LED 黄灯亮起。

（2）启动 IAR Embedded Workbench for MCS-51 开发环境，按照新建工程步骤，建立 Exp5 工程（不建议直接使用 Exp5 实验工程），如图 7.6 所示。

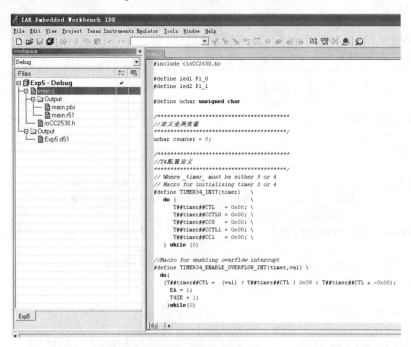

图 7.6　Exp5 实验工程

（3）在 IAR 开发环境中编译、下载、运行和调试程序。

（4）仔细观察实验现象，是否与所要求的一致。

（5）查看 T4CTL 控制寄存器，T4CCTL0 和 T4CC0 Timer4 通道 0 比较 / 捕获控制寄存器和值寄存器、T4CCTL1 和 T4CC1 Timer4 通道 1 比较 / 捕获控制寄存器和值寄存器、IEN0 与 IEN1 寄存器的工作状态是否与要求的一致，如图 7.7 所示。

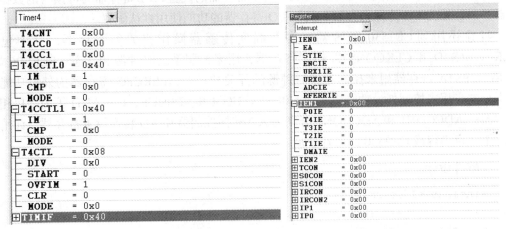

图 7.7　Timer4 寄存器

7.6　片上温度 AD 实验

7.6.1　实验环境

（1）硬件：ZigBee(CC2530) 模块，ZigBee 下载调试板，USB 仿真器，PC 机。

（2）软件：IAR Embedded Workbench for MCS-51。

7.6.2　实验内容

（1）阅读 ZigBee2530 开发套件 ZigBee 模块硬件部分文档，熟悉 ZigBee 模块相关硬件接口。

（2）使用 IAR 开发环境设计程序，利用 CC2530 的内部温度传感器作为 AD 输入源，将转换后的温度数值利用串口发送给 PC 机终端。

（3）熟悉 CLKCONCMD 和 CLKCONSTA 控制寄存器、SLEEPCMD 和 SLEEPSTA 寄存器的使用。

（4）熟悉 PERCFG 外设功能控制寄存器，以及如何控制外设功能模式的。

（5）熟悉 U0CSR、U0GCR、U0BUF、U0BAUD 串口寄存器。

（6）熟悉 ADCCON1 AD 转换控制器和 ADCCON3 AD 转换设置寄存器。

7.6.3 实验原理

1. 硬件接口

ZigBee(CC2530) 模块 LED 硬件接口如图 7.1 所示。实验用到 CC2530 处理器的 P1 I/O 相关寄存器，其中只用到了 P1 和 P1DIR 两个寄存器的设置，P1 寄存器为可读写的数据寄存器，P1DIR 为 I/O 选择寄存器，其他 I/O 寄存器的功能使用默认配置。

实验还用到 CC2530 处理器、内部温度传感器操作相关的寄存器，其中包括 CLKCONCMD 和 CLKCONSTA 控制寄存器，用来控制系统时钟源和状态；SLEEPCMD 和 SLEEPSTA 寄存器用来控制各种时钟源的开关和状态；PERCFG 寄存器为外设功能控制寄存器，用来控制外设功能模式；U0CSR、U0GCR、U0BUF、U0BAUD 等为串口相关寄存器；ADCCON1 和 ADCCON3 分别为 AD 转换控制器和 AD 转换设置寄存器。详情请参考第 2 章内容或 CC2530 的芯片手册。

2. 软件设计

```
#include <I/Occ2530.h>
#include <stdI/O.h>
#include "./uart/hal_uart.h"

#define uchar unsigned char
#define uint unsigned int
#define uint8 uchar
#define uint16 uint
#define TRUE 1
#define FALSE 0

// 定义控制 LED 灯的端口
#define LED1 P1_0 //定义 LED1 为 P10 口控制
#define LED2 P1_1 //定义 LED2 为 P11 口控制

//#define HAL_MCU_CC2530 1

// 从 hal_adc.c 文件中为 CC2530 定义 ADC 组件
#define HAL_ADC_REF_125V      0x00      /* 内部 1.25v 参考电压 */
#define HAL_ADC_DEC_064       0x00      /* 64 位采样：8-bit 分辨率 */
#define HAL_ADC_DEC_128       0x10      /* 128 位采样：10-bit 分辨率 */
#define HAL_ADC_DEC_512       0x30      /* 512 位采样：14-bit 分辨率 */
#define HAL_ADC_CHN_VDD3      0x0f      /* 输入信道：VDD/3 */
#define HAL_ADC_CHN_TEMP      0x0e      /* 温度传感器 */

/*****************************
// 延时函数
****************************/
void Delay(uint n)
{
  uint i,t;
 for(i = 0;i<5;i++)
     for(t = 0;t<n;t++);
```

```c
}

void InitLed(void)
{
  P1DIR |= 0x03;            //P1_0、P1_1 定义为输出
  LED1 = 1;                 //LED1 灯熄灭
  LED2 = 1;                 //LED2 灯熄灭
}

/**************************************************************
 * 函数功能                    读取温度值
 * 说明                        从 ADC 中读取温度值
 * 入口参数                    无
 * 返回值                      温度
 **************************************************************/
static char readTemp(void)
{
  static uint16 voltageAtTemp22;
  static uint8 bCalibrate=TRUE; // 第一次阅读校准温度传感器
  uint16 value;
  char temp;

  ATEST = 0x01;
  TR0  |= 0x01;

  ADCIF = 0; //clear ADC interrupt flag
  ADCCON3 = (HAL_ADC_REF_125V | HAL_ADC_DEC_512 | HAL_ADC_CHN_TEMP);

  while ( !ADCIF );                      // 等待 I/O 口转换结束
  value = ADCL;                          // 获得结果
  value |= ((uint16) ADCH) << 8;
  value >>= 4;                           // 使用 12 MSB 的 ADC 值

  /***********************************************************
   * 这些参数是典型值需要校准
   * 详细介绍请参看相关芯片参考手册
   * 下面的计算可能不是十分精确
   ***********************************************************/
  /* Assume ADC = 1480 at 25C and ADC = 4/C */
  #define VOLTAGE_AT_TEMP_25 1480
  #define TEMP_COEFFICIENT 4

  // 第一次读取温度传感器数据时校准为 22℃
  // 这里假设例子以温度 22℃开始
  if(bCalibrate)
  {
    voltageAtTemp22=value;
    bCalibrate=FALSE;
  }

  temp = 22 + ( (value - voltageAtTemp22) / TEMP_COEFFICIENT );
  // 最低温度设置为 0℃；最高温度设置为 100℃
```

```
    if( temp >= 100)          return 100;
    else if(temp <= 0)        return 0;
    else                      return temp;
}


/***************************************************************************
    * 函数功能:            读取电压值
    * 说明:                从 ADC 中读取电压值
    * 入库参数            无
    * 返回值              电压
    ***********************************************************************/
void main(void)
{
    char temp_buf[20];
    uint8 temp;
    InitUart();                    // 波特率: 57600
    InitLed();
    LED1 = 0;
    while(1)
    {
        LED2 = !LED2;              //LED2 blink 表示程序运行正常
        temp = readTemp();    // 读取温度值
        //vol = readVoltage();
        sprintf(temp_buf, (char*)"temperature:%d\r\n", temp);
        //sprintf(vol_buf, (char*)"vol:%d\r\n", vol);
        prints(temp_buf);
        //prints(vol_buf);
        Delay(50000);  Delay(50000);   Delay(50000);
    }
}
```

程序通过配置 CC2530 处理器的 AD 控制器来将片内温度传感器转化,并在串口将温度值输出。

7.6.4 实验步骤

（1）利用 ZigBee 协调器模块进行实验,或将 ZigBee(CC2530) 模块插到 ZigBee 协调器模块位置（需要将原来的 ZigBee 协调器模块卸下）。

（2）将"ZigBee DeBuger仿真器"的一端连接PC机USB口,另一端通过Jlink端口(P21 插口) 和ZigBee(CC2530) 模块连接,打开物联网平台开关和 ZigBee 模块开关供电, 按动 S20选择按钮,选择 ZigBee 模块（LED7 灯亮）。

（3）将系统配套串口线一端连接 PC 机,另一端连接 ZigBee 调试板的 Debug UART 串口（CN4）上,S7 的拨码开关 4 脚 ON,其余为 OFF。

（4）启动 IAR Embedded Workbench for MCS-51 开发环境,按照新建工程步骤,建立 Exp6 工程（不建议直接使用 Exp6 实验工程）,如图 7.8 所示。

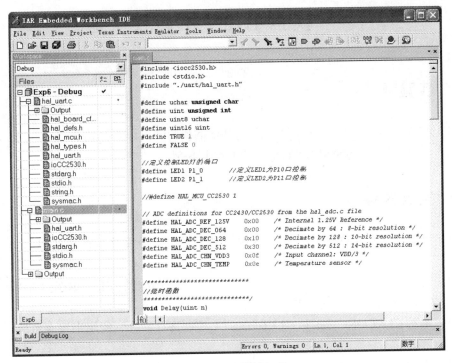

图 7.8　Exp6 实验工程

（5）在 IAR 开发环境中编译、下载、运行和调试程序。

（6）运行 PC 机自带的超级终端串口连接程序——AccessPort.exe，将超级终端设置为串口波特率 57600、8 位、无奇偶校验、无硬件流模式，即可在终端收到模块传递过来的温度值，如图 7.9 所示。

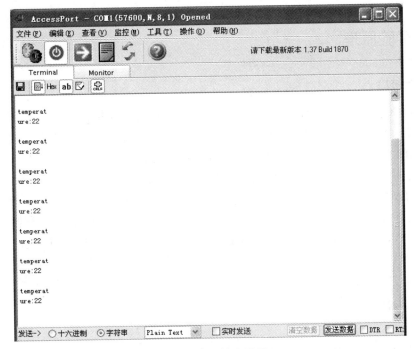

图 7.9　串口输出显示

7.7 模拟电压 AD 转换实验

7.7.1 实验环境

（1）硬件：ZigBee(CC2530) 模块，ZigBee 下载调试板，USB 仿真器，PC 机。
（2）软件：IAR Embedded Workbench for MCS-51。

7.7.2 实验内容

（1）阅读 ZigBee2530 开发套件 ZigBee 模块硬件部分文档，熟悉 ZigBee 模块硬件接口。
（2）使用 IAR 开发环境设计程序，利用 CC2530 的 1/3 模拟电压源作为 AD 输入源，将转换后的数值利用串口发送给 PC 机终端。
（3）熟悉 CLKCONCMD 和 CLKCONSTA 控制寄存器，它们用来控制系统时钟源和状态。
（4）熟悉 SLEEPCMD 和 SLEEPSTA 寄存器，它们用来控制各种时钟源的开关和状态。
（5）熟悉 PERCFG 外设功能控制寄存器，它们用来控制外设功能模式。
（6）熟悉 U0CSR、U0GCR、U0BUF、U0BAUD 串口寄存器。
（7）熟悉 ADCCON1 和 ADCCON3 ，它们分别为 AD 转换控制器和 AD 转换设置寄存器。

7.7.3 实验原理

1. 硬件接口

ZigBee(CC2530) 模块 LED 硬件接口如图 7.1 所示。实验用到 CC2530 处理器的 P1 I/O 相关寄存器，其中只用到了 P1 和 P1DIR 两个寄存器的设置，P1 寄存器为可读写的数据寄存器，P1DIR 为 I/O 选择寄存器，其他 I/O 寄存器的功能，使用默认配置。

实验还用到 CC2530 处理器 AD 转换操作相关的寄存器，其中包括 CLKCONCMD 和 CLKCONSTA 控制寄存器，用来控制系统时钟源和状态；SLEEPCMD 和 SLEEPSTA 寄存器用来控制各种时钟源的开关和状态；PERCFG 寄存器为外设功能控制寄存器，用来控制外设功能模式；U0CSR、U0GCR、U0BUF、U0BAUD 等为串口相关寄存器；ADCCON1 和 ADCCON3 分别为 AD 转换控制器和 AD 转换设置寄存器。详情请参考第 2 章内容或 CC2530 的芯片手册。

2. 软件设计

```
#include "I/OCC2530.h"
#include "./uart/hal_uart.h"
#define uint unsigned int
```

```
#define ConversI/OnNum 20

// 定义控制灯的端口
#define led1 P1_0
#define led2 P1_1

void Delay(uint);
void InitialAD(void);

char adcdata[]=" 0.0V ";

/***************************
// 延时函数
***************************/
void Delay(uint n)
{
 uint i,t;
 for(i = 0;i<5;i++)
 for(t = 0;t<n;t++);
}

/******************************************************
* 函数功能 : 初始化 ADC                              *
* 入口参数 : 无                                       *
* 返 回 值 : 无                                       *
* 说    明 : 参考电压 AVDD, 转换对象是 AVDD           *
******************************************************/
void InitialAD(void)
{
  P1DIR = 0x03;//P1 控制 LED
  led1 = 1;
  led2 = 1;              // 关 LED

  ADCCON1 &= ~0X80;    // 清 EOC 标志
  ADCCON3=0xbf;        // 单次转换, 参考电压为电源电压, 对 1/3 AVDD 进行 AD 转换
                       //12 位分辨率
  ADCCON1 = 0X30;      // 停止 AD
  ADCCON1 |= 0X40;     // 启动 AD
}

/******************************************************
* 函数功能 : 主函数                                  *
* 入口参数 : 无                                       *
* 返 回 值 : 无                                       *
* 说    明 : 无                                       *
******************************************************/
void main(void)
{
  char temp[2];
  float num;
  InitUart();                              // 波特率57600
```

```
                                                    // 初始化 ADC
        InitialAD();

        led1 = 1;
        while(1)
        {
            if(ADCCON1>=0x80)
            {
                led1 = 1;                           // 转换完毕指示
                temp[1] = ADCL;
                temp[0] = ADCH;
                ADCCON1 |= 0x40;                    // 开始下一转换

                temp[1] = temp[1]>>2;               // 数据处理
                temp[1] |= temp[0]<<6;

                temp[0] = temp[0]>>2;
                temp[0] &= 0x3f;

                num = (temp[0]*256+temp[1])*3.3/4096;  //12 位，取 2^12
                num = num/2+0.05;                   // 四舍五入处理

                // 定参考电压为 3.3V, 12 位精确度
                adcdata[1] = (char)(num)%10+48;
                adcdata[3] = (char)(num*10)%10+48;

                prints(adcdata);                    // 将模拟电压值发送到串口

                Delay(30000);
                led1 = 0;                           // 完成数据处理
                Delay(30000);
            }
        }
    }
```

程序通过配置 CC2530 处理器的 1/3 模拟电压作为 AD 转换的输入源，并将转换后的结果在串口输出。

7.7.4 实验步骤

（1）利用 ZigBee 协调器模块进行实验，或将 ZigBee(CC2530) 模块插到 ZigBee 协调器模块位置（需要将原来的 ZigBee 协调器模块卸下）。

（2）将"ZigBee DeBuger 仿真器"的一端连接 PC 机 USB 口，另一端通过 Jlink 端口（P21 插口）和 ZigBee(CC2530) 模块连接，打开物联网平台开关和 ZigBee 模块开关供电，按动 S20 选择按钮，选择 ZigBee 模块（LED7 灯亮）。

（3）将系统配套串口线一端连接 PC 机，另一端连接 ZigBee 调试板的 Debug UART 串口（CN4）上，S7 的拨码开关 4 脚 ON，其余为 OFF。

（4）启动 IAR Embedded Workbench for MCS-51 开发环境，按照新建工程步骤，建立

Exp7 工程（不建议直接使用 Exp7 实验工程），如图 7.10 所示。

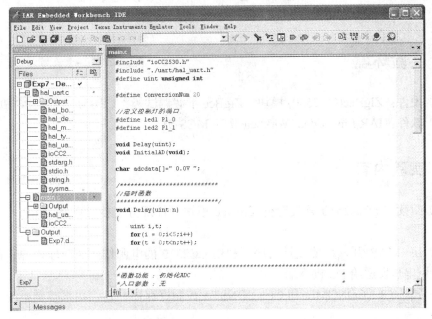

图 7.10　Exp7 实验工程

（5）在 IAR 开发环境中编译、下载、运行和调试程序。

（6）运行 PC 机自带的超级终端串口连接程序——AccessPort.exe，将超级终端设置为串口波特率 57600、8 位、无奇偶校验、无硬件流模式，即可在终端收到模块传递过来的模拟电压经过 AD 转换后的数值，如图 7.11 所示。

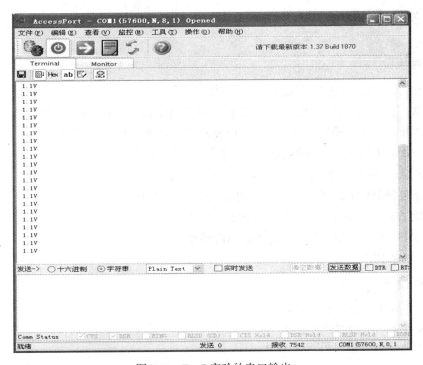

图 7.11　Exp7 实验的串口输出

7.8 电源电压 AD 转换实验

7.8.1 实验环境

（1）硬件：ZigBee(CC2530) 模块，ZigBee 下载调试板，USB 仿真器，PC 机。
（2）软件：IAR Embedded Workbench for MCS-51。

7.8.2 实验内容

（1）阅读 ZigBee2530 开发套件 ZigBee 模块硬件部分文档，熟悉 ZigBee 模块硬件接口。

（2）使用 IAR 开发环境设计程序，利用 CC2530 的电源作为 AD 输入源，将转换后的数值利用串口发送给 PC 机终端。

（3）熟悉 CLKCONCMD 和 CLKCONSTA 控制寄存器，它们用来控制系统时钟源和状态。

（4）熟悉 SLEEPCMD 和 SLEEPSTA 寄存器，它们用来控制各种时钟源的开关和状态。

（5）熟悉 ADCCON1 和 ADCCON3 寄存器，它们分别为 AD 转换控制器和 AD 转换设置寄存器。

7.8.3 实验原理

1. 硬件接口

ZigBee(CC2530) 模块 LED 硬件接口如图 7.1 所示。实验用到 CC2530 处理器的 P1 I/O 相关寄存器，其中只用到了 P1 和 P1DIR 两个寄存器的设置，P1 寄存器为可读写的数据寄存器，P1DIR 为 I/O 选择寄存器，其他 I/O 寄存器的功能使用默认配置。

实验还用到 CC2530 处理器 AD 转换操作相关的寄存器，其中包括 CLKCONCMD 和 CLKCONSTA 控制寄存器，用来控制系统时钟源和状态；SLEEPCMD 和 SLEEPSTA 寄存器用来控制各种时钟源的开关和状态；PERCFG 寄存器为外设功能控制寄存器，用来控制外设功能模式；U0CSR、U0GCR、U0BUF、U0BAUD 等为串口相关寄存器；ADCCON1 和 ADCCON3 分别为 AD 转换控制器和 AD 转换设置寄存器。详情请参考第 2 章内容或 CC2530 的芯片手册。

2. 软件设计

```
#include "I/OCC2530.h"
#include "./uart/hal_uart.h"
#define uint unsigned int

#define ConversI/OnNum 20
```

```
// 定义控制灯的端口
#define led1 P1_0
#define led2 P1_1

void Delay(uint);
void InitialAD(void);

char adcdata[]=" 0.0V ";

/****************************
// 延时函数
****************************/
void Delay(uint n)
{
 uint i,t;
 for(i = 0;i<5;i++)
 for(t = 0;t<n;t++);
}

/*********************************************************
* 函数功能 : 初始化 ADC                                    *
* 入口参数 : 无                                            *
* 返 回 值 : 无                                            *
* 说    明 : 参考电压 AVDD, 转换对象是 AVDD                  *
*********************************************************/
void InitialAD(void)
{
  P1DIR = 0x03;          //P1 控制 LED
  led1 = 1;
  led2 = 1;              // 关 LED

  ADCCON1 &= ~0X80;      // 清 EOC 标志
  ADCCON3=0xbd;          // 单次转换，参考电压为电源电压，AVDD 进行 AD 转换
                         //12 位分辨率
  ADCCON1 = 0X30;        // 停止 AD
  ADCCON1 |= 0X40;       // 启动 AD
}

/*********************************************************
* 函数功能 : 主函数                                        *
* 入口参数 : 无                                            *
* 返 回 值 : 无                                            *
* 说    明 : 无                                            *
*********************************************************/
void main(void)
{
     char temp[2];
     float num;
     InitUart();                    // 波特率: 57600
     InitialAD();                   // 初始化 ADC
```

```
            led1 = 1;
            while(1)
            {
                if(ADCCON1>=0x80)
                {
                    led1 = 1;                          // 转换完毕指示
                    temp[1] = ADCL;
                    temp[0] = ADCH;
                    ADCCON1 |= 0x40;                   // 开始下一转换

                    temp[1] = temp[1]>>2;              // 数据处理
                    temp[1] |= temp[0]<<6;

                    temp[0] = temp[0]>>2;
                    temp[0] &= 0x3f;

                    num = (temp[0]*256+temp[1])*3.3/2048;
                    num += 0.05;                       // 四舍五入处理
                    // 定参考电压为 3.3V，12 位精确度
                    adcdata[1] = (char)(num)%10+48;
                    adcdata[3] = (char)(num*10)%10+48;

                    prints(adcdata);                   // 将电源电压值发送到串口

                    Delay(30000);
                    led1 = 0;                          // 完成数据处理
                    Delay(30000);
                }
            }
        }
```

程序通过配置 CC2530 处理器的电源电压作为 AD 转换的输入源，并将转换后的结果在串口输出。

7.8.4 实验步骤

（1）利用 ZigBee 协调器模块进行实验，或将 ZigBee(CC2530) 模块插到 ZigBee 协调器模块位置（需要将原来的 ZigBee 协调器模块卸下）。

（2）将"ZigBee DeBuger 仿真器"的一端连接 PC 机 USB 口，另一端通过 Jlink 端口（P21 插口）和 ZigBee(CC2530) 模块连接，打开物联网平台开关和 ZigBee 模块开关供电，按动 S20 选择按钮，选择 ZigBee 模块（LED7 灯亮）。

（3）将系统配套串口线一端连接 PC 机，另一端连接 ZigBee 调试板的 Debug UART 串口（CN4）上，S7 的拨码开关 4 脚 ON，其余为 OFF。

（4）启动 IAR Embedded Workbench for MCS-51 开发环境，按照新建工程步骤，建立 Exp8 工程（不建议直接使用 Exp8 实验工程），如图 7.12 所示。在 IAR 开发环境中编译、下载、运行和调试程序。

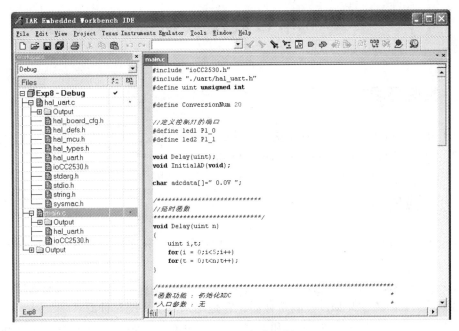

图 7.12　Exp8 实验工程

（5）运行 PC 机自带的超级终端串口连接程序——AccessPort.exe，将超级终端设置为串口波特率 57600、8 位、无奇偶校验、无硬件流模式，即可在终端收到模块传递过来的模拟电压经过 AD 转换后的数值，如图 7.13 所示。

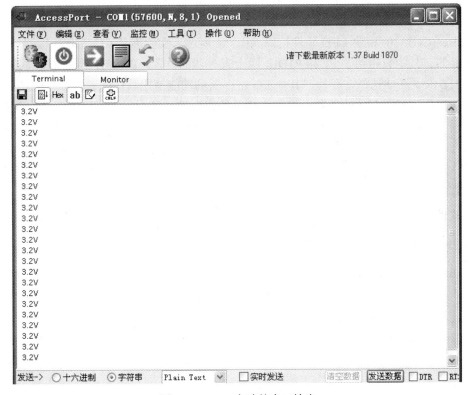

图 7.13　Exp8 实验的串口输出

7.9　串口收发数据实验

7.9.1　实验环境

（1）硬件：ZigBee(CC2530) 模块，ZigBee 下载调试板，USB 仿真器，PC 机。

（2）软件：IAR Embedded Workbench for MCS-51。

7.9.2　实验内容

（1）阅读 ZigBee2530 开发套件 ZigBee 模块硬件部分文档，熟悉 ZigBee 模块硬件接口。

（2）使用 IAR 开发环境设计程序，利用 CC2530 的串口 0 进行数据收发通信。

（3）熟悉 CLKCONCMD 控制寄存器，它是用来控制系统时钟源。

（4）进一步熟悉 SLEEPCMD 和 SLEEPSTA 寄存器、PERCFG 寄存器和 U0CSR、U0GCR、U0BUF、U0BAUD 串口寄存器。

7.9.3　实验原理

1. 硬件接口

ZigBee(CC2530) 模块 LED 硬件接口如图 7.1 所示。实验涉及 CC2530 处理器的 P1 I/O 相关寄存器，其中只用到了 P1 和 P1DIR 两个寄存器的设置，P1 寄存器为可读写的数据寄存器，P1DIR 为 I/O 选择寄存器，其他 I/O 寄存器的功能使用默认配置。

实验还用到 CC2530 处理器串口操作相关的寄存器，其中包括 CLKCONCMD 控制寄存器，用来控制系统时钟源；SLEEPCMD 和 SLEEPSTA 寄存器用来控制各种时钟源的开关和状态；PERCFG 寄存器为外设功能控制寄存器，用来控制外设功能模式；U0CSR、U0GCR、U0BUF、U0BAUD 等为串口相关寄存器。详情请参考第 2 章内容或 CC2530 的芯片手册。

2. 软件设计

```
#include <I/Occ2530.h>
#include <stdI/O.h>
#include "./uart/hal_uart.h"

#define uchar unsigned char
#define uint unsigned int
#define uint8 uchar
#define uint16 uint
#define TRUE 1
#define FALSE 0
```

```
// 定义控制 LED 灯的端口
#define LED1 P1_0                        // 定义 LED1 为 P10 口控制
#define LED2 P1_1                        // 定义 LED2 为 P11 口控制

uchar temp;

/***************************
// 延时函数
***************************/
void Delay(uint n)
{
 uint i,t;
 for(i = 0;i<5;i++)
 for(t = 0;t<n;t++);
}

void InitLed(void)
{
  P1DIR |= 0x03;                         //P1_0、P1_1 定义为输出
  LED1 = 1;                              //LED1 灯熄灭
  LED2 = 1;                              //LED2 灯熄灭
}

void main(void)
{
 char receive_buf[30];
 uchar counter =0;
 uchar RT_flag=1;

 InitUart();                            // baudrate:57600
 InitLed();

while(1)
{
    if(RT_flag == 1 )                    // 接收
    {
        LED2=0;                          // 接收状态指示
        if( temp != 0)
        {
          if((temp!='\r')&&(counter<30))
          // '\r' 回车符为结束字符, 最多能接收 30 个字符
          {
              receive_buf[counter++] = temp;
           }
            else
            {
               RT_flag = 3;              // 进入发送状态
            }
           if(counter == 30)    RT_flag = 3;
           temp = 0;
        }
    }
```

```
        if(RT_flag == 3)                            // 发送
        {
            LED2 = 1;                               // 关 LED2
            LED1 = 0;                               // 发送状态指示
            U0CSR &= ~0x40;                         // 禁止接收
            receive_buf[counter] = '\0';
            prints(receive_buf);
            prints("\r\n");
            U0CSR |= 0x40;                          // 允许接收
            RT_flag = 1;                            // 恢复到接收状态
            counter = 0;                            // 指针归 0
            LED1 = 1;                               // 关发送指示
        }
    }
}


/*********************************************************************
 * 函数功能 ：串口接收一个字符
 * 入口参数 ：无
 * 返 回 值 ：无
 * 说    明 ：接收完成后打开接收
 *********************************************************************/
#pragma vector = URX0_VECTOR
    __interrupt void UART0_ISR(void)
{
    URX0IF = 0;                                     // 清中断标志
    temp = U0DBUF;
}
```

程序通过配置 CC2530 处理器的串口相关控制寄存器来设置串口 0 的工作模式为串口模式，波特率为 57600，使用中断方式接收串口数据并向串口输出。

7.9.4 实验步骤

（1）利用 ZigBee 协调器模块进行实验，或将 ZigBee(CC2530) 模块插到 ZigBee 协调器模块位置（需要将原来的 ZigBee 协调器模块卸下）。

（2）将 "ZigBee DeBuger 仿真器" 的一端连接 PC 机 USB 口，另一端通过 Jlink 端口（P21 插口）和 ZigBee(CC2530) 模块连接，打开物联网平台开关和 ZigBee 模块开关供电，按动 S20 选择按钮，选择 ZigBee 模块（LED7 灯亮）。

（3）将系统配套串口线一端连接 PC 机，另一端连接 ZigBee 调试板的 Debug UART 串口（CN4）上，S7 的拨码开关 4 脚 ON，其余为 OFF。

（4）启动 IAR Embedded Workbench for MCS-51 开发环境，按照新建工程步骤，建立 Exp9 工程（不建议直接使用 Exp9 实验工程），如图 7.14 所示。在 IAR 开发环境中编译、下载、运行和调试程序。

（5）运行 PC 机自带的超级终端串口连接程序——AccessPort.exe，将超级终端设置为串口波特率 57600、8 位、无奇偶校验、无硬件流模式，当向串口终端输入字符串或数据并单击"发送数据"按钮时,将在超级终端看到串口输入的字符串或数据,如图 7.15 所示。

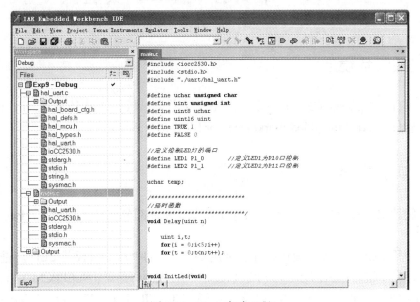

图 7.14　Exp9 实验工程

图 7.15　Exp9 实验的串口输出

7.10 串口控制 LED 实验

7.10.1 实验环境

（1）硬件：ZigBee(CC2530) 模块，ZigBee 下载调试板，USB 仿真器，PC 机。
（2）软件：IAR Embedded Workbench for MCS-51。

7.10.2 实验内容

（1）阅读 ZigBee2530 开发套件 ZigBee 模块硬件部分文档，熟悉 ZigBee 模块硬件接口。
（2）使用 IAR 开发环境设计程序，利用 CC2530 的串口 0 对板载 LED 灯进行控制。
（3）进一步熟悉 CLKCONCMD 和 CLKCONSTA 控制寄存器、SLEEPCMD 和 SLEEPSTA 寄存器、PERCFG 功能控制寄存器，以及 U0CSR、U0GCR、U0BUF、U0BAUD 串口寄存器。

7.10.3 实验原理

1. 硬件接口

ZigBee(CC2530) 模块 LED 硬件接口如图 7.1 所示。实验用到 CC2530 处理器的 P1 I/O 相关寄存器，其中只用到了 P1 和 P1DIR 两个寄存器的设置，P1 寄存器为可读写的数据寄存器，P1DIR 为 I/O 选择寄存器，其他 I/O 寄存器的功能使用默认配置。

实验还用到 CC2530 处理器串口操作相关的寄存器，其中包括 CLKCONCMD 和 CLKCONSTA 控制寄存器，用来控制系统时钟源和状态；SLEEPCMD 和 SLEEPSTA 寄存器用来控制各种时钟源的开关和状态；PERCFG 寄存器为外设功能控制寄存器，用来控制外设功能模式；U0CSR、U0GCR、U0BUF、U0BAUD 等为串口相关寄存器。详情请参考第 2 章内容或 CC2530 的芯片手册。

2. 软件设计

```
#include <I/Occ2530.h>
#include <stdI/O.h>
#include "./uart/hal_uart.h"

#define uchar unsigned char
#define uint unsigned int
#define uint8 uchar
#define uint16 uint
#define TRUE 1
#define FALSE 0
```

```
// 定义控制 LED 灯的端口
#define LED1 P1_0          // 定义 LED1 为 P10 口控制
#define LED2 P1_1          // 定义 LED2 为 P11 口控制

uchar temp;

/****************************
// 延时函数
****************************/
void Delay(uint n)
{
 uint i,t;
 for(i = 0;i<5;i++)
 for(t = 0;t<n;t++);
}

void InitLed(void)
{
P1DIR |= 0x03;                        //P1_0、P1_1 定义为输出
LED1 = 1;                             //LED1 灯熄灭
LED2 = 1;                             //LED2 灯熄灭
}

void main(void)
{
 char receive_buf[3];
 uchar counter =0;
 uchar RT_flag=1;

 InitUart();                          // baudrate:57600
 InitLed();

 prints("input: 11----->led1 on 10----->led1 off 21----->led2 on 20---
--->led2 off\r\n");
 while(1)
 {
     if(RT_flag == 1)                 // 接收
     {
        if( temp != 0)
        {
        if((temp!='\r')&&(counter<3))
          // '\r' 回车符为结束字符，最多能接收 3 个字符
          {
             receive_buf[counter++] = temp;
          }
           else
           {
             RT_flag = 3;             // 进入 LED 设置状态
           }
            if(counter == 3)   RT_flag = 3;
            temp = 0;
```

```
                }
            }

        if(RT_flag == 3)                         //LED 状态设置
        {
          U0CSR &= ~0x40;                          // 禁止接收
          receive_buf[2] = '\0';
          // prints(receive_buf);          prints("\r\n");
          if(receive_buf[0] == '1')
          {
           if(receive_buf[1] == '1')  { LED1 = 0; prints("led1 on\r\n"); }
           else if(receive_buf[1] == '0') { LED1 = 1; prints("led1 off\r\n"); }
          }
          else if(receive_buf[0] == '2')
          {
              if(receive_buf[1] == '1')   { LED2 = 0; prints("led2 on\r\n"); }
              else if(receive_buf[1] == '0') { LED2 = 1; prints("led2 off\r\n"); }
          }
          U0CSR |= 0x40;            // 允许接收
          RT_flag = 1;             // 恢复到接收状态
          counter = 0;             // 指针归 0
        }
      }
    }


/****************************************************************
* 函数功能 : 串口接收一个字符
* 入口参数 : 无
* 返 回 值 : 无
* 说     明 : 接收完成后打开接收
****************************************************************/
#pragma vector = URX0_VECTOR
  __interrupt void UART0_ISR(void)
{
  URX0IF = 0;                          // 清中断标志
  temp = U0DBUF;
}
```

程序通过配置 CC2530 处理器的串口相关控制寄存器，来设置 串口 0 的工作模式为串口模式，波特率为 57600，通过判断串口的输入来控制 LED 灯的状态。

7.10.4 实验步骤

（1）利用 ZigBee 协调器模块进行实验，或将 ZigBee(CC2530) 模块插到 ZigBee 协调器模块位置（需要将原来的 ZigBee 协调器模块卸下）。

（2）将"ZigBee DeBuger 仿真器"的一端连接 PC 机 USB 口，另一端通过 Jlink 端口（P21插口）和 ZigBee(CC2530)模块连接，打开物联网平台开关和 ZigBee 模块开关供电，按动 S20 选择按钮，选择 ZigBee 模块（LED7 灯亮）。

（3）将系统配套串口线一端连接 PC 机，另一端连接 ZigBee 调试板的 Debug UART 串口（CN4）上，S7 的拨码开关 4 脚 ON，其余为 OFF。

（4）启动 IAR Embedded Workbench for MCS-51 开发环境，按照新建工程步骤，建立 Exp10 工程（不建议直接使用 Exp10 实验工程），如图 7.16 所示。在 IAR 开发环境中编译、下载、运行和调试程序。

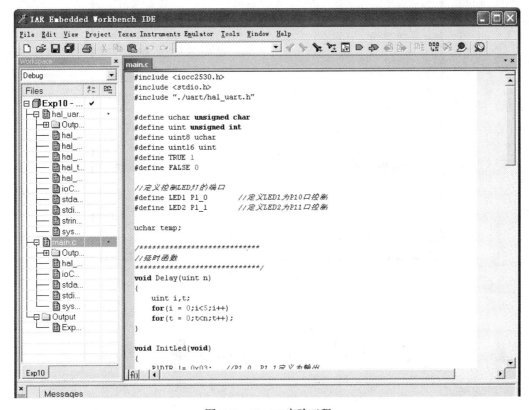

图 7.16　Exp10 实验工程

（5）运行 PC 机自带的超级终端串口连接程序——AccessPort.exe，将超级终端设置为串口波特率 57600、8 位、无奇偶校验、无硬件流模式，当向串口输入相应数据格式的数据时，即可控制 LED 灯的开关，如图 7.17 所示。

LED1 开：	11 回车；	LED1 关：	10 回车
LED2 开：	21 回车；	LED2 关：	20 回车

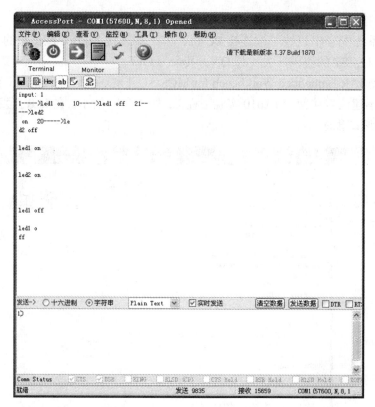

图 7.17　Exp10 实验的串口输出

7.11　时钟显示实验

7.11.1　实验环境

（1）硬件：ZigBee(CC2530) 模块，ZigBee 下载调试板，USB 仿真器，PC 机。

（2）软件：IAR Embedded Workbench for MCS-51。

7.11.2　实验内容

（1）阅读 ZigBee2530 开发套件 ZigBee 模块硬件部分文档，熟悉 ZigBee 模块硬件接口。

（2）使用 IAR 开发环境设计程序，利用 CC2530 的 定时器 Timer1 产生秒信号，模拟时钟向串口显示。

（3）进一步熟悉 T1CTL 寄存器、T1CCTL0 寄存器、T1CC0H 和 T1CC0L 寄存器、IEN0 寄存器、IEN1 寄存器、IRCON 寄存器。

（4）进一步熟悉 CLKCONCMD 控制寄存器、SLEEP 寄存器、SLEEPCMD 和 SLEEPSTA 寄存器、PERCFG、功能控制寄存器，以及 U0CSR、U0GCR、U0BUF、U0BAUD 串口寄存器。

7.11.3　实验原理

1. 硬件接口

ZigBee(CC2530) 模块 LED 硬件接口如图 7.1 所示。实验用到 CC2530 处理器的 P1 I/O 相关寄存器，其中只用到了 P1 和 P1DIR 两个寄存器的设置，P1 寄存器为可读写的数据寄存器，P1DIR 为 I/O 选择寄存器，其他 I/O 寄存器的功能使用默认配置。

T1CTL 寄存器、T1CCTL0 寄存器、T1CC0H 和 T1CC0L 寄存器、IEN0 寄存器、IEN1 寄存器、IRCON 寄存器，这些寄存器组为与 Timer 1 定时器相关的控制寄存器和中断控制寄存器，其中包括 T1CTL 控制寄存器，用来控制定时器的开关和模式；T1CCTL0 为 Timer1 通道 0 比较 / 捕获控制寄存器；T1CC0H 和 T1CC0L 为 Timer1 通道 0 比较 / 捕获控制值寄存器；IEN0 与 IEN1 两个寄存器分别控制系统中断总开关和 Timer1 定时器中断源开关。

实验还用到 CC2530 处理器 Timer1 定时器操作相关的寄存器，其中包括 CLKCONCMD 控制寄存器，用来控制系统时钟源；SLEEP 寄存器用来控制各种时钟源；SLEEPCMD 和 SLEEPSTA 寄存器用来控制各种时钟源的开关和状态；PERCFG 寄存器为外设功能控制寄存器，用来控制外设功能模式；U0CSR、U0GCR、U0BUF、U0BAUD 等为串口相关寄存器。详情请参考第 2 章内容或 CC2530 的芯片手册。

2. 软件设计

```
#include <I/Occ2530.h>
#include <stdI/O.h>
#include "./uart/hal_uart.h"

#define uchar unsigned char
#define uint unsigned int
#define uint8 uchar
#define uint16 uint
#define TRUE 1
#define FALSE 0

// 定义控制 LED 灯的端口
#define LED1 P1_0                        // 定义 LED1 为 P10 口控制
#define LED2 P1_1                        // 定义 LED2 为 P11 口控制

uchar rFlag=0, i=0;
char timeSet[11];
unsigned int counter = 0;
char printFlag = 0;
signed char time[3]={00,00,00};     // 时间初值

void Delay(uint n)
{
 uint i,t;
 for(i = 0;i<5;i++)
 for(t = 0;t<n;t++);
}
```

```
void InitLed(void)
{
 P1DIR |= 0x03;                    //P1_0、P1_1 定义为输出
 LED1 = 1;                         //LED1 灯熄灭
 LED2 = 1;                         //LED2 灯熄灭
}

void InitT1(void)
{
 T1CCTL0 = 0X44;
 //T1CCTL0 (0xE5)
 //T1 ch0 中断使能
 // 比较模式

 T1CC0H = 0x03;
 T1CC0L = 0xe8;
 //0x03e8 = 1000D)

 T1CTL |= 0X02;
 // 开始计数
 // 在这里没有分频
 // 使用比较模式 MODE = 10(B)

 IEN1 |= 0X02;
 IEN0 |= 0X80;
 // 开 T1 中断
}
void setTimeTemp(char *p)
{
 char tmp;
 tmp = time[0];
 time[0] = (p[2]-'0')*10+(p[3]-'0');
 if((time[0]<0) || (time[0]>23)) { time[0] = tmp; return; }
 tmp = time[1];
 time[1] = (p[5]-'0')*10+(p[6]-'0');
 if((time[1]<0) || (time[1]>59)) { time[1] = tmp; return; }
 tmp = time[2];
 time[2] = (p[8]-'0')*10+(p[9]-'0');
 if((time[2]<0) || (time[2]>59)) { time[2] = tmp; return; }
}

void main(void)
{
 char uartBuf[20];

 InitUart();                       // 波特率:57600
 InitLed();
 InitT1();

while(1)
{
    if(printFlag)
```

```
        {
            printFlag = 0;
            if(time[2] == 60)
            {
                time[2] = 0; time[1]++;
                if(time[1] ==60)
                {
                    time[0]++;
                    time[1] = 0;
                    if(time[0] == 24) time[0] = 0;
                }
            }
            sprintf(uartBuf,"%2.2d:%2.2d:%2.2d\r\n",time[0],time[1],time[2]);
            uartBuf[15]= '\0';
            prints(uartBuf);
        }
    }
}
/************************************************************
* 函数功能 ：串口接收一个字符
* 入口参数 ：无
* 返 回 值 ：无
* 说    明 ：接收完成后打开接收
************************************************************/
#pragma vector = URX0_VECTOR
  __interrupt void UART0_ISR(void)
{
  URX0IF = 0;                        // 清中断标志
  //temp = U0DBUF;
  if( (rFlag == 1) || (U0DBUF == 's') )
  {
      rFlag = 1;
      timeSet[i++] = U0DBUF;
  }
  if(i == 10)
  {
      i = 0;      rFlag = 0;
      setTimeTemp(timeSet);
  }
}
/************************************************************
* 函数功能 ：T1 中断函数
* 入口参数 ：无
* 返 回 值 ：无
* 说    明：
************************************************************/
#pragma vector = T1_VECTOR
  __interrupt void T1_ISR(void)
{
    IRCON &= ~0x02;                  // 清中断标志
    counter++;
    if(counter == 30000)
```

```
    {
        counter = 0;
        printFlag = 1;
        time[2]++;

        LED1 = ~LED1;        // 调试指示用
    }
}
```

程序通过配置 CC2530 处理器的 Timer1 定时器模拟产生秒信号，进行时间计数，初始时间设定为 00:00:00，也可以通过串口相应的命令格式来设置时间计数，如 s+12+50+30 设置时间为 12 时 50 分 30 秒。

7.11.4　实验步骤

（1）利用 ZigBee 协调器模块进行实验，或将 ZigBee(CC2530) 模块插到 ZigBee 协调器模块位置（需要将原来的 ZigBee 协调器模块卸下）。

（2）将 "ZigBee DeBuger 仿真器" 的一端连接 PC 机 USB 口，另一端通过 Jlink 端口（P21 插口）和 ZigBee(CC2530) 模块连接，打开物联网平台开关和 ZigBee 模块开关供电，按动 S20 选择按钮，选择 ZigBee 模块（LED7 灯亮）。

（3）将系统配套串口线一端连接 PC 机，另一端连接 ZigBee 调试板的 Debug UART 串口（CN4）上，S7 的拨码开关 4 脚 ON，其余为 OFF。

（4）启动 IAR Embedded Workbench for MCS-51 开发环境，按照新建工程步骤，建立 Exp11 工程（不建议直接使用 Exp11 实验工程），如图 7.18 所示。

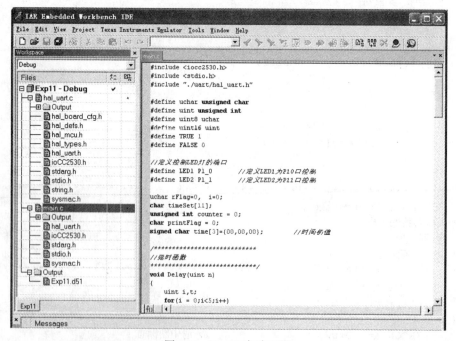

图 7.18　Exp11 实验工程

（5）在 IAR 开发环境中编译、下载、运行和调试程序。

（6）运行 PC 机自带的超级终端串口连接程序——AccessPort.exe，将超级终端设置为串口波特率 57600、8 位、无奇偶校验、无硬件流模式，运行程序，即可看到模拟时间的计数。当向串口输入相应格式的数据时，如输入数据为 s+11+30+40，即设置时间为 11 时 30 分 40 秒，显示如图 7.19 所示。

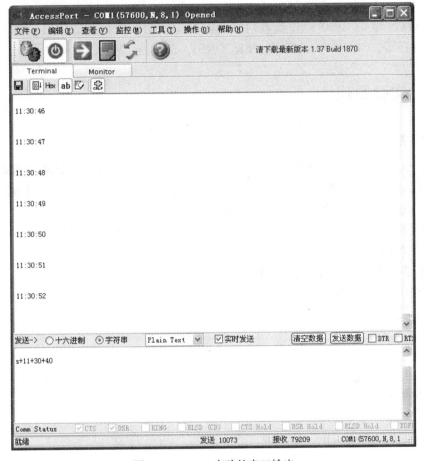

图 7.19　Exp11 实验的串口输出

7.12　看门狗实验

7.12.1　实验环境

（1）硬件：ZigBee(CC2530) 模块，ZigBee 下载调试板，USB 仿真器，PC 机。

（2）软件：IAR Embedded Workbench for MCS-51。

7.12.2 实验内容

（1）阅读 ZigBee2530 开发套件 ZigBee 模块硬件部分文档，熟悉 ZigBee 模块硬件接口。

（2）使用 IAR 开发环境设计程序，利用 CC2530 的看门狗定时器实现对系统复位状态的控制。

（3）熟悉与 CC2530 处理器看门狗定时器操作相关寄存器的使用，如 T1CC0H 和 T1CC0L 寄存器、CLKCONCMD 和 CLKCONSTA 寄存器、WDCTL 寄存器。

7.12.3 实验原理

1. 硬件接口

ZigBee(CC2530) 模块 LED 硬件接口如图 7.1 所示。实验用到 CC2530 处理器的 P1 I/O 相关寄存器，其中只用到了 P1 和 P1DIR 两个寄存器的设置，P1 寄存器为可读写的数据寄存器，P1DIR 为 I/O 选择寄存器，其他 I/O 寄存器的功能使用默认配置。

实验还用到 T1CC0H 和 T1CC0L 寄存器、CLKCONCMD 和 CLKCONSTA 寄存器、WDCTL 寄存器，这些都是与 CC2530 处理器看门狗定时器操作相关的寄存器，其中 WDCTL 控制寄存器用来控制看门狗定时器的工作模式及复位状态。详情请参考第 2 章内容或 CC2530 的芯片手册。

2. 软件设计

```
#include <I/OCC2530.h>

#define uint unsigned int
#define led1    P1_0
#define led2    P1_1

void Init_I/O(void)
{
    P1DIR = 0x03;
    led1 = 1;
    led2 = 1;
}

void Init_Watchdog(void)
{
    WDCTL = 0x00;        // 时间间隔一秒，看门狗模式
    WDCTL |= 0x08;       // 启动看门狗
}

void Init_Clock(void)
{
    CLKCONCMD = 0X00;
}
```

```
void FeetDog(void)      // 喂狗
{
  WDCTL = 0xa0;
  WDCTL = 0x50;
}

void Delay(void)
{
  uint n;

  for(n=50000;n>0;n--);
  for(n=50000;n>0;n--);
  for(n=50000;n>0;n--);
  for(n=50000;n>0;n--);
  for(n=50000;n>0;n--);
  for(n=50000;n>0;n--);
  for(n=50000;n>0;n--);
}

void main(void)
{
  Init_Clock();
  Init_I/O();
  Init_Watchdog();

  led1=0;
  Delay();
  led2=0;

  while(1)
  {
      FeetDog();// 喂狗指令（加入后系统不复位，小灯不闪烁）
  }
}
```

程序通过配置 CC2530 处理器的看门狗定时器来产生复位信号，如果在复位周期内喂狗，即可避免看门狗强制复位系统，软件用 LED 灯来实现系统复位的监测。

7.12.4　实验步骤

（1）利用 ZigBee 协调器模块进行实验，或将 ZigBee(CC2530) 模块插到 ZigBee 协调器模块位置（需要将原来的 ZigBee 协调器模块卸下）。

（2）将“ZigBee DeBuger 仿真器”的一端连接 PC 机 USB 口，另一端通过 Jlink 端口（P21 插口）和 ZigBee(CC2530) 模块连接，打开物联网平台开关和 ZigBee 模块开关供电，按动 S20 选择按钮，选择 ZigBee 模块（LED7 灯亮）。

（3）将系统配套串口线一端连接 PC 机，另一端连接 ZigBee 调试板的 Debug UART 串口（CN4）上，S7 的拨码开关 4 脚 ON，其余为 OFF。

（4）启动 IAR Embedded Workbench for MCS-51 开发环境，按照新建工程步骤，建立

Exp12 工程（不建议直接使用 Exp12 实验工程），如图 7.20 所示。

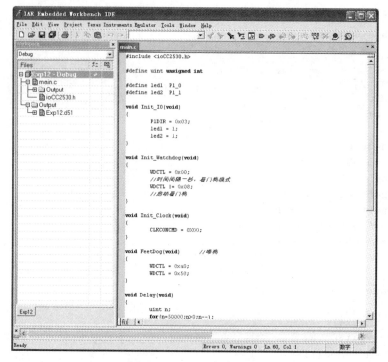

图 7.20　Exp12 实验工程

（5）在 IAR 开发环境中编译、下载、运行和调试程序，如图 7.21 所示为 WDCTL 看门狗寄存器、CLKCONCMD 和 CLKCONSTA 寄存器的状态。

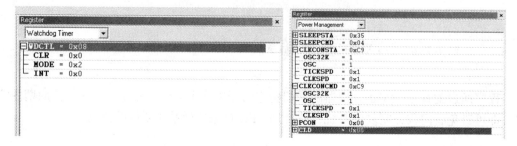

图 7.21　寄存器状态

7.13　系统休眠与低功耗实验

7.13.1　实验环境

（1）硬件：ZigBee(CC2530) 模块，ZigBee 下载调试板，USB 仿真器，PC 机。

（2）软件：IAR Embedded Workbench for MCS-51。

7.13.2　实验内容

（1）阅读 ZigBee2530 开发套件 ZigBee 模块硬件部分文档，熟悉 ZigBee 模块硬件接口。

（2）使用 IAR 开发环境设计程序，利用 CC2530 的电源管理控制寄存器控制系统工作状态。

（3）熟悉 PCON 寄存器、SLEEPCMD 和 SLEEPSTA 控制寄存器、IEN0 寄存器、IEN2 寄存器的使用和设置。

7.13.3　实验原理

1. 硬件接口

ZigBee(CC2530) 模块 LED 硬件接口如图 7.1 所示。实验用到 CC2530 处理器的 P1 I/O 相关寄存器，其中只用到了 P1 和 P1DIR 两个寄存器的设置，P1 寄存器为可读写的数据寄存器，P1DIR 为 I/O 选择寄存器，其他 I/O 寄存器的功能使用默认配置。

实验还用到 PCON 寄存器、SLEEPCMD 和 SLEEPSTA 控制寄存器、IEN0 寄存器、IEN2 寄存器，这些都是和 CC2530 处理器低功耗相关的寄存器，其中包括 PCON 电源模式控制寄存器；SLEEPCMD 和 SLEEPSTA 寄存器用来控制各种时钟源的开关和状态；EN0 和 IEN2 两个寄存器分别控制系统中断总开关和 PORT1 中断源开关。详情请参考第 2 章内容或 CC2530 的芯片手册。

2. 软件设计

```
#include <I/OCC2530.h>

#define uint unsigned int
#define uchar unsigned char
#define DELAY 10000

// 小灯控端口定义
#define YLED P1_0
#define RLED P1_1

void Delay(void);
void Init_I/O_AND_LED(void);
void PowerMode(uchar sel);

/*******************************************************************
* 函数功能：延时
* 入口参数：无
* 返回值 ：无
* 说　　明 ：可在宏定义中改变延时长度
*******************************************************************/
```

```
void Delay(void)
{
  uint tt;
  for(tt = 0;tt<DELAY;tt++);
  for(tt = 0;tt<DELAY;tt++);
  for(tt = 0;tt<DELAY;tt++);
  for(tt = 0;tt<DELAY;tt++);
  for(tt = 0;tt<DELAY;tt++);
}

/*************************************************************
* 函数功能: 初始化电源
* 入口参数: para1, para2, para3, para4
* 返回值 : 无
* 说 明 : para1, 模式选择
*                                                          *
* para1 0        123                                       *
* mode      PM0 PM1 PM2 PM3                                *
*                                                          *
*************************************************************/
void PowerMode(uchar sel)
{
  uchar i,j;
  i = sel;
  if(sel<4)
  {
      SLEEPCMD &= 0xfc;
      SLEEPCMD |= i;
      for(j=0;j<4;j++);
      PCON = 0x01;
  }
  else
  {
      PCON = 0x00;
  }
}


/*************************************************************
* 函数功能: 初始化 I/O, 控制 LED
* 入口参数: 无
* 返回值 : 无
* 说 明 : 初始化完成后关灯
*************************************************************/
void Init_I/O_AND_LED(void)
{
  P1DIR = 0X03;
  RLED = 1;
  YLED = 1;

  EA = 1;
  IEN2 |= 0X10;    //P1IE = 1;
}
```

```
/******************************************************************
 * 函数功能：主函数
 * 入口参数：
 * 返回值：无
 * 说 明：10 次绿色 LED 闪烁后进入睡眠状态
 ******************************************************************/
void main()
{
  uchar count = 0;
  Init_I/O_AND_LED();

    RLED = 0 ;          // 开红色 LED，系统工作指示

    Delay();            // 延时
    Delay();
    Delay();
    Delay();

    while(1)
    {
        YLED = !YLED;
                    RLED = 0;
        count++;
        if(count >= 20)
          {
              count = 0;
              RLED = 1;
              PowerMode(3);
              //10 次闪烁后进入睡眠状态
          }

        //Delay();
        Delay();// 延时函数无形参，只能通过改变系统时钟频率来改变小灯的闪烁频率
    };
  }
```

　　程序通过配置 CC2530 处理器的电源管理相关寄存器，从而让系统在 LED 闪烁 10 次后进入休眠状态。

7.13.4　实验步骤

　　（1）利用 ZigBee 协调器模块进行实验，或将 ZigBee(CC2530) 模块插到 ZigBee 协调器模块位置（需要将原来的 ZigBee 协调器模块卸下）。

　　（2）将"ZigBee DeBuger仿真器"的一端连接 PC 机 USB 口，另一端通过 Jlink 端口（P21 插口）和 ZigBee(CC2530) 模块连接，打开物联网平台开关和 ZigBee 模块开关供电，按动 S20 选择按钮，选择 ZigBee 模块（LED7 灯亮）。

　　（3）将系统配套串口线一端连接 PC 机，另一端连接 ZigBee 调试板的 Debug UART 串口（CN4）上，S7 的拨码开关 4 脚 ON，其余为 OFF。

（4）启动 IAR Embedded Workbench for MCS-51 开发环境，按照新建工程步骤，建立 Exp13 工程（不建议直接使用 Exp13 实验工程），如图 7.22 所示。

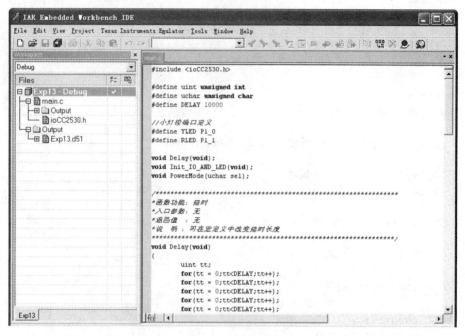

图 7.22　Exp13 实验工程

（5）在 IAR 开发环境中编译、下载、运行和调试程序。

（6）系统在 LED 闪烁 10 次后进入休眠状态。

（7）查看 SLEEPCMD 和 SLEEPSTA 控制寄存器、IEN0 寄存器、IEN2 寄存器的状态，如图 7.23 所示。

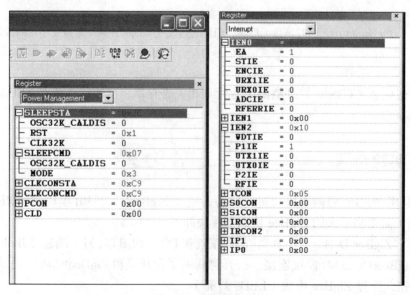

图 7.23　寄存器状态

7.14　按键实验

7.14.1　实验环境

（1）硬件：ZigBee(CC2530) 模块，ZigBee 下载调试板，USB 仿真器，PC 机。

（2）软件：IAR Embedded Workbench for MCS-51。

7.14.2　实验内容

（1）阅读 ZigBee2530 开发套件 ZigBee 模块硬件部分文档，熟悉 ZigBee 模块按键接口。

（2）使用 IAR 开发环境设计程序，利用 CC2530 的电源管理控制寄存器控制系统工作状态。

7.14.3　实验原理

1. 硬件接口

按键接口如图 7.24 所示。

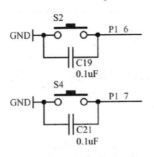

图 7.24　按键接口电路

CC2530 开发板有 3 个按键，一个为复位按键，其余两个按键可以通过编程进行控制。当按键按下时，相应的管脚输出低电平。本实验采用下降沿触发中断的方式来检测是否有按键按下。

实验用到的寄存器有 P1 寄存器、P1 SEL 寄存器、P1 DIR 寄存器、P1 INP 寄存器、P2 INP 寄存器、PI CTL 寄存器、P1 IEN 寄存器、IEN2 寄存器，详情请参考第 2 章内容或 CC2530 的芯片手册。

2. 软件设计

```
/*******************************************************************/
  #include "I/OCC2530.h"
// CC2530 的头文件，包含对 CC2530 的寄存器、中断向量等的定义
```

```
/*********************************************************************/


/*********************************************************************
* 函数名称: delay
* 功    能: 软件延时
* 入口参数: t 延时参数, 值越大延时时间越长
* 出口参数: 无
* 返 回 值: 无
*********************************************************************/
void delay(unsigned short t)
{
  unsigned char i,j;

  while(--t)
  {
    j = 200;
    while(--j)
        while(--i);
  }
}


  /*********************************************************************
* 函数名称: EINT_ISR
* 功    能: 外部中断服务函数
* 入口参数: 无
* 出口参数: 无
* 返 回 值: 无
*********************************************************************/
  #pragma vector=P1INT_VECTOR
  __interrupt void EINT_ISR(void)
  {
   EA = 0;                // 关闭全局中断

    /* 若是 P2.0 产生的中断 */
    if (P1IFG & 0x40)
    {
      /* 切换 LED1(绿色)的亮灭状态 */
      if (P1_0 == 0)    // 如之前是控制 LED1(绿色)点亮, 则现在熄灭 LED1
      {
        P1_0 = 1;
      }
      else              // 如之前是控制 LED1(绿色)熄灭, 则现在点亮 LED1
      {
        P1_0 = 0;
      }

      /* 切换 LED2(红色)的亮灭状态 */
      if (P1_1 == 0)    // 如之前是控制 LED2(红色)点亮, 则现在熄灭 LED2
      {
        P1_1 = 1;
      }
      else              // 如之前是控制 LED2(红色)熄灭, 则现在点亮 LED2
```

```
    {
        P1_1 = 0;
    }

    /* 切换 LED3（黄色）的亮灭状态 */

    /* 等待用户释放按键并消抖 */
    while(P1_6 & 0x40);
    delay(10);
    while(P1_6 & 0x40);

    /* 清除中断标志 */
    P1IFG &= ~0x40;    // 清除 P1.6 中断标志
    IRCON2 &= ~0x08;   // 清除 P1 口中断标志
}
if(P1IFG & 0x80)
{
    /* 切换 LED1（绿色）的亮灭状态 */
    if(P1_0 == 0)      // 如之前是控制 LED1（绿色）点亮，则现在熄灭 LED1
    {
        P1_0 = 1;
    }
    else               // 如之前是控制 LED1（绿色）熄灭，则现在点亮 LED1
    {
        P1_0 = 0;
    }

    /* 切换 LED2（红色）的亮灭状态 */
    if(P1_1 == 0)      // 如之前是控制 LED2（红色）点亮，则现在熄灭 LED2
    {
        P1_1 = 1;
    }
    else               // 如之前是控制 LED2（红色）熄灭，则现在点亮 LED2
    {
        P1_1 = 0;
    }

    /* 切换 LED3（黄色）的亮灭状态 */

    /* 等待用户释放按键并消抖 */
    while(P1_7 & 0x80);
    delay(10);
    while(P1_7& 0x80);

    /* 清除中断标志 */
    P1IFG &= ~0x80;    // 清除 P1.7 中断标志
    IRCON2 &= ~0x08;   // 清除 P1 口中断标志
}
EA = 1;                // 使能全局中断
}


/*****************************************************************
```

```
    * 函数名称: main
    * 功      能: main 函数入口
    * 入口参数: 无
    * 出口参数: 无
    * 返 回 值: 无
    *******************************************************************/
void main(void)
{
```

/*　由于 CC253x 系列片上系统上电复位后, 所有 21 个数字 I/O 均默认认为具有上拉的通用输入 I/O, 因此本实验只需要改变作为 LED 控制信号的 P1.0 和 P1.1 和 P1.4 方向为输出即可。另外还需要将 P2.0 设置为输入下拉模式。在用户的实际应用开发中, 建议用户采用如下步骤来配置数字 I/O:

（1）设置数字 I/O 为通用 I/O

（2）设置通用 I/O 的方向

（3）如通用 I/O 的方向被配置为输入, 可配置上拉 / 下拉 / 三态模式, 在此实验中不需要配置

（4）如通用 I/O 的方向被配置为输出, 可设置其输出高 / 低电平

```
*/

    P1SEL=0;
      /* 配置 P1.0、P1.1 和 P1.4 的方向为输出 */
    P1DIR |= 0x03;  // 0x13 = 0B00010011

    P1_0 = 1;          // P1.0 输出低电平熄灭其所控制的 LED1（绿色）
    P1_1 = 1;          // P1.1 输出低电平熄灭其所控制的 LED2（红色）

      /* 配置 P1 口的中断边沿下降沿产生中断 */
    PICTL |= 0x02;

      /* 使能 P1.6 P1.7 中断 */
    P1IEN |= 0xC0;

      /* 使能 P1 口中断 */
    IEN2 |= 0x10;

      /* 使能全局中断 */
    EA = 1;

    while(1);
}
```

7.14.4　实验步骤

（1）利用 ZigBee 协调器模块进行实验, 或将 ZigBee(CC2530) 模块插到 ZigBee 协调器模块位置（需要将原来的 ZigBee 协调器模块卸下）。

（2）将 "ZigBee DeBuger 仿真器" 的一端连接 PC 机 USB 口, 另一端通过 Jlink 端口（P21 插口）和 ZigBee(CC2530) 模块连接, 打开物联网平台开关和 ZigBee 模块开关供电, 按动 S20 选择按钮, 选择 ZigBee 模块（LED7 灯亮）。

（3）将系统配套串口线一端连接 PC 机, 另一端连接 ZigBee 调试板的 Debug UART 串口（CN4）上, S7 的拨码开关 4 脚 ON, 其余为 OFF。

（4）启动 IAR Embedded Workbench for MCS-51 开发环境，按照新建工程步骤，建立 EINT_Ex 工程（不建议直接使用 EINT_Ex 实验工程），如图 7.25 所示。

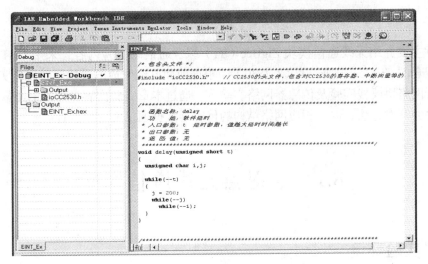

图 7.25　EINT_Ex 工程

（5）在 IAR 开发环境中编译、下载、运行和调试程序。

（6）通过两个按键来控制两个 LED 的亮或灭。

（7）查看 P1 寄存器、P1 SEL 寄存器、P1 DIR 寄存器、P1 INP 寄存器、P2 INP 寄存器、PI CTL 寄存器、P1 IEN 寄存器的状态，如图 7.26 所示。

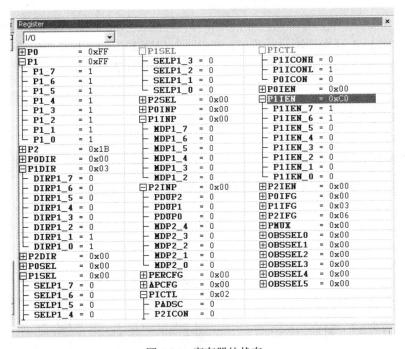

图 7.26　寄存器的状态

第8章 ZigBee 综合通信实验（CBT–SuperIOT TI 方案）

本章主要介绍无线通信模块 ZigBee（TI）综合通信的实验内容，采用 CBT-SuperIOT 型平台配套的 ZigBee 模块（TI CC2530）。根据前面已经完成的模块硬件接口实验，本章主要进行网络协议栈实验及传感器网络实验等。通过本章实验内容，可以迅速掌握 ZigBee 无线模块的开发方法，以及相应网络结构的传感器数据通信的应用设计。

8.1 点对点无线通信实验

8.1.1 实验环境

（1）硬件：ZigBee（CC2530）模块（2个），ZigBee 下载调试板，USB 仿真器，PC 机。
（2）软件：IAR Embedded Workbench for MCS-51。

8.1.2 实验内容

（1）了解 CC2530 芯片点对点通信操作过程，熟悉该模块射频软件接口配置。
（2）使用 IAR 开发环境设计程序，利用两个 CC2530 ZigBee 模块实现点对点无线通信。
（3）熟悉 appTransmiter() 发送函数、appReceiver() 接收函数的主要功能和编写方法。

8.1.3 实验原理

1. ZigBee(CC2530)

ZigBee（CC2530）模块 LED 硬件接口电路如图 8.1 所示。

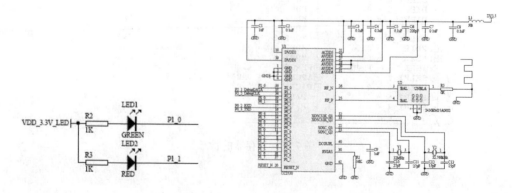

图 8.1　LED 硬件接口

ZigBee(CC2530) 模块硬件上有两个 LED 灯，用来编程调试使用，分别连接 CC2530 的 P1_0、P1_1 两个 I/O 引脚。从图 8.1 中可以看出，两个 LED 灯共阳极，当 P1_0、P1_1 引脚为低电平时，LED 灯点亮。

2. 软件流程图

点对点（P2P）通信软件流程图如图 8.2 所示。

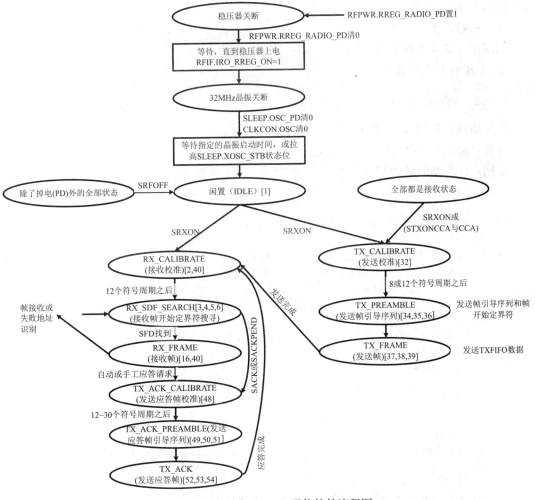

图 8.2　点对点（P2P）通信软件流程图

3. 关键函数分析

（1）射频初始化函数

```
uint8 halRfInit(void)
```

功能描述：ZigBee 通信设置，自动应答有效，设置输出功率 0dbm，Rx 设置，接收中断有效。

参数描述：无。

返回值：配置成功返回 SUCCESS。

（2）发送数据包函数

```
uint8 basicRfSendPacket(uint16 destAddr, uint8* pPayload, uint8 length)
```

功能描述：发送包函数。

入口参数：destAddr 表示目标网络短地址，pPayload 表示发送数据包头指针，length 表示包的大小。

出口参数：无。

返回值：成功返回 SUCCESS，失败返回 FAILED。

（3）接收数据函数

```
uint8 basicRfReceive(uint8* pRxData, uint8 len, int16* pRssi)
```

功能描述：从接收缓存中拷贝出最近接收到的包。

参数：pRxData 接收数据包头指针；len 接收包的大小。

返回：实际接收的数据字节数。

（4）源码程序：per_test.c

```
/*********************************************************************
 * 函数名称: main
 * 功    能: 丢包率测试实验的 main() 函数入口
 * 入口参数: basicRfConfig   Basic RF 配置数据
 *           appState        保存应用状态
 *           appStarted      控制传输的启动和停止
 * 出口参数: 无
 * 返 回 值: 无
 *********************************************************************/
void main (void)
{
    uint8 i;

    appState = IDLE;                    // 初始化应用状态为空闲
    appStarted = FALSE;                 // 初始化启动标志位 FALSE

    /* 初始化 Basic RF */
    basicRfConfig.panId = PAN_ID;       // 初始化个域网 ID
    basicRfConfig.ackRequest = FALSE;   // 不需要确认

    halBoardInit();

    if(halRfInit()==FAILED)             // 初始化 hal_rf
        HAL_ASSERT(FALSE);

    /* 快速闪烁 8 次 LED1, LED2 */
    for (i = 0; i < 16; i++)
    {
        halLedToggle(1);                      // 切换 LED1 的亮灭状态
```

```
    halLedToggle(2);                    // 切换 LED2 的亮灭状态
    halMcuWaitMs(50);                   // 延时大约 50ms
  }

    halLedSet(1);                       // LED1 指示灯亮，指示设备已上电运行
    halLedClear(2);

    basicRfConfig.channel = 0x0B;       // 设置信道

    #ifdef MODE_SEND
        appTransmitter();               // 发送器模式
    #else
        appReceiver();                  // 接收器模式
    #endif

    HAL_ASSERT(FALSE);
}
```

通过上面的代码分析可知，程序通过宏 MODE_SEND 来确定是发送器还是接收器。appTransmiter() 是发送器的主要功能函数，appReceiver() 是接收器的主要功能函数，这两个函数最终都会进入一个无限循环状态。

（5）appTransmiter() 函数

```
/**************************************************************
 * 函数名称: appTransmitter
 * 功    能: 发送器的应用代码。控制器进入无限循环
 * 入口参数: basicRfConfig           Basic RF 配置数据
 *           txPacket                perTestPacket_t 类型变量
 *           appState                保存应用状态
 *           appStarted              控制传输的启动和停止
 * 出口参数: 无
 * 返 回 值: 无
 **************************************************************/
static void appTransmitter()
{
uint32 burstSize=0;
uint32 pktsSent=0;
uint8 appTxPower;
uint8 n;

/* 初始化 Basic RF */
basicRfConfig.myAddr = TX_ADDR;
if(basicRfInit(&basicRfConfig)==FAILED)
{
    HAL_ASSERT(FALSE);
}

/* 设置输出功率 */
halRfSetTxPower(2);       // 设置无线电硬件发射的功率为 4dbm
```

```
        burstSize = 100000;    // 设置进行一次测试所发送的数据包数量
        /* Basic RF 在发送数据包前关闭接收器,在发送完一个数据包后打开接收器 */
        basicRfReceiveOff();

        appConfigTimer(0xC8);    // 配置定时器和 I/O

        /* 初始化数据包载荷 */
        txPacket.seqNumber = 0;
        for (n = 0; n < sizeof(txPacket.padding); n++)
        {
          txPacket.padding[n] = n;
        }

        /* 主循环 */
        while (TRUE)
        {
          if (pktsSent < burstSize)
          {
            UINT32_HTON(txPacket.seqNumber);    // 改变发送序号的字节顺序
            basicRfSendPacket(RX_ADDR, (uint8*)&txPacket, PACKET_SIZE);

            UINT32_NTOH(txPacket.seqNumber);    // 在增加序号前将字节顺序改回为主机顺序
            txPacket.seqNumber++;

            pktsSent++;
            appState = IDLE;
            halLedToggle(1);                        // 切换 LED1 的亮灭状态
            halLedToggle(2);                        // 切换 LED2 的亮灭状态
            halMcuWaitMs(1000);
          }
          pktsSent = 0;                            /* 复位统计和序号 */
        }
      }
```

在发送主功能函数里,通过 basicRfSendPacket() 发送接口函数连续向外发送数据,并改变 LED1、LED2 灯的状态。

（6）appReceiver() 函数

```
/****************************************************************************
 * 函数名称: appReceiver
 * 功    能: 接收器的应用代码。控制器进入无限循环
 * 入口参数: basicRfConfig    Basic RF 配置数据
 *           rxPacket          perTestPacket_t 类型变量
 * 出口参数: 无
 * 返 回 值: 无
 ****************************************************************************/
static void appReceiver()
{
    uint32 segNumber=0;                                // 数据包序列号
```

```
int16 perRssiBuf[RSSI_AVG_WINDOW_SIZE] = {0};
                                          // 存储 RSSI 的环形缓冲区
uint8 perRssiBufCounter = 0;              // 计数器用于 RSSI 缓冲区统计
perRxStats_t rxStats = {0,0,0,0};         // 接收状态
int16 rssi;
uint8 resetStats=FALSE;

/* 初始化 Basic RF */
basicRfConfig.myAddr = RX_ADDR;
if(basicRfInit(&basicRfConfig)==FAILED)
{
    HAL_ASSERT(FALSE);
}
basicRfReceiveOn();
```

```
/* 主循环 */
while (TRUE)
{
while(!basicRfPacketIsReady());               // 等待新的数据包
if(basicRfReceive((uint8*)&rxPacket, MAX_PAYLOAD_LENGTH, &rssi)>0)
{
    halLedSet(1);                             // 点亮 LED1

    UINT32_NTOH(rxPacket.seqNumber);          // 改变接收序号的字节顺序
    segNumber = rxPacket.seqNumber;

/* 如果统计被复位，设置期望收到的数据包序号为已经收到的数据包序号 */
if (resetStats)
{
    rxStats.expectedSeqNum = segNumber;
    resetStats=FALSE;
}

rxStats.rssiSum -= perRssiBuf[perRssiBufCounter];
                                    // 从 sum 中减去旧的 RSSI 值
perRssiBuf[perRssiBufCounter] = rssi;
                // 存储新的 RSSI 值到环形缓冲区，之后它将被加入 sum

rxStats.rssiSum += perRssiBuf[perRssiBufCounter];// 增加新的 RSSI 值到 sum
if(++perRssiBufCounter == RSSI_AVG_WINDOW_SIZE)
{
    perRssiBufCounter = 0;
}

/* 检查接收到的数据包是否是所期望收到的数据包 */
if (rxStats.expectedSeqNum == segNumber)       // 是所期望收到的数据包
{
    rxStats.expectedSeqNum++;
}
else if(rxStats.expectedSeqNum < segNumber)
```

```
// 不是所期望收到的数据包（收到的数据包的序号大于期望收到的数据包的序号）认为丢包
{
    rxStats.lostPkts += segNumber - rxStats.expectedSeqNum;
    rxStats.expectedSeqNum = segNumber + 1;
}
else
/* 不是所期望收到的数据包（收到的数据包的序号小于期望收到的数据包的序号）认为是一个
新的测试开始，复位统计变量 */
{
    rxStats.expectedSeqNum = segNumber + 1;
    rxStats.rcvdPkts = 0;
    rxStats.lostPkts = 0;
}
rxStats.rcvdPkts++;

halMcuWaitMs(300);
halLedClear(1);              // 熄灭 LED1
halLedClear(2);              // 熄灭 LED2
halMcuWaitMs(300);
    }
  }
}
```

在接收主功能函数中，程序通过 basicRfReceive() 接口接收发送器发过来的数据，并用 LED1 灯作为指示，每接收到一次数据，LED1 灯闪烁一次。

8.1.4 实验步骤

（1）把 ZigBee(CC2530) 模块插到 ZigBee 节点模块位置，"ZigBee Debug 仿真器"的一端连接 PC 机 USB 口，另一端通过 Jlink 端口（P15 插口）和 ZigBee(CC2530) 模块连接，打开物联网平台开关和 ZigBee 模块开关供电，通过按动 S14 和 S15 选择按钮，选择一个 ZigBee 节点模块，此时模块下面 Debug LED 绿色灯亮。

（2）通过 IAR Embedded Workbench for MCS-51 集成开发环境打开物联网无线传感网络部分 \exp\ZigBcc\ 点对点无线通信 \ide\srf05_cc2530\iar 里的 per_test.eww 工程，如图 8.3 所示。

（3）在 IAR 开发环境中编译、下载、运行和调试程序。注意，本工程需要编译两次，一次编译发送器程序，如图 8.3 所示；另一次编译接收器程序，如图 8.4 所示，通过 MODE_SEND 宏选择，并分别下载到两个 ZigBee 模块中。

（4）通信测试：依次打开两个分别下载完成的发送器和接收器的 ZigBee 模块，两个模块的 LED1 和 LED2 快速闪烁 8 次后开始通信，发送器的 LED1 和 LED2 交替闪烁，接收器的 LED1 接收到一次数据闪烁一次，LED2 熄灭。

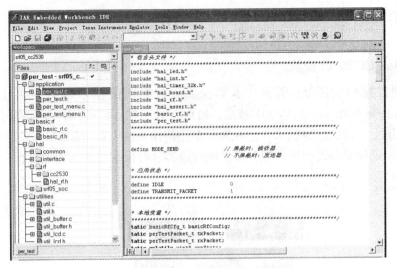

图 8.3　per_test 工程

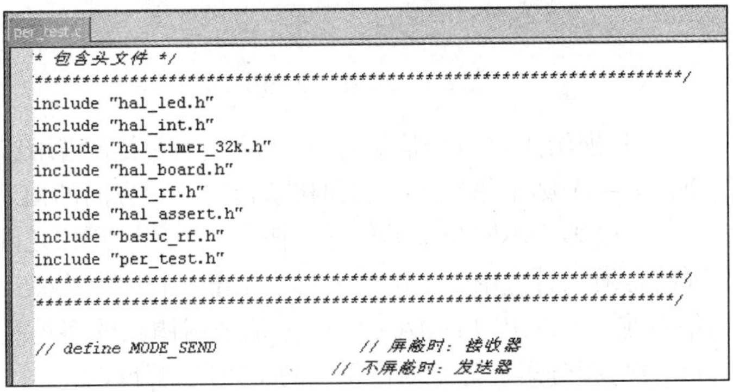

图 8.4　设备类型选择

8.2　点对多点无线通信实验

8.2.1　实验环境

（1）硬件：ZigBee(CC2530) 模块（3 个），ZigBee 下载调试板，USB 仿真器，PC 机。

（2）软件：IAR Embedded Workbench for MCS-51。

8.2.2　实验内容

（1）了解 CC2530 芯片点对多点通信操作过程，掌握 FDMA 方式对该模块进行配置。

（2）使用 IAR 开发环境设计程序，利用一个接收模块实现对两个不同频道上的发送模块进行点对多点无线通信。

8.2.3 实验原理

1. ZigBee(CC2530) 模块

LED 硬件接口如图 8.5 所示。本实验采用数据通信技术是频分多址（Frequency Division Multiple Address，FDMA）技术，FDMA 技术把不同的用户分配在时隙相同而频率不同的信道上。按照这种技术，把在频分多路传输系统中集中控制的频段根据要求分配给用户。同固定分配系统相比，频分多址使通道容量可根据要求动态地进行交换。

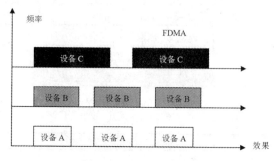

图 8.5 FDMA 原理图

在 FDMA 系统中，分配给用户一个信道即一对频谱，一个频谱用作前向信道即基站向移动台方向的信道，另一个则用作反向信道即移动台向基站方向的信道。这种通信系统的基站必须同时发射和接收多个不同频率的信号，任意两个移动用户之间进行通信都必须经过基站的中转，因而必须同时占用 2 个信道（2 对频谱）才能实现双工通信。

以往的模拟通信系统一律采用 FDMA。FDMA 是采用调频的多址技术，信道在不同的频段分配给不同的用户。频分多址是把通信系统的总频段划分成若干个等间隔的频道（也称信道）分配给不同的用户使用。这些频道互不交叠，其宽度应能传输一路数字话音信息，而在相邻频道之间无明显的串扰。

FDMA 技术将可用的频率带宽拆分为具有较窄带宽的子信道，如图 8.5 所示。这样每个子信道均独立于其他子信道，从而可被分配给单个发送器。其优点是软件控制上比较简单，其缺陷是子信道之间必须间隔一定距离以防止干扰，频带利用率不高。

2. 软件流程图

FDMA 接收程序主要是在两个频道上循环监听，如果有收到发送模块的信号或一定时间内没有接收到该频道上的信号，就跳到另外一个频道继续监听。

如图 8.6 所示为接收流程图，程序首先是初始化程序，初始化射频部分和内部 CPU。然后程序进入主循环部分，等待接收信号，如果接收到 0x0b 频道上的数据，LED1 闪烁一次，并改变频道为 0x0c，如果接收到 0x0c 频道上的数据，LED2 闪烁一次，并改变频道为 0x0b。

如图 8.7 所示为发送流程图，FDMA 发送程序主要功能为循环发送数据，程序开始先初始化程序，初始化射频部分和内部 CPU，然后两个发送模块在各自的频道上循环发送数据给接收模块，并用 LED1 和 LED2 交替闪烁进行指示。

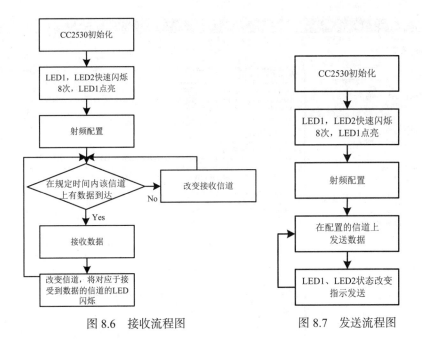

图 8.6　接收流程图　　　　　图 8.7　发送流程图

3. 关键函数分析

射频初始化函数 uint8 halRfInit(void)、发送数据包函数 uint8 basicRfSendPacket(uint16 destAddr, uint8* pPayload, uint8 length)、接收数据函数 uint8 basicRfReceive(uint8* pRxData, uint8 len, int16* pRssi)，以及程序源代码（per_test.c）详见 8.1 节内容。

（1）appTransmiter() 函数：在发送主功能函数里面，首先通过宏定义 MODE_SEND_1 对发送信道进行选择，然后在该信道上通过 basicRfSendPacket() 发送接口函数连续向外发送数据，并改变 LED1、LED2 灯的状态。

（2）appReceiver() 函数：在接收主功能函数中，程序通过 basicRfReceive() 接口在不同信道上接收数据，并用 LED1 和 LED2 来指示是在哪一信道上接收到数据，如果接收到其中一个信道上的数据或一定时间内未接收到该信道上的数据，则通过 changeChannel() 函数来跳到另外一个信道上接收数据。

8.2.4　实验步骤

（1）把 ZigBee(CC2530) 模块插到 ZigBee 节点模块位置，"ZigBee Debug 仿真器"的一端连接 PC 机 USB 口，另一端通过 Jlink 端口（P15 插口）和 ZigBee(CC2530) 模块连接，打开物联网平台开关和 ZigBee 模块开关供电，通过按动 S14、S15 选择按钮，选择物联网平台 ZigBee 节点上面的两个 ZigBee 节点模块为发送器 1 和 2，最下面一个 ZigBee 节点模块为接收器。

（2）通过 IAR Embedded Workbench for MCS-51 集成开发环境打开物联网无线传感网络部分 \exp\ZigBee\ 点对多点无线通信 FDMA\ide\srf05_cc2530\iar 里的 per_test.eww 工程，如图 8.8 所示。

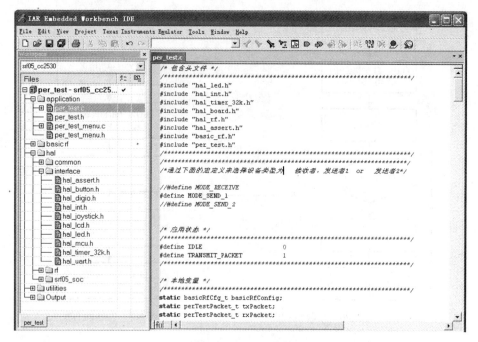

图 8.8　per_test 工程

（3）在 IAR 开发环境中编译、下载、运行和调试程序。注意，本工程需要编译 3
次，分别编译为发送器 1、发送器 2、接收器，通过 MODE_RECEIVE、MODE_SEND1、
MODE_SEND2 宏选择，如图 8.9 所示，并分别下载到 3 个 ZigBee 模块中。

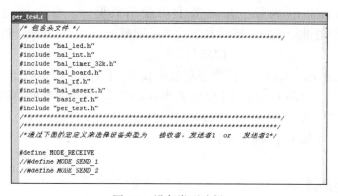

图 8.9　设备类型选择

（4）通信测试：依次打开 3 个分别下载完成的发送器 1、发送器 2 和接收器的
ZigBee 模块，3 个模块的 LED1 和 LED2 快速闪烁 8 次后开始通信，接着发送器的 LED1
和 LED2 交替闪烁，接收器接收到发送器 1 发过来的数据 LED1 闪烁一次，接收到发送器
2 发过来的数据 LED2 闪烁一次。

8.3　TI Z-Stack 2007 协议栈实验

8.3.1　实验环境

（1）硬件：ZigBee(CC2530) 模块（2 个），ZigBee 下载调试板，USB 仿真器，PC 机。
（2）软件：IAR Embedded Workbench for MCS-51 ZStack-2.3.0-1.4.0 协议栈。

8.3.2　实验内容

（1）学习 TI Z-Stack 2007 协议栈软件架构，掌握 TI Z-Stack 协议栈软件开发流程。
（2）安装 TI Z-Stack 2007 协议栈，学习协议栈相关 IAR 工程的配置，及常见软件工具的使用方法。

8.3.3　实验原理

1. Z-Stack 软件架构

Z-Stack 协议栈和 Z-Stack 软件在第 2 章已介绍过，Z-Stack 软件架构如图 8.10 所示，掌握 Z-Stack 协议栈相关的软件架构及开发流程，是学习 ZigBee 无线网络的关键步骤。

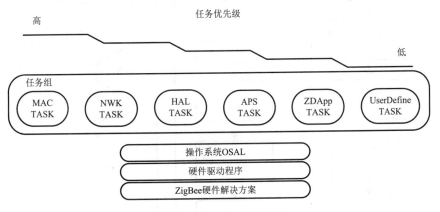

图 8.10　Z-Stack 软件架构

协议栈定义了通信硬件和软件在不同层次如何协调工作。在网络通信领域，在每个协议层的实体通过对信息打包与对等实体通信。在通信的发送方，用户需要传递的数据包按照从高层到低层的顺序依次通过各个协议层，每一层的实体按照最初预定消息格式在数据信息中加入自己的信息，比如每一层的头信息和校验等，最终抵达最低层的物理层，变成数据位流在物理连接间传递。在通信的接收方数据包依次向上通过协议栈，每一层的实体能够根据预定的格式准确地提取需要在本层处理的数据信息，最终用户应用程序得到最终的数据信息并进行处理。

ZigBee 无线网络的实现是建立在 ZigBee 协议栈的基础上，协议栈采用分层的结构。协议分层的目的是为了使各层相对独立，每一层都提供一些服务，服务由协议定义，程序员只需关心与他的工作直接相关的那些层的协议，它们向高层提供服务，并由底层提供服务。

在 ZigBee 协议栈中，PHY、MAC 层位于最低层，且与硬件相关；NWK、APS、APL 层以及安全层建立在 PHY 和 MAC 层之上，并且完全与硬件无关。分层的结构脉络清晰、一目了然，给设计和调试带来极大的方便。

整个 Z-Stack 采用分层的软件结构，硬件抽象层（HAL）提供各种硬件模块的驱动，包括定时器 Timer，通用 I/O 口 GPI/O、通用异步收发传输器 UART、模数转换 ADC 的应用程序接口 API，以及提供各种服务的扩展集。操作系统抽象层 OSAL（Operating System AbstractI/On Layer）实现了一个易用的操作系统平台，通过时间片轮转函数实现任务调度，提供多任务处理机制。用户可以调用 OSAL 提供的相关 API 进行多任务编程，将自己的应用程序作为一个独立的任务来实现。

2. Z-Stack 软件流程

整个 Z-Stack 的主要工作流程如图 8.11 所示，大致分为系统启动、驱动初始化、OSAL 初始化和启动、进入任务轮循几个阶段。

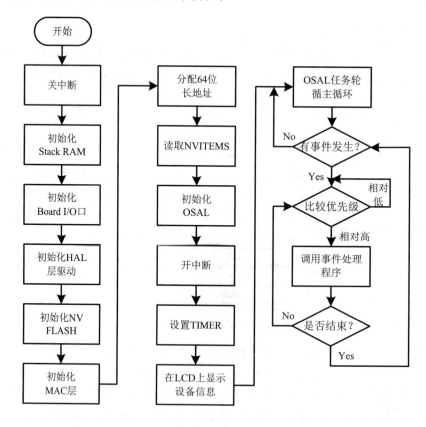

图 8.11　Z-Stack 软件流程图

（1）系统初始化

系统上电后，通过执行 ZMain 文件夹 ZMain.c 的 int main() 函数实现硬件的初始化，其中包括关总中断 osal_int_disable（INTS_ALL）、初始化板上硬件设置 HAL_BOARD_ INIT()、初始化 I/O 口 InitBoard（OB_COLD）、初始化 HAL 层驱动 HalDriverInit()、初始化非易失性存储器 sal_nv_init（NULL）、初始化 MAC 层 ZMacInit()、分配 64 位地址 zmain_ext_addr()、初始化操作系统 osal_init_system() 等。

硬件初始化需要根据 HAL 文件夹中 hal_board_cfg.h 文件中的 8051 配置寄存器。TI 官方发布 Z-Stack 的配置针对的是 TI 官方的开发板 CC2530EB 等，如采用其他开发板，则需根据原理图设计改变 hal_board_cfg.h 文件配置，例如文档配套硬件模块与 TI 官方的 I/O 口配置略有不同，需要参考硬件原理图进行相应修改。

当顺利完成上述初始化时，执行 osal_start_system() 函数开始运行 OSAL 系统。该任务调度函数按照优先级检测各个任务是否就绪。如果存在就绪的任务则调用 tasksArr[] 中相对应的任务处理函数去处理该事件，直到执行完所有就绪的任务。如果任务列表中没有就绪的任务，则可以使处理器进入睡眠状态实现低功耗。程序流程如图 8.12 所示。osal_ start_system() 一旦执行，则不再返回 Main() 函数。

（2）OSAL（Operating System AbstractI/On Layer）任务初始化

OSAL 是协议栈的核心，Z-Stack 的任何一个子系统都作为 OSAL 的一个任务，因此在开发应用层的时候，必须通过创建 OSAL 任务运行应用程序。通过 osalInitTasks() 函数创建 OSAL 任务，其中 TaskID 为每个任务的唯一标识号。任何 OSAL 任务必须分为两步：第一步是进行任务初始化；第二步是处理任务事件。任务初始化主要步骤如下：

① 初始化应用服务变量

const pTaskEventHandlerFn tasksArr[] 数组定义了系统提供的应用服务和用户服务变量，如 MAC 层服务 macEventLoop、用户服务 SampleApp_ProcessEvent 等。

② 分配任务 ID 和分配堆栈内存

void osalInitTasks(void) 主要功能是通过调用 osal_mem_alloc() 函数给各个任务分配内存空间，和给各个已定义任务指定唯一的标识号。

③ 在 AF 层注册应用对象

通过填入 endPointDesc_t 数据格式的 EndPoint 变量，调用 afRegister() 在 AF 层注册 EndPoint 应用对象。

通过在 AF 层注册应用对象的信息，告知系统 afAddrType_ t 地址类型数据包的路由端点，例如用于发送周期信息的 SampleApp_PerI/Odic_DstAddr 和发送 LED 闪烁指令的 SampleApp_Flash_DstAddr。

④ 注册相应的 OSAL 或 HAL 系统服务

在协议栈中，Z-Stack 提供键盘响应和串口活动响应两种系统服务，但是任何 Z-Stask 任务均不自行注册系统服务，两者均需要由用户应用程序注册。值得注意的是，有且仅有一个 OSAL Task 可以注册服务。例如注册键盘活动响应可调用 RegisterForKeys() 函数。

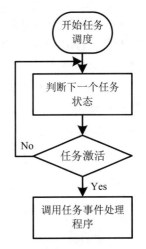

图 8.12　OSAL 任务循环

⑤ 处理任务事件

处理任务事件通过创建 ApplicatI/OnName_ProcessEvent() 函数处理。一个 OSAL 任务除了强制事件（Mandatory Events）之外还可以定义 15 个事件。

SYS_EVENT_MSG（0x8000）是强制事件。该事件主要用来发送全局的系统信息，包括以下信息：

- AF_DATA_CONFIRM_CMD：该信息用来指示通过唤醒 AF DataRequest() 函数发送的数据请求信息的情况。ZSuccess 确认数据请求成功的发送。如果数据请求是通过 AF_ACK_REQUEST 置位实现的，那么 ZSuccess 可以确认数据正确的到达目的地。否则，ZSuccess 仅仅能确认数据成功地传输到了下一个路由。
- AF_INCOMING_MSG_CMD：用来指示接收到的 AF 信息。
- KEY_CHANGE：用来确认按键动作。
- ZDO_NEW_DSTADDR：用来指示自动匹配请求。
- ZDO_STATE_CHANGE：用来指示网络状态的变化。

3. Z-Stack 协议栈目录结构

以 Z-Stack 协议栈安装后，自带的一个工程 SampleApp 实例为模板，了解协议栈的目录结构及相关软件流程。

进入安装好的 TI Z-Stack 协议栈目录 C:\Texas Instruments\ZStack-2.3.0-1.4.0\Projects\zstack\Samples\SampleApp\CC2530DB 中，打开 SampleApp.eww 工程，如图 8.13 所示。

（1）App：应用层目录，这是用户创建各种不同工程的区域，在这个目录中包含了应用层的内容和这个项目的主要内容，在协议栈里一般是以操作系统的任务实现的。在 App 目录下添加 3 个文件即可完成一个新的任务项目（主文件：存放具体的任务事件处理函数；主文件的头文件；操作系统接口文件：以 Osal 开头，专门存放任务处理函数数组 tasksArr[]）。

（2）HAL：硬件层目录，包含有与硬件相关的配置和驱动及操作函数。其中 Common 目录下为公用文件，基本与硬件无关。Common 目录下的 Hal_assert.c 为断言文件，用于调试；Hal_drivers.c 为驱动文件。Including 目录下包含各个硬件模块头文件。Target 目录下文件与硬件平台相关。

（3）MAC：MAC 层目录，包含了 MAC 层的参数配置文件及其 MAC 的 LIB 库的函数接口文件。MAC 层分高层和底层，include 目录下包括 MAC 层参数配置文件及其 MAC 的 lib 库函数接口文件。

（4）MT：监控调试层目录，实现通过串口调试各层，与各层进行直接交互。

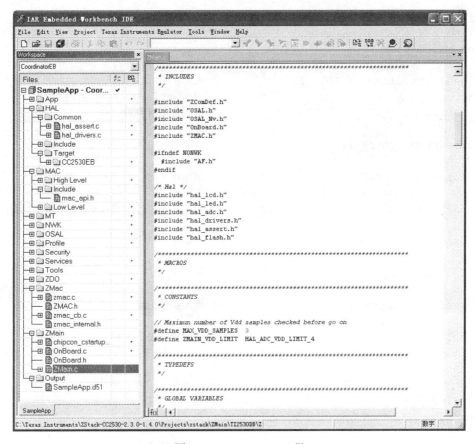

图 8.13　SampleApp 工程

（5）NWK：网络层目录，包含网络层配置参数文件及网络层库的函数接口文件，APS 层库的函数接口。

（6）OSAL：协议栈的操作系统。

（7）Profile：AF 层目录，包含 AF 层处理函数文件。

（8）Security：安全层目录，安全层处理函数，比如加密函数等。

（9）Services：地址处理函数目录，包含地址模式的定义及地址处理函数。

（10）Tools：工程配置目录，包含空间划分及 ZStack 相关配置信息。

（11）ZDO：ZDO（ZigBee Device Object，ZigBee 设备对象）目录，包含 ZigBee 设备对象，方便用户用自定义的对象调用 APS 子层的服务和 NWK 层的服务。

（12）ZMac：MAC 层目录，包含 MAC 层参数配置及 MAC 层 LIB 库函数回调处理函数。其中 zmac.c 是 z-stack mac 导出层接口文件；zmac_cb.c 是 zmac 需要调用的网络层函数。

（13）ZMain：主函数目录，包含入口函数及硬件配置文件。在 OnBoard.c 包含对硬件开发平台各类外设进行控制的接口函数。

（14）Output：输出文件目录，这是 EW8051 IDE 自动生成的。

4. ZigBee 系统初始化流程

Z-Stack 的 main() 函数在 ZMain.c 中，包括了系统初始化、执行操作系统实体等，程序代码如下：

```
int main( void )
{
  osal_int_disable( INTS_ALL );        // 关闭中断

  HAL_BOARD_INIT();                    // 初始化系统时钟

  zmain_vdd_check();                   // 检测芯片电压是否正常

  InitBoard( OB_COLD );                // 初始化 I/O, 配置系统定时器

  HalDriverInit();                     // 初始化芯片各个硬件模块

  osal_nv_init( NULL );                // 初始化 NV 系统

  ZMacInit();                          // 初始化 MAC

  zmain_ext_addr();                    // 确定扩展地址

  zgInit();                            // 初始化非易失变量

#ifndef NONWK
                                       // 初始化应用框架层
  afInit();
#endif

  osal_init_system();                  // 初始化操作系统

  osal_int_enable( INTS_ALL );         // 允许中断

  InitBoard( OB_READY );               // 初始化按键

  zmain_dev_info();                    // 显示设备相关信息

  /* 在显示屏上显示设备信息 */
#ifdef LCD_SUPPORTED
  zmain_lcd_init();
#endif

#ifdef WDT_IN_PM1
  /* 如果使用看门狗定时器, 在此启动  */
  WatchDogEnable( WDTIMX );
#endif

  osal_start_system();                 // 执行操作系统

  return 0;                            // 不该执行该步骤
} // main()
```

其中
- **osal_int_disable(INTS_ALL)**：关闭所有中断。

- HAL_BOARD_INIT()：初始化系统时钟。
- zmain_vdd_check()：检测芯片电压是否正常。
- Zmain_ram_init()：初始化堆栈。
- InitBoard(OB_COLD)：初始化 LED，配置系统定时器。
- HalDriverInit()：初始化芯片各个硬件模块。
- osal_nv_init()：初始化 FLASH 存储。
- Zmain_ext_addr()：形成节点 MAC 地址。
- zgInit()：初始化一些非易失变量。
- ZMacInit()：初始化 MAC 层。
- afinit()：初始化应用框架层。
- osal_init_system()：初始化操作系统。
- osal_int_enabled(INIS_ALL)：使能全部中断。
- Initboard(OB_READY)：初始化按键。
- zmain_dev_info()：在液晶上显示设备信息。
- osal_start_system()：执行操作系统。

8.3.4　实验步骤

（1）安装 TI ZStack-2.3.0-1.4.0 协议栈，安装完成后，默认会在 C 盘 Texas Instruments 目录下出现 ZStack-2.3.0-1.4.0 目录，如图 8.14 所示。

根目录下包含 Documents、Components、Projects 和 Tools 共 4 个文件夹。其中：

① Document 文件夹包含了对整个协议栈进行说明的文档。用户可以把该文件夹下的文档作为学习使用的参考手册。

② Compnents 文件夹是 Z-Stack 协议栈各个功能部件的实现，包含协议栈各个层次的目录结构。

③ Projects 文件夹包含了 Z-Stack 功能演示的各个项目例程。

④ Tool 文件夹下存放着 TI 自带的网络工具。

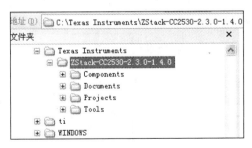

图 8.14　Z-Stack-2.3.0-1.4.0 目录

（2）熟悉 TI ZStack-2.3.0-1.4.0 协议栈自带例程的 IAR 工程配置。

打开 C:\Texas Instruments\ZStack-CC2530-2.3.0-1.4.0\Projects\zstack\Samples\SampleApp\CC2530DB 目录下的 SampleApp.eww 工程文件，如图 8.15 所示。

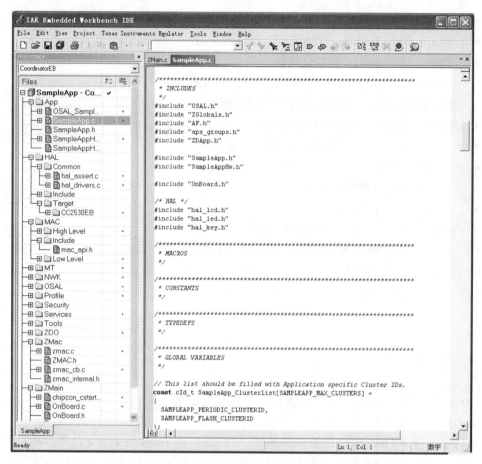

图 8.15　SampleApp 工程界面

在 Workspace 工作区，查看工程模板。本例 SampleApp 工程共有 8 个模板，分别对应不同的硬件设备和不同的 ZigBee 设备类型，如图 8.16 所示。

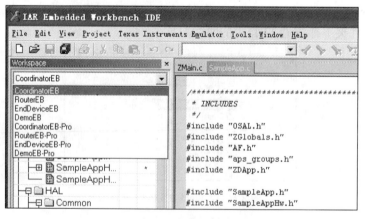

图 8.16　工程模板选择

以 CoordinatorEB 为例，该硬件模板最接近我们实验使用的硬件设备，查看工程相关配置，其中协议栈中使用相关的宏定义来控制设备流程及类型，可以在工程的菜单栏 Project |Options|C/C++Compiler|Preprocessor 方式查看，如图 8.17 所示。

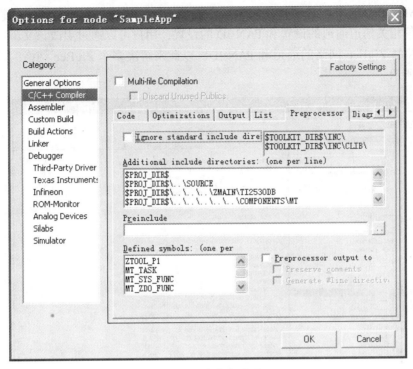

图 8.17　宏定义配置

通过对比不同的工程，可以发现不同工程的 Defined symbols 定义不同，从而实现不同功能流程的控制。

此外，还可以通过工程的 Project|Options|C/C++Compiler|Extra Options 方式查看该工程模板的配置文件，如图 8.18 所示。

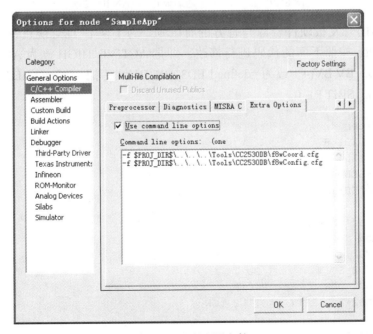

图 8.18　工程配置文件

在 f8wConfig.cfg 等配置文件中定义了工程相关的网络通信设置。其中比较重要的是 ZigBee 通信相关信道通道的设置和 PAN ID 的设置，用户可以通过更改该文件中的相关宏定义，来控制 ZigBee 网络的通道和 PAN ID，以此来解决多个 ZigBee 网络的冲突问题，如图 8.19 所示。

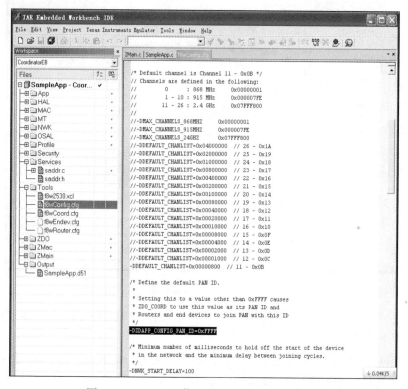

图 8.19　ZigBee 通信通道设置和 PAN ID 设置

由于我们的开发板硬件资源与官方的有区别，为了使 LED 灯能正常使用，请打开 hal_board_cfg.h。按照下面的代码进行修改，即把 ACTIVE_HIGH 改为 ACTIVE_LOW；把 #define LED3_BV BV(4) 改为 #define LED3_BV BV(0)；把 #define LED3_SBIT P1_4 改为 #define LED3_SBIT P1_0。

```
/* 1 - Green */
#define      LED1_BV           BV(0)
#define      LED1_SBIT         P1_0
#define      LED1_DDR          P1DIR
#define      LED1_POLARITY   ACTIVE_LOW

 #if defined (HAL_BOARD_CC2530EB_REV17)
/* 2 - Red */
#define LED2_BV           BV(1)
#define LED2_SBIT         P1_1
#define LED2_DDR          P1DIR
#define LED2_POLARITY   ACTIVE_LOW

/* 3 - Yellow */
#define LED3_BV                 BV(0)
```

```
#define LED3_SBIT            P1_0
#define LED3_DDR             P1DIR
#define LED3_POLARITY        ACTIVE_LOW
#endif
```

（3）编译工程，并下载调试。

选择相应的模板工程，进行编译、下载、运行和调试。

将鼠标放在工程名称上，然后右击弹出快捷菜单，如图 8.20 所示，选择 Rebuild All 命令进行编译；或选择菜单 Project|Rebuild All 命令进行编译，直到下面显示 "Total number of errors: 0"，说明程序无语法错误可以运行了。连接 ZigBee 模块硬件，使用 USB 仿真器连接 ZigBee 模块，上电后，即可通过 IAR 工程的 Debug 下载并调试，如果下载调试出现异常，可以尝试重启 USB 仿真器或重启 ZigBee 模块。

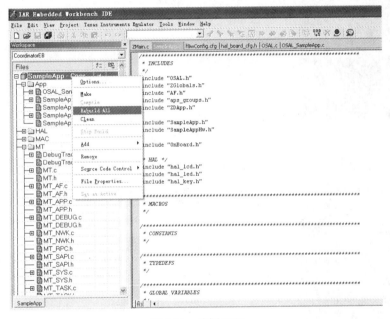

图 8.20　编译工程

（4）使用 ChipconFlashProgrammer 软件更改 MAC 物理地址。

第一次使用 ZigBee 模块，可能会因为 ZigBee 模块的 MAC 地址无效（默认协议栈工程使用按键事件来设置 MAC 地址，而我们的设备无按键，因此需要手动修改 MAC 地址），而无法正常运行程序，需要使用 ChipconFlashProgrammer 软件手动修改 MAC 地址才能正确运行程序。

ZigBee 模块默认出厂地址为 64 位的 0xFF 无效地址，该地址为 ZigBee 的全球唯一地址。因此可以通过 SmartRFProgr_1.6.2 软件更改该物理地址，以此完成基于 Z-Stack 协议栈的实验，具体步骤如下：

① 打开光盘 tools 目录，运行 Setup_SmartRFProgr_1.6.2.exe 程序。

② 连接好 ZigBee 模块和 "ZigBee DeBuger 仿真器" 后，即可检测到 ZigBee 模块。连接时要保证硬件连接正确，可以手动复位 USB 仿真器或 ZigBee 模块，且保证 IAR 工程中已退出 Debug 调试模式。

③ 如图 8.21 所示，使用 Reed IEEE 来读取 ZigBee 物理地址，如果监测到 ZigBee 模块，即可读出该模块的 64 位物理地址。

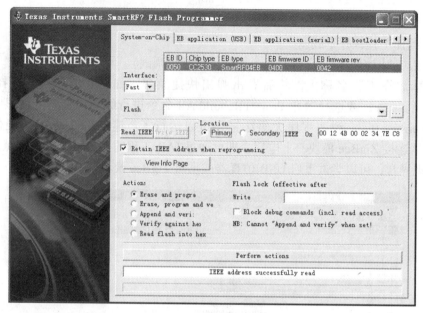

图 8.21　读 IEEE 地址

④ 手动修改 IEEE 物理地址，使用 Write IEEE 烧写，如图 8.22 所示。

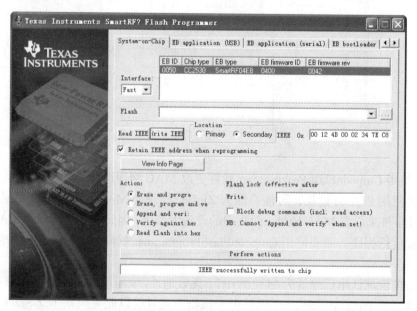

图 8.22　修改 IEEE 地址

保证写入的 IEEE 地址为非 0xFF 且不与局域网中其他模块 IEEE 地址冲突即可。当底侧 Perform actions 栏显示"IEEE successfully written to chip"表示写入成功。修改好 ZigBee 模块的 IEEE 地址后，即可重新下载调试程序。

此时，如果 ZigBee 模块下载了协调器的 coordinatorEB 工程，则该 ZigBee 模块可以作为协调器运行并会自动创建网络；如果下载了 EndDeviceDB 工程，在 ZigBee 模块作为节点端模块；同样，如果下载了 RouterDB 工程，则 ZigBee 作为路由模块使用。

用户可以自行运行、下载工程文件，进行 ZigBee 网络的功能测试。本实验目的在于熟悉 TI Z-Stack 协议栈的软件结构及开发流程，以及一些常用工具的使用。具体的工程功能实现，将在后续实验介绍。

8.4 基于 Z-Stack 的无线组网实验

8.4.1 实验环境

（1）硬件：ZigBee(CC2530) 模块（2 个），ZigBee 下载调试板，USB 仿真器，PC 机。
（2）软件：IAR Embedded Workbench for MCS-51，ZStack-2.3.0-1.4.0 协议栈。

8.4.2 实验内容

（1）学习 TI ZStack2007 协议栈内容，掌握 CC2530 模块无线组网原理及过程。
（2）使用 IAR 开发环境设计程序，在 ZStack-2.3.0-1.4.0 协议栈源码例程 SampleApp 工程基础上，实现无线组网及通信，即协调器自动组网，终端节点自动入网，并发送周期信息 "~HELLO!~" 广播，协调器接收到消息后将数据通过串口发送给 PC 计算机。

8.4.3 实验原理

1. ZigBee(CC2530)

ZigBee(CC2530) 模块 LED 硬件接口电路如图 8.1 所示。

2. SampleApp 工程简介

SampleApp 工程是协议栈自带的 ZigBee 无线网络自启动（组网）实例，该实例实现的功能主要是协调器自启动（组网），节点设备自动入网。之后两者建立无线通信，数据的发送主要有两种方式，一种为周期定时发送信息（本次实验采用该 方法测试）；另一种需要通过按键事件触发发送 Flash 信息。由于实验配套 ZigBee 模块硬件上与 TI 公司的 ZigBee 样板有差异，因此本次实验没有采用按键触发方式。

接下来我们分析发送 perI/Odic 信息流程（发送按键事件 Flash 流程略）。

系统定时器在预定时间间隔向广播组 group1 发送 PerI/Odic 消息，因此在 SampleApp.c 程序中 的 uint16 SampleApp_ProcessEvent(uint8 task_id, uint16 events) 事件处理函数中有如下定时器代码：

```
        case ZDO_STATE_CHANGE:
          SampleApp_NwkState = (devStates_t)(MSGpkt->hdr.status);
          if ( (SampleApp_NwkState == DEV_ZB_COORD)
              || (SampleApp_NwkState == DEV_ROUTER)
              || (SampleApp_NwkState == DEV_END_DEVICE) )
              {
                  // 定时时间到，开始发送 PerI/Odic 消息
                  HalLedSet(HAL_LED_1, HAL_LED_MODE_ON);
        osal_start_timerEx( SampleApp_TaskID,
                  SAMPLEAPP_SEND_PERI/ODIC_MSG_EVT,
                  SAMPLEAPP_SEND_PERI/ODIC_MSG_TIMEOUT );
              }
          else
          {
              // 设备不在网络中
          }
          break;
```

当设备加入到网络后，其状态就会变化，对所有任务触发 ZDO_STATE_CHANGE
事件，开启一个定时器。当定时时间一到，就触发广播 perI/Odic 消息事件，触发事件
SAMPLEAPP_SEND_PERI/ODIC_MSG_EVT，相应任务为 SampleApp_TaskID，于是再
次调用 SampleApp_ProcessEvent() 处理 SAMPLEAPP_SEND_PERI/ODIC_MSG_EVT 事
件，该事件处理函数调用 SampleApp_SendPerI/OdicMessage() 发送周期信息。接下来程
序为：

```
// 发送消息，由定时器触发
//   (设置 SampleApp_Init()).
if ( events & SAMPLEAPP_SEND_PERI/ODIC_MSG_EVT )
{
  HalLedBlink(HAL_LED_2,0,50,500);
  SampleApp_SendPerI/OdicMessage();   // Send the perI/Odic message
  // 设置再次发送正常 PerI/O 消息（加抖动）
   osal_start_timerEx( SampleApp_TaskID, SAMPLEAPP_SEND_PERI/ODIC_MSG_EVT,
(SAMPLEAPP_SEND_PERI/ODIC_MSG_TIMEOUT + (osal_rand() & 0x00FF)) );
   return (events ^ SAMPLEAPP_SEND_PERI/ODIC_MSG_EVT);// 返回处理事件
}
```

3. MT 层串口通信

协议栈将串口通信部分放到了 MT 层的 MT 任务中去处理，因此我们在使用串口通信
时要在编译工程（通常是协调器工程）时在编译选项中加入 MT 层相关任务的支持：MT_
TASK、ZTOOL_P1 或 ZAPP_P1。

4. 无线组网实验关键代码

无线组网实验关键代码如下：

```
void SampleApp_SendPerI/OdicMessage( void )
{
     char buf[]="~HELLO!~";
     AF_DataRequest( &SampleApp_PerI/Odic_DstAddr, &SampleApp_epDesc,
```

```
        SAMPLEAPP_PERI/ODIC_CLUSTERID,8,(unsigned char*)buf,&SampleApp_
TransID,AF_DISCV_ROUTE,AF_DEFAULT_RADIUS );
    }
```

这个函数是终端节点要完成的功能，通过上面对周期事件的分析，可以知道这个函数是被周期调用的，通过 AF_DataRequest() 向协调器周期发送字符串"~HELLO!~"。

```
uint16 SampleApp_ProcessEvent( uint8 task_id, uint16 events )
{
 afIncomingMSGPacket_t *MSGpkt;
 (void)task_id;

 if ( events & SYS_EVENT_MSG )
 {
  MSGpkt = (afIncomingMSGPacket_t *)osal_msg_receive( SampleApp_TaskID );
  while ( MSGpkt )
  {
      switch ( MSGpkt->hdr.event )
      {
        // 当有按键按下时接收
        case KEY_CHANGE:
    SampleApp_HandleKeys( ((keyChange_t *)MSGpkt)->state, ((keyChange_t *)
MSGpkt)->keys );
          break;

        // 当节点收到消息（OTA）时接收
        case AF_INCOMING_MSG_CMD:
        SampleApp_MessageMSGCB( MSGpkt );
        break;;

        // 当设备在网络中改变状态时接收
        case ZDO_STATE_CHANGE:
        SampleApp_NwkState = (devStates_t)(MSGpkt->hdr.status);
         if ( (SampleApp_NwkState == DEV_ZB_COORD)|| (SampleApp_NwkState
== DEV_ROUTER)|| (SampleApp_NwkState == DEV_END_DEVICE) )
         {
        // 定时器时间到，发送 PerI/o 消息
            HalLedSet(HAL_LED_1, HAL_LED_MODE_ON);
            osal_start_timerEx( SampleApp_TaskID,
            SAMPLEAPP_SEND_PERI/ODIC_MSG_EVT,
            SAMPLEAPP_SEND_PERI/ODIC_MSG_TIMEOUT );
         }
         else
         {
            // 设备不在网络中
         }
         break;

        default:
        break;
      }
      osal_msg_deallocate( (uint8 *)MSGpkt );        // 释放内存
```

```
                    // 如果可用，进行下一步
    MSGpkt = (afIncomingMSGPacket_t *)osal_msg_receive( SampleApp_TaskID );
      }

    return (events ^ SYS_EVENT_MSG);        // 返回未处理事件
     }

       // 发送消息，由定时器触发
       //   在SampleApp_Init()中设置
    if ( events & SAMPLEAPP_SEND_PERI/ODIC_MSG_EVT )
    {
    HalLedBlink(HAL_LED_2,0,50,500);
    SampleApp_SendPerI/OdicMessage();       // 发送PerI/O消息
    // 设置再次发送正常PerI/O消息（加抖动）
     osal_start_timerEx( SampleApp_TaskID, SAMPLEAPP_SEND_PERI/ODIC_MSG_
EVT,(SAMPLEAPP_SEND_PERI/ODIC_MSG_TIMEOUT + (osal_rand() & 0x00FF)) );
        return (events ^ SAMPLEAPP_SEND_PERI/ODIC_MSG_EVT); // return
unprocessed events
      }

    return 0;    // 丢弃未知事件
    }
```

SampleApp_ProcessEvent() 函数为应用层事件处理函数，当接收到网络数据（即发生 AF_INCOMING_MSG_CMD 事件）时，会调用 SampleApp_MessageMSGCB(MSGpkt) 处理函数，现在来分析这个函数。

```
    void SampleApp_MessageMSGCB( afIncomingMSGPacket_t *pkt )
    {
        uint16 flashTime;
        unsigned char *buf;

        switch ( pkt->clusterId )
        {
            case SAMPLEAPP_PERI/ODIC_CLUSTERID:
              buf = pkt->cmd.Data;
              HalUARTWrite(0, buf, 8);
              HalUARTWrite(0,"\r\n", 2);
              break;

            case SAMPLEAPP_FLASH_CLUSTERID:
              flashTime = BUILD_UINT16(pkt->cmd.Data[1], pkt->cmd.Data[2] );
              HalLedBlink( HAL_LED_4, 4, 50, (flashTime / 4) );
              break;
        }
    }
```

这个函数是协调器要完成的工作，对终端发过来的消息进行格式转换后发给串口终端。更详细的处理流程，具体参看"无线自组网实验"中的工程源代码。

8.4.4 实验步骤

（1）使用"ZigBee DeBuger 仿真器"连接 PC 机和 ZigBee(CC2530) 模块，打开 ZigBee 模块开关供电。

（2）打开物联网无线传感网络部分 \exp\ZigBee\ 无线自组网实验 \Projects\zstack\ Samples\SampleApp\CC2530DB 里的 SampleApp.eww 工程，如图 8.23 所示，选择 CoordinatorEB 工程，编译下载到 ZigBee 协调器（Coordinator）模块中。

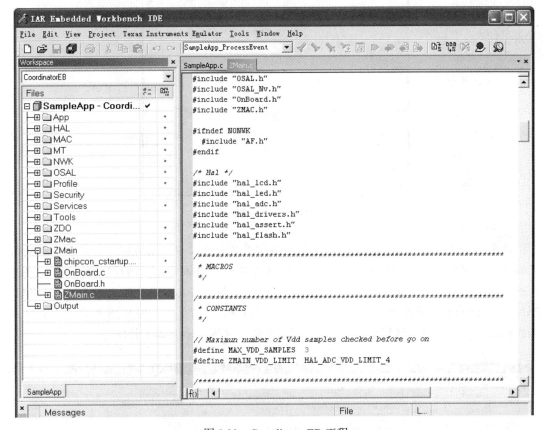

图 8.23 CoordinatorEB 工程

（3）选择 EndDeviceEB 工程，编译下载到终端节点模块。

（4）启动设备测试，首先启动协调器模块，建立网络时 LED1 闪烁，成功后 LED1 点亮停止闪烁，再启动终端节点 ZigBee 模块，入网成功后 LED1 点亮停止闪烁，网络组建成功。

（5）将 PC 机串口线连接到 ZigBee 协调器模块对应的串口上，打开串口终端软件，如 AccessPort，设置波特率为 38400、8 位、无奇偶校验、无硬件流模式，即可在串口终端软件的界面上看到终端节点发送过来的"~HELLO!~"字符串，如图 8.24 所示。

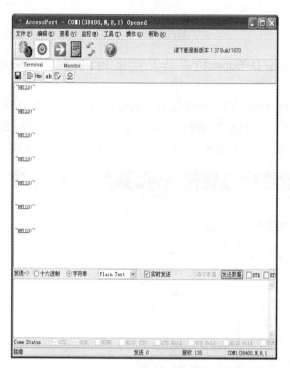

图 8.24 串口终端显示

注意：如果多套实验设备同时在一个实验室内运行此工程（局域网中存在多个相同工程编译出来运行的协调器模块），为避免相同工程的 ZigBee 网络间的组网冲突，需要用户手动更改本例工程 Tools 目录下的 f8wConfig.cfg 文件，将其中默认的 ZDAPP_CONFIG_PAN_ID=0xFFFF 宏更改为唯一的特定值（0 ～ 0x3FFF 之间），如图 8.25 所示，重新编译下载相应工程、运行，这样就可以避免各个 ZigBee 网络（协调器）的冲突。

图 8.25 ZigBee 模块 PAN_ID

8.5　基于 Z-Stack 的串口控制 LED 实验

8.5.1　实验环境

（1）硬件：ZigBee(CC2530) 模块（两个），ZigBee 下载调试板，USB 仿真器，PC 机。

（2）软件：IAR Embedded Workbench for MCS-51，ZStack-2.3.0-1.4.0 协议栈。

8.5.2　实验内容

（1）学习 TI ZStack2007 协议栈内容，掌握 CC2530 模块无线组网原理及过程。

（2）掌握 ZStack 协议中串口 MT 层的处理流程。

（3）学习协议栈中关于串口的基本设置和操作。

（4）使用 IAR 开发环境设计程序，在 ZStack-2.3.0-1.4.0 协议栈源码例程 SampleApp 工程基础上，实现无线组网及通信。即协调器自动组网，终端节点自动入网，并设计上位机串口控制程序，实现上位机 PC 串口对 ZigBee 模块的控制，如 LED 的控制等。

8.5.3　实验原理

1.ZigBee(CC2530)

ZigBee(CC2530) 模块 LED 硬件接口电路如图 8.1 所示。本实验实现上位 PC 机通过串口发出控制命令，发送数据到 ZigBee 协调器节点，协调器通过无线网络控制节点端 LED 灯的开关状态，系统框图如图 8.26 所示。

图 8.26　系统框图

SampleApp 工程分析与 8.4.3 节里 SampleAPP 工程简介相同，在此不再赘述。

2. 串口控制 LED 关键代码

串口控制 LED 关键代码如下：

```
uint16 SampleApp_ProcessEvent( uint8 task_id, uint16 events )
{
  afIncomingMSGPacket_t *MSGpkt;
  (void)task_id; // IntentI/Onally unreferenced parameter
```

```
    if ( events & SYS_EVENT_MSG )
    {
      MSGpkt = (afIncomingMSGPacket_t *)osal_msg_receive( SampleApp_TaskID );
      while ( MSGpkt )
      {
      switch ( MSGpkt->hdr.event )
      {
            // 当有按键按下时接收
            case KEY_CHANGE:
            SampleApp_HandleKeys(((keyChange_t *)MSGpkt)->state,((keyChange_t
*)MSGpkt)->keys );
            break;

              // 当节点收到消息（OTA）时接收
            case AF_INCOMING_MSG_CMD:
            SampleApp_MessageMSGCB( MSGpkt );
            break;

            case SPI_INCOMING_ZAPP_DATA:
            SampleApp_ProcessMTMessage(MSGpkt);
            MT_UartAppFlowControl (MT_UART_ZAPP_RX_READY);
            break;

            // 当设备在网络中改变状态时接收
            case ZDO_STATE_CHANGE:
            SampleApp_NwkState = (devStates_t)(MSGpkt->hdr.status);
            if ( (SampleApp_NwkState == DEV_ZB_COORD)
                || (SampleApp_NwkState == DEV_ROUTER)
                || (SampleApp_NwkState == DEV_END_DEVICE) )
            {
            // 定期发送 PerI/Odic 信息
                HalLedSet(HAL_LED_1, HAL_LED_MODE_ON);
                osal_start_timerEx( SampleApp_TaskID,SAMPLEAPP_SEND_PERI/ODIC_MSG_
EVT,SAMPLEAPP_SEND_PERI/ODIC_MSG_TIMEOUT );
                }
            else
            {
                // 设备不在网络中
            }
            break;

            default:
            break;
      }
      osal_msg_deallocate( (uint8 *)MSGpkt ); // 释放内存
      MSGpkt = (afIncomingMSGPacket_t *)osal_msg_receive( SampleApp_TaskID );
        // 如果可行，进行下一步
      }
```

```
        return (events ^ SYS_EVENT_MSG);      // 返回未处理事件
    }

    // 发送消息，由定时器触发
    // 在 SampleApp_Init() 中设置
    if ( events & SAMPLEAPP_SEND_PERI/ODIC_MSG_EVT )
    {
        SampleApp_SendPerI/OdicMessage(); // 发送 PerI/O 信息
        // 设置再次发送正常 PerI/O 消息（加抖动）
        osal_start_timerEx( SampleApp_TaskID, SAMPLEAPP_SEND_PERI/ODIC_MSG_
EVT,(SAMPLEAPP_SEND_PERI/ODIC_MSG_TIMEOUT + (osal_rand() & 0x00FF)) );
        return (events ^ SAMPLEAPP_SEND_PERI/ODIC_MSG_EVT); // 返回未处理事件
    }
    return 0;      // 丢弃未知事件
}
```

SampleApp_ProcessEvent() 函数为应用层事件处理函数，从上面的代码可知，当应用层接收到串口数据（即发生 SPI_INCOMING_ZAPP_DATA 事件）时，会调用 SampleApp_ProcessMTMessage(MSGpkt) 串口处理函数，当接收到网络数据（即发生 AF_INCOMING_MSG_CMD 事件）时，会调用 SampleApp_MessageMSGCB(MSGpkt) 处理函数，现在来分析这两个函数：

```
void SampleApp_ProcessMTMessage(afIncomingMSGPacket_t *msg)
{
// 字节长度为 msg->hdr.status
const char *msgPtr = ((const char *)msg+2);
//HalUARTWrite ( 0, msgPtr, len);
uint8 status;

  if(strncmp(msgPtr, "on", 2) == 0){
      status = 0x01;
      HalUARTWrite ( 0, "\rset led on\r", 12);
  }
  else if(strncmp(msgPtr, "off", 3) == 0){
      status = 0x00;
      HalUARTWrite ( 0, "\rset led off\r", 13);
  }

    if ( AF_DataRequest( &SampleApp_PerI/Odic_DstAddr, &SampleApp_
epDesc,SAMPLEAPP_LEDCTL_CLUSTERID,1,&status,&SampleApp_TransID,AF_DISCV_
ROUTE,AF_DEFAULT_RADIUS ) == afStatus_SUCCESS )
    {
    }
    else
    {
    // 请求发送时发生错误
    }
```

```
    }
```

这个函数是协调器要完成的工作，当串口接收到字符串 on 时会向串口回发 set led on，并向终端节点发送 0x01，当串口接收到字符串 off 时会向串口回发 set led off，并向终端节点发送 0x00。

```
void SampleApp_MessageMSGCB( afIncomingMSGPacket_t *pkt )
{
 uint16 flashTime;

  switch ( pkt->clusterId )
  {
       case SAMPLEAPP_PERIODIC_CLUSTERID:
         break;

       case SAMPLEAPP_FLASH_CLUSTERID:
         flashTime = BUILD_UINT16(pkt->cmd.Data[1], pkt->cmd.Data[2] );
         HalLedBlink( HAL_LED_4, 4, 50, (flashTime / 4));
         break;
       case SAMPLEAPP_LEDCTL_CLUSTERID:
         SetLedStatus(pkt->cmd.Data[0]);
         break;
   }
 }
```

这个函数是终端节点要完成的工作，当终端节点收到协调器以 SAMPLEAPP_LEDCTL_CLUSTERID 簇 ID 发送过来的一字节命令（保存在 cmd.Data[0]）时，会根据这个命令来设置 LED 状态。更详细的处理流程见工程源代码。

8.5.4 实验步骤

（1）使用"ZigBee DeBuger 仿真器"连接 PC 机和 ZigBee(CC2530) 模块，打开 ZigBee 模块开关供电。

（2）打开物联网无线传感网络部分 \exp\ZigBee\ 基于 ZStack 的上位机串口控制 LED 实验 \Projects\zstack\Samples\SampleApp\CC2530DB 里的 SampleApp.eww 工程，如图 8.27 所示。选择 CoordinatorEB 工程，编译下载到 ZigBee 协调器（Coordinator）模块中。

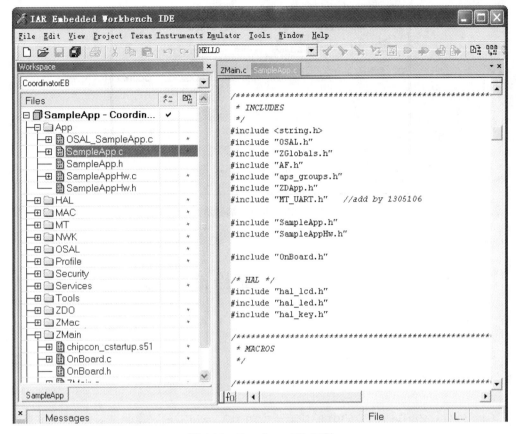

图 8.27　CoordinatorEB 工程

（3）选择 EndDeviceEB 工程，编译下载到终端节点

（4）启动设备测试。首先启动协调器模块，建立网络时 LED1 闪烁，成功后 LED1 点亮停止闪烁，再启动节点端 ZigBee 模块，入网成功后 LED1 点亮停止闪烁，网络组建成功。

（5）将 PC 机串口线连接到 ZigBee 协调器模块对应的串口上，打开串口终端软件，如 AccessPort，设置波特率为 38400、8 位、无奇偶校验、无硬件流模式。即可在串口终端输入区中输入 on 或者 off 来发送串口控制命令至协调器模块，协调器通过串口接收到命令后，无线控制远程节点模块上 LED2 灯开关状态，如图 8.28 所示。

注意：如果多套实验设备同时在一个实验室内运行此工程实验（局域网中存在多个相同工程编译出来运行的协调器模块），为避免相同工程的 ZigBee 网络间的组网冲突，需要用户手动更改本例工程 Tools 目录下的 f8wConfig.cfg 文件，将其中默认的 ZDAPP_CONFIG_PAN_ID=0xFFFF 更改为唯一的特定值（0 ～ 0x3FFF 之间），如图 8.25 所示，重新编译下载相应工程、运行，这样就可以避免各个 ZigBee 网络（协调器）的冲突。

图 8.28　串口终端显示

8.6　无线温度检测实验

8.6.1　实验环境

（1）硬件：ZigBee(CC2530) 模块 (至少两个)，ZigBee 下载调试板，USB 仿真器，PC 机。

（2）软件：IAR Embedded Workbench for MCS-51 ZStack-2.3.0-1.4.0 协议栈。

8.6.2　实验内容

（1）学习 TI ZStack2007 协议栈内容，掌握 CC2530 模块数据传输的实现过程。

（2）学习协议栈中关于串口的基本设置和操作。

8.6.3　实验原理

1. 系统流程图

在 ZigBee 无线网络中，终端节点自动加入该网络中，然后终端节点周期性地采集温度数据并将其发送给协调器，协调器接收到温度数据后，通过串口将其输出到 PC 机，如图 8.29 所示。

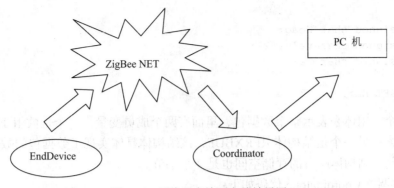

图 8.29　无线温度检测实验效果图

协调器流程图如图 8.30 所示，终端节点流程图如图 8.31 所示。

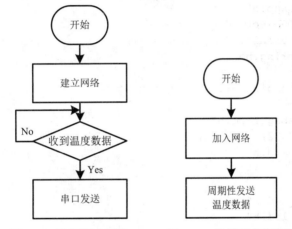

图 8.30　协调器流程图　　　图 8.31　终端节点流程图

2. 关键代码分析

（1）对于协调器而言，只需要将收集到的温度数据通过串口发送到 PC 机即可；对于终端节点而言，需要周期性地采集温度数据，采集温度数据可以通过读取温度传感器的数据得到，温度数据包的结构如表 8.1 所示。

表 8.1　温度数据包结构设计

数 据 包	数据头	温度数据十位	温度数据个位	数据尾
长度、字节	1	1	1	1
默 认 值	'&'	0	0	'C'

（2）协调器编程

在 Coordinator.h 文件中，数据包结构体的定义如下：

```
typedef unI/On h
{
uint8 TEMP[4];
struct RFRXBUF
```

```
    {
        unsigned char Head;
        unsigned char value[2];
        unsigned char Tail;
    }BUF;
    }TEMPRETURE;
```

使用一个共用体来表示整个数据包，里面有两个成员变量，一个是数组 TEMP，该数组有 4 个元素；另一个是结构体 RFRXBUF，该结构体具体实现了数据包的数据头、温度数据、数据尾。结构体所占的存储空间也是 4 个字节。

（3）协调器 Coordinator.c 代码如下：

```c
#include    "OSAL.h"
#include    "AF.h"
#include    "ZDApp.h"
#include    "ZDObject.h"
#include    "ZDProfile.h"
#include    <string.h>

#include    "Coordinator.h"

#include    "DebugTrace.h"
#if !defined(WIN32)
#include "OnBoard.h"
#endif

#include "hal_led.h"
#include "hal_lcd.h"
#include "hal_key.h"
#include "hal_uart.h"

const cId_t GenericApp_ClusterList[GENERICAPP_MAX_CLUSTERS]={
GENERICAPP_CLUSTERID
};
const SimpleDescriptI/OnFormat_t GenericApp_SimpleDesc=
{
    GENERICAPP_ENDPOINT,
    GENERICAPP_PROFID,
    GENERICAPP_DEVICEID,
    GENERICAPP_DEVICE_VERSI/ON,
    GENERICAPP_FLAGS,
    GENERICAPP_MAX_CLUSTERS,
    (cId_t *)GenericApp_ClusterList,
    0,
    (cId_t *)NULL
    };
    endPointDesc_t GenericApp_epDesc;
    byte GenericApp_TaskID;
    byte GenericApp_TransID;
    unsigned char uartbuf[128];

    void GenericApp_MessageMSGCB(afIncomingMSGPacket_t *pckt);
```

```
     void GenericApp_SendTheMessage(void);
     /*static void rxCB(uint8 port, uint8 event);
     static void rxCB(uint8 port, uint8 event)
     {
    HalUARTRead(0, uartbuf, 16);
    if(osal_memcmp(uartbuf,"www.wlwmaker.com",16))
         {
              HalUARTWrite(0, uartbuf,16);
         }
     }*/
    void GenericApp_Init(byte task_id)
    {
     halUARTCfg_t uartConfig;

    GenericApp_TaskID=task_id;
    GenericApp_TransID=0;
    GenericApp_epDesc.endPoint=GENERICAPP_ENDPOINT;
    GenericApp_epDesc.task_id=&GenericApp_TaskID;
    GenericApp_epDesc.simpleDesc=(SimpleDescriptI/OnFormat_t *)&GenericApp_
SimpleDesc;
    GenericApp_epDesc.latencyReq=noLatencyReqs;
    afRegister(&GenericApp_epDesc);

       uartConfig.configured    =TRUE;
       uartConfig.baudRate      =HAL_UART_BR_115200;
       uartConfig.flowControl   =FALSE;
       uartConfig.callBackFunc  =NULL;
       HalUARTOpen(0,&uartConfig);


     }
    UINT16 GenericApp_ProcessEvent(byte tadk_id,UINT16 events)
    {
     afIncomingMSGPacket_t *MSGpkt;
     if(events&SYS_EVENT_MSG)
     {
         MSGpkt=(afIncomingMSGPacket_t  *)osal_msg_receive(GenericApp_
TaskID);
         while(MSGpkt)
         {
              switch(MSGpkt->hdr.event)
              {
                          case AF_INCOMING_MSG_CMD:
                              GenericApp_MessageMSGCB(MSGpkt);
                              break;
                              default:
                              break;
              }
              osal_msg_deallocate((uint8 *) MSGpkt);
              MSGpkt=(afIncomingMSGPacket_t *)osal_msg_receive(GenericApp_
TaskID);
         }
         return (events ^SYS_EVENT_MSG);
```

```
        }
    return 0;
    }
  void GenericApp_MessageMSGCB(afIncomingMSGPacket_t * pkt)
  {
    unsigned char buffer[2]={0x0A,0x0D};
    TEMPRETURE tempreture;
    switch(pkt->clusterId)
      {
            case GENERICAPP_CLUSTERID:
                osal_memcpy(&tempreture,pkt->cmd.Data,sizeof(tempreture));
                HalUARTWrite(0,(uint8*)&tempreture,sizeof(tempreture));
                HalUARTWrite(0,buffer,2);
                break;
      }
  }
```

（4）终端节点 Sensor.c 代码如下：

```
#include "Sensor.h"
#include <I/OCC2530.h>

#define HAL_ADC_REF_115V 0x00
#define HAL_ADC_DEC_256  0x20
#define HAL_ADC_CHN_TEMP 0x0e

int8 readTemp(void)
{
    static uint16 reference_voltage;
    static uint8 bCalibrate=TRUE;
    uint16 value;
    int8 temp;

    ATEST=0x01;
    TR0|=0x01;
    ADCIF=0;

    ADCCON3=(HAL_ADC_REF_115V|HAL_ADC_DEC_256|HAL_ADC_CHN_TEMP);
    while(!ADCIF);
    ADCIF=0;
    value=ADCL;
    value|=((uint16)ADCH)<<8;
    value>>=4;
    if(bCalibrate)
    {
            reference_voltage=value;
            bCalibrate=FALSE;
    }
    temp=22+((value-reference_voltage)/4);
    return 22;
}
```

（5）终端节点 Enddevice.c 事件处理与无线数据发送代码如下：

```
UINT16 GenericApp_ProcessEvent(byte tadk_id,UINT16 events)
{
  afIncomingMSGPacket_t *MSGpkt;
  if(events&SYS_EVENT_MSG)
  {
    MSGpkt=(afIncomingMSGPacket_t *)osal_msg_receive(GenericApp_TaskID);
    while(MSGpkt)
    {
        switch(MSGpkt->hdr.event)
        {
        case ZDO_STATE_CHANGE:
        GenericApp_NwkState=(devStates_t)(MSGpkt->hdr.status);
        if(GenericApp_NwkState==DEV_END_DEVICE)
        {
                //GenericApp_SendTheMessage();
                osal_set_event(GenericApp_TaskID,SEND_DATA_EVENT);
            }
         default:
         break;
          }
        osal_msg_deallocate((uint8 *) MSGpkt);
      MSGpkt=(afIncomingMSGPacket_t *)osal_msg_receive(GenericApp_
TaskID);
    }
    return (events ^SYS_EVENT_MSG);
  }
    if(events&SEND_DATA_EVENT)
    {
        GenericApp_SendTheMessage();
        osal_start_timerEx(GenericApp_TaskID,SEND_DATA_EVENT,1000);
        return (events^SEND_DATA_EVENT);
    }
  return 0;
}

  void GenericApp_SendTheMessage(void)
  {
    //unsigned char theMessageData[10]="EndDevice";
    int8 tvalue;
    TEMPRETURE tempreture;
    tempreture.BUF.Head='&';
    tvalue=readTemp();
    tempreture.BUF.value[0]=tvalue/10+'0';
    tempreture.BUF.value[1]=tvalue%10+'0';
    tempreture.BUF.Tail='C';
    afAddrType_t my_DstAddr;
    my_DstAddr.addrMode=(afAddrMode_t)Addr16Bit;
    my_DstAddr.endPoint=GENERICAPP_ENDPOINT;
    my_DstAddr.addr.shortAddr=0x0000;
    AF_DataRequest(&my_DstAddr, &GenericApp_epDesc, GENERICAPP_CLUSTERID,
    sizeof(tempreture), (uint8 *)&tempreture, &GenericApp_TransID,AF_
DISCV_ROUTE, AF_DEFAULT_RADIUS);
```

```
HalLedBlink(HAL_LED_2,0,50,500);
}
```

8.6.4　实验步骤

（1）使用"ZigBee DeBuger 仿真器"连接 PC 机和 ZigBee(CC2530) 模块，打开 ZigBee 模块开关供电。

（2）打开 ZigBee2530 部分 \exp\ZigBee\ 无线温度检测实验 \Projects\zstack\Samples\ 无线温度检测实验 \CC2530DB 里的 GenericApp.eww 工程，如图 8.32 所示。

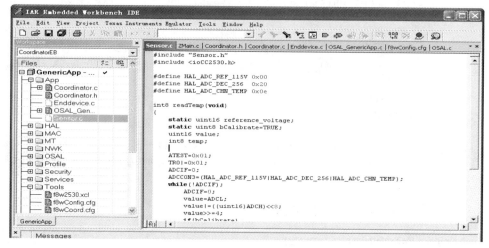

图 8.32　无线温度检测工程

（3）选择 CoordinatorEB 工程，编译下载到 ZigBee 协调器（Coordinator）模块中。

（4）选择 EndDeviceEB 工程，编译下载到 ZigBee 终端节点模块中。

（5）打开串口调试助手，波特率设为 115200，打开协调器、终端节点电源，这样片内集成的温度传感器就可以感应到温度变化并显示出来，如图 8.33 所示。如用手放在终端节点 CC2530 单片机上无线温度检测的数据就会有变化。

图 8.33　温度数据

8.7　无线透传实验

8.7.1　实验环境

（1）硬件：ZigBee(CC2530) 模块（2 个），ZigBee 下载调试板，USB 仿真器，串口调试工具、PC 机。

（2）软件：IAR Embedded Workbench for MCS-51，ZStack-2.3.0-1.4.0 协议栈。

8.7.2　实验内容

（1）学习 ZigBee(CC2530) 串口操作。

（2）掌握数据收发原理。

8.7.3　实验原理

（1）串口初始化（在 SerialApp.c 程序内），代码如下：

```
void SerialApp_Init( uint8 task_id )
{
  halUARTCfg_t uartConfig;

  SerialApp_TaskID = task_id;
  SerialApp_RxSeq = 0xC3;
  SampleApp_NwkState = DEV_INIT;          // 增加 1305106

  afRegister( (endPointDesc_t *)&SerialApp_epDesc );

  RegisterForKeys( task_id );

  uartConfig.configured= TRUE;   // X 可任意数值，即 2330/2430/2530，详见 UART 驱动
  uartConfig.baudRate= SERIAL_APP_BAUD;
  uartConfig.flowControl= FALSE;
  uartConfig.flowControlThreshold = SERIAL_APP_THRESH;
                          // X 可任意数值，即 2330/2430/2530，详见 UART 驱动
  uartConfig.rx.maxBufSize = SERIAL_APP_RX_SZ; // X 可任意数值，详见 UART 驱动
  uartConfig.tx.maxBufSize = SERIAL_APP_TX_SZ; // X 可任意数值，详见 UART 驱动
  uartConfig.idleTimeout = SERIAL_APP_IDLE;    // X 可任意数值，详见 UART 驱动
  uartConfig.intEnable = TRUE;                 // X 可任意数值，详见 UART 驱动
  uartConfig.callBackFunc = SerialApp_CallBack;
  HalUARTOpen (SERIAL_APP_PORT, &uartConfig);
```

（2）串口回调函数（在 SerialApp.c 程序内），代码如下：

```
static void SerialApp_CallBack(uint8 port, uint8 event)
{
```

```
   (void)port;

   if ((event & (HAL_UART_RX_FULL | HAL_UART_RX_ABOUT_FULL |
         HAL_UART_RX_TIMEOUT)) &&
 #if SERIAL_APP_LOOPBACK
      (SerialApp_TxLen < SERIAL_APP_TX_MAX))
 #else
    !SerialApp_TxLen)
 #endif
  {
    SerialApp_Send();
  }
 }
```

（3）串口数据发送函数（在 SerialApp.c 程序内），代码如下：

```
 static void SerialApp_Send(void)
 {
 #if SERIAL_APP_LOOPBACK
 if (SerialApp_TxLen < SERIAL_APP_TX_MAX)
 {
    SerialApp_TxLen  +=  HalUARTRead(SERIAL_APP_PORT,
                      SerialApp_TxBuf+SerialApp_TxLen+1,
                      SERIAL_APP_TX_MAX-SerialApp_TxLen);
 }

 if (SerialApp_TxLen)
 {
    (void)SerialApp_TxAddr;
    if (HalUARTWrite(SERIAL_APP_PORT, SerialApp_TxBuf+1, SerialApp_
TxLen))
    {
       SerialApp_TxLen = 0;
    }
    else
    {
       osal_set_event(SerialApp_TaskID, SERIALAPP_SEND_EVT);
    }
 }
 #else
   if (!SerialApp_TxLen && (SerialApp_TxLen = HalUARTRead(SERIAL_APP_
PORT, SerialApp_TxBuf+1, SERIAL_APP_TX_MAX)))
  {
     // TX 消息的预序列号
     SerialApp_TxBuf[0] = ++SerialApp_TxSeq;
  }

 if (SerialApp_TxLen)
 {
     if (afStatus_SUCCESS != AF_DataRequest(&SerialApp_TxAddr,
                (endPointDesc_t *)&SerialApp_epDesc,
                 SERIALAPP_CLUSTERID1,
```

```
                    SerialApp_TxLen+1, SerialApp_TxBuf,
                    &SerialApp_MsgID, 0, AF_DEFAULT_RADIUS))
        {
            osal_set_event(SerialApp_TaskID, SERIALAPP_SEND_EVT);
        }
    }
  #endif
    }
```

（4）数据接收与消息处理（在 SerialApp.c 程序内），代码如下：

```
void SerialApp_ProcessMSGCmd( afIncomingMSGPacket_t *pkt )
{
    uint8 stat;
    uint8 seqnb;
    uint8 delay;

    switch ( pkt->clusterId )
    {
    // 在串口发送串行数据块的消息
    case SERIALAPP_CLUSTERID1:
    // 存储发送和重发地址
    osal_memcpy(&SerialApp_RxAddr, &(pkt->srcAddr), sizeof( afAddrType_t ));

    seqnb = pkt->cmd.Data[0];

    // 如果不是重复数据包，保留消息
    if ( (seqnb > SerialApp_RxSeq) ||                          // 正常
    ((seqnb < 0x80 ) && ( SerialApp_RxSeq > 0x80)) )           // 环绕式处理
        {
            // 在串口传送数据
            if (HalUARTWrite (SERIAL_APP_PORT, pkt->cmd.Data+1, (pkt->cmd.
DataLength-1) ) )
                {
                  // 保存后续消息
                  SerialApp_RxSeq = seqnb;
                  stat = OTA_SUCCESS;
                }
            else
            {
                stat = OTA_SER_BUSY;
            }
        }
        else
        {
          stat = OTA_DUP_MSG;
        }

    // 选择合适的 OTA 流程控制延迟
        delay = (stat == OTA_SER_BUSY) ? SERIALAPP_NAK_DELAY : SERIALAPP_
ACK_DELAY;
```

```
      // Build & send OTA response message.
      SerialApp_RspBuf[0] = stat;
      SerialApp_RspBuf[1] = seqnb;
      SerialApp_RspBuf[2] = LO_UINT16( delay );
      SerialApp_RspBuf[3] = HI_UINT16( delay );
      osal_set_event( SerialApp_TaskID, SERIALAPP_RESP_EVT );
      osal_stop_timerEx(SerialApp_TaskID, SERIALAPP_RESP_EVT);
      break;

   // 响应收到的串行数据
   case SERIALAPP_CLUSTERID2:
    if ((pkt->cmd.Data[1] == SerialApp_TxSeq) &&
      ((pkt->cmd.Data[0] == OTA_SUCCESS) || (pkt->cmd.Data[0] == OTA_DUP_
MSG)))
    {
       SerialApp_TxLen = 0;
       osal_stop_timerEx(SerialApp_TaskID, SERIALAPP_SEND_EVT);
    }
    else
    {
       // 根据其他设备的发送延迟超时重启
       delay = BUILD_UINT16( pkt->cmd.Data[2], pkt->cmd.Data[3] );
       osal_start_timerEx( SerialApp_TaskID, SERIALAPP_SEND_EVT, delay );
    }
     break;

   case SERIALAPP_CONNECTREQ_CLUSTER:
    SerialApp_ConnectReqProcess((uint8*)pkt->cmd.Data);

   case SERIALAPP_CONNECTRSP_CLUSTER:
    SerialApp_DeviceConnectRsp((uint8*)pkt->cmd.Data);

   default:
    break;
    }
   }
```

（5）事件处理（在 SerialApp.c 程序内），代码如下：

```
UINT16 SerialApp_ProcessEvent( uint8 task_id, UINT16 events )
{
 (void)task_id;

 if ( events & SYS_EVENT_MSG )
 {
  afIncomingMSGPacket_t *MSGpkt;

   while ( (MSGpkt = (afIncomingMSGPacket_t *)osal_msg_receive(
SerialApp_TaskID )))
    {
     switch ( MSGpkt->hdr.event )
      {
```

```
        case AF_INCOMING_MSG_CMD:
          SerialApp_ProcessMSGCmd( MSGpkt );
          break;

      case ZDO_STATE_CHANGE:
        SampleApp_NwkState = (devStates_t)(MSGpkt->hdr.status);
        if ( (SampleApp_NwkState == DEV_ZB_COORD)
            || (SampleApp_NwkState == DEV_ROUTER)
            || (SampleApp_NwkState == DEV_END_DEVICE) )
        {
            // 启动定时器，发送 PerI/O 消息
            HalLedSet(HAL_LED_1, HAL_LED_MODE_ON);

            if(SampleApp_NwkState != DEV_ZB_COORD)
              SerialApp_DeviceConnect();          //add by 1305106
        }
        else
        {
            // 设备不在网络中
        }
        break;

      default:
        break;
      }
      osal_msg_deallocate( (uint8 *)MSGpkt );
    }

    return ( events ^ SYS_EVENT_MSG );
  }

if ( events & SERIALAPP_SEND_EVT )
{
  SerialApp_Send();
  return ( events ^ SERIALAPP_SEND_EVT );
}

if ( events & SERIALAPP_RESP_EVT )
{
  SerialApp_Resp();
  return ( events ^ SERIALAPP_RESP_EVT );
}

return ( 0 );              // Discard unknown events
  }
```

8.7.4　实验步骤

（1）打开 cc2530 实验目录 \exp\ZigBee\ 基于 Z-Stack 协议栈的数据透传模型实验 \Projects\ zstack\Utilities\SerialApp\CC2530DB 中的 SerialApp.eww 工程项目，如图 8.34 所示。

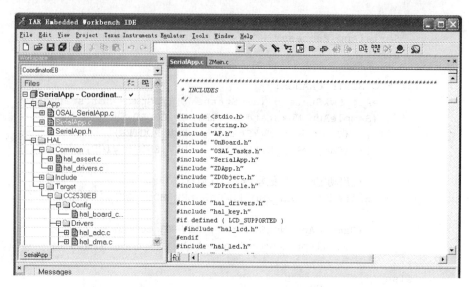

图 8.34　数据透传模型实验工程项目

（2）首先使用"ZigBee DeBuger 仿真器"连接 PC 机和协调器 ZigBee(CC2530) 模块的接口 Jlink（P21），打开 ZigBee 协调器模块开关供电，选择 CoordinatorEB 工程进行编译、下载工程。

（3）然后再使用"ZigBee DeBuger 仿真器"连接 PC 机和节点 ZigBee(CC2530) 模块的接口 Jlink（P15），打开 ZigBee 节点模块开关供电，选择 EnddeviceEB 工程进行编译、下载工程。

（4）打开串口调试程序 AccessPort.exe，将串口线连接到协调器 DebugUART（CAN）接口上，串口设置波特率为 38400、8 位、无奇偶校验、无硬件流模式，当协调器端显示如图 8.35 所示时，表明连接成功。在节点端也是如此。

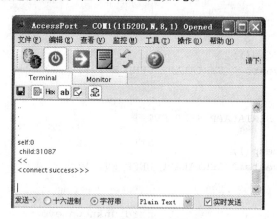

图 8.35　协调器连接状态

（5）此时在协调器端输入数据，如图 8.36 所示。

图 8.36　协调器端输入数据

（6）在节点端会实时地收到"hello i am cyb-bot"信息。

（7）反过来，也可以从节点端输入信息，从协调器端查看信息。

8.8　无线传感网络实验

8.8.1　实验环境

（1）硬件：ZigBee(CC2530) 模块，ZigBee 下载调试板，USB 仿真器，PC 机。

（2）软件：IAR Embedded Workbench for MCS-51，ZStack-2.3.0-1.4.0 协议栈。

8.8.2　实验内容

（1）掌握 ZigBee(CC2530) 与传感器节点的串口通信协议。

（2）掌握传感器数据的采集与传输过程。

（3）学习无线传感网络的搭建。

8.8.3　实验原理

1. 传感器说明

传感器状态串口协议如表 8.2 所示。

表 8.2　传感器状态串口协议

传感器名称	传感器类型编号	传感器输出数据说明
磁检测传感器	0x01	1 表示有磁场；0 表示无磁场
光照传感器	0x02	1 表示有光照；0 表示无光照
红外对射传感器	0x03	1 表示有障碍；0 表示无障碍
红外反射传感器	0x04	1 表示有障碍；0 表示无障碍
结露传感器	0x05	1 表示有结露；0 表示无结露
酒精传感器	0x06	1 表示有酒精；0 表示无酒精
人体检测传感器	0x07	1 表示有人；0 表示无人
三轴加速度传感器	0x08	XH, XL, YH, YL, ZH, ZL
声响检测传感器	0x09	1 表示有声音；0 表示无声音
温湿度传感器	0x0A	HH, HL, TH, TL
烟雾传感器	0x0B	1 表示有烟雾；0 表示无烟雾
振动检测传感器	0x0C	1 表示有振动；0 表示无振动
传感器扩展板	0xFF	用户自定义

2. 串口设置

波特率 115200，数据位 8，停止位 1，无校验位。

3. 三轴加速度

X 轴加速度值 = XH*256+XL。
Y 轴加速度值 = YH*256+YL。
Z 轴加速度值 = ZH*256+ZL。

4. 温湿度传感器

湿度值 =（HH*256+HL）/ 10，以 % 为单位。
温度值 =（TH*256+TL）/ 10，以 ℃ 为单位。

5. 传感器底层协议

传感器串口通信协议如表 8.3 所示。

表 8.3　传感器串口通信协议

传感器模块	发　送	返　回	意　义
磁检测传感器	CC EE 01 NO 01 00 00 FF 查询是否有磁场	EE CC 01 NO 01 00 00 00 00 00 00 00 00 FF	无人
		EE CC 01 NO 01 00 00 00 00 00 01 00 00 FF	有人

续表

传感器模块	发　送	返　回	意　义
光照传感器	CC EE 02 NO 01 00 00 FF 查询是否有光照	EE CC 02 NO 01 00 00 00 00 00 00 00 00 FF	无光照
		EE CC 02 NO 01 00 00 00 00 00 01 00 00 FF	有光照
红外对射传感器	CC EE 03 NO 01 00 00 FF 查询红外对射传感器是否有障碍	EE CC 03 NO 01 00 00 00 00 00 00 00 00 FF	无障碍
		EE CC 03 NO 01 00 00 00 00 00 01 00 00 FF	有障碍
红外反射传感器	CC EE 04 NO 01 00 00 FF 查询红外反射传感器是否有障碍	EE CC 04 NO 01 00 00 00 00 00 00 00 00 FF	无障碍
		EE CC 04 NO 01 00 00 00 00 00 01 00 00 FF	有障碍
结露传感器	CC EE 05 NO 01 00 00 FF 查询是否有结露	EE CC 05 NO 01 00 00 00 00 00 00 00 00 FF	无结露
		EE CC 05 NO 01 00 00 00 00 00 01 00 00 FF	有结露
酒精传感器	CC EE 06 NO 01 00 00 FF 查询是否检测到酒精	EE CC 06 NO 01 00 00 00 00 00 00 00 00 FF	无酒精
		EE CC 06 NO 01 00 00 00 00 00 01 00 00 FF	有酒精
人体检测传感器	CC EE 07 NO 01 00 00 FF 查询是否检测到人	EE CC 07 NO 01 00 00 00 00 00 00 00 00 FF	无人
		EE CC 07 NO 01 00 00 00 00 00 01 00 00 FF	有人
三轴加速度传感器	CC EE 08 NO 01 00 00 FF 查询 XYZ 轴加速度	EE CC 08 NO 01 XH XL YH YL ZH ZL 00 00 FF	XYZ 轴加速度
声响检测传感器	CC EE 09 NO 01 00 00 FF 查询是否有声响	EE CC 09 NO 01 00 00 00 00 00 00 00 00 FF	无声响
		EE CC 09 NO 01 00 00 00 00 00 01 00 00 FF	有声响
温湿度传感器	CC EE 0A NO 01 00 00 FF 查询湿度和温度	EE CC 0A NO 01 00 00 HH HL TH TL 00 00 FF	湿度和温度值
烟雾传感器	CC EE 0B NO 01 00 00 FF 查询是否检测到烟雾	EE CC 0B NO 01 00 00 00 00 00 00 00 00 FF	无烟雾
		EE CC 0B NO 01 00 00 00 00 00 01 00 00 FF	有烟雾

续表

传感器模块	发　　送	返　　回	意　　义
振动检测传感器	CC EE 0C NO 01 00 00 FF 查询是否检测到振动	EE CC 0C NO 01 00 00 00 00 00 00 00 00 FF	无振动
		EE CC 0C NO 01 00 00 00 00 00 01 00 00 FF	有振动

6. 协调器程序

协调器程序代码如下：

```
#include "OSAL.h"
#include "AF.h"
#include "ZDApp.h"
#include "ZDObject.h"
#include "ZDProfile.h"
#include <string.h>
#include "Coordinator.h"
#include "DebugTrace.h"
#if !defined(WIN32)
#include "OnBoard.h"
#endif
#include "hal_led.h"
#include "hal_lcd.h"
#include "hal_key.h"
#include "hal_uart.h"
const cId_t GenericApp_ClusterList[GENERICAPP_MAX_CLUSTERS]={
GENERICAPP_CLUSTERID
  };
const SimpleDescriptI/OnFormat_t GenericApp_SimpleDesc=
{
GENERICAPP_ENDPOINT,
GENERICAPP_PROFID,
GENERICAPP_DEVICEID,
GENERICAPP_DEVICE_VERSI/ON,
GENERICAPP_FLAGS,
GENERICAPP_MAX_CLUSTERS,
(cId_t *)GenericApp_ClusterList,
0,
(cId_t *)NULL
  };
  endPointDesc_t GenericApp_epDesc;
  byte GenericApp_TaskID;
  byte GenericApp_TransID;
  unsigned char uartbuf[128];
  devStates_t GenericApp_NwkState;
  void GenericApp_MessageMSGCB(afIncomingMSGPacket_t *pckt);
  void GenericApp_SendTheMessage(void);
```

```
void GenericApp_Init(byte task_id)
{
 halUARTCfg_t uartConfig;

 GenericApp_TaskID=task_id;
 GenericApp_TransID=0;
 GenericApp_epDesc.endPoint=GENERICAPP_ENDPOINT;
 GenericApp_epDesc.task_id=&GenericApp_TaskID;
 GenericApp_epDesc.simpleDesc=(SimpleDescriptI/OnFormat_t *)&GenericApp_
SimpleDesc;
 GenericApp_epDesc.latencyReq=noLatencyReqs;
 afRegister(&GenericApp_epDesc);

 uartConfig.configured=TRUE;
 uartConfig.baudRate=HAL_UART_BR_115200;
 uartConfig.flowControl=FALSE;
 uartConfig.callBackFunc=NULL;
 HalUARTOpen(0,&uartConfig);

}
UINT16 GenericApp_ProcessEvent(byte tadk_id,UINT16 events)
{
 afIncomingMSGPacket_t *MSGpkt;
 if(events&SYS_EVENT_MSG)
 {
  MSGpkt=(afIncomingMSGPacket_t *)osal_msg_receive(GenericApp_TaskID);
  while(MSGpkt)
  {
    switch(MSGpkt->hdr.event)
    {
      case ZDO_STATE_CHANGE:
        GenericApp_NwkState=(devStates_t)(MSGpkt->hdr.status);
        if(GenericApp_NwkState==DEV_ZB_COORD)
          HalLedSet(HAL_LED_1, HAL_LED_MODE_ON);
      case AF_INCOMING_MSG_CMD:
        GenericApp_MessageMSGCB(MSGpkt);
        break;
        default:
        break;
    }
    osal_msg_deallocate((uint8 *) MSGpkt);
    MSGpkt=(afIncomingMSGPacket_t *)osal_msg_receive(GenericApp_TaskID);
  }
  return (events ^SYS_EVENT_MSG);
 }
 return 0;
}
void GenericApp_MessageMSGCB(afIncomingMSGPacket_t * pkt)
{
    unsigned char buffer[14];
    int i=0;
    switch(pkt->clusterId)
```

```
    {
        case GENERICAPP_CLUSTERID:
            osal_memcpy(buffer, pkt->cmd.Data, 14);
            uartbuf[0]=0xee;
            uartbuf[1]=0xcc;
            uartbuf[2]=0x00;
            uartbuf[3]=0x00;
            uartbuf[4]=0x00;
            uartbuf[5]=HI_UINT16(pkt->srcAddr.addr.shortAddr);
            uartbuf[6]=LO_UINT16(pkt->srcAddr.addr.shortAddr);
            uartbuf[7]=0x00;
            uartbuf[8]=0x00;
            uartbuf[9]=HI_UINT16(NLME_GetCoordShortAddr());
            uartbuf[10]=LO_UINT16(NLME_GetCoordShortAddr());
            uartbuf[11]=0x01;//state
            uartbuf[12]=0x0B;//chanel
            uartbuf[13]=pkt->endPoint;
            for(i=14;i<=26;i++)
            {
                    uartbuf[i]=buffer[i-12];
            }
            HalUARTWrite(0,uartbuf,26);
            HalLedBlink(HAL_LED_2,0,50,500);
            break;
    }
}
```

7. 端点程序

端点程序代码如下：

```
#include    "OSAL.h"
#include    "AF.h"
#include    "ZDApp.h"
#include    "ZDObject.h"
#include    "ZDProfile.h"
#include    <string.h>

#include "Coordinator.h"

#include "DebugTrace.h"
#if !defined(WIN32)
#include "OnBoard.h"
#endif

#include    "hal_led.h"
#include    "hal_lcd.h"
#include    "hal_key.h"
#include    "hal_uart.h"

#define SEND_DATA_EVENT 0x01

const cId_t GenericApp_ClusterList[GENERICAPP_MAX_CLUSTERS]={
```

```
                        GENERICAPP_CLUSTERID \    };

const SimpleDescriptI/OnFormat_t GenericApp_SimpleDesc=
{
    GENERICAPP_ENDPOINT,
    GENERICAPP_PROFID,
    GENERICAPP_DEVICEID,
    GENERICAPP_DEVICE_VERSI/ON,
    GENERICAPP_FLAGS,
    0,
    (cId_t *)NULL,
    GENERICAPP_MAX_CLUSTERS,
    (cId_t *)GenericApp_ClusterList,
};
endPointDesc_t GenericApp_epDesc;
byte GenericApp_TaskID;
byte GenericApp_TransID;
devStates_t GenericApp_NwkState;
unsigned char uartbuf[14];

void GenericApp_MessageMSGCB(afIncomingMSGPacket_t *pckt);
void GenericApp_SendTheMessage(void);
static void rxCB(uint8 port, uint8 event);
static void rxCB(uint8 port, uint8 event)
{
    HalUARTRead(0, uartbuf, 14);
    osal_set_event(GenericApp_TaskID,SEND_DATA_EVENT);
}
void GenericApp_Init(byte task_id)
{
    GenericApp_TaskID             =task_id;
    GenericApp_NwkState =DEV_INIT;
    GenericApp_TransID            =0;
    GenericApp_epDesc.endPoint=GENERICAPP_ENDPOINT;
    GenericApp_epDesc.task_id=&GenericApp_TaskID;
    GenericApp_epDesc.simpleDesc=(SimpleDescriptI/OnFormat_t *)&GenericApp_
SimpleDesc;
    GenericApp_epDesc.latencyReq=noLatencyReqs;
    afRegister(&GenericApp_epDesc);
    halUARTCfg_t uartConfig;
    uartConfig.configured         =TRUE;
    uartConfig.baudRate           =HAL_UART_BR_115200;
    uartConfig.flowControl        =FALSE;
    uartConfig.callBackFunc        =rxCB;
    HalUARTOpen(0,&uartConfig);

}
UINT16 GenericApp_ProcessEvent(byte tadk_id,UINT16 events)
{
    afIncomingMSGPacket_t *MSGpkt;
    if(events&SYS_EVENT_MSG)
    {
```

```
            MSGpkt=(afIncomingMSGPacket_t *)osal_msg_receive(GenericApp_
TaskID);
            while(MSGpkt)
            {
              switch(MSGpkt->hdr.event)
              {
                case ZDO_STATE_CHANGE:
                  GenericApp_NwkState=(devStates_t)(MSGpkt->hdr.status);

                    if((GenericApp_NwkState==DEV_END_DEVICE)||(GenericApp_
NwkState==DEV_ROUTER))
                    {
                      HalLedSet(HAL_LED_1, HAL_LED_MODE_ON);
                      osal_set_event(GenericApp_TaskID,SEND_DATA_EVENT);
                    }
                    default:
                    break;
                }
              osal_msg_deallocate((uint8 *) MSGpkt);
              MSGpkt=(afIncomingMSGPacket_t *)osal_msg_receive(GenericApp_
TaskID);
            }
          return (events ^SYS_EVENT_MSG);
        }
      if(events&SEND_DATA_EVENT)
      {
          GenericApp_SendTheMessage();
          osal_start_timerEx(GenericApp_TaskID,SEND_DATA_EVENT,1000);
          return (events^SEND_DATA_EVENT);
      }
      return 0;
    }
  void GenericApp_SendTheMessage(void)
  {
    afAddrType_t my_DstAddr;
    my_DstAddr.addrMode=(afAddrMode_t)Addr16Bit;
    my_DstAddr.endPoint=GENERICAPP_ENDPOINT;
    my_DstAddr.addr.shortAddr=0x0000;

    if(afStatus_SUCCESS!=AF_DataRequest(&my_DstAddr, &GenericApp_epDesc,
      GENERICAPP_CLUSTERID,14,uartbuf,&GenericApp_TransID,AF_DISCV_ROUTE,AF_
DEFAULT_RADIUS))
      {
          osal_set_event(GenericApp_TaskID, SEND_DATA_EVENT);
      }
    HalLedBlink(HAL_LED_2,0,50,500);
  }
```

8.8.4　实验步骤

（1）打开 cc2530 实验目录 \exp\ZigBee\ 无线传感器网络演示实验 \Projects\zstack\ Samples\ ticc2530_demo\CC2530DB 里的 GenericApp.eww 工程，如图 8.37 所示。

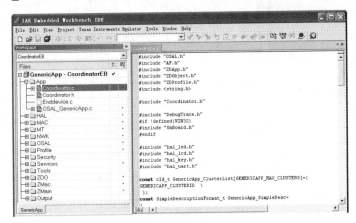

图 8.37　无线传感器网络演示实验

（2）将 EndDeviceEB 工程下载到带有传感器的 ZigBee 节点的模块上。将 CoordinatorEB 工程下载到 ZigBee 协调器节点模块上。

（3）将 ZigBee 协调器节点用串口线与 PC 机连接。下面以温湿度传感器与光照传感器为例进行数据分析。

① 只打开温湿度传感器节点，如图 8.38 所示。

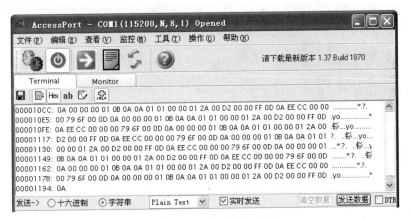

图 8.38　温湿度传感器节点数据

对收到的数据进行解析，如表 8.4 所示。

表 8.4　数据结构说明

说　　明	数　　据	字　节　数
包头	EE CC	2
ZigBee 网络标识	00	1
节点地址	00 00 79 6F	4

续表

说　明	数　据	字　节　数
根节点地址	00 0D 0A 00	4
节点状态	01	1
节点通道	0B	1
通信端口	0A	1
传感器类型编号	0A	1
相同类型传感器 ID	01	1
节点命令序号	01	1
节点数据	00 00 01 2A 00 D2	6
保留字节	00 00	2
包尾	FF	1

湿度值 = (HH*256+HL) / 10，以 % 为单位。

温度值 = (TH*256+TL) / 10，以 ℃为单位。

从图 8.38 中可以看出，节点数据为 00 00 01 2A 00 D2，其中湿度值数据为 HH=01、HL=2A，温度值数据 TH=00、TL=D2，代入上述公式中计算可得：当前湿度 =29.8%，当前温度 =20.8℃。

② 只打开光照传感器节点，如图 8.39 所示。

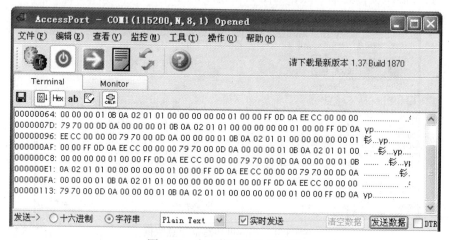

图 8.39　光照传感器节点数据

对收到的如图 8.39 所示数据，其中节点数据为 01，说明有光照（参看表 8.4 所示）。

第 9 章　ZigBee 实践项目（ST 方案）

CBT-SuperIOT 型全功能物联网平台 ST 方案的 ZigBee 模块采用 32 位高性能、低功耗的 STM32W108 处理器，其上位机 Windows 开发环境使用的是嵌入式集成开发环境 IAR EWARM。该开发环境针对目标处理器集成了良好的函数库和工具支持。

本章主要介绍无线通信模块部分的 ZigBee（ST）通信的实验内容，采用 CBT-SuperIOT 型平台配套的 ZigBee 模块（ST），内容由浅入深。前面已经讲述了相应模块的硬件接口实验，本章主要讲解网络协议栈实验及传感器网络实验等。通过本章实验内容，读者即可以迅速掌握上述 ZigBee 无线模块的开发方法，以及相应网络结构的传感器数据通信应用设计。

9.1　Windows 系统下的 ZigBee 开发环境

9.1.1　软件安装准备工作

（1）嵌入式集成开发环境 IAR EWARM 5.41 安装包。
（2）J-Link 4.20 驱动程序安装包。
（3）EmberZNet 4.3.0 协议栈安装包。
（4）IAR SWSTM8 集成开发环境的安装。

注意：下面软件安装例程是在 Windows XP 系统下安装的，如需在 Win7 系统下安装，要选择"以管理员身份运行（A）"。

9.1.2　嵌入式集成开发环境 IAR EWARM 安装

（1）打开 IAR EWARM 安装包进入安装界面，如图 9.1 所示，运行 autorun.exe 程序。

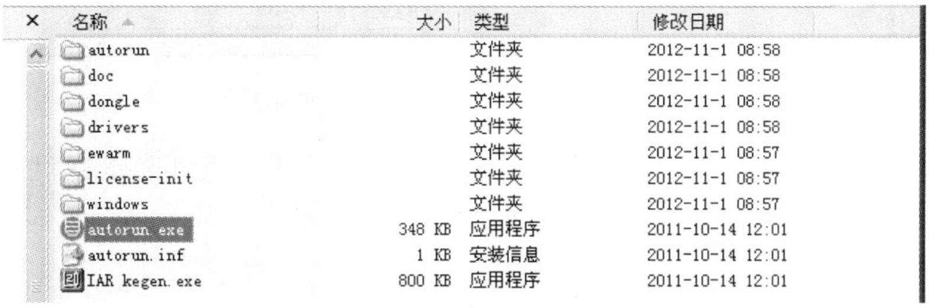

图 9.1　IAR EWARM 安装包

（2）弹出安装界面，选择 Install IAR Embedded Workbench 安装选项，如图 9.2 所示。

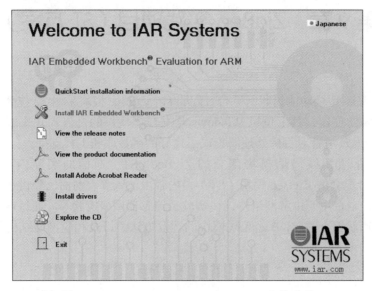

图 9.2　Install IAR Embedded Workbench 安装选项

（3）进入 IAR 安装过程，单击 Next 按钮，进入 License 输入界面，输入 License 序列号和 License Key（License 序列号和 License Key 取得可通过 IAR kekey.exe 程序获得），如图 9.3 所示。

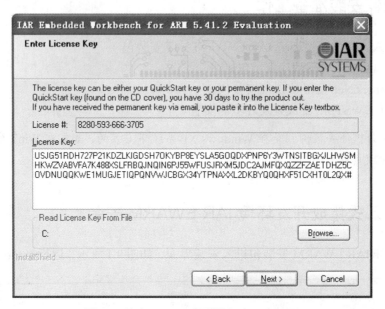

图 9.3　输入 License 序列号和 License Key

（4）选择 IAR 软件安装路径（可选择默认的 C 盘安装，也可选择 D 盘安装），进入安装过程界面，直到出现如图 9.4 所示界面表示安装完成。

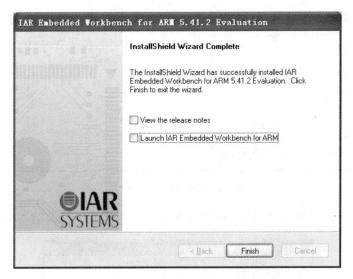

图 9.4　IAR 软件安装完成

9.1.3　仿真器 J-Link 4.20 驱动程序的安装

（1）运行安装程序 Setup_JLinkARM_V420p 安装包，在 License Agreement 界面，单击 Yes 按钮，如图 9.5 所示。

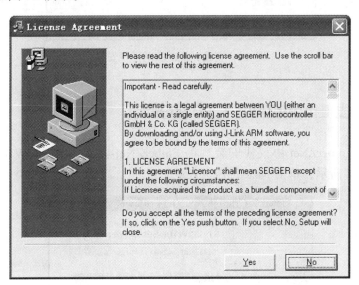

图 9.5　J-Link 驱动程序 License 界面

（2）单击 Next 按钮，继续下一步安装过程；选择驱动安装路径，单击 Next 按钮，在进入的界面中选择在桌面创建快捷方式，单击 Next 按钮，进入安装状态。

（3）进入 SEGGER J-Link DLL Updater V4.20p 界面，选中相应的 IAR 版本，如图 9.6 所示，然后单击 OK 按钮，进入下一步。

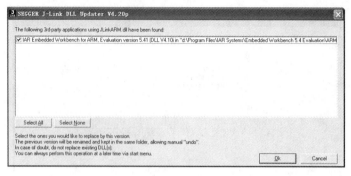

图 9.6　选择 IAR 版本界面

（4）出现如图 9.7 所示界面后，单击 Finish 按钮，完成 J-Link 驱动程序安装。

图 9.7　完成 J-Link 驱动程序安装

9.1.4　协议栈 EmberZNet 4.3.0 的安装

（1）运行 EmberZNet 协议栈安装程序 EmberZNet-4.3.0.0-STM32W108.exe。进入安装界面，如图 9.8 所示，单击 Next 按钮进入下一步。

图 9.8　EmberZNet 协议栈安装

（2）选择安装路径，这里选择默认 C 盘 Program Files 文件夹下，单击 Next 按钮进入下一步。

（3）出现如图 9.9 所示界面时单击 Finish 按钮完成安装。

图 9.9　协议栈安装完成

9.1.5　STM8 芯片集成开发环境 IAR SWSTM8 的安装

（1）运行 EWSTM8-EV-1301.exe，进入安装页面，单击 Install 按钮，开始安装。

（2）单击 Next 按钮，进入 License 序列号输入界面，输入 License 序列号，单击 Next 按钮进入下一步。

（3）然后在进入的界面中输入 STM8 的 License 序列号和 Licence Key，如图 9.10 所示，单击 Next 按钮进入下一步（License 序列号和 License Key 取得可通过运行 key_iar_stm8.exe 程序获得）。

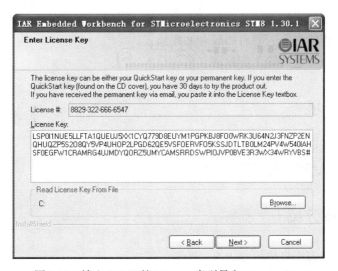

图 9.10　输入 STM8 的 License 序列号和 Licence Key

（4）在进入的界面中选择 IAR 软件安装路径，单击 Next 按钮进入下一步。

（5）在进入的界面中选择 Install，开始安装。

（6）直到出现如图 9.11 所示界面，单击 Finish 按钮安装完成。

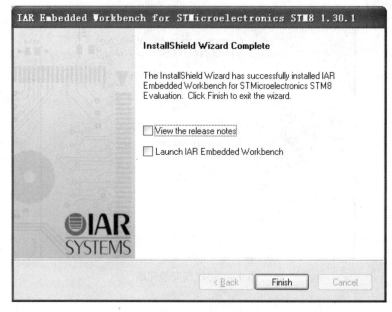

图 9.11　IAR SWSTM8 集成环境的安装完成

9.2　光照传感器实验

9.2.1　实验目的

（1）了解光敏电阻特性。

（2）了解常用传感器的串口协议和底层协议。

（3）了解光敏传感器的工作原理。

9.2.2　实验环境

（1）软件：IAR SWSTM8 1.30。

（2）硬件：光照传感器模块。

9.2.3　传感器介绍

（1）传感器状态串口协议如表 9.1 所示。

表 9.1　传感器状态串口协议

传感器名称	传感器类型编号	传感器输出数据说明
磁检测传感器	0x01	1 表示有磁场；0 表示无磁场
光照传感器	0x02	1 表示有光照；0 表示无光照
红外对射传感器	0x03	1 表示有障碍；0 表示无障碍
红外反射传感器	0x04	1 表示有障碍；0 表示无障碍
结露传感器	0x05	1 表示有结露；0 表示无结露
酒精传感器	0x06	1 表示有酒精；0 表示无酒精
人体检测传感器	0x07	1 表示有人；0 表示无人
三轴加速度传感器	0x08	XH, XL, YH, YL, ZH, ZL
声响检测传感器	0x09	1 表示有声音；0 表示无声音
温湿度传感器	0x0A	HH, HL, TH, TL
烟雾传感器	0x0B	1 表示有烟雾；0 表示无烟雾
振动检测传感器	0x0C	1 表示有振动；0 表示无振动
传感器扩展板	0xFF	用户自定义

（2）串口设置：

串口设置波特率 115200、数据位 8、停止位 1、无校验位。串口端口 COM 的设置，可通过"设备管理器"查询具体串口配置情况。

（3）三轴加速度：

- X 轴加速度值 = $XH \times 256 + XL$。
- Y 轴加速度值 = $YH \times 256 + YL$。
- Z 轴加速度值 = $ZH \times 256 + ZL$。

（4）温湿度传感器：

- 湿度值 = $(HH \times 256 + HL) / 10$，以 % 为单位。
- 温度值 = $(TH \times 256 + TL) / 10$，以 ℃ 为单位。

（5）传感器串口通信协议如表 9.2 所示。

表 9.2　传感器串口通信协议

传感器模块	发　　送	返　　回	意　　义
磁检测传感器	CC EE 01 NO 01 00 00 FF 查询是否有磁场	EE CC 01 NO 01 00 00 00 00 00 00 00 00 FF	无人
		EE CC 01 NO 01 00 00 00 00 00 01 00 00 FF	有人
光照传感器	CC EE 02 NO 01 00 00 FF 查询是否有光照	EE CC 02 NO 01 00 00 00 00 00 00 00 00 FF	无光照
		EE CC 02 NO 01 00 00 00 00 00 01 00 00 FF	有光照

传感器模块	发　送	返　回	意　义
红外对射传感器	CC EE 03 NO 01 00 00 FF 查询红外对射传感器是否有障碍	EE CC 03 NO 01 00 00 00 00 00 00 00 00 FF	无障碍
		EE CC 03 NO 01 00 00 00 00 00 01 00 00 FF	有障碍
红外反射传感器	CC EE 04 NO 01 00 00 FF 查询红外反射传感器是否有障碍	EE CC 04 NO 01 00 00 00 00 00 00 00 00 FF	无障碍
		EE CC 04 NO 01 00 00 00 00 00 01 00 00 FF	有障碍
结露传感器	CC EE 05 NO 01 00 00 FF 查询是否有结露	EE CC 05 NO 01 00 00 00 00 00 00 00 00 FF	无结露
		EE CC 05 NO 01 00 00 00 00 00 01 00 00 FF	有结露
酒精传感器	CC EE 06 NO 01 00 00 FF 查询是否检测到酒精	EE CC 06 NO 01 00 00 00 00 00 00 00 00 FF	无酒精
		EE CC 06 NO 01 00 00 00 00 00 01 00 00 FF	有酒精
人体检测传感器	CC EE 07 NO 01 00 00 FF 查询是否检测到人	EE CC 07 NO 01 00 00 00 00 00 00 00 00 FF	无人
		EE CC 07 NO 01 00 00 00 00 00 01 00 00 FF	有人
三轴加速度传感器	CC EE 08 NO 01 00 00 FF 查询 XYZ 轴加速度	EE CC 08 NO 01 XH XL YH YL ZH ZL 00 00 FF	XYZ轴加速度
声响检测传感器	CC EE 09 NO 01 00 00 FF 查询是否有声响	EE CC 09 NO 01 00 00 00 00 00 00 00 00 FF	无声响
		EE CC 09 NO 01 00 00 00 00 00 01 00 00 FF	有声响
温湿度传感器	CC EE 0A NO 01 00 00 FF 查询湿度和温度	EE CC 0A NO 01 00 00 HH HL TH TL 00 00 FF	湿度和温度值
烟雾传感器	CC EE 0B NO 01 00 00 FF 查询是否检测到烟雾	EE CC 0B NO 01 00 00 00 00 00 00 00 00 FF	无烟雾
		EE CC 0B NO 01 00 00 00 00 00 01 00 00 FF	有烟雾
振动检测传感器	CC EE 0C NO 01 00 00 FF 查询是否检测到振动	EE CC 0C NO 01 00 00 00 00 00 00 00 00 FF	无振动
		EE CC 0C NO 01 00 00 00 00 00 01 00 00 FF	有振动

9.2.4　实验原理

（1）光敏电阻器

光照传感器使用的是光敏电阻。光敏电阻又称光导管，常用的制作材料为硫化镉，另外还有硒、硫化铝、硫化铅和硫化铋等材料。这些制作材料具有在特定波长的光照射下，其阻值迅速减小的特性。这是由于光照产生的载流子都参与导电，在外加电场的作用下做漂移运动，电子奔向电源的正极，空穴奔向电源的负极，从而使光敏电阻器的阻值迅速下降。

光敏电阻器是一种对光敏感的元件，它的电阻值能随着外界光照强弱（明暗）变化而变化。光敏电阻器的结构与特性如图 9.12 所示，光敏电阻器通常由光敏层、玻璃基片（或树脂防潮膜）和电极等组成，光敏电阻器是利用半导体光电导效应制成的一种特殊电阻器，对光线十分敏感。它在无光照射时，呈高阻状态；当有光照射时，其电阻值迅速减小。光敏电阻器广泛应用于各种自动控制电路（如自动照明灯控制电路、自动报警电路等）、家用电器（如电视机中的亮度自动调节，照相机中的自动曝光控制等）及各种测量仪器中。

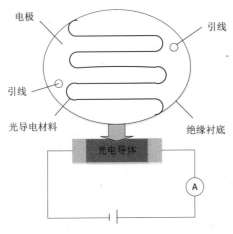

图 9.12　光敏电阻器的结构

（2）光敏传感器模块原理图

如图 9.13 所示，光敏电阻阻值随光照强度变化而变化，在引脚 Light_AD 输出电压值也随之变化。用 STM8 的 PD2 引脚采集 Light_AD 电压模拟量并转为数字量，当采集的 AD 值大于某一阈值（本程序设置为 700），则将 PD3 即 Light_IO 引脚置低，表明有光照。

传感器使用的光敏电阻的暗电阻为 2MΩ 左右，亮电阻为 10K 左右。可以计算出：在黑暗条件下，Light_AD 的数值为 $3.3V - 3.3V * 2000K /(2000K + 10K) = 0.02V$。在光照条件下，Light_AD 的数值为 $3.3V - 3.3V * 10K /(10K + 10K) = 1.65V$。STM8 单片机内部带有 10 位 AD 转换器，参考电压为供电电压 3.3V。根据上面计算结果，选定 1.65V（需要根据实际测量结果进行调整）作为临界值。当 Light_AD 为 1.65V 时，AD 读数为 $1.65 / 3.3 * 1024 = 512$。当 AD 读数大于 512 时说明有光照，当 AD 读数小于 512 时说明无光照，点亮 LED3 作为指示，并通过串口函数来传送触发（有光照时）信号。

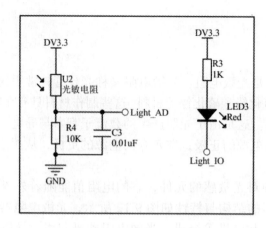

图 9.13　光照传感器原理图

（3）主函数部分代码如下（main.c）

```c
#include "main.h"

u8 CMD_rx_buf[8];                     // 命令缓冲区
u8 DATA_tx_buf[14];                   // 返回数据缓冲区
u8 CMD_ID = 0;                        // 命令序号
u8 Sensor_Type = 0;                   // 传感器类型编号
u8 Sensor_ID = 0;                     // 相同类型传感器编号
u8 Sensor_Data[6];                    // 传感器数据区

u8 Sensor_Data_Digital = 0;          // 数字类型传感器数据
u16 Sensor_Data_Analog = 0;          // 模拟类型传感器数据
u16 Sensor_Data_Threshold = 0;       // 模拟传感器阈值

/* 根据不同类型的传感器进行修改 */
Sensor_Type = 2;                      // 光照传感器
Sensor_ID = 1;
CMD_ID = 1;

DATA_tx_buf[0] = 0xEE;
DATA_tx_buf[1] = 0xCC;
DATA_tx_buf[2] = Sensor_Type;
DATA_tx_buf[3] = Sensor_ID;
DATA_tx_buf[4] = CMD_ID;
DATA_tx_buf[13] = 0xFF;

GPIO_Init(GPIOD, GPIO_PIN_3, GPIO_MODE_OUT_PP_HIGH_SLOW);

// ADC
ADC1_Init(ADC1_CONVERSIONMODE_CONTINUOUS,ADC1_CHANNEL_3,ADC1_PRESSEL_
FCPU_D4,ADC1_EXTTRIG_TIM,DISABLE,ADC1_ALIGN_RIGHT,ADC1_SCHMITTTRIG_
CHANNEL3,DISABLE);ADC1_Cmd(ENABLE);ADC1_StartConversion();
```

```
    Sensor_Data_Analog = 0;
    Sensor_Data_Threshold = 700;

    delay_ms(1000);

    while (1)
    {
        // 获取传感器数据
        Sensor_Data_Analog = ADC1_GetConversionValue();
        if(Sensor_Data_Analog < Sensor_Data_Threshold)
        {
            Sensor_Data_Digital = 0;     // 无光照
            GPIO_WriteHigh(GPIOD, GPIO_PIN_3);
        }
        else
        {
            Sensor_Data_Digital = 1;     // 有光照
            GPIO_WriteLow(GPIOD, GPIO_PIN_3);
        }
            // 组合数据帧
        DATA_tx_buf[10] = Sensor_Data_Digital;

            // 发送数据帧
        UART1_SendString(DATA_tx_buf, 14);   // 串口发送
        LED_Toggle();
        delay_ms(1000);
    }
    }
```

（4）串口函数部分代码如下：

```
#include "UART.h"

/* *********************************************
UART1 configured as follow:
  - BaudRate = 115200 baud
  - Word Length = 8 Bits
  - One Stop Bit
  - No parity
  - Receive and transmit enabled
  - Receive interrupt
  - UART1 Clock disabled
*********************************************/
void Uart1_Init(void)
{
    UART1_DeInit();
    UART1_Init((u32)115200, UART1_WORDLENGTH_8D, UART1_STOPBITS_1, \
    UART1_PARITY_NO,UART1_SYNCMODE_CLOCK_DISABLE,
    UART1_MODE_TXRX_ENABLE);
    UART1_Cmd(ENABLE );
}
```

```
void UART1_SendByte(u8 data)
{
   UART1_SendData8((unsigned char)data);
   /* Loop until the end of transmission */
   while (UART1_GetFlagStatus(UART1_FLAG_TXE) == RESET);
}

void UART1_SendString(u8* Data,u16 len)
{
   u16 i=0;
   for(;i<len;i++)
        UART1_SendByte(Data[i]);
}
```

9.2.5　实验步骤

（1）用 IAR SWSTM8 1.30 软件，打开 ..\ 光照传感器 \Project\Sensor.eww 工程文件，如图 9.14 所示。

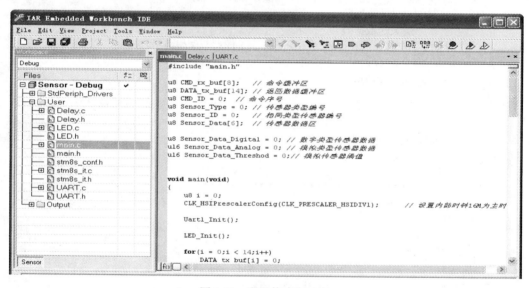

图 9.14　光照传感器工程

（2）打开后选择 Project|Rebuild All 命令，或者选中工程文件，右击，在弹出的快捷菜单中选择 Rebuild All 命令，把 Sensor 工程编译一遍，如图 9.15 所示。

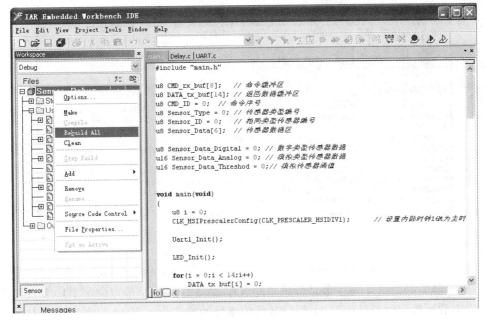

图 9.15　Sensor 工程编译

（3）编译完后，直至无编译错误，结果如图 9.16 所示。

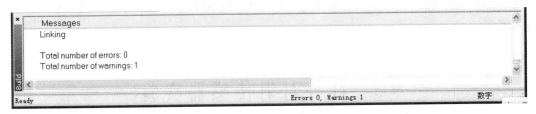

图 9.16　编译结果

（4）对传感器模块进行编程烧写，有两种方法：一种是用 USB2UART 模块连接 JTAG 使用 ST-LINK 进行烧写，即把传感器模块插到平台配套的 USB 转串口模块上，即标记 USB2UART V2.0 模块上，将 S1 开关拨到 Sensor 端。USB 连线一端插在 USB 转串口模块 Mini USB 口上，另一端接到 PC 机的 USB 接口上。另一种是在实验箱上连接 JTAG 的 ST-LINK（P14）进行烧写，但是要连接通信模块才可使用实验箱的 JTAG 烧写。

（5）将"ST-LINK For STM8 & STM32 仿真器"有 20 根插针的一端连接到 USB 转串口模块上 P1 口，再将另一端连接到 PC 机的 USB 端口。

（6）编译完后，要把程序烧到模块里，单击 ![icon] 中间的 Download and Debug 按钮进行程序下载，烧录成功会听到蜂鸣器响一声。然后单击运行按钮 ![icon]，程序开始执行。

（7）然后打开串口调试工具 AccessPort，配置好串口（如 COM5，可通过"设备管理器"了解具体串口配置），设置波特率 115200、8 个数据位、一个停止位、无校验位。测试结果如图 9.17 所示。

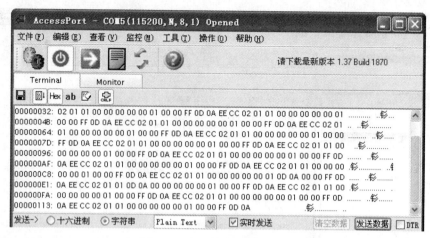

图 9.17　光照传感器测试结果

（8）传感器底层串口协议返回 14 个字节，第 1 位字节和第 2 位字节是包头，第 3 位字节是传感器类型，第 4 位字节是传感器的 ID，第 5 位字节是节点命令 ID，第 6 位字节到 11 位字节是数据位，其中第 11 位字节是传感器的状态位，第 12 位字节和第 13 位字节是保留位，第 14 位字节是包尾。

例如，返回 EE CC 02 01 01 00 00 00 00 00 00 00 00 FF 时，第 11 位字节为 00 时，表示无光照；返回 EE CC 02 01 01 00 00 00 00 00 01 00 00 FF 时，第 11 位字节为 01 时，表示有光照。

9.3　红外对射传感器实验

9.3.1　实验目的

（1）了解红外线的应用。
（2）掌握红外对射传感器工作原理。

9.3.2　实验环境

（1）软件：IAR SWSTM8 1.30。
（2）硬件：红外对射传感器模块。

9.3.3　实验原理

1. 红外对射传感器简介

红外对射传感器使用的是槽型红外光电开关。红外光电传感器是捕捉红外线这种不可见光，采用专用的红外发射管和接收管，转换为可以观测的电信号。红外光电传感器有效地防止周围可见光的干扰，进行无接触探测，不损伤被测物体。红外光电传感器在一般情况下由 3 部分构成，分别为发送器、接收器和检测电路。红外光电传感器的发送器对准目标发射光束，当前面有被检测物体时，物体将发射器发出的红外光线反射回接收器，于是红外光电传感器就"感知"了物体的存在，产生输出信号。

如图 9.18 所示，槽型红外光电开关把一个红外光发射器和一个红外光接收器面对面地装在一个槽的两侧。发光器能发出红外光，在无阻情况下光接收器能收到光。但当被检测物体从槽中通过时，光被遮挡，光电开关便动作，输出一个开关控制信号，切断或接通负载电流，从而完成一次控制动作。槽型开关的检测距离因为受整体结构的限制一般只有几厘米。

图 9.18 红外对射元器件

2. 红外对射传感器模块原理图

如图 9.19 所示，当槽型光电开关 U2 中间有障碍物遮挡时，IR_DATA 为高电平，LED3 熄灭；当槽型光电开关 U2 中间无障碍物遮挡时，IR_DATA 为低电平，LED3 点亮。通过 STM8 单片机读取 IR_DATA 的高低电平状态，即可获知红外对射传感器是否检测到障碍物，再通过串口通信传输信号。

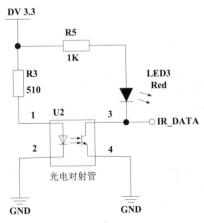

图 9.19 红外对射传感器模块原理图

3. 源码分析

（1）主程序部分代码（程序 main.c）如下：

```
    u8 CMD_rx_buf[8];                    // 命令缓冲区
    u8 DATA_tx_buf[14];                  // 返回数据缓冲区
    u8 CMD_ID = 0;                       // 命令序号
    u8 Sensor_Type = 0;                  // 传感器类型编号
    u8 Sensor_ID = 0;                    // 相同类型传感器编号
    u8 Sensor_Data[6];                   // 传感器数据区

    u8 Sensor_Data_Digital = 0;          // 数字类型传感器数据
    u16 Sensor_Data_Analog = 0;          // 模拟类型传感器数据
    u16 Sensor_Data_Threshold = 0;       // 模拟传感器阈值

/* 根据不同类型的传感器进行修改 */
    Sensor_Type = 3;
    Sensor_ID = 1;
    CMD_ID = 1;
    DATA_tx_buf[0] = 0xEE;
    DATA_tx_buf[1] = 0xCC;
    DATA_tx_buf[2] = Sensor_Type;
    DATA_tx_buf[3] = Sensor_ID;
    DATA_tx_buf[4] = CMD_ID;
    DATA_tx_buf[13] = 0xFF;

    delay_ms(1000);

    while (1)
    {
            // 获取传感器数据
            if(!GPIO_ReadInputPin(GPIOD, GPIO_PIN_3))
            {
                    Sensor_Data_Digital = 0; // 无障碍
            }
            else
            {
                    Sensor_Data_Digital = 1; // 有障碍
            }
            // 组合数据帧
            DATA_tx_buf[10] = Sensor_Data_Digital;
            // 发送数据帧
            UART1_SendString(DATA_tx_buf, 14);
            LED_Toggle();
            delay_ms(1000);
    }
```

（2）串口发送数据代码（程序 UART.c）如下：

```
void UART1_SendByte(u8 data)
{
    UART1_SendData8((unsigned char)data);
    /* Loop until the end of transmission */
    while (UART1_GetFlagStatus(UART1_FLAG_TXE) == RESET);
}


void UART1_SendString(u8* Data,u16 len)
```

```
{
    u16 i=0;
    for(;i<len;i++)
        UART1_SendByte(Data[i]);
}
```

9.3.4 实验步骤

（1）用 IAR SWSTM8 1.30 软件，打开 ..\3-Sensor_ 红外对射传感器 \Project\Sensor. eww 工程项目，如图 9.20 所示。

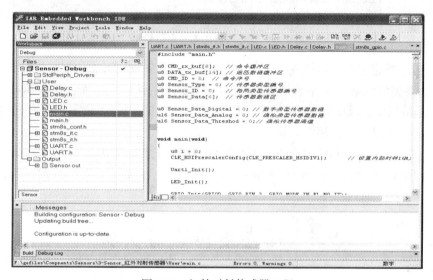

图 9.20 红外对射传感器工程

（2）打开后选择 Project|Rebuild All 命令，或者选中工程文件右击，在弹出的快捷菜单中选择 Rebuild All 命令进行工程编译直至无错误。

（3）对传感器模块进行编程烧写，有两种方法：一种是用 USB2UART 模块连接 JTAG 使用 ST-LINK 进行烧写，即把传感器模块插到平台配套的 USB 转串口模块上，即标记 USB2UART V2.0 模块上，将 S1 开关拨到 Sensor 端。USB 连线一端插在 USB 转串口模块 Mini USB 口上，另一端接到 PC 机的 USB 接口上。另一种是在实验箱上连接 JTAG 的 ST-LINK（P14）进行烧写，但是要连接通信模块才可使用实验箱的 JTAG 烧写。

（4）将 "ST-LINK For STM8 & STM32 仿真器" 有 20 根插针的一端连接到 USB 转串口模块上 P1 口，再将另一端连接到 PC 机的 USB 端口。

（5）编译完后要把程序烧到模块里，单击 中间的 Download and Debug 按钮进行程序下载，烧录成功会听到蜂鸣器响一声。然后单击运行按钮 ，程序开始执行。

（6）然后打开串口调试工具 AccessPort，配置好串口（如 COM5，可通过 "设备管理器" 了解具体串口配置），设置波特率 115200、8 个数据位、一个停止位、无校验位。测试结果如图 9.21 所示。

图 9.21　红外对射传感器串口输出

（7）传感器底层串口协议返回 14 个字节，第 1 位字节和第 2 位字节是包头，第 3 位字节是传感器类型，第 4 位字节是传感器 ID，第 5 位字节是节点命令 ID，第 6 位字节到 11 位字节是数据位，其中第 11 位字节是传感器的状态位，第 12 位字节和第 13 位字节是保留位，第 14 位字节是包尾。

例如，返回 EE CC 03 01 01 00 00 00 00 00 00 00 00 FF 时，第 11 位字节为 00 时，表示无障碍；返回 EE CC 03 01 01 00 00 00 00 00 01 00 00 FF 时，第 11 位字节为 01 时，表示有障碍。

9.4　温湿度传感器实验

9.4.1　实验目的

（1）了解温湿度传感器。
（2）掌握温湿度传感器工作原理。

9.4.2　实验环境

（1）软件：IAR SWSTM8 1.30。
（2）硬件：温湿度传感器模块。

9.4.3　实验原理

1. 温湿度传感器简介

AM2302 湿敏电容数字温湿度模块，是一款含有已校准数字信号输出的温湿度复合传感器。它使用专用的数字模块采集技术和温湿度传感技术，确保产品具有极高的可靠性与卓越的长期稳定性。传感器包括一个电容式感湿元件和一个高精度测温元件，并与一个高性能 8 位单片机相连接。因此该产品具有品质卓越、超快响应、抗干扰能力强、性价比极高等优点。

　　每个传感器都在极为精确的湿度校验室中进行校准。校准系数以程序的形式存储在单片机中，传感器内部在检测信号的处理过程中要调用这些校准系数。标准单总线接口使系统集成变得简易快捷，其超小的体积、极低的功耗，信号传输距离可达 20 米以上，成为各类应用甚至最为苛刻的应用场合的最佳选择。产品为 3 引线（单总线接口）连接方式，如图 9.22 所示。引脚 1（VDD）为电源（3.5～5.5V），引脚 2（SDA）为串行数据双向口，引脚 3（NC）为空脚，引脚 4（GND）为接地。

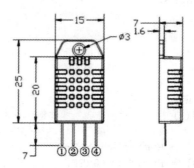

图 9.22　温湿度传感器元件

　　AM2302 器件特点：超低能耗、传输距离远、全部自动化校准、采用电容式湿敏元件、完全互换、标准数字单总线输出、采用高精度测温元件。

　　单总线说明：AM2302 器件采用简化的单总线通信。单总线即只有一根数据线，系统中的数据交换、控制均由数据线完成。设备（微处理器）通过一个漏极开路或三态端口连至该数据线，以允许设备在不发送数据时能够释放总线，而让其他设备使用总线；单总线通常要求外接一个约 4.7 kΩ 的上拉电阻，这样，当总线闲置时，其状态为高电平。由于它们是主从结构，只有主机呼叫传感器时，传感器才会应答，因此主机访问传感器都必须严格遵循单总线序列，如果出现序列混乱，传感器将不响应主机。

2. 温湿度传感器原理图

温湿度传感器原理图如图 9.23 所示。

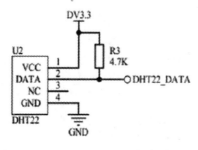

图 9.23　温湿度传感器原理图

3. 源码分析

（1）主要代码如下（main.c）：

```
/* 根据不同类型的传感器进行修改 */
Sensor_Type = 10;   // 传感器类型为温湿度传感器
Sensor_ID = 1;
CMD_ID = 1;

DATA_tx_buf[0] = 0xEE;
DATA_tx_buf[1] = 0xCC;
DATA_tx_buf[2] = Sensor_Type;
DATA_tx_buf[3] = Sensor_ID;
DATA_tx_buf[4] = CMD_ID;
DATA_tx_buf[13] = 0xFF;

delay_ms(1000);

while (1)
{
    // 获取传感器数据
    if(DHT22_Read())
    {
    Sensor_Data[2] = Humidity >> 8;
    Sensor_Data[3] = Humidity&0xFF;
    Sensor_Data[4] = Temperature >> 8;
    Sensor_Data[5] = Temperature&0xFF;
    }

    // 组合数据帧
    for(i = 0;i < 6;i++)
    DATA_tx_buf[5+i] = Sensor_Data[i];

    // 发送数据帧
    UART1_SendString(DATA_tx_buf, 14);
    LED_Toggle();
    delay_ms(1000);
}
```

（2）DHHT22.c 部分代码如下：

```
void DHT22_Init(void)
{
    DHT22_DQ_IN();
    DHT22_DQ_PULL_UP();
    delay_s(2);
}

    H_H = DHT22_ReadByte();
    H_L = DHT22_ReadByte();
    T_H = DHT22_ReadByte();
    T_L = DHT22_ReadByte();
    Check = DHT22_ReadByte();

    temp = H_H + H_L + T_H + T_L;
```

```
if(Check != temp)
    return 0;
else
{
    Humidity    = (unsigned int)(H_H<<8)+(unsigned int)H_L;
    Temperature = (unsigned int)(T_H<<8)+(unsigned int)T_L;
}
```

9.4.4　实验步骤

（1）用 IAR SWSTM8 1.30 软件，打开 ..\10-Sensor_ 温湿度传感器 \Project\Sensor. eww 工程，如图 9.24 所示。

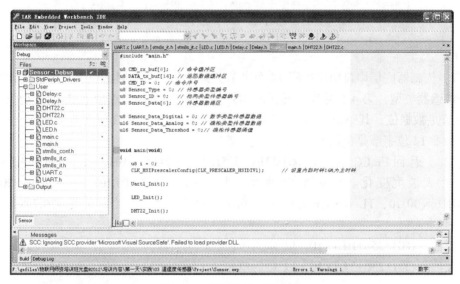

图 9.24　温湿度传感器工程

（2）打开后选择 Project|Rebuild All 命令，或者选中工程文件右击，在弹出的快捷菜单中选择 Rebuild All 命令，编译 Sensor 工程，直到无错误为止。

（3）对传感器模块进行编程烧写，有两种方法：一种是用 USB2UART 模块连接 JTAG 使用 ST-LINK 进行烧写，即把传感器模块插到平台配套的 USB 转串口模块上，即标记 USB2UART V2.0 模块上，将 S1 开关拨到 Sensor 端。USB 连线一端插在 USB 转串口模块 Mini USB 口上，另一端接到 PC 机的 USB 接口上。另一种是在实验箱上连接 JTAG 的 ST-LINK（P14）进行烧写，但是要连接通信模块才可使用实验箱的 JTAG 烧写。

（4）将 "ST-LINK For STM8 & STM32 仿真器" 有 20 根插针的一端连接到 USB 转串口模块上 P1 口，再将另一端连接到 PC 机的 USB 端口。

（5）把程序烧到传感器模块里，单击中间的 Download and Debug 按钮进行程序下载，烧录成功会听到蜂鸣器响一声。然后单击运行按钮，程序开始执行。

（6）然后打开串口调试工具 AccessPort，配置好串口（如 COM3，可通过 "设备管理器" 了解具体串口配置），设置波特率 115200、8 个数据位、一个停止位、无校验位。测试结果如图 9.25 所示。

图 9.25　测试结果

（7）传感器底层串口协议返回 14 个字节，第 1 位字节和第 2 位字节是包头，第 3 位字节是传感器类型，第 4 位字节是传感器 ID，第 5 位字节是节点命令 ID，第 6 位字节到 11 位字节是数据位，其中第 11 位字节是传感器的状态位，第 12 位字节和第 13 位字节是保留位，第 14 位字节是包尾。

例如，返回 EE CC 0A 01 01 00 00 HH HL TH TL 00 00 FF，HH、HL 代表湿度变化，TH、TL 代表温度变化。根据图 9.25 所示，其中 HH=(00)16=(00)10、HL=(CA)16=(202)10，TH=(00)16=(00)10，TL=(CE)16=(206)10，带入下列公式，得到当前湿度 =20.2%、当前温度 =20.6℃。

湿度值 = (HH*256+HL) / 10，以 % 为单位。
温度值 = (TH*256+TL) / 10，以 ℃ 为单位。

9.5　步进电机驱动实验

9.5.1　实验目的

（1）了解步进电机驱动。
（2）掌握步进电机驱动工作原理。

9.5.2　实验环境

（1）软件：IAR SWSTM8 1.30。
（2）硬件：CBT-SuperIOT 型教学实验平台，步进电机驱动模块。

9.5.3　实验原理

1. 硬件原理

步进电机是一种将电脉冲转化为角位移的执行机构。通俗一点讲，当步进驱动器接收到一个脉冲信号，它就驱动步进电机按设定的方向转动一个固定的角度（即步进角）。可以通过控制脉冲个数来控制角位移量，从而达到准确定位的目的；同时也可以通过控制脉冲频率来控制电机转动的速度和加速度，从而达到调速的目的。

步进电机驱动模块采用的是 CBT-StepMotor 型号的驱动模块，处理器为 STM8S 芯片，供电电压为 5V，接口为 UART（TTL 电平），驱动方式为四相八拍，转矩（工作频率 100Hz）为 ≥ 300gf.cm。当对步进电机施加一系列连续不断的控制脉冲时，它可以连续不断地转动。每一个脉冲信号对应步进电机的某一相或两相绕组的通电状态改变一次，也就对应转子转过一定的角度（一个步距角）。当通电状态的改变完成一个循环时，转子转过一个齿距。四相步进电机可以在不同的通电方式下运行，常见的通电方式有单（单相绕组通电）四拍（A-B-C-D-A-…），双（双相绕组通电）四拍（AB-BC-CD-DA-AB-…），八拍（A-AB-B-BC-C-CD-D-DA-A…），如表 9.3 所示。

表 9.3　逆向相序表（顺向是相反的）

导线 颜色	1	2	3	4	5	6	7	8
5 红	+	+	+	+	+	+	+	+
4 橙	–		–					
3 黄		–		–	–			
2 粉								
1 蓝						–	–	–

注：驱动方式为 4-1-2 相驱动

如图 9.26 所示，步进电机的 5 个管脚与 STM8S 的 P14、P15、P16、P17、P18 这 5 个管脚相连，每个管脚都接了 LED 灯，识别管脚状态。

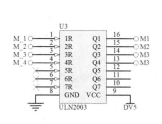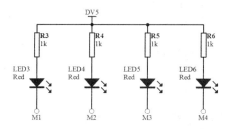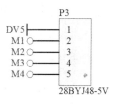

图 9.26　步进电机原理图

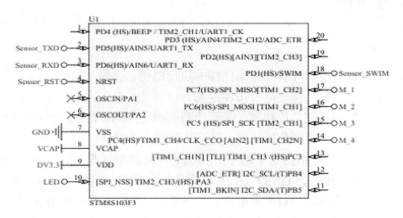

图 9.26 步进电机原理图（续）

2. 程序代码

程序代码如下：

```
// 换相表
const unsigned char CCW_Tab[8] = {0x80,0xc0,0x40,0x60,0x20,0x30,0x10,
0x90}; // 逆时针相序表
const unsigned char CW_Tab[8] = {0x90,0x10,0x30,0x20,0x60,0x40,0xc0,
0x80};  // 顺时针相序表
void main(void)
{
  u8 i = 0;
  u16 num = 0;
  u8 mode = 0;
  // 设置内部时钟 16M 为主时钟
  CLK_HSIPrescalerConfig(CLK_PRESCALER_HSIDIV1);
  Uart1_Init();
  LED_Init();
  Motor_Init();
  for(i = 0;i < 14;i++)
      DATA_tx_buf[i] = 0;
  for(i = 0;i < 8;i++)
      CMD_rx_buf[i] = 0;

  /* 根据不同类型的传感器进行修改 */
  Sensor_Type = 0x10;
  Sensor_ID = 1;
  CMD_ID = 1;
  DATA_tx_buf[0] = 0xEE;
  DATA_tx_buf[1] = 0xCC;
  DATA_tx_buf[2] = Sensor_Type;
  DATA_tx_buf[3] = Sensor_ID;
  DATA_tx_buf[4] = CMD_ID;
  DATA_tx_buf[13] = 0xFF;
```

```
delay_ms(1000);

enableInterrupts();

while (1)
{
  u8 buf;
  num ++;
  if(num == 10){
    DATA_tx_buf[10] = mode;
  UART1_SendString(DATA_tx_buf, 14);
  num = 0;
}

if(Uart_RecvFlag == 1){
   switch(rx_buf[10]){
       case 0x00:  // 逆时针旋转一周
           mode = 0;
           Uart_RecvFlag = 0;
           LED_Toggle();
           Motor_Step_CCW(2*64,1);
           break;
       case 0x01:   // 顺时针转转一周
           mode = 1;
           Uart_RecvFlag = 0;
           LED_Toggle();
           Motor_Step_CW(2*64,1);

           break;
       default:
           Uart_RecvFlag = 0;
           break;
   }
 }
 delay_ms(100);
 }
}
```

9.5.4　实验步骤

（1）用 IAR SWSTM8 1.30 软件，打开 ..\ 16-Sensor_ 步进电机 \Project\Sensor.eww
工程，如图 9.27 所示。

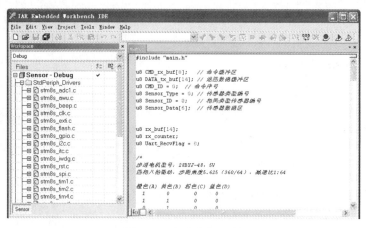

图 9.27　步进电机工程

（2）打开后选择 Project| Rebuild All 命令，或者选中工程文件右击，在弹出的快捷菜单中选择 Rebuild All 命令，编译 Sensor 工程，直到无错误为止。

（3）对传感器模块进行编程烧写，有两种方法：一种是用 USB2UART 模块连接 JTAG 使用 ST-LINK 进行烧写，即把传感器模块插到平台配套的 USB 转串口模块上，即标记 USB2UART V2.0 模块上，将 S1 开关拨到 Sensor 端。USB 连线一端插在 USB 转串口模块 Mini USB 口上，另一端接到 PC 机的 USB 接口上。另一种是在实验箱上连接 JTAG 的 ST-LINK（P14）进行烧写，但是要连接通信模块才可使用实验箱的 JTAG 烧写。

（4）将"ST-LINK For STM8 & STM32 仿真器"有 20 根插针的一端连接到 USB 转串口模块上 P1 口，再将另一端连接到 PC 机的 USB 端口。

（5）把程序烧到传感器模块里，单击 中间的 Download and Debug 按钮进行程序下载，烧录成功会听到蜂鸣器响一声。然后单击运行按钮，程序开始执行。

（6）然后打开串口调试工具 AccessPort，配置好串口（如 COM5，可通过"设备管理器"了解具体串口配置），设置波特率 115200、8 个数据位、1 个停止位、无校验位。测试结果如图 9.28 所示。

图 9.28　串口测试结果

发送 EE CC 10 01 01 00 00 00 00 00 00 01 00 00 FF 使电机顺时针旋转一周（注意：在发送端选择十六进制），如图 9.29 所示。

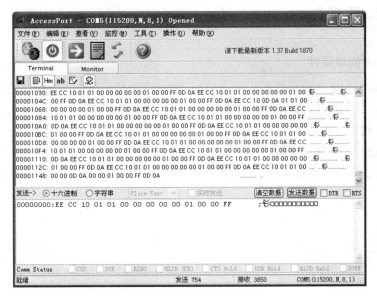

图 9.29　发送顺时针旋转数据

发送 EE CC 10 01 01 00 00 00 00 00 00 00 00 00 FF 使电机逆时针旋转一周。每当发送命令时，LED3 ～ LED6 灯有变化。

9.6　ZigBee 开发实验

9.6.1　实验目的

（1）熟悉基于 STM32W108 处理器的 ZigBee 硬件方案。

（2）了解 ZigBee 开发相关理论与概念以及协议栈软件的安装使用。

（3）熟悉程序下载过程。

9.6.2　实验环境

（1）硬件：CBT-SuperIOT 型实验平台，PC 机，J-Link 仿真器。

（2）软件：IAR EWARM 集成开发环境，EmberZNet 协议栈安装包。

9.6.3　实验内容

（1）阅读有关 STM32W108 硬件文档，熟悉该 ZigBee 模块的硬件接口。

（2）学习 ZigBee 2007/Pro 协议栈 EmberZNet 的相关开发环境。

9.6.4　实验原理

1. ZigBee 模块硬件

CBT-SuperIOT 型实验平台采用的 ZigBee 核心模块是上海庆科公司推出的 EMZ3018B 可编程射频模块，该模块核心是 ST 公司最新的 STM32W 系列 32 位射频处理器，符合 IEEE 802.15.4 规范，内置专业的 Ember ZigBee 2007/Pro 协议栈，处理器内核基于 ARM 公司主流的 Cortex-M3 内核，编程开发方式与 STM32 系列 MCU 一致，方便用户快速入手，满足用户对低成本、低功耗无线传感器网络的需求。EMZ3018B 模块硬件电路图如图 9.30 所示。

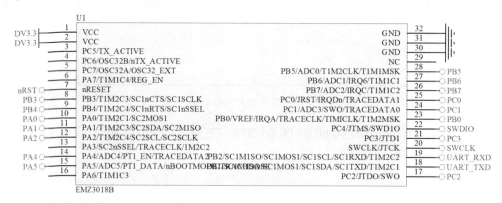

图 9.30　模块硬件原理图

电路中将常用接口全部引出，具体各引脚的含义请参考 EMZ3018B 数据手册或者 STM32W 数据手册。

2. 替换原来协议栈源码（重要）

安装完 EmberZNet-4.3.0 协议栈（参照 Windows 开发环境 ZigBee 部分）后，用光盘 \util 文件夹替换协议栈安装目录下的 util 文件夹。可在 C:\Program Files\STMicroelectronics\EmberZNet-4.3.0\STM32W108\app 找到其相应的工程模板 sensor，STM32W 程序的开发不同于传统 Cortex，一般都是在其自带的工程模板 sensor 上修改的，并存放于相应的上述 app 目录下面，不推荐自己新建工程。在 app\sensor\ewb 文件夹下有 sensor 和 sink 两个工作空间，sensor 工作空间设备收集数据并传递给 sink，多个 sensor 报告给一个 sink 工作空间。sink 工作空间作为一个汇聚节点，收集一个或者多个 sensor 传上来的数据。sink 作为 ZigBee 的协调器，首先启动形成网络。

9.6.5　实验步骤

注意：在使用 STM32W 芯片做实验时，首先要检查在 ZigBee 根节点和子节点上的通信模块是否为 STM32W 芯片，如不是，请将原全功能物联网教学科研平台上的 CC2530

芯片通信模块卸掉，安装上 STM32W 芯片的通信模块才能进行下面的实验。

1. 准备下载

连接好设备，准备开始下载。在下载前应该做好如下工作：

（1）连接好实验箱的电源，关闭实验箱上的所有节点，只打开需要下载的那个节点。

（2）下载 ZigBee 主 Sink 程序时，根节点位于 Cortex A8 网关下方，即显示屏下方，上面标有"ZigBee 协调器"的标识。

（3）下载根节点程序，把 J-Link 仿真器正确插入到实验箱的右下方 Jlink 插座（P21）中，另外一头插入计算机的 USB 端口上；通过按动 S20 按钮，选择根节点的下载模块。

（4）下载通信节点程序或传感器模块程序，把 J-Link 仿真器正确插入到实验箱的左上方的 Jlink 插座（P15）中，另外一头插入计算机的 USB 接口上。通过按动 S14、S15 按钮，也就是"+""-"按钮，选择需要下载的通信节点模块或传感器模块，当模块的黄色指示灯亮起的时候，才可以开始下载程序。

2. 用 IAR 开发环境打开工程文件

（1）打开 IAR for ARM 5.41 软件。选择需要打开的工程，工程位于 STMicroelectronics\EmberZNet3.0\app\sensor_arm\ 文件夹，我们使用的所有的 Demo 程序都在这个目录的 ewb 目录下面。里面有两个工程，一个是 sensor.eww，另一个是 sink.eww，如图 9.31 所示。

图 9.31　工程文件

（2）修改 PANID，为了让我们的实验箱能够支持同时使用，必须要更改工程文件中的 PANID 来区分不同的网络架构。修改 PANID 的方法如下：

① 首先打开 sink.eww 工程，这是根节点的工程。

② 在左边的文件列表框中选择 common.h 文件并打开，如图 9.32 所示。

③ 然后在右边的代码中找到如下代码。

```
#define APP_PANID  (0x01fe)
```

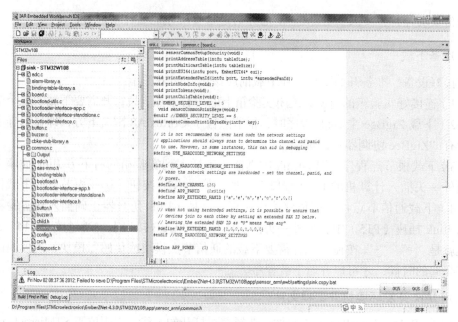

图 9.32　common.h 文件

④ 通过修改 ADD_PANID() 括号内的值，以便使用不同的 PANID 网络。

注意：每一个实验箱上的所有 ZigBee 节点的 PANID 必须一致，这样才能够保证每个箱子内部的节点之间能够正确地组网，但是由于文件关联的关系，sink 工程和 sensor 工程是共用一个 common.h 文件的，所以下载同一个实验箱内不同的模块时只需要修改一次就可以了。

3. 修改硬件资源文件

（1）打开 board.c 源文件，将 ButtonsMB851A[] 与 LedsMB851A[] 修改为如下代码。

```
const ButtonResourceType ButtonsMB851A[] = {
{
   "S1",
   PORTA,
   4
},
{
   "S2",
   PORTA,
   5
}
};

const LedResourceType LedsMB851A[] = {
{
   "D1", /* Green LED */
   PORTB,
   3
},
```

```
{
    "D3", /* Yellow LED */
    PORTB,
    4
}
};
```

（2）打开 board.h 头文件，将 #define BUTTONS_MB851A 1 修改为 #define BUTTONS_MB851A 2。

（3）完成上述修改之后，板载 LED 灯与按键就可以使用了。完成上述修改后再打开其他工程时不再需要重新修改。

4. 下载程序

（1）打开 sink.eww 工程后，单击 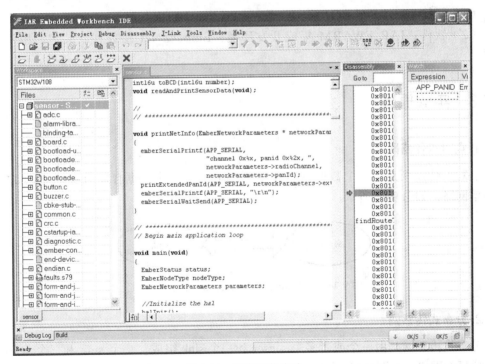 按钮就可以进行下载了。下载成功后即可使用。

（2）打开 sensor 部分的工程。

（3）给实验箱上面的左边一列的节点进行上电，把 JLINK 调试指示灯通过按动上方的按钮选择到我们需要下载程序的那个模块上，当模块的调试红色灯亮起时就可以开始进行调试工作。

（4）单击 按钮进行下载，下载成功后就可以使用了。

（5）出现如图 9.33 所示窗口时表示下载成功。

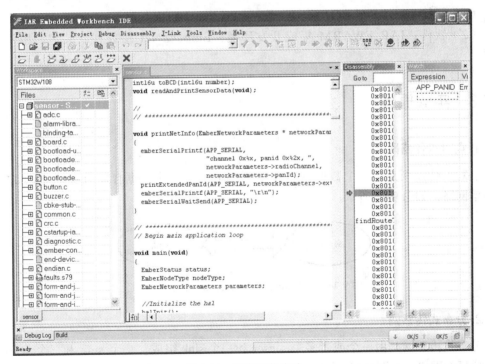

图 9.33　程序下载成功

（6）单击运行按钮 ，协调器上的灯会闪亮，终端节点上的灯也会交替闪亮（注意：如果没有修改 board.c 与 board.h 源文件，灯不会闪亮）。

（7）依次将程序下载到后面的几个传感器节点上就可以了。

注意：为了让实验设备能够在同一个实验室内多个实验箱同时使用，必须修改 PANID，以使各个实验箱的网络能够同时使用。程序启动的时候应该先开启协调器，再开启传感器节点程序，使得节点程序能够顺利组成网络。在使用光盘中的工程时，要将 sensor_arm 工程复制到 ..\STMicroelectronics\EmberZNet-4.3.0\STM32W108\app 文件夹内。

9.7 ZigBee 组网实验

9.7.1 实验目的

（1）学习网络的构建过程与构建方法。
（2）学习网络管理函数的使用。

9.7.2 实验环境

（1）硬件：CBT-SuperIOT 型实验平台，PC 机，J-Link 仿真器。
（2）软件：IAR EWARM 集成开发环境，EmberZNet 协议栈安装包，串口调试工具。

9.7.3 实验原理

1. 点对点传感网

点对点传感网是由一个数据收集节点（sensor）和一个数据存储节点（sink）之间组成通信网络，如图 9.34 所示。

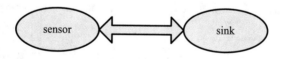

图 9.34　一个 sink 和一个 sensor 组成通信网络

2. 分布式传感网

分布式传感网是由一个或者多个 sensor 和一个 sink 组成。一个 sink 和三个 sensor 之间组成星型网络，如图 9.35 所示。

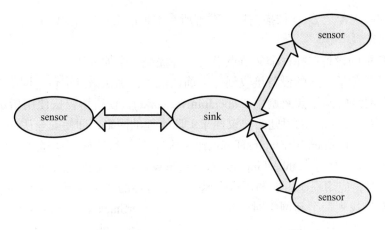

图 9.35　一个 sink 和三个 sensor 组成星型通信网络

3. 软件架构及流程

在调用 emberInit() 之前：① 初始化 HAL；② 关闭中断；③ 调用 halGetResetInfo() 函数来检查复位信息。

在调用 emberInit() 之后：① 如果之前连接上试着重新加入网络；② 设置安全密钥；③ 初始化应用程序状态，如调用 sinkInit()，初始化 sink 的状态；④ 设置任何状态或状态指示器来初始化状态（灯的状态）；⑤ 设置启动加载模式条件。

4. 关键代码分析

（1）sink 与 sensor 通信过程如图 9.36 所示。

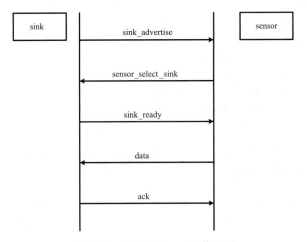

图 9.36　sink 与 sensor 通信过程

检测网络：只有当应用程序请求时，协议栈开始扫描检测一个网络。为了完成该操作，应用程序必须调用 emberStartScan() 函数，并且扫描类型参数为 EMBER_ACTIVE_SCAN。该函数一旦开始扫描并且返回 EMBER_SUCCESS，说明扫描已经开始了。在激活扫描操作中，扫描可获得的信道并且检测任何网络的出现。函数 emberScanCompleteHandler() 被调用来表明扫描的成功或者失败。通过 emberNetWorkFoundHandler() 函数来获得成功的结果。

加入网络：为了加入网络，节点必须遵循的处理过程如下。

① 新的 ZR 或者是 ZED 扫描信道来发现所有本地的 ZR 或者 ZC 节点，这些节点是加入网络的候选者。

② 正在扫描的设备选择一个父节点设备，并提交一个加入请求。

③ 如果接受的话，新的设备接收到一个确认信息，确认信息中包含网络地址。

加入一个网络的操作涉及调用 emberJoinNetwork()，使得协议栈使用指定的网络参数并关联网络。需要 200ms 的时间给协议栈来关联本地的网络，即使安全认证可以扩展。此时不要发送信息，直到 emberStagtusHandler() 回调来确认协议栈已经建立。

使用一个不同的函数 emberFindAndRejoinNetwork() 来完成重新加入一个网络。当与网络失去联系时，应用程序可能调用这个函数。最普通的例子是当一个终端节点不再与父节点通信并希望找到一个新网络时，这个栈调用 emberStackAtausHandler() 函数来表明与网络失去联系，然后通过执行一个激活扫描来试着重新与网络联系，选择一个 ZigBee 网络重新加入请求。第二次调用 AtatusHandler() 回调表明请求的失败或者成功。完成这个处理大概需要 150ms。另一个例子是：如果设备可能错过一个网络密钥的更新，并且不再拥有当前网络密钥时，该函数也是很有用的。

（2）sink.c 中 main() 主函数的部分代码如下：

```
// 扫描检测网络
status = emberFormNetwork(&networkParams);
if (status != EMBER_SUCCESS) {
        emberSerialGuaranteedPrintf(APP_SERIAL,
          "ERROR: from emberFormNetwork: 0x%x\r\n",status);
        assert(FALSE);
    }
  #else
    // 设置模式
    networkFormMethod = SINK_USE_SCAN_UTILS;

    // 向用户展示进度
    emberSerialPrintf(APP_SERIAL,
          "FORM : scanning for an available channel and panid\r\n");
    emberSerialWaitSend(APP_SERIAL);

    /* 使用 app/util/common 中的 form.c 和 join.c 中的函数来扫描选择正确信道，一
旦选择 PAN id 和信道，调用 emberUnusedPanIdFoundHandler*/

    emberScanForUnusedPanId(EMBER_ALL_802_15_4_CHANNELS_MASK, 5);
  #endif
```

（3）sensor.c 中 main() 主函数的部分代码如下：

```
// 重连节点之前所在的网络，如果状态不是 EMBER_SUCCESS，节点不加入旧网络
// 传感器节点是路由器，确保该节点是路由器

if (((emberGetNodeType(&nodeType)) == EMBER_SUCCESS) &&
    (nodeType == EMBER_ROUTER) &&
    (emberNetworkInit() == EMBER_SUCCESS))
  {
    // 能够加入之前网络
```

```
    emberGetNetworkParameters(&parameters);
    emberSerialPrintf(APP_SERIAL,
                        "SENSOR APP: joining network - ");
    printNetInfo(&parameters);
} else {
    // 不能加入之前网络
    emberSerialPrintf(APP_SERIAL,
        "SENSOR APP: push button 0 to join a network\r\n");
}
emberSerialWaitSend(APP_SERIAL);
```

（4）APS 帧：

① EmberAspFrame 结构在实际的 APS 帧中已经发生了变化。

② clusterID 从 int8u 变成 int16u。

有一个一字节的序列号字段包含了序列数，这仅对输入信息有效，对于输出信息将忽略由应用程序提供的序列号。因为 APS 帧被用在广播、组播和单播中，ZigBee 标准选项已经从 EMBER_UNICAST_OPTI ON_ 变成 EMBER_APS_OPTION_。

Ember_UnicastOption 已经变成 Ember_ApsOption，并且从 int8u 变成 int16u 了。

有一个两字节的 groupID 字段，这仅对输入的广播和组播地址有效。对于广播来说，这个字段包含目的地址。以下是当发送数据包和从接收方读取的标准 ZigBee APS 可选项。

```
EMBER_APS_OPTION_RETRY
EMBER_APS_OPTION_SECURITY ( 使用 APS 层安全, 包含一个新的加密信息 )
EMBER_APS_OPTION_SORUCE_EUI64 ( 在网络帧中, 包含源 EUI64 地址 )
EMBER_APS_OPTION_DESTINATION_EUI64 ( 在网络帧中, 包含目的 EUI64 地址 )
```

以下是发送信息的 EmberZNet 可选项，接收方是没有的。

```
EMBER_APS_OPTION_EMBLE_ROUTE_DISCOVERY
EMBER_APS_OPTION_FORCE_ROUTE_DISOCVERY
EMBER_APS_OPTION_ENABLE_ADDRESS_DISCOVERY
EM BER_OPTION_POLL_ RESPONSE
```

（5）地址表。

EUI64 值到网络地址的映射将会保存在地址表中。当新信息到达时，栈将会更新节点的 ID，EUI64 地址不变。

```
EmberStatus emberSetAddressTableRemoteEui64(int8u addressTableIndex,EmberEui64
eui64);
    void emberSetAddressTabelRemoteNodeId(int8u addressTableIndex,EmberNodeId id);
    void emberGetAddressTableRemoteEui64(int8u addressTableIndex,EmberEui64 eui64);
    EmberNodeId emberGetAddressTableRemoteNodeId(int8u addresstabelIndex);
```

在包含 ember-configuration.c 之前，地址表的大小由 EMBER_ADDRESS_TABLE_SIZE 定义来设置。

（6）发送信息。

单播的目的地址可以从地址表或者绑定表中得到，也可以从一个传进来的参数中获得。这里有一个枚举值来表明对于一个特殊的信息使用了哪种方式。emberMessageSend() 函数使用了相同的枚举值。

EMBER_OUTGOING_BROADCAST 和 EMBER_OUTGOING_MULTICAST 不能传递给 emberSendUnicast() 函数。

地址表和绑定的使用允许栈通过设置 EMBER_APS_OPTION_ENABLE_ADDRESS_DISCOVERY 可选项来执行地址发现。

EMBER_OUTGOING_VIA_BINDIG 仅在绑定表的信息中使用，剩下的绑定表信息（cluster ID, endpoint,profile ID）可以通过 emberGetBinding() 函数和 emberGetEndpointDescription 来获得。

emberSendReply() 函数没有改变，能够对任何重试的 APS 信息都发送一个回复，回复是 ZigBee 的一个非标准扩展。

```
EmberStatus emberSendReply(int16u clusterId,EmberMessageBufferreply);
```

组播获得一个 APS 帧和传播半径。在 APS 帧中指定了 groupId。 nonmemberRadius 指定了不属于这个组的成员设备转发信息的跳数，值为 7 或者是更大被认为是无穷大。

（7）ZigBee 网络重新加入策略。

端设备（ZED）与它们的父节点失去了联系或者任何没有当前网络密钥的节点都应该调用以下 API 函数：

```
EmberStatus emberRejoinNetwork(boolean haveCurrentNetworkKey);
```

haveCurrentNetworkKey 变量决定了栈是否要执行一个安全的网络重新加入 (haveCurrentNetworkKey=TRUE)，或者不安全的重新加入 (haveCurrentNetworkKey=FALSE)。如果使用商业安全库的话，仅使用不安全的网络重新加入。在这种情况下，当前网络密钥将被发送给重新加入网络的节点，这些节点都用设备的链路密钥在 APS 层加密了。

9.7.4 实验内容

1. 串口设置

波特率 115200、数据位 8、停止位 1、无校验位。

2. 角色

- sensor：这个设备收集数据并传递给 sink，多个 sensor 报告给一个 sink。sensor 可以作为路由器并一直醒着，可以作为其他设备的父节点，也可以作为端设备。
- sink：作为一个汇聚节点，收集一个或者多个 sensor 传上来的数据。在本实验中，sink 作为协调器并首先启动网络。
- Sleep-sensor：sensor 应用的睡眠版本。电池功耗设备必须根据电池寿命来进行睡眠，以降低功耗。传感器节点无消息路由功能，和父节点进行点对点通信。
- Mobile-sensor：sensor 应用的睡眠和移动版本。每隔一定时间就要移动一下，如果父节点没有它的消息，就切换父节点。

3. 创建一个网络

为了创建一个网络，必须有一个协调节点（ZC，ZigBee Coordinator），把其他设备聚集到这个网络中。

（1）ZC（协调者）通过选择一个信道和唯一的一个两字节 PAN-ID，以及扩展 PAN ID 来启动网络。通过调用参数为 EMBER_ENERGY_SCAN 的 emberStartScan() 函数来进行第一次扫描，并且获得一个干扰少的信道。如果信道干扰比较大，ZC 可以避免使用该信道。再次调用 emberStartScan()，参数为 EMBER_ACTIVE_SCAN，它提供一些有用的信息，如已经在使用的 PANIDs 和任何其他协调者运行一个冲突网络。ZC 程序应尽量避免 PAN ID 冲突，因此 ZC 选择一个冲突少的信道和一个没有被使用过的 PAN ID 并开始调用 emberFormNetwork() 函数建立网络。

（2）ZR（ZigBee Route，路由节点）或者 ZED（ZigBee End Device，终端设备）加入 ZC。

（3）ZR（ZigBee Route，路由节点）或者 ZED（ZigBee End Device，终端设备）加入 ZR。网络中的节点之间建立父子关系。

一旦新的网络已经建立，就有必要通知栈允许其他节点加入到这个网络中。这个由 emberPermitJoining() 函数来定义，有同样的函数来选择网络的加入。

4. 按钮的使用

- S2 按钮：如果设备没有加入网络，按下该按钮，可以使设备搜索一个可获得的网络，如果可能的话，加入到该网络中。成功加入网络后，按下该按钮，可以使得在接下来的 60s 内允许其他设备加入该网络中。
- S4 按钮：断开网络连接。
- RST 按钮：强制设备复位。如果已经离开网络，并且现在想要设备再加入网络，该按钮是很有用的。如果在复位之前没有离开网络，该设备将简单恢复之前在相同网络中的操作。

5. 实验中支持的串口命令

本实验提供了如下的串口命令来进行控制和测试（括号中是要输入的串口命令）：

- ('f') force the sink to advertise
- ('t') makes the node play a tune. Useful in identifying a node
- ('a') prints the address table of the node
- ('m') prints the multicast table of the node
- ('l') tells the node to send a multicast hello packet
- ('i') prints info about this node including channel, power, and app
- ('b') puts the node into the bootloader menu (as an example)
- ('c') prints the child table
- ('j') prints out the status of the JIT (Just In Time) message storage
- ('0') simulate button 0 press - attempts to join this node to the network if it isn't already joined. If the node is joined to the network then it turns permit join on for 60 seconds this allows other nodes to join to this node
- ('1') simulate button 1 press - leave the network
- ('e') reset the node
- ('B') attempts a passthru bootload of the first device in the address table. This is meant to show how standalone bootloader is integrated into an application and not meant as a

full solution. All necessary code is defined'ed under USE_BOOTLOADER_LIB

- ('C') attempts a passthru bootload of the first device in the child table
- ('Q') sends a bootload query message
- ('s') print sensor data
- ('r') send random data
- ('T') send Temp data
- ('v') send volts data
- ('d') send bcd Temp data
- ('?') prints the help menu

9.7.5　实验步骤

（1）用 IAR Embedded Workbench for ARM 5.41 打开 .. \STMicroelectronics\EmberZNet-4.3.0\STM32W108\app\sensor 工程，并打开 ewb 文件夹，其中 sensor 和 sink 即为实验所需的工程。分别打开 sink 和 sensor 工程，分别将其下载入 sink 节点与 3 个 sensor 节点中，下载方法参照 9.6 节实验。

（2）将 sink 节点通过串口与 PC 机进行连接，并打开串口调试软件（AccessPort）对 sink 节点的串口数据进行监测。

（3）先给 sink 节点上电，再分别给 3 个 sensor 节点上电并按下 RST 键。

（4）按下 sink 的复位按钮，强制设备复位，协调器端的两个 LED 灯会不停地闪烁，sensor 节点只有 LED3 点亮。串口显示如图 9.37 所示。

图 9.37　协调器端串口的输出 1

（5）按下 sink 的 S2 按钮，允许在接下来的 60s 内节点设备加入到网络。用串口调试助手查看信息如图 9.38 所示。

图 9.38　协调器端串口的输出 2

（6）在 60s 内按下 sensor 节点的 S2 键，允许 sensor 节点加入到协调器建立的网络，此时 sensor 节点的 LED2 与 LED3 会交替闪亮。串口显示如图 9.39 所示（注：串口显示的结果不一定完全一致，随节点入网顺序及入网时间的不同而不同，仅作参考）。

图 9.39　协调器端串口的输出 3

（7）等待一段时间之后组网成功。相应的 sink 串口调试助手信息如图 9.40 所示。

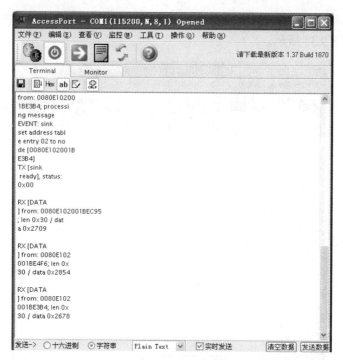

图 9.40　协调器端串口的输出 4

（8）在 sink 节点串口中输入 a，打印地址列表，可以查看到在 sink 下有 3 个节点，如图 9.41 所示，其中 00、01、02 为 TRUE，说明 sink 节点与 sensor 节点连接成功。

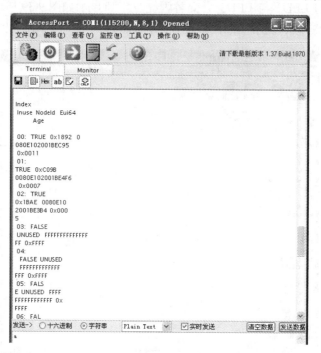

图 9.41　sink 节点与 sensor 节点连接状态

（9）sink 节点会定时地向 3 个 sensor 节点发送数据和从 3 个 sensor 节点接收数据，如图 9.42 所示。

图 9.42　sink 节点与 sensor 节点发送、接收数据

（10）在 sink 节点中，可向串口发送实验内容中给出的串口命令，如向串口发送字符 'l'，则可向 sensor 节点广播发送 hello，如图 9.43 所示，其他 3 个 sensor 节点均接收到数据。

图 9.43　sink 节点向 sensor 节点广播发送 hello 信息

（11）按下 S4 键可断开网络连接。若按下 sink 节点的 S4 键，则两个 LED 灯停止闪烁。若按下 sensor 节点的 S4 键，则 LED2 熄灭，LED3 亮且闪烁。

如要重做此实验请确认 sensor 节点的 LED 灯是否在交替闪亮，如果还在交替闪亮，请先按 S4 键断开原先的网络连接。

9.8 PC 机串口控制 ZigBee 实验

9.8.1 实验目的

（1）阅读 ZigBee 模块硬件部分文档，熟悉 ZigBee 模块相关硬件接口。

（2）掌握 ZigBee 模块对 LED 灯的编程控制，及串口数据收发控制。

（3）掌握 ZigBee 模块数据发送与接收机制。

9.8.2 实验环境

（1）硬件：CBT-SuperIOT 型实验平台，PC 机，J-Link 仿真器。

（2）软件：IAR EWARM 集成开发环境，串口调试工具。

9.8.3 实验内容

（1）使用 IAR 开发环境设计程序，实现 LED 灯的点亮、熄灭与闪烁等操作。在实验时，既可以使用协议栈定义好的 LED 灯，也可以自己定义 LED 灯。

（2）通过 PC 机串口给 sink 节点发送命令，对 sensor 节点的 LED 灯进行无线控制。

（3）协调器通过串口与 PC 机进行连接，接收串口传入的数据。当传入字符 'o' 时，调用 void sendOnLedtoSensor(void) 函数向 sensor 节点发送开灯命令。当向串口输入字符 'f' 时，调用 void sendOffLedtoSensor(void) 函数，向 sensor 节点发送关灯命令。

9.8.4 实验原理

1. 实验原理内容

（1）STM32W108 有 24 个多功能 GPIO 引脚，分为 3 组，即 PA、PB、PC。每组中的各端口根据 GPIO 寄存器中每个位所对应的位置分别编号为 0 ~ 7。这 3 组 GPIO 的每一组都有如下的寄存器，它们的低 8 位分别对应着 GPIO 的 8 个引脚。

- GPIO_PxIN（输入数据寄存器）返回引脚的电平（除在模拟模式）。
- GPIO_PxOUT（输出数据寄存器）在正常的输出模式下控制引脚的输出电平。
- GPIO_PxCLR（输出数据寄存器清零）清除在 GPIO_PxOUT 的位。
- GPIO_PxSET（设置输出数据寄存器）置位 GPIO_PxOUT。
- GPIO_PxWAKE（唤醒监控寄存器）设定引脚为唤醒引脚。

（2）STM32W108 除了这些寄存器外，每个端口还有一对配置寄存器 GPIO_PxCFGH 和 GPIO_PxCFGL，这些寄存器为端口的引脚指定基本的操作模式。GPIO_PxCFGL 配置引脚的低 4 位，而 GPIO_PxCFGH 配置引脚的高 4 位。

（3）LED 硬件连接如图 9.44 所示，PB3 和 PB4 分别为 STM32W 的引脚，向管脚写入低电平则可点亮 LED 灯。

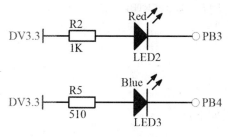

图 9.44　LED 灯原理图

（4）应用 Profiles。应用 Profiles 是一组统一的消息、消息格式和处理方法，允许开发者建立一个可以共同使用的、分布式应用程序，这些应用是使用驻扎在独立设备中的应用实体。这些应用 Profiles 允许应用程序发送命令、请求数据和处理命令。

（5）簇。簇标识符可用来区分不同的簇，簇标识符联系着数据从设备流出和向设备流入。在特殊的应用 Profiles 范围内，簇标识符是唯一的。簇是命令的集合。在本实验中使用了 MSG_MULTICAST_LEDON 与 MSG_MULTICAST_LEDOFF 两个命令。

（6）数据收发的步骤如下：

① 调用协议栈提供的组网函数、加入网络函数，实现网络的建立与节点的加入。

② 发送设备调用协议栈提供的无线数据发送函数，实现数据的发送。

③ 接收端调用协议栈提供的无线数据接收函数，实现数据的正确接收。

2. 关键代码分析

与控制 LED 灯有关的函数。

（1）halInternalInitLed() 函数代码如下：

```
void halInternalInitLed(void)           // 初始化 LED
// 配置与控制 LED 相关的通用输入输出
void halToggleLed (HalBoardLed led)     // 闪烁 LED
// 对于 LED 连接的引脚进行异或操作或者类似操作
void halSetLed (HalBoardLed led)        // 打开 LED
// 打开（设置）连接 LED 的引脚以便打开 LED
Void halClearLed(HalBoardLed led)       // 关闭 LED
// 关闭（清除）连接 LED 的引脚，关闭 LED
```

（2）Sky108led.h 代码如下：

```
#ifndef __SKY108LED_H__
#define __SKY108LED_H__
#include PLATFORM_HEADER
#include "stack/include/ember.h"
#include "hal/hal.h"
#include "hal/micro/micro-common.h"
#include "hal/micro/cortexm3/micro-common.h"
#define PORTB (1 << 3)
```

```
#define LEDS_PORT *((volatile int32u *)(GPIO_PxOUT_BASE+
(GPIO_Px_OFFSET *(PORTB/8))))
#define LED2_PIN PORTx_PIN(PORTB, 4)
#define LED3_PIN PORTx_PIN(PORTB, 3)
#define LED2 (1 << 4)
#define LED3 (1 << 3)

void leds_init();
#endif /*__SKY108LED_H__*/
```

（3）Sky108led.c 代码如下：

```
#include "sky108led.h"
void leds_init()
{
    // 初始化 LED
    halGpioConfig(LED2_PIN,GPIOCFG_OUT);
    halGpioConfig(LED3_PIN,GPIOCFG_OUT);
    LEDS_PORT |= ( LED2 | LED3);
}
```

halGpioConfig() 函数为固件库函数，实现将 PB3 和 PB4 设置为输出，若需将引脚 PB5 和 PB6 设置为模拟量输入，则代码如下：

```
halGpioConfig(PORTB_PIN(5),GPIOCFG_ANALOG);
halGpioConfig(PORTB_PIN(6),GPIOCFG_ANALOG);
```

（4）Common.h 里加入 clusterId 定义，接收端与发送端必须相同。

```
#define MSG_MULTICAST_LEDON 101
#define MSG_MULTICAST_LEDOFF 102
```

（5）Sink.c 对 sensor 节点进行多播发送数据。

```
void sendOnLedtoSensor(void) {
EmberStatus status;
EmberApsFrame apsFrame;
EmberMessageBuffer buffer = 0;
MEMCOPY(&(globalBuffer[0]), emberGetEui64(), EUI64_SIZE);
// 复制数据到缓冲区
buffer = emberFillLinkedBuffers((int8u*) globalBuffer, EUI64_SIZE);
// 检查缓冲区是否可用
if (buffer == EMBER_NULL_MESSAGE_BUFFER) {
    emberSerialPrintf(APP_SERIAL,"TX ERROR , OUT OF BUFFERS\r\n");
    return;
  }
 /* 下面所有的定义值在 app/sensor/common.h 中定义，所有值在 app/sensor/common.h
中定义，除了 EMBER_APS_OPTION_NONE 在 stack/include/ember.h 中定义 */
apsFrame.profileId = PROFILE_ID;                    // 程序唯一的 profile 值
apsFrame.clusterId = MSG_MULTICAST_LEDON;          // 消息类型
apsFrame.sourceEndpoint = ENDPOINT;                // 传感器端点
```

```
    apsFrame.destinationEndpoint = ENDPOINT;        // 传感器端点
    apsFrame.options = EMBER_APS_OPTION_NONE;        // 没有组播
    apsFrame.groupId = MULTICAST_ID;                 // 程序唯一的组播 ID
    apsFrame.sequence = 0;                           // 使用序号 0
      // 发送消息
    status = emberSendMulticast(&apsFrame,           // 组播 ID 和组播组
                                10,                  // 半径范围
                                6,                   // 非成员半径
                                buffer);             // 要发送的消息
  // 处理缓冲区
  emberReleaseMessageBuffer(buffer);
  emberSerialPrintf(APP_SERIAL,"TX , status 0x%x\r\n", status);
    }
void sendOffLedtoSensor(void){
    EmberStatus status;
    EmberApsFrame apsFrame;
    EmberMessageBuffer buffer = 0;
    MEMCOPY(&(globalBuffer[0]), emberGetEui64(), EUI64_SIZE);
      // 复制数据到缓冲区
    buffer = emberFillLinkedBuffers((int8u*) globalBuffer, EUI64_SIZE );

  // 检查缓冲区是否可用
  if (buffer == EMBER_NULL_MESSAGE_BUFFER) {
    emberSerialPrintf(APP_SERIAL,"TX ERROR , OUT OF BUFFERS\r\n");
    return;
  }

    /* 下面所有的定义值在 app/sensor/common.h 中定义，除了 EMBER_APS_OPTION-NONE 在
Stack/include/ember.h 中定义 */
    // Profile ID 针对本应用，每个应用有不同的 ID
    apsFrame.profileId = PROFILE_ID;
    apsFrame.clusterId = MSG_MULTICAST_LEDOFF;       // 消息类型
    apsFrame.sourceEndpoint = ENDPOINT;              // 传感器端点
    apsFrame.destinationEndpoint = ENDPOINT;         // 传感器端点
    apsFrame.options = EMBER_APS_OPTION_NONE;        // 不进行广播
    apsFrame.groupId = MULTICAST_ID;                 // 广播 ID 针对于本应用
    apsFrame.sequence = 0;                           // 使用序号 0

    // send the message
    status = emberSendMulticast(&apsFrame,           // 广播 ID 和簇
                                10,                  // 半径
                                6,                   // 非成员半径
                                buffer);             // 需要发送的消息

  // 处理数据缓冲区
  emberReleaseMessageBuffer(buffer);

  emberSerialPrintf(APP_SERIAL,
      "TX , status 0x%x\r\n", status);
    }
```

（6）在 sink.c processSerialInput() 函数下加入如下代码。从串口捕获字符并调用相应的发送函数，通知 sensor 节点。

```
case 'o':
    sendOnLedtoSensor();
    emberSerialPrintf(APP_SERIAL, "0");
    halSetLed(LED2_PIN);
    halSetLed(LED3_PIN);
    break;
case 'f':
    sendOffLedtoSensor();
    emberSerialPrintf(APP_SERIAL, "f");
    halClearLed(LED2_PIN);
    halClearLed(LED3_PIN);
    break;
```

（7）在 Sensor.c 中 void emberIncomingMessageHandler(EmberIncomingMessageType type,EmberApsFrame *apsFrame, EmberMessageBuffer message) 函数中加入对输入簇的处理。

```
case MSG_MULTICAST_LEDON:
        halSetLed(LED2_PIN);
        halSetLed(LED3_PIN);
        break;
case MSG_MULTICAST_LEDOFF:
        halClearLed(LED2_PIN);
        halClearLed(LED3_PIN);
        break;
```

9.8.5　实验步骤

（1）将光盘下 ZigBee 文件下 isense_sensor 源文件复制到 ..\STMicroelectronics\EmberZNet-4.3.0\STM32W108\app 下，其中的 sensor 与 sink 工程分别下载到 sensor 节点与 sink 节点模块中。

（2）将 sink 节点用串口与 PC 机进行连接。按下 sink 节点模块上的 S3（RST）键。在串口调试工具（AccessPort）中输入字符 'o' 则可点亮 sensor 节点的 LED2 灯和 LED3 灯，输入字符 'f' 则可熄灭 sensor 节点的 LED2 灯和 LED3 灯。例如，输入 'o' 或 'f'，单击"发送数据"按钮，如图 9.45 所示。如果"实时发送"处于选中状态，则不必单击"发送数据"按钮。

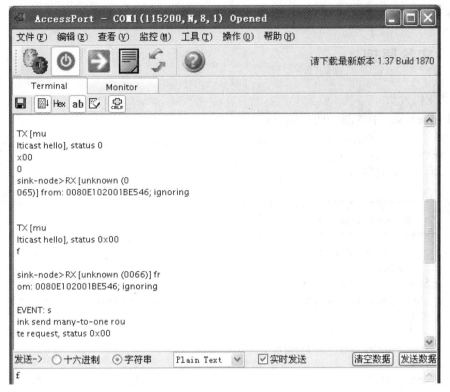

图 9.45　串口发送字符情况

9.9　基于 ZigBee 的无线传感器网络实验

9.9.1　实验目的

（1）学习传感器数据通过串口传送的过程与实现方法。
（2）学习 ZigBee 收发数据过程与实现方法。

9.9.2　实验环境

（1）硬件：CBT-SuperIOT 型教学实验平台，PC 机，J-Link 仿真器。
（2）软件：IAR EWARM 集成开发环境，EmberZNet 协议栈安装包。

9.9.3　实验内容

（1）sensor 节点收集传感器数据，通过 ZigBee 无线网络发送到 sink 节点。

（2）sink 节点接收 sensor 节点发来的数据，并通过串口输出到 PC 机。

9.9.4 实验原理

关键代码分析

（1）sensor.c 中的部分代码如下：

```
//serial port flag reveive the message length >=8
  int8u serialnum = 0;
  int8u cmd[32];

// ****************************
// for processing serial cmds
// ****************************
void processSerialInput() {
  int8u size = 32;
  int8u temp = 0;
    temp = emberSerialReadString(APP_SERIAL, cmd+serialnum, size);
    if(temp)
    {
       serialnum += temp;
    }
    if(cmd[0]!=0xee)                  // 如果首个字母不是 0xee, 0xcc 重新收取
    {
        serialnum = 0;
        return;
     }
     if(serialnum==14){
        if(cmd[0]==0xee&&cmd[1]==0xcc&&cmd[13]==0xff)
        {
           sensorMode = cmd[2];
           if(mainSinkFound == TRUE){
               sendString(cmd, 14);
           }
           //todo sendmessage
           for(int8u j=0;j < 14;j++)
           {
                   emberSerialPrintf(APP_SERIAL, "%c",cmd[j]);
           }
                   serialnum = 0;
        }
        else{
            serialnum = 0;                    // 数据错误重新开始计数
            return;
        }
     }
}
```

（2）serial.c 代码如下：

```
int8u emberSerialReadString(int8u port, int8u *buf, int8u length)
```

```
{
  EmberStatus err;
  int8u num=0;
  int8u ch;

  for(;;)
  {
          err = emberSerialReadByte(port, &ch);
            // no new serial port char?, keep looping
          if(err) return num;
            // emberSerialWriteByte(port, ch);
          buf[num++] = ch;
          if(num==length)
                  return num;
  }
}
```

（3）emberSerialReadByte () 函数代码如下：

```
EmberStatus emberSerialReadByte(int8u port,int8u* dataByte)
```

// 从指定的接收队列读取数据，如果返回错误，忽略 dateByte
// 对于除了 EMBER_SERIAL_RX_EMPTY 之外的错误，多字节的数据可能丢失，重新同步串行协议

```
Parameters:
port A        serial port number (0 or 1)// 串口序号（0或1）
dataByte A pointer to storage location for the byte// 存储单元的指针
```

```
Returns: // 返回值
 EMBER_SERIAL_RX_EMPTYif no data is available// 表明没有可获得的数据
  // 表明半行接收队列空间不足
 EMBER_SERIAL_RX_OVERFLOWif the serial receive fifo was out of space
  // 表明接收到帧错误
 EMBER_SERIAL_RX_FRAME_ERRORif a framing error was received
  // 表明接收到奇偶检验错误
 EMBER_SERIAL_RX_PARITY_ERRORif a parity error was received
  // 表明硬件队列空间不足
 EMBER_SERIAL_RX_OVERRUN_ERRORif the hardware fifo was out of space
  // 表明返回一个数据字节
 EMBER_SUCCESSif a data byte is returned
```

（4）sensor.c 代码如下：

```
 /* 传感器读取（或产生）数据，并且发送数据到接收端，发送数据分为四种类型：
- 数据是你想发送的缓冲区数据
- 数据长度是你想发送的数据长度
- 长度必须是小于等于 40 的偶数
- 发送数据的类型取决于 dataMode 变量 */
 EmberApsFrame apsFrame;
 int16u data;
 int8u maximumPayloadLength;
 EmberStatus status;
```

```
EmberMessageBuffer buffer;
int8u i;
int8u sendDataSize = SEND_DATA_SIZE;
maximumPayloadLength = emberMaximumApsPayloadLength();
```
/* 确保我们发送的数据不太大。如果数据长度过长，给出警告，并且剪切适量长度。最大有效负载不是常数，因为它的改变取决于是否使用安全 */
```
    if ((sendDataSize + EUI64_SIZE) > maximumPayloadLength)
     {
        // the payload is data plus the eui64
         sendDataSize = maximumPayloadLength - EUI64_SIZE;

         // emberSerialPrintf(APP_SERIAL,
         // "WARN: SEND_DATA_SIZE (%d) too large, changing to %d\r\n",
         // SEND_DATA_SIZE, sendDataSize);
     }


    // sendDataSize 必须是偶数
    sendDataSize = sendDataSize & 0xFE;
    // 地址和数据
    MEMCOPY(&(messageBuffer[0]), emberGetEui64(), EUI64_SIZE);
    //--------------zcl----------------------
    if(dataMode==DATA_MODE_COM_TRANS){
      mode=0x0007;
      messageBuffer[EUI64_SIZE + (0*2)] = HIGH_BYTE(mode);
      messageBuffer[EUI64_SIZE + (0*2) + 1] = LOW_BYTE(mode);
      messageBuffer[EUI64_SIZE + (0*2) + 2] = length;
      for(int8u j=0;j<length;j++)
      {
            messageBuffer[EUI64_SIZE + j + 3] = *(buf+j);
      }
      buffer = emberFillLinkedBuffers(messageBuffer, EUI64_SIZE + length+3);
    }
    else{
      for (i=0; i<(sendDataSize / 2); i++) {
        messageBuffer[EUI64_SIZE + (i*2)] = HIGH_BYTE(data);
        messageBuffer[EUI64_SIZE + (i*2) + 1] = LOW_BYTE(data);
      }

    // 复制数据到缓冲区
    buffer = emberFillLinkedBuffers(messageBuffer,EUI64_SIZE + sendDataSize);
     }

     //--------------zcl----------------------
     // 检查缓冲区是否可用
     if (buffer == EMBER_NULL_MESSAGE_BUFFER) {
      //  emberSerialPrintf(APP_SERIAL,
      //  "TX ERROR [data], OUT OF BUFFERS\r\n");
       return;
    }
     // 以下所有定义值在 app/sensor-host/common.h 中定义
     // options 值在 stack/include/ember.h 中定义
     apsFrame.profileId = PROFILE_ID;                        // 程序发送唯一 profile 值
```

```
        apsFrame.clusterId = MSG_DATA;              // 要发送的消息
        apsFrame.sourceEndpoint = ENDPOINT;         // 传感器节点
        apsFrame.destinationEndpoint = ENDPOINT;    // 传感器节点
        apsFrame.options = EMBER_APS_OPTION_RETRY;  // 默认重试
        //apsFrame.groupId = 0;                      // 单插不能使用组播 ID
        //apsFrame.sequence = 0;                     // 设置堆栈序列号
        // 发送消息
        status = emberSendUnicast(EMBER_OUTGOING_VIA_ADDRESS_TABLE,
                        SINK_ADDRESS_TABLE_INDEX, &apsFrame, buffer);

  if (status != EMBER_SUCCESS)
    {
    numberOfFailedDataMessages++;
    //emberSerialPrintf(APP_SERIAL,
    //"WARNING: SEND [data] failed, err 0x%x, failures:%x\r\n", •
    // status, numberOfFailedDataMessages);

    // 如果节点大多数数据失败，则该节点不可用并且寻找新节点
    if (numberOfFailedDataMessages >= MISS_PACKET_TOLERANCE)
    {
            // emberSerialPrintf(APP_SERIAL,
            // "ERROR: too many data msg failures, looking for new sink\r\n");
            numberOfFailedDataMessages = 0;
    }
    }
    }

        // 处理缓冲区
        emberReleaseMessageBuffer(buffer);

        // 打印状态消息
    /* emberSerialPrintf(APP_SERIAL,
            "TX [DATA] status: 0x%x data: 0x%2x / len 0x%x\r\n",
            status, data, sendDataSize + EUI64_SIZE);*/

    }
```

9.9.5　实验步骤

（1）将光盘 ZigBee 下的 sensor_arm 文件夹复制到协议栈安装目录 ..\STMicroelectronics\EmberZNet-4.3.0\STM32W108\app 下。用 IAR Embedded Workbench for ARM 5.41 Evaluation 打开 EmberZNet-4.3.0 安装路径下 app 文件夹的 sensor_arm 工程，其中 sensor 和 sink 即为实验所需的工作空间。分别打开 sink 和 sensor 工作空间，将其下载到 STM32W 芯片中。

（2）用串口线将 ZigBee 协调器的 Debug UART(CN4) 口与 PC 机串口进行连接。打开串口调试助手软件 AccessPort，开启 ZigBee 协调器。

① 打开温湿度传感器节点，串口调试助手软件显示如图 9.46 所示。

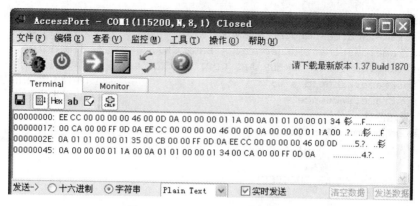

图 9.46　温湿度传感器节点数据

对收到的如图 9.46 所示数据进行解析，如表 9.4 所示。

表 9.4　串口数据解析

说　明	数　据	字　节　数
包头	EE CC	2
ZigBee 网络标识	00	1
节点地址	00 00 00 6F	4
根节点地址	00 00 00 00	4
节点状态	01 已发现	1
节点通道	1A	1
通信端口	00	1
传感器类型编号	0A	1
相同类型传感器 ID	01	1
节点命令序号	01	1
节点数据	00 00 01 34 00 CA	6
保留字节	00 00	2
包尾	FF	1

由表 9.4 可知，其中 HH=$(01)_{16}$=$(01)_{10}$，HL=$(34)_{16}$=$(52)_{10}$，TH=$(00)_{16}$=$(00)_{10}$，TL=$(CA)_{16}$=$(202)_{10}$，代入下列公式计算得当前湿度 =30.8%，当前温度 =20.2℃。

湿度值 = (HH*256+HL) / 10，以 % 为单位。

温度值 = (TH*256+TL) / 10，以 ℃ 为单位。

② 打开光照传感器节点，串口调试助手软件显示如图 9.47 所示。

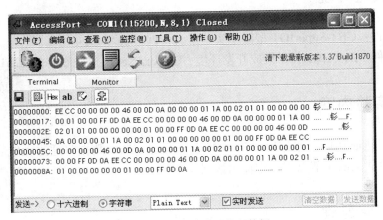

图 9.47　光照传感器节点数据

对收到的如图 9.47 所示数据进行解析，如表 9.5 所示，可以看出有光照。

表 9.5　数据解析

说　　明	数　　据	字 节 数
包头	EE CC	2
ZigBee 网络标识	00	1
节点地址	00 00 00 6F	4
根节点地址	00 00 00 00	4
节点状态	01 已发现	1
节点通道	1A	1
通信端口	00	1
传感器类型编号	02	1
相同类型传感器 ID	01	1
节点命令序号	01	1
节点数据	00 00 00 00 00 01 有光照	6
保留字节	00 00	2
包尾	FF	1

9.10　基于 ZigBee 的无线透传实验

9.10.1　实验目的

（1）学习 ZigBee 模块的串口数据收发控制。

（2）掌握基于 ZigBee 的串口数据透传方法。

9.10.2　实验环境

（1）硬件：CBT-SuperIOT 型教学实验平台，PC 机，J-Link 仿真器。
（2）软件：IAR EWARM 集成开发环境，EmberZNet 协议栈安装包，串口调试工具。

9.10.3　实验内容

当网络组建成功后，通过串口向 sink 节点发送数据，数据将通过无线发送到 sensor 节点，并实时从 sensor 节点串口中输出数据。

9.10.4　实验原理

本实验用到网络组建、数据传输与串口操作等知识，请参照前面的实验。关键代码分析如下。

（1）Sink.c 函数代码如下：

```
void processSerialInput(void) {
    int8u cmd[30];
    int8u size = 30;
    int8u revnum = 0;
    revnum = emberSerialReadString(APP_SERIAL, cmd, size);
    if((mainSinkFound == TRUE)&&(revnum!=0)){
        sendString(cmd, revnum);
    }
}

int8u emberSerialReadString(int8u port, int8u *buf, int8u length)
{
    EmberStatus err;
    int8u num=0;
    int8u ch;
    for(;;)
    {
        err = emberSerialReadByte(port, &ch);
        // 如果没有新的串口字符，继续循环
        if(err) return num;
        // emberSerialWriteByte(port, ch);
        buf[num++] = ch;
        if(num==length){
                return num;
        }
    }
}
```

　/* 传感器读取（或产生）数据，并且发送数据到接收端，发送数据分为四种类型：

数据是你想发送的缓冲区数据
数据长度是你想发送的数据长度
长度必须是小于等于 40 的偶数
发送数据的类型取决于 dataMode 变量

```c
*/
void sendString(int8u* buf, int8u length)
{
  EmberApsFrame apsFrame;
  int16u data;
  int8u maximumPayloadLength;
  EmberStatus status;
  EmberMessageBuffer buffer;
  int8u i;
  int8u sendDataSize = SEND_DATA_SIZE;
  unsigned short int mode;
  switch (dataMode)
  {
      case DATA_MODE_COM_TRANS: //zcl
        break;
        default:
        return;
    }
  maximumPayloadLength = emberMaximumApsPayloadLength();
    /* 确保我们发送的数据不太大。如果数据长度过长，给出警告，并且剪切适量长度。最大有效
负载不是常数，因为它的改变取决于是否使用安全 */
    if ((sendDataSize + EUI64_SIZE) > maximumPayloadLength)
    {
      // 有效负载是数据加 eui64
      sendDataSize = maximumPayloadLength - EUI64_SIZE;
      emberSerialPrintf(APP_SERIAL,"WARN: SEND_DATA_SIZE (%d) too large,
changing to %d\r\n",SEND_DATA_SIZE, sendDataSize);
    }
    // sendDataSize 必须是偶数
    sendDataSize = sendDataSize & 0xFE;
    // 地址和数据
    MEMCOPY(&(messageBuffer[0]), emberGetEui64(), EUI64_SIZE);
    //--------------zcl--------------------
    if (dataMode==DATA_MODE_COM_TRANS)
    {
      mode=0x0007;
      messageBuffer[EUI64_SIZE + (0*2)] = HIGH_BYTE(mode);
      messageBuffer[EUI64_SIZE + (0*2) + 1] = LOW_BYTE(mode);
      messageBuffer[EUI64_SIZE + (0*2) + 2] = length;
      for(int8u j=0;j<length;j++)
      {
        messageBuffer[EUI64_SIZE + j + 3] = *(buf+j);
      }
    buffer = emberFillLinkedBuffers(messageBuffer, EUI64_SIZE + length+3);
    }
      else
```

```
  {
    for (i=0; i<(sendDataSize / 2); i++)
    {
        messageBuffer[EUI64_SIZE + (i*2)] = HIGH_BYTE(data);
        messageBuffer[EUI64_SIZE + (i*2) + 1] = LOW_BYTE(data);
    }
    // 复制数据到缓冲区
    buffer = emberFillLinkedBuffers(messageBuffer, EUI64_SIZE +
sendDataSize);
    }
    //--------------zcl--------------------------
    // 检查缓冲区是否可用
    if (buffer == EMBER_NULL_MESSAGE_BUFFER)
    {
        emberSerialPrintf(APP_SERIAL, "TX ERROR [data], OUT OF BUFFERS\r\n");
        return;
    }
    // 以下定义值都在 app/sensor-host/common.h 中定义
    // options 值在 stack/include/ember.h 中定义
    apsFrame.profileId = PROFILE_ID;              // 程序唯一的 profile 的值
    apsFrame.clusterId = MSG_DATA;                // 要发送的消息
    apsFrame.sourceEndpoint = ENDPOINT;           // 传感器终端
    apsFrame.destinationEndpoint = ENDPOINT;      // 传感器终端
    apsFrame.options = EMBER_APS_OPTION_RETRY;    // 默认重试
    //apsFrame.groupId = 0;                       // 单播不使用多播地址
    //apsFrame.sequence = 0;                      // 置推栈序列号
    // 发送消息
    status = emberSendUnicast(EMBER_OUTGOING_VIA_ADDRESS_TABLE,
                              SINK_ADDRESS_TABLE_INDEX,
                              &apsFrame,
                              buffer);

    if (status != EMBER_SUCCESS)
    {
        numberOfFailedDataMessages++;
        emberSerialPrintf(APP_SERIAL,"WARNING: SEND [data] failed,err 0x%x,
failures:%x\r\n",status, numberOfFailedDataMessages);

        // 如果节点大多数数据失败，则该节点不可用并且寻找新节点
        if (numberOfFailedDataMessages >= MISS_PACKET_TOLERANCE) {
            emberSerialPrintf(APP_SERIAL,
            "ERROR: too many data msg failures, looking for new sink\r\n");
            numberOfFailedDataMessages = 0;
        }
    }

    // 处理缓冲区
    emberReleaseMessageBuffer(buffer);

    // 打印状态信息
```

```
    /* emberSerialPrintf(APP_SERIAL,
            "TX [DATA] status: 0x%x data: 0x%2x / len 0x%x\r\n",
            status, data, sendDataSize + EUI64_SIZE);*/
}
```

（2）在 sensor.c 函数中加入如下代码：

```
void emberIncomingMessageHandler(EmberIncomingMessageType type,
                    EmberApsFrame *apsFrame, EmberMessageBuffer message)

    case MSG_DATA:
      mode_h=emberGetLinkedBuffersByte(message, EUI64_SIZE + 0);
      mode_l=emberGetLinkedBuffersByte(message, EUI64_SIZE + 1);
      mode=(mode_h<<8)+mode_l;
      if(mode==0x0007)
      {
        datalength=emberGetLinkedBuffersByte(message, EUI64_SIZE + 2);
        for(int8u j=0;j<datalength;j++)
        {
         tempch = emberGetLinkedBuffersByte(message, EUI64_SIZE + j + 3);
         emberSerialPrintf(APP_SERIAL, «%c»,tempch);
        }
      }
      /* emberSerialPrintf(APP_SERIAL, «RX [DATA] from: «);
       printEUI64(APP_SERIAL, &eui);
       emberSerialPrintf(APP_SERIAL, «; this is an ERROR\r\n»);*/
       break;
```

对接收的数据进行处理并显示在串口上。

9.10.5　实验步骤

（1）打开 cc2530 实验目录 \exp\zipbee\ 基于 Z-Stack 协议栈的数据透传模型实验 \.Projects\zstack\Utilities\Serial APP\CC2530DB，将 com_sensor\ewb 文件夹内的 sensor 工程与 sink 工程分别下载到 sensor 节点与 sink 节点。分别将两节点用串口线与 PC 机进行连接，并打开两个串口调试软件。

（2）打开两个串口调试窗口，分别连到协调器与端点。配置好串口，串口设置 COM1（根据设备管理器端口配置实际情况设置）、波特率 115200、NONE、8、1，在 sensor 节点模块上按下 S3（RST）键。组网成功后协调器串口显示如图 9.48 所示。

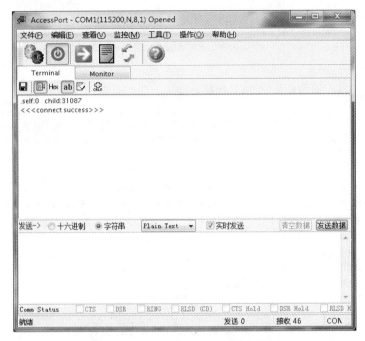

图 9.48　sink 节点启动组网成功状态

（3）将 sensor 节点模块从物联网平台上卸下，插入 USB2UART 转换模块上，插上 USB 连接线给 sensor 节点模块供电。串口设置 COM2（根据设备管理器端口配置实际情况设置）、波特率 115200、NONE、8、1，在 sensor 节点模块上按下 S3（RST）键，组网成功后端点串口显示如图 9.49 所示。

图 9.49　sensor 节点模块组网成功后串口输出

（4）组网成功后，在协调器串口输入数据"hello I am cyb-bot"，如图 9.50 所示。

图 9.50　sink 串口输入数据

（5）sensor 端会实时收到数据并显示在串口中，如图 9.51 所示。

图 9.51　sensor 端实时收到的数据

（6）反过来，也可以从端点端串口输入数据，从协调器端查看信息。

第 3 篇　综合应用篇

第 10 章　ZigBee 应用实例

本章主要在配套 RFID、ZigBee、传感器等的基础上，设计了几个基于 Qt 的综合实例。通过本章的学习，可以掌握用户界面设计的基本方法，掌握用户界面是如何同 ZigBee、RFID、传感器等模块联动的。用户通过动手实现本章的综合实例，可以对物联网在家居等领域的应用有个明确的认识，加深物联网的学习，并可以在此基础上进行二次开发，实现更全面的功能。

10.1　基于 ZigBee 无线组网的智能家居实训案例

10.1.1　实验目的

（1）掌握 CBT-SuperIOT 实验平台上传感器与处理器通过串口通信的协议。

（2）掌握 Qt 的信号与槽机制的使用。

（3）学习 Qt 如何使用第三方串口插件。

10.1.2　实验环境

（1）硬件：CBT-SuperIOT 实验平台，PC 机 Pentium 500 以上，硬盘 40GB 以上，内存大于 256MB。

（2）软件：Qt Creator 开发环境。

10.1.3　实验内容

（1）分析传感器通过串口发送数据的格式，以及各个位代表的含义。

（2）Qt 对串口类的使用。

（3）实现基于 ZigBee 无线传感网的智能家居应用。

10.1.4　实验原理

1. 串口通信数据格式

实验使用 3 个 ZigBee 节点传感器分别为人体检测传感器、温湿度传感器和烟雾传感器，实时采集数据并通过 ZigBee 的组网方式把数据发送到 ZigBee 协调器端，然后协调器通过串口发送到处理器，处理器再做进一步的处理，如图 10.1 所示。

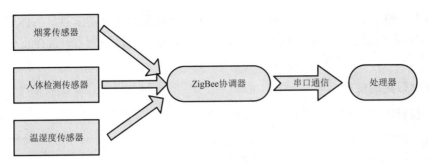

图 10.1　传感器数据传输方式

CBT-SuperIOT 实验平台规定传感器数据传输格式如下：

```
u8 DataHeadH;            // 包头 0xEE
u8 DataDeadL;            // 包头 0xCC
u8 NetID;     // 所属网络标识 00( ZigBee ) /01( 蓝牙 )/02( WiFi )/03( IPv6 )/04( RFID )
u8 NodeAddress[4];       // 节点地址
u8 FamilyAddress[4];     // 根节点地址
u8 NodeState;            // 节点状态 （00 未发现）（01 已发现）
u8 NodeChannel;          // 蓝牙节点通道
u8 ConnectPort;          // 通信端口
u8 SensorType;           // 传感器类型编号
u8 SensorID;             // 相同类型传感器 ID
u8 SensorCMD;            // 节点命令序号
u8 Sensordata1;          // 节点数据 1
u8 Sensordata2;          // 节点数据 2
u8 Sensordata3;          // 节点数据 3
u8 Sensordata4;          // 节点数据 4
u8 Sensordata5;          // 节点数据 5
u8 Sensordata6;          // 节点数据 6
u8 Resv1;                // 保留字节 1
u8 Resv2;                // 保留字节 2
u8 DataEnd;              // 节点包尾 0xff
```

一帧数据为定长 26B。在这 3 个传感器中主要通过判断 SensorType 位来判断传输过来的数据来源于哪个传感器，然后再分析相应的数据节点位的数据，最终得到想要的信息。通过对 Qt 代码得到的数据截图（见图 10.2）进行分析。

图 10.2　串口的数据分析

图 10.2 上的方框 07 代表人体检测节点，0a 代表温湿度传感器节点。人体检测的数据节点代表当前的检测状态（是否检测到人），图中表示没有检测到人；温湿度传感器的数据节点代表当前的温度和湿度百分比。

2. Qt 串口类的使用

（1）找到串口类相关的文件，如图 10.3 所示。

名称	大小	类型	修改日期
qextserialbase.cpp	7 KB	C++ Source file	2007-9-6 00:47
qextserialbase.h	7 KB	C Header file	2007-9-6 00:47
win_qextserialport.cpp	37 KB	C++ Source file	2012-2-28 15:59
win_qextserialport.h	5 KB	C Header file	2012-2-28 15:58

图 10.3　串口类的文件

把这几个文件放到工程文件夹下。

（2）在工程里添加串口类。

在工程头文件和源文件中分别添加 qextserialbase.h、win_qextserialport.h、qextserialbase.cpp 和 win_qextserialport.cpp，如图 10.4 所示。

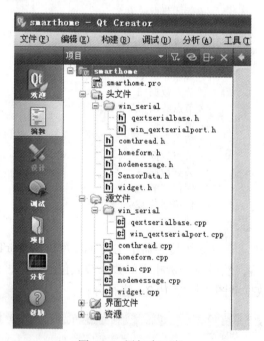

图 10.4　添加串口类

（3）工程中对串口类的使用。

① 对串口的初始化，代码如下：

```
bool comThread::comInit(QString com)
{
  comNo = com;
  comPort = new Win_QextSerialPort(comNo,QextSerialBase::EventDriven);
  if(comPort->open(QIODevice::ReadWrite)){
```

```
    emit comStatesender(true);
  }
  else{
     emit comStatesender(false);
     delete comPort;
     return false;
  }
// 设置波特率 115200
comPort->setBaudRate((BaudRateType)19);
// 设置数据位 8
comPort->setDataBits((DataBitsType)3);
// 设置校验 0
comPort->setParity((ParityType)0);
// 设置停止位 1
comPort->setStopBits((StopBitsType)0);
// 设置流控制
comPort->setFlowControl(FLOW_OFF);
// 设置延时
comPort->setTimeout(10);
return true;
}
```

② 读取串口的数据

```
QByteArray temp = comPort->readAll();      // 读取串口信息
```

3. 信号与槽机制

（1）信号与槽的概述

信号和槽机制是 Qt 的核心机制，要精通 Qt 编程就必须对信号和槽有所了解。信号和槽是高级接口，应用于对象之间的通信，它是 Qt 的核心特性，也是 Qt 区别于其他工具包的重要地方。信号和槽是 Qt 自行定义的通信机制，它独立于标准的 C/C++ 语言。

（2）信号

信号的声明是在头文件中进行的，Qt 的 signals 关键字指出进入了信号声明区，随后即可声明自己的信号。例如，下面是在 homeform.h 定义了两个信号。

```
signals:
  void tempSender(double temp);
  void humSender(double hum);
```

这两个信号在程序中负责发送温度和湿度的值。另外需要注意的是，信号的返回值只能是 void，不要指望能从信号返回什么有用的信息。

（3）槽

槽是普通的 C++ 成员函数，可以被正常调用，它唯一的特殊性就是很多信号可以与其相关联。当与其关联的信号被发射时，这个槽就会被调用。槽可以有参数，但槽的参数不能有默认值。既然槽是普通的成员函数，因此与其他的函数一样，它们也有存取权限。槽的存取权限决定了谁能够与其相关联。同普通的 C++ 成员函数一样，槽函数也分为 3 种类型，即 public slots、private slots 和 protected slots。

```
public slots:
```

在这个区内声明的槽意味着任何对象都可将信号与之相连接。这对于组件编程非常有用，可以创建彼此互不了解的对象，将它们的信号与槽进行连接以便信息能够正确地传递。

```
protected slots:
```

在这个区内声明的槽意味着当前类及其子类可以将信号与之相连接。它们是类实现的一部分，但是其界面接口却面向外部。

```
private slots:
```

在这个区内声明的槽意味着只有类自己可以将信号与之相连接，这适用于联系非常紧密的类。

下面是定义在 homeform.cpp 中的两个槽函数：

```
public slots:
  void setTemplabel(double temp);
  void setHumlabel(double hum);
```

（4）信号与槽的关联

通过调用 QObject 对象的 connect() 函数将某个对象的信号与另外一个对象的槽函数相关联，这样当发射者发射信号时，接收者的槽函数将被调用。该函数的定义如下：

```
bool QObject::connect ( const QObject * sender, const char * signal,
        const QObject * receiver, const char * member ) [static]
```

这个函数的作用就是将发射者 sender 对象中的信号 signal 与接收者 receiver 中的 member 槽函数联系起来。当指定信号 signal 时必须使用 Qt 的宏 SIGNAL()，当指定槽函数时必须使用宏 SLOT()。下面是 homeform.cpp 中将信号与槽连接起来的代码：

```
connect(this,SIGNAL(humSender(double)),this,SLOT(setHumlabel(double)));
connect(this,SIGNAL(tempSender(double)),this,SLOT(setTemplabel(double)));
```

如果发射者与接收者属于同一个对象，那么在 connect 调用中接收者参数可以省略。代码如下：

```
connect(this,SIGNAL(humSender(double)),SLOT(setHumlabel(double)));
connect(this,SIGNAL(tempSender(double)),SLOT(setTemplabel(double)));
```

4. 关键代码分析

（1）Qt 中给窗口添加背景，下面是 widget.cpp 中添加背景的例子。

```
void Widget::setWidgetbackground(QWidget *widget,QPixmap image)
{
  QPalette palette;
  palette.setBrush(backgroundRole(),QBrush(image));
  widget->setPalette(palette);
}
```

其中参数 *widget 表示要进行改变的窗口，QPixmap image 表示图片的路径。一般图片的路径声明如下：

```
QPixmap myPixmap(":/rcs/mainpage.jpg");
setWidgetbackground(this,myPixmap);
```

当然，给窗体添加背景不止有这一种方法。

（2）在 widget.cpp 中给按钮加入背景，使 pushbutton 变得漂亮，代码如下：

```
void Widget::setButtonbackground(QPushButton *button,QPixmap picturepath)
{
  button->setFixedSize(picturepath.width(),picturepath.height());
  button->setIcon(QIcon(picturepath));          // 设置按钮图标
  button->setFlat(true);                        // 使按钮变平
  button->setIconSize(QSize(picturepath.width(),picturepath.height()));
  button->setToolTip("");                       // 光标进入后的提示信息
}
```

这个函数的功能使按键变得适应图片，只要有一个漂亮的图标，就能变成一个漂亮的按键。

（3）Qt 线程的使用（在 comthread.h 头文件中），代码如下：

```
#ifndef COMTHREAD_H
#define COMTHREAD_H

#include <QThread>
#include "win_serial/win_qextserialport.h"

class comThread : public QThread
{
Q_OBJECT
public:
explicit comThread(QObject *parent);
void ReceiveData();
bool comInit(QString com);
virtual void run();
private:
Win_QextSerialPort *comPort;  // 要接收的串口
QString comNo;
signals:
void sensorData(QByteArray);
void comStatesender(bool flag);
public slots:
void comClose();
};

#endif // COMTHREAD_H
```

这个线程的主要目的是循环检测串口是否接收到数据，如果有数据，它将以信号的形式把数据发送到相应的窗口。使用线程类主要就是完成 run() 函数，通过该函数完成要执行的任务。

```
void comThread::ReceiveData()
{
QByteArray temp = comPort->readAll();        // 读取串口信息
if(!temp.isEmpty())                          // 判断是否为空
{
    if(temp.length() > COMDATAMAXLENGTH)     // 判断是否超出命令长度
    {
        temp.clear();
    }
    // 判断包头和包尾
    if(temp.length() == COMDATAMAXLENGTH &&
               (quint8)temp[0] == 0xee &&
               (quint8)temp[1] == 0xcc &&
               (quint8)temp[COMDATAMAXLENGTH-1] == 0xff)
    {
        emit sensorData(temp);               // 发送传感器信息
    }
}
}


void comThread::run()
{
while(1)
{
   ReceiveData();
   msleep(20);                               // 每20ms检测一次串口
}
}
```

值得一提的是，很有必要在 while 循环中添加一个延时，主要是把 CPU 时间片让给其他线程。

10.1.5　实验步骤

（1）将"无线传感器网络演示实验的程序"下载到相应的 TI CC2530 芯片中。

（2）将 smarthome 子目录内的所有内容复制到 Qt 子目录内，如 C:\Qt\myQt\smarthome。

（3）运行 Qt Creator 程序，打开"文件"菜单，选择"打开文件或工程…"命令，如图 10.5 所示。

图 10.5 Qt 打开程序

（4）选择要打开的文件 smarthome.pro，如图 10.6 所示。

图 10.6 选择要打开的文件

（5）如图 10.7 所示，单击左下角的运行按钮。

图 10.7 Qt 编程运行环境

（6）程序运行效果如图 10.8 ～图 10.11 所示。

图 10.8　程序运行效果

图 10.9　传感器报警设置

图 10.10 传感器的布局

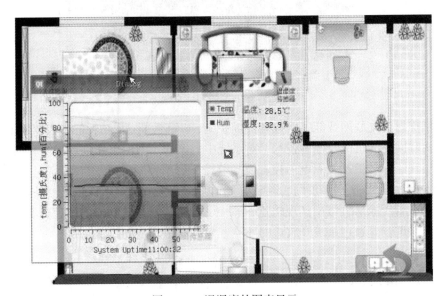

图 10.11 温湿度的图表显示

下面几节的应用实例主要进行智能家居的实训项目，作为 CBT-IOT-SHS 型智能家居实训平台实验教学的升级内容，让用户了解 CBT-IOT-SHS 型智能家居实训系统是如何实现的，用户可自行在此基础上进行功能完善和升级。

10.2 智能家居实训平台（CBT-IOT-SHS 型）

本节主要介绍基于 CBT-IOT-SHS 型智能家居实训平台的软硬件资源，以及相应实验体系的开发环境，并着重讲解在使用该平台过程中用到的一些常见开发软件和相关服务设置。

10.2.1　开发平台简介

如图 10.12 所示为 CBT-IOT-SHS 型智能家居实训系统平台，是以住宅为平台，利用综合布线技术、网络通信技术、智能家居系统设计方案、安全防范技术、自动控制技术、音视频技术将家居生活有关的设施集成，构建高效的住宅设施与家庭日程事务的管理系统，提升家居安全性、便利性、舒适性、艺术性，并实现环保节能的居住环境。

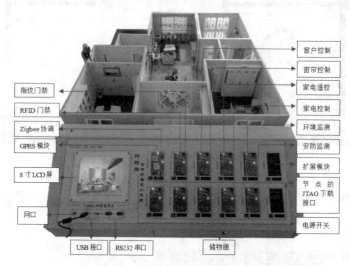

图 10.12　智能家居实训系统平台

赛佰特推出的物联网智能家居教学实训系统，以高性能、低功耗的中央控制器为核心，结合多种物联网无线组网及控制技术，对系统中的家居、家电单元进行监视和控制。

系统实现了家居控制、家电遥控、视频监控、门禁控制、窗帘自动控制、场景联动等功能，并支持远程 Web、移动手持设备访问和控制，使学生在实训过程中深入理解物联网相关技术，在智能家居领域中实现构建、监控、安防、遥控等功能的原理和实施细节。激发学生学习兴趣，并通过系统开放式的环境，自己动手实现创新及应用。

10.2.2　产品特点

（1）高性能的 ARM Cortex-A8 架构硬件处理器，可以流畅地部署和运行大型系统和应用，全面支持 Linux、Android、Windows CE 系统实验体系。

（2）该系统通过沙盘、机柜的组合，更形象地展示智能家居系统的立体化，使学生对其产生浓厚的兴趣，易于学生后期的学习与创新。

（3）搭配多种传感器，如光敏传感器、温湿度传感器、指纹验证传感器、人体检测传感器等，丰富数据处理功能和应用。

（4）扩展性强，通过主板扩展接口，可以方便地进行系统升级和定制扩展模块，支持多种产品配套的扩展模块。

10.2.3　平台硬件资源

智能家居实训系统硬件资源如表 10.1 所示。

表 10.1　智能家居实训系统硬件资源

Cortex-A8 智能网关硬件	描　　述
CPU 处理器	处理器 Samsung S5PV210，基于 CortexM-A8，运行主频 1GHz
	内置 PowerVR SGX540 高性能图形引擎
	支持流畅的 2D/3D 图形加速
	最高可支持 1080p@30fps 硬件解码视频流畅播放，格式可为 MPEG4、H.263、H. 264 等
	最高可支持 1080p@30fps 硬件编码（Mpeg-2/VC1）视频输入
RAM 内存	512MB DDR2
	32 数据总线，单通道
	运行频率：200MHz
FLASH 存储	SLC NAND Flash 1GB
显示	8 寸 LCD 液晶电阻触摸屏
接口	1 路 HDMI 输出
	4 路串口，RS232×2、TTL 电平×4
	USB Host 2.0、mini USB Slave 2.0 接口
	3.5mm 立体声音频（WM8960 专业音频芯片）输出接口、板载麦克风
	1 路标准 SD 卡座
	10/100MB 自适应 DM9000AEP 以太网 RJ45 接口
	SDIO 接口
	1 路 AV 视频输入接口，可直接连 CCD 摄像头
	CMOS 摄像头接口 AD 接口 ×6，其中 AIN0 外接可调电阻，用于测试 I2C-EEPROM 芯片（256B），主要用于测试 I2C 总线 用户按键（中断式资源引脚）×8 PWM 控制蜂鸣器，板载实时时钟备份电池
电源	电源适配器 5V（支持睡眠唤醒）

10.2.4　平台软件资源

智能家居实训系统软件资源如表 10.2 所示。

表 10.2 智能家居实训系统软件资源

软 件 资 源	描　　述
操作系统 OS	Linux2.6.35\Android2.3\WindowsCE6.0
Bootloader	U-Boot
文件系统	YAFFS2\CRAMFS\FAT32
图形 UI	Qt4/embedded、Qtopia4
应用 DEMO	基于 Qt 的图形接口控制 DEMO：ADC 采样、PWM 控制、电机控制、传感器采样、GPRS 拨号、RFID 电子钱包、条码扫描仪模块应用等

10.2.5　平台的网络拓扑

如图 10.13 所示为智能家居实训系统的网络拓扑图。

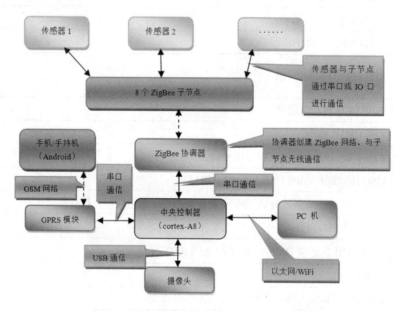

图 10.13　智能家居实训系统的网络拓扑图

10.2.6　平台的使用

1. 电源

平台使用 220V 交流电源适配器进行供电。

2. 连线

CBT-IOT-SHS 型智能家居实训系统在进行实验时，通常需要连接平台配套串口线和网线。串口线连接至平台默认串口 0 接口。

3. 启动与调试

CBT-IOT-SHS 型智能家居实训系统的启动可以支持从 SD 卡和 NANDFLASH 两种方式，默认出厂为 NANDFLASH 方式，两者可以通过平台的 BOOT 开关进行选择。（注意：用户不要随意更改 CBT-IOT-SHS 型智能家居实训系统的启动方式，以免造成系统无法正常启动。）

连接平台配套 220V 电源适配器，启动 CBT-IOT-SHS 型智能家居实训系统电源开关，可以通过平台配套的串口线与 PC 机连接。PC 端需要安装相应串口终端软件，如 AccessPort。

10.3　智能家居实训系统

10.3.1　实验目的

（1）了解 CBT-IOT-SHS 型智能家居实训系统组成。
（2）了解 CBT-IOT-SHS 型智能家居实训系统的软件架构。
（3）掌握 CBT-IOT-SHS 型智能家居实训系统的服务层接口。

10.3.2　实验环境

（1）硬件：CBT-IOT-SHS 型智能家居实训系统，PC 机 Pentium 500 以上，硬盘 40GB 以上，内存大于 256MB。
（2）软件：Vmware Workstation +RHEL6 + MiniCom/ 超级终端 + ARM-LINUX 交叉编译开发环境。
（3）实验目录：/CBT-IOT-SHS/SRC/train/01_server。

10.3.3　实验内容

从 CBT-IOT-SHS 型智能家居实训系统组成及软硬件架构入手，了解智能家居实训系统的实现及底层服务器接口。

10.3.4　智能家居实训系统原理

1. 系统概述

智能家居是以住宅为平台，利用综合布线技术、网络通信技术、安全防范技术、自动控制技术、音视频技术，将家居生活有关的设施集成，构建高效的住宅设施与家庭日程事务的管理系统，提升家居安全性、便利性、舒适性、艺术性，并实现环保节能的居住环境。

赛佰特推出的物联网智能家居实训系统，以高性能、低功耗的中央控制器为核心，结合多种物联网无线组网及控制技术，对系统中的家居、家电单元进行监视和控制。

系统实现了家居安防、家电遥控、视频监控、门禁控制、窗帘自动控制、场景联动等功能，并支持远程 Web、移动手持设备访问和控制等。使学生在实训过程中深入理解系统原理、构建、监控、联动等多个细节环节，激发学习兴趣，并通过系统开放式的平台环境，自己动手实现创新及应用。

2. 系统组成

如图 10.14 所示，该实训系统硬件总体由中央控制器、视频监控单元、多个无线家居单元模块、WiFi 路由设备、移动手持终端构成。

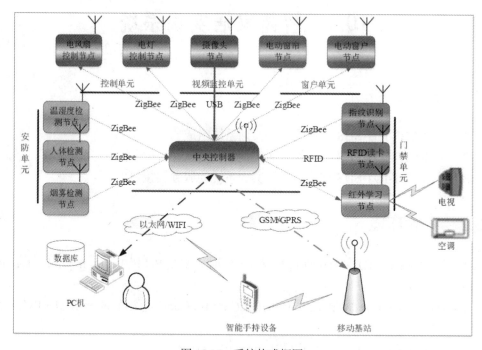

图 10.14　系统构成框图

（1）Cortex-A8 处理器作为中央控制器，是整套系统的核心，负责处理无线通信模块节点发送来的家电信息，并可控制无线通信模块设置家电状态信息。

（2）视频监控单元由一路网络摄像头构成，可以实现对家居环境视频的本地显示和网络显示，支持拍照和存储功能。视频单元可扩展成多路视频。

（3）无线通信模块采用 ZigBee(CC2530)/WiFi 兼容的硬件方案，可以自组网，支持路由功能，构成分布式监控网络。

（4）家居单元主要是模拟常见的家居控制与监测，如门禁、传感器安防、家电控制等。家居单元通过无线通信模块将信息传递给 Cortex-A8 控制器。

（5）WiFi 路由是连接重要控制器与各个家居单元的路由。该模块也可以接受来自智能手机的控制信号以控制各个家居单元。

（6）无线红外模块采用 ZigBee+ 红外模块。通过红外学习模块学习各个家用电器的红外控制命令，进而控制智能家电。

（7）移动手持终端采用普通的 PAD，支持 Android 系统。

3. 软件框架

如图 10.15 所示为软件框架——CBT-IOT-SHS 物联网智能家居实训系统，主要包含本地功能和远程访问功能两部分。本地功能又包含本地功能界面的实现及服务层接口功能两部分。远程功能为支持移动手持设备功能和网络浏览器功能。后面主要对本地服务层功能进行详细介绍。

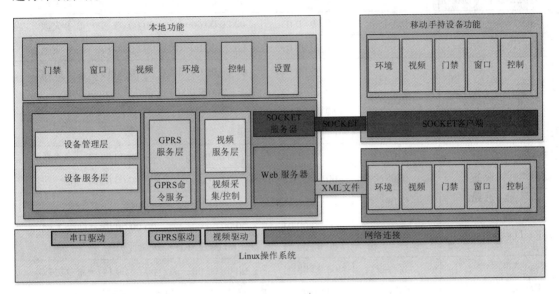

图 10.15 软件框架图

服务器层主要包括设备管理服务（ZigBee 节点）、GPRS 服务、视频服务、Web 服务器、Socket 服务器 5 部分。

4. 设备管理服务层（ZigBee 节点）

本系统设备包含传感器设备和执行器设备（ZigBee 控制）两种。既要实现传感器数据的获取，也要实现控制执行器。传感器主要包含温湿度、烟雾、人体检测、指纹、RFID。执行器包含风扇、电灯、窗户、红外学习模块。由于传感器及执行器种类较多且为了利于扩展同种类的设备支持不限个数，所以需要相应的通信协议进行规范。协议如下：

（1）数据协议

① 协议格式如表 10.3 所示。地址为各个设备节点的网络地址。

表 10.3 协议格式

地　址	传感器类型	传感器编号	位　置	传感器数据	扩展数据	时间信息	在线状态
1*sizeof (unsigned int)	1*sizeof (unsigned char)	1*sizeof (unsigned char)	1*sizeof (unsigned char)	1*sizeof (unsigned long)	1*sizeof (unsigned char)	1*sizeof (struct timeval)	1*sizeof (unsigned char)

② 传感器类型及数据格式对应关系如表 10.4 所示。

表 10.4　传感器类型及数据格式对应关系

设 备 名 称	设备类型编号	设备输出数据域（SData）说明（CMD1 查询命令时：00 00 00 00）
电灯设备	0x01	00 00 00 01—开；00 00 00 00—关；00 00 00 FF—命令失败
风扇设备	0x02	00 00 00 01—开；00 00 00 00—关；00 00 00 FF—命令失败
电磁锁设备（预留）	0x03	00 00 00 01—开；00 00 00 00—关；00 00 00 FF—命令失败
窗帘设备（预留）	0x04	00 00 00 01—开；00 00 00 00—关；00 00 00 FF—命令失败
窗户设备	0x05	00 00 00 01—开；00 00 00 00—关；00 00 00 FF—命令失败
红外学习设备	0x06	00 00 00 01—开；00 00 00 00—关；00 00 00 FF—命令失败 80 00 XX XX—学习；80 00 00 01—学习成功； 80 00 00 FF—学习失败 81 00 XX XX—发送
人体检测设备	0x07	00 00 00 01—有人；00 00 00 00—无人；00 00 00 FF—命令失败
可燃气体设备	0x08	00 00 00 01—警报；00 00 00 00—正常；00 00 00 FF—命令失败
温湿度设备	0x09	HH HL TH TL；00 00 00 FF—命令失败
RFID 设备	0x0A	00 00 00 01—开；00 00 00 00—关；00 00 00 FF—命令失败 00 00 00 11—匹配；00 00 00 10—不匹配
指纹设备	0x0B	00 00 00 01—开；00 00 00 00—关；00 00 00 FF—命令失败 00 00 00 11—录入成功；00 00 00 10—录入失败 00 00 00 21—搜索成功；00 00 00 20—搜索失败
光照设备	0x0C	00 00 00 02—光强；00 00 00 01—光弱； 00 00 00 00—无光；00 00 00 FF—命令失败
CO_2 检测	0x0D	00 00 00 02—超标；00 00 00 01—正常； 00 00 00 00—超低；00 00 00 FF—命令失败
风速检测（预留）	0x0E	00 00 TH TL；　00 00 00 FF—命令失败
加热设备	0x0F	00 00 00 01—开；00 00 00 00—关；00 00 00 FF—命令失败
卷帘设备（预留）	0x10	00 00 00 01—开；00 00 00 00—关；00 00 00 FF—命令失败
水泵设备	0x11	00 00 00 01—开；00 00 00 00—关；00 00 00 FF—命令失败
声光报警模块	0x12	00 00 00 01—开；00 00 00 00—关；00 00 00 FF—命令失败
土壤湿度检测	0x13	00 00 TH TL；　00 00 00 FF—命令失败

最后 7 个设备为智慧农业系统中用到的设备。

③ 传感器位置如表 10.5 所示。

表 10.5　传感器位置编号

传 感 器 位 置	位 置 编 号
门禁	0x01

传感器位置	位 置 编 号
客厅	0x02
卧室	0x03
阳台	0x04
厨房	0x05

④ 传感器编号：1B，相同类型传感器以编号区分，从 0 开始。

⑤ 在线状态：表示传感器设备的在线状态，掉线为 0，上线为 1。

（2）结构体定义

① ZigBee 节点传感器信息结构体表示 ZigBee 节点传感器信息。

```
typedef struct{
unsigned int        nwkaddr;            //16 位网络地址
unsigned char       sensortype;         // 传感器类型
unsigned char       sensorindex;        // 传感器编号
unsigned char       sensorposition;     // 传感器位置
unsigned long int   sensorvalue;        // 32b 传感器数据
unsigned char res;                      // 预留
struct timeval      time;               // 保留的时间信息（上层可不用处理）
unsigned char       status;             // 传感器在线 ZigBee 节点传感器信息状态
} SensorDesp,*pSensorDesp;
```

② ZigBee 节点链表结构体表示 ZigBee 节点的链表。

```
typedef struct NodeInfo NodeInfo,*pNodeInfo;
struct NodeInfo{
SensorDesp *sensordesp;                 //ZigBee 节点传感器信息
NodeInfo *next;                         // 链表指针域
};
```

（3）函数定义

① 头文件：server.h。

继承类 SERVER。

② 设备控制槽函数，如表 10.6 所示。

表 10.6 设备控制槽函数

函 数 原 型	void ServerSetSensorStatus(unsigned int nwkaddr, unsigned char sensortype, unsigned char sensorindex, unsigned char sensorposition, unsigned long int status);
参　　　数	Nwkaddr 网络地址，sensortype 传感器类型，sensorindex 传感器编号，sensorposition 传感器位置，status 为 32 位的控制数据
返　回　值	无
功　　　能	实现设备的控制

③ 获得设备节点链表，如表 10.7 所示。

表 10.7　设备节点链表

函 数 原 型	NodeInfo *ServerGetNodeLink(void);
参　数	无
返 回 值	返回节点链表表头
功　能	返回节点链表

所以设备管理服务层包含获得在线节点、控制执行器动作两个接口函数。第一个可以通过开启串口检测线程不停检测，并将传感器数据保存到 XML 文件中。控制执行器动作接口由上层直接调用。

5. Socket 服务器（供手持客户端访问的服务器）

Socket 服务器主要是为了实现手持客户端访问功能而设计的。Socket 服务器包含初始化 Socket、建立监听连接线程，处理客户端请求并进行相关处理。

（1）功能实现

服务器实现：

① 后台监听线程。

② 处理函数。

- 发送在线节点到客户端。
- 控制执行器动作。
- 报警图片数据发送（扩展）。

手持客户端：

- 连接服务器函数。
- 获得在线设备节点。
- 控制执行器动作。
- 视频监控（扩展）。
- 报警图片显示（扩展）。

（2）通信协议（端口号默认 8683，允许最多 60 个连接）

① 获得传感器信息。

请求信息（客户端给服务器发送）如表 10.8 所示。

表 10.8　请求信息

帧开始（SOF）	功 能 号	结 束 符
1 *sizeof(unsigned char)	1 *sizeof(unsigned char)	1 *sizeof(unsigned char)

说明：

SOF（Start-of-Frame）：0xFC；功能号：0x01；结束符：0x0A。

应答信息（服务器给客户端发送）：

- 没有节点，如表 10.9 所示。
- 有节点，如表 10.10 所示。

表 10.9 没有节点时的应答信息

帧开始（SOF）	功 能 号	功 能 二	结 束 符
1 *sizeof(unsigned char)	1 *sizeof(unsigned char)	1 *sizeof(unsigned char)	1 *sizeof(unsigned char)

说明：

SOF：0xCF；功能号：0x01；功能二：0x01；结束符：0x0A。

表 10.10 有节点时的应答信息

帧开始（SOF）	功 能 号	功 能 二	数 据 长 度	所有节点数据	结 束 符
1 *sizeof (unsigned char)	1 *sizeof (unsigned char)	1 *sizeof (unsigned char)	2*sizeof (unsigned char)	len*sizeof (unsigned char)	1 *sizeof (unsigned char)

说明：

SOF：0xCF；功能号：0x01；功能二：0x02；长度：len= 节点个数 *11 (2*sizeof(unsigned char) 高在前低在后)；结束符：0x0A。

节点链表数据：所有节点连接在一起，每个节点包括下面几项：

- 网络地址（16 位，2*sizeof(unsigned char)，高在前，低在后）。
- 传感器类型（8 位，1*sizeof(unsigned char)）。
- 传感器编号（8 位，1*sizeof(unsigned char)）。
- 传感器位置（8 位，1*sizeof(unsigned char)）。
- 传感器数据（32 位，4*sizeof(unsigned char)，高在前，低在后）。
- 保留值（8 位，1*sizeof(unsigned int)）。
- 在线标志（8 位，1*sizeof(unsigned int)），掉线为 0，上线为 1。

② 控制传感器状态。

请求信息如表 10.11 所示。

表 10.11 控制传感器状态请求信息

帧开始(SOF)	功 能 号	addr	type	index	Position	value	结 束 符
1 *sizeof (unsigned char)	1 *sizeof (unsigned char)	2 *sizeof (unsigned char)	1 *sizeof (unsigned char)	1 *sizeof (unsigned char)	1 *sizeof (unsigned char)	4*sizeof (unsigned char)	1 *sizeof (unsigned char)

说明：

SOF：0xCF；功能号：0x02；addr：节点网络地址；type：传感器类型；index：传感器编号；Position：传感器位置；value：控制值；结束符：0x0A。

应答信息：控制传感器状态应答"无"。

③ 获取历史图片（扩展）。

请求信息如表 10.12 所示。

表 10.12　获取历史图片请求信息

帧开始（SOF）	功 能 号	结 束 符
1 *sizeof(unsigned char)	1 *sizeof(unsigned char)	1 *sizeof(unsigned char)

说明：
SOF：0xFC；功能号：0x03；结束符：0x0A。

应答信息：
- 图片为空或清空所有图片，如表 10.13 所示。
- 删除某个图片，如表 10.14 所示。

表 10.13　清空图片应答信息

帧开始（SOF）	功 能 号	功 能 二	结 束 符
1 *sizeof(unsigned char)	1 *sizeof(unsigned char)	1 *sizeof(unsigned char)	1 *sizeof(unsigned char)

说明：
SOF：0xCF；功能号：0x02；功能二：0x01；结束符：0x0A。

表 10.14　删除某个图片应答信息

帧开始（SOF）	功 能 号	功 能 二	图 片 名	结 束 符
1 *sizeof (unsigned char)	1 *sizeof (unsigned char)	1 *sizeof (unsigned char)	41 *sizeof (unsigned char)	1 *sizeof (unsigned char)

说明：
SOF：0xCF；功能号：0x02；功能二：0x02；结束符：0x0A。
图片名：为固定长度，接收后需要将每个 unsigned char 转换为 char，然后再组合为图片名称。获得一帧图像数据，如表 10.15 所示。

表 10.15　获得图像数据应答信息

帧开始(SOF)	功能号	功能二	图片名	图片数据长度 len	图片数据	结束符
1 *sizeof (unsigned char)	1 *sizeof (unsigned char)	1 *sizeof (unsigned char)	41 *sizeof (unsigned char)	2 *sizeof (unsigned char)	len *sizeof (unsigned char)	1 *sizeof (unsigned char)

说明：
SOF：0xCF；功能号：0x02；功能二：0x03；结束符：0x0A。
图片名：为固定长度，接收后需要将每个 unsigned char 转换为 char，然后再组合为图片名称。
图片数据长度（len）：为后面图像数据的长度（2 *sizeof(unsigned char)，高在前，低在后）。
图片数据：为二进制数据，可能存在 0a 0d，所以不能以"0A"做判断接收，应该按 len 长度进行接收。

6. GPRS 服务

（1）实现功能
① 设备异常时报警。
② 短信控制设备及家电开关（风扇、电灯、电磁锁、窗帘、窗户），必须开启一个

线程负责监听 GPRS 短信，并进行解析。短信报警接口由上层直接调用。

（2）函数实现

① 头文件：#include "gprs_api.h"。

② 源文件：Gprs 包。

③ 初始化函数。

函数原型：void GPRS_API_Init();。

参数：无。

返回值：无。

功能：初始化打开 GPRS。

④ 获得信号强度函数。

函数原型：Int GPRS_API_Signal();。

参数：无。

返回值：无。

功能：获得 GPRS 信号强度。

⑤ 发送短信函数。

函数原型：int GPRS_API_Send_Msg(char *phone,const ushort *data,int len);。

参数：phone 为电话号码，data 为发送内容，len 为长度。

返回值：无。

功能：发送短信到指定的电话号码。

⑥ 接收短信函数。

函数原型：int GPRS_API_Rev_Mgs(char *msg,char *phone);。

参数：msg 为接收到的内容，phone 为短信来源电话号码。

返回值：>0 表示正常，==-2 表示短信内容太长，<0 表示异常。

功能：接收短信。

⑦ 短信匹配函数。

函数原型：int GPRS_API_Match(char *buffer,QString name);。

参数：buffer 为接收到的内容，name 为匹配内容。

返回值：1 表示成功，0 表示失败。

功能：短信匹配。

7. 视频服务

采用 Mjpeg-streamer 视频服务器（可同时实现显示到 LCD、保存图像文件、HTTP 访问），通过 system 启动视频服务器进程。

（1）实现功能

① 远程 HTTP 访问。

② 本地视频显示。

③ 本地拍照。

④ 在指定位置显示及显示指定大小。

⑤ 显示、隐藏功能。

（2）实现函数接口

① 头文件：#include "camctrl.h"。

② 源文件：camctrl.h 和 camctrl.cpp。

Mjpeg_streamer 所需库文件、可执行文件（需要单独编译，这里不用）。

③ 初始化函数。

函数原型：void Cam_Init(int x ,int y,int w,int h);。

参数：x、y 为视频显示的顶点坐标，w、h 为视频窗口的宽和高。

返回值：无。

功能：初始化打开视频服务器。

④ 显示接口函数。

函数原型：void Cam_Show();。

参数：无。

返回值：无。

功能：在 LCD 上显示视频。

⑤ 隐藏接口函数。

函数原型：void Cam_Hide();。

参数：无。

返回值：无。

功能：隐藏 LCD 上的视频。

⑥ 拍照接口函数。

函数原型：void Cam_Photo();。

参数：无。

返回值：无。

功能：拍照，图片默认存储到 \smartHome\web\img 目录，命名为 2012_03_03_19_17_16_picture_000000000.jpg。

⑦ 删除图片接口函数。

函数原型：void Cam_RmAll();。

参数：无。

返回值：无。

功能：删除 \smartHome\web\img 下图片文件。

8. Web 服务器

采用 goahead 服务器，调用执行器控制的 cgi() 函数和 XML 文件数据。

cgi 文件：解析页面传递的参数，进行设备状态的控制。

XML 数据包含传感器（NodeInfo.xml）、照片（Pic.xml）。

根据实例内容阅读相关代码，理解智能家居实训系统服务层代码实现过程，以及上层如何调用服务层接口。

10.4　智能家居系统之安防监控实训

10.4.1　实验目的

了解 CBT-IOT-SHS 型智能家居实训系统中传感器数据的采集过程。

10.4.2　实验环境

（1）硬件：CBT-IOT-SHS 型智能家居实训系统，PC 机 Pentium 500 以上，硬盘 40GB 以上，内存大于 256MB。

（2）软件：Vmware Workstation +RHEL6 + MiniCom/ 超级终端 + ARM-LINUX 交叉编译开发环境。

（3）实验目录：\CBT-IOT-SHS\SRC\train\02_sensor。

10.4.3　实验内容

以安防监控实训为案例，学习在智能家居实训项目中传感器设备如何进行数据的采集及传输。

10.4.4　实验原理

1. 实验功能

实现在界面上显示人体检测、烟雾检测、温湿度检测、光照检测传感器的实时数据，主要的参考界面如图 10.16 所示，右面空白部分预留给后续控制节点，左侧为传感器系列，根据节点个数动态增加。

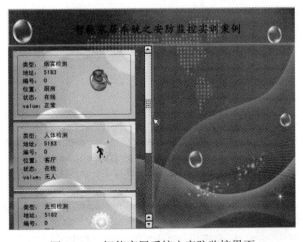

图 10.16　智能家居系统之安防监控界面

2. 传感器数据获取

通过 10.3 节的智能家居系统中的设备管理服务层（ZigBee 节点），已经知道设备管理服务层的相关协议及接口函数，在此只是调用 NodeInfo *ServerGetNodeLink(void) 函数，获得当前的节点，然后根据传感器类型进行分类显示即可。

具体代码如下：

```
Sensorthread.h:
#ifndef SENSORTHREAD_H
#define SENSORTHREAD_H
#include <QThread>
#include <Qmutex>
#include "server.h"
class sensorThread : public Qthread
{
    Q_OBJECT
    public:
    explicit sensorThread(Qwidget *parent = 0);
    SERVER *Server;
    struct NodeInfo *p;
    virtual void run();
    signals:
    void sensorMessagesender(unsigned int netAddr, unsigned int
sensorType, unsigned int sensorNum,
    unsigned int sensorRoom, unsigned int sensorDate, unsigned char
status);
    // 上报到上层界面显示
};
#endif // SENSORTHREAD_H
Sensorthread.cpp:
#include "sensorthread.h"
#include <Qdebug>
sensorThread::sensorThread(Qwidget *parent) :
Qthread(parent)
{
    Server = new SERVER();
    this->start();
}
void sensorThread::run()
{
    while(1)
    {
     p=Server->ZigBeeServer->ServerGetNodeLink();
     while(p != NULL) {
        if((p->sensordesp->sensortype==0x07)|(p->sensordesp->sensortype==0x08)|
        (p->sensordesp->sensortype==0x09)|(p->sensordesp->sensortype==0x0c))
        // 判断是否为人体检测、烟雾检测、温湿度检测、光照检测传感器
        emit
        sensorMessagesender(p->sensordesp->nwkaddr,p->sensordesp->sensortype,p-
>sensordesp->sensorindex,p->sensordesp->sensorposition,
        p->sensordesp->sensorvalue,p->sensordesp->status);   // 上报到上层界面
```

```
        p = p->next;
    }
    usleep(400000);
}
}
```

3. 界面设计

本实验主要包含两个 ui 界面：传感器界面和主界面。

为了在界面上方便动态增减传感器，定义了一个规范的传感器显示界面 sensorbuton.
ui，主要用来显示传感器的基本信息及图像，界面如图 10.17 所示。

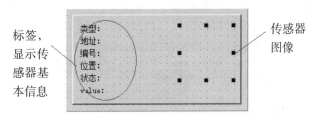

图 10.17　传感器显示界面

主界面（左侧用于显示传感器 ui，右侧用于扩展后面实验的执行器）如图 10.18 所示。

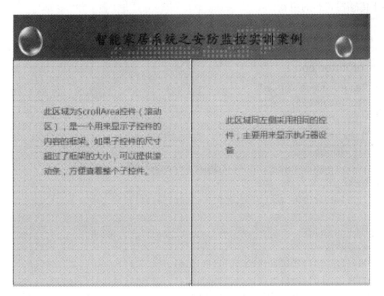

图 10.18　安防监控的主界面

实现类如下。

（1）ensorButton 类（传感器子控件）

头文件 sensorbutton.h ：

```
#ifndef SENSORBUTTON_H
#define SENSORBUTTON_H
#include <QWidget>
#include "server.h"
namespace Ui {
```

```
    class sensorButton;
    }

    class sensorButton : public Qwidget
    {
        Q_OBJECT
        public:
        explicit sensorButton(Qwidget *parent = 0);
        ~sensorButton();
        int humdata;
        double hum;
        int tempdata;
        double temp;
        Qstring str;
        void addSensorbutton(unsigned int addr, unsigned int type, unsigned
int room,unsigned int index, unsigned int value, unsigned char status);
        // 用于节点第一次出现时创建相应的传感器子控件
        private:
        Ui::sensorButton *ui;
        public slots:
        void updateSensorState(unsigned int type,unsigned int value,unsigned
char status);
        // 用于传感器状态的更新
    };
    #endif // SENSORBUTTON_H
```

函数体 sensorbutton.cpp：

```
#include "sensorbutton.h"
#include "ui_sensorbutton.h"
#include <Qdir>
#include "server.h"
#include <Qdebug>
sensorButton::sensorButton(Qwidget *parent) :
Qwidget(parent),
ui(new Ui::sensorButton)
{
ui->setupUi(this);
{// set  back^M
    this->setAutoFillBackground(true);
    Qpalette palette;
     palette.setBrush(Qpalette::Window, Qbrush(Qpixmap(":/rcs/button.
png")));
    this->setPalette(palette);
}
}
sensorButton::~sensorButton()
{}
void sensorButton::addSensorbutton(unsigned int addr, unsigned int type,
unsigned int room,
 unsigned int index, unsigned int value, unsigned char status)
    // 当节点第一次加入时，初始化传感器信息
    {
```

```
switch(type)
{
    case 0x07:
            ui->image->setPixmap(Qpixmap(":/rcs/checkMan.png"));
            ui->type_value->setText(Qstring(" 人体检测 "));
            if(value==1)
                ui->value_value->setText(Qstring(" 有人 "));
            else
                ui->value_value->setText(Qstring(" 无人 "));
            break;
    case 0x08 :
            ui->image->setPixmap(Qpixmap(":/rcs/smailGas.png"));
            ui->type_value->setText(Qstring(" 烟雾检测 "));
            if(value==1)
                ui->value_value->setText(Qstring(" 异常 "));
            else
                ui->value_value->setText(Qstring(" 正常 "));
            break;
    case 0x0c:
        ui->image->setPixmap(Qpixmap(":/rcs/sunny.png"));
        ui->type_value->setText(Qstring(" 光照检测 "));
        if(value==1)
            ui->value_value->setText(Qstring(" 强光 "));
        else
            ui->value_value->setText(Qstring(" 弱光 "));
        break;
    case 0x09 :
        ui->image->setPixmap(Qpixmap(":/rcs/temp.png"));
        ui->type_value->setText(Qstring(" 温湿度 "));
         humdata = value>>16;
         hum = (humdata/10.0);
         tempdata = value&0xffff;
         temp = (tempdata/10.0);
         ui->value_value->setText(Qstring(" 温   度: ")+str.setNum(temp)+
"℃ "+Qstring(" 湿度: ")+str.setNum(hum)+ "%");
            break;
     default :
            return;
}
ui->addr_value->setText(str.setNum(addr));
switch(room)
{
case 1:
    ui->room_value->setText(Qstring(" 门禁 "));
    break;
case 2:
    ui->room_value->setText(Qstring(" 客厅 "));
    break;
case 3:
    ui->room_value->setText(Qstring(" 卧室 "));
    break;
case 4:
```

```
            ui->room_value->setText(Qstring("阳台"));
        break;
    case 5:
            ui->room_value->setText(Qstring("厨房"));
        break;
    default:
        return;
    }
    ui->index_value->setText(str.setNum(index));
    if(status==1)
            ui->status_value->setText(Qstring("在线"));
    else
            ui->status_value->setText(Qstring("离线"));
    }
    void sensorButton::updateSensorState(unsigned int type,unsigned int
value,unsigned char status)
    {    // 更新传感器信息
    switch(type)
    {
        case 0x07:
                if(value==1)
                    ui->value_value->setText(Qstring("有人"));
                else
                    ui->value_value->setText(Qstring("无人"));
                break;
        case 0x08 :
                if(value==1)
                    ui->value_value->setText(Qstring("异常"));
                else
                    ui->value_value->setText(Qstring("正常"));
                break;
        case 0x09 :
                humdata = value>>16;
                hum = (humdata/10.0);
                tempdata = value&0xffff;
                temp = (tempdata/10.0);
                ui->value_value->setText(Qstring("温度: ")+str.setNum(temp)+
"℃ "+Qstring("湿度: ")+str.setNum(hum)+ "%");
                break;
        case 0x0c :
                if(value==1)
                    ui->value_value->setText(Qstring("强光"));
                else
                    ui->value_value->setText(Qstring("弱光"));
                break;
        default :
                return;
    }
    if(status==1)
        ui->status_value->setText(Qstring("在线"));
    else
        ui->status_value->setText(Qstring("离线"));
```

```
}
```

（2）Widget 类

头文件 widget.h ：

```
#include "sensorthread.h"
#include "sensorbutton.h"
namespace Ui {
 class Widget;
}
class sensorConfig{
public:
   unsigned int netAddr;          // 网络地址，传感器的标示
   int sensorposition;            // 传感器的位置
   int sensorType;                // 传感器类型
   int sensorState;
   int sensorNum;
   sensorButton *button_p;        // 按钮指针
   sensorConfig &operator = (const sensorConfig &org)
   {
       netAddr = org.netAddr;
       sensorposition = org.sensorposition;
       sensorType = org.sensorType;
       sensorNum = org.sensorNum;
       return *this;
   }
  bool operator == (const sensorConfig &org)
  {
         if( sensorposition == org.sensorposition&&sensorType == org.
sensorType&&sensorNum == org.sensorNum&&netAddr == org.netAddr)
       {
       return true;
       }
       return false;
       //sensorButton = org.button;
  }
};
class Widget : public QWidget
{
    Q_OBJECT
    public:
    explicit Widget(QWidget *parent = 0);
    ~Widget();
    QList<sensorConfig> sensorConfiglist;
    // 用于存放加入 ScrollArea 控件的节点，以确保不会加入相同的节点
    QWidget* leftForm ;          // 左边界面
    QWidget* rightForm;          // 右边界面
    QVBoxLayout *sensorLayout; // 布局
    QVBoxLayout *deviceLayout;
    sensorThread *psensorThread;
    private:
    Ui::Widget *ui;
```

```
    public slots:
        void sensorAddButton(unsigned int netAddr, unsigned int sensorType,
unsigned int sensorNum,unsigned int sensorRoom, unsigned int sensorDate,
unsigned char status);
    };
```

函数体 widget.cpp：

```cpp
#include "widget.h"
#include "ui_widget.h"
#include "ZigBee/ZigBeeserver.h"
Widget::Widget(QWidget *parent) :QWidget(parent), ui(new Ui::Widget)
{
  ui->setupUi(this);
  QFont tmp("simhei");                          // 字体设置
  tmp.setPointSize(9);
  ui->sensorArea->setFont(tmp);
  QPalette palette;
  QPixmap rightbackground(":/rcs/right.png");// 背景设置
  palette.setBrush(this->backgroundRole(),QBrush(rightbackground));
  ui->frame_right->setPalette(palette);
  QPixmap leftbackground(":/rcs/left.png");
  palette.setBrush(this->backgroundRole(),QBrush(leftbackground));
  ui->frame_left->setPalette(palette);
  psensorThread= new sensorThread();            // 调用 ZigBee 接口获得传感器节点信息
  leftForm = new QWidget();
  rightForm = new QWidget();
  sensorLayout = new QVBoxLayout(leftForm);
  deviceLayout = new QVBoxLayout(rightForm);
  // 设置控件 leftForm 为该 ScrollArea 的子控件
  ui->sensorArea->setWidget(leftForm);
  // 设置控件 rightForm 为该 ScrollArea 的子控件
  ui->devicelArea->setWidget(rightForm);
// 更新或加入节点
  connect(psensorThread,SIGNAL(sensorMessagesender(uint,uint,uint,uint,uin
t,unsigned char)),this,SLOT(sensorAddButton(uint,uint,uint,uint,uint,unsign
ed char)));
  }
  Widget::~Widget()
  {
   delete ui;
  }
  // 更新或加入节点
  void Widget::sensorAddButton(unsigned int netAddr, unsigned int
sensorType, unsigned int sensorNum,unsigned int sensorRoom, unsigned int
sensorDate, unsigned char status)
  {
   sensorConfig sensor;
   sensor.netAddr = netAddr;
   sensor.sensorType = sensorType;
   sensor.sensorposition = sensorRoom;
   sensor.sensorNum = sensorNum;
```

```
int listAddr;
if((listAddr = sensorConfiglist.indexOf(sensor,0)) == -1)
//add，如果节点不存在于 sensorConfiglist 列表，则添加新节点
{
        qDebug()<<"add button";
        sensorButton *button;// 添加子节点控件
        button = new sensorButton(leftForm);
        sensorLayout->addWidget(button);
        button->setFixedHeight(149);
        button->setFixedWidth(270);
        button->addSensorbutton(netAddr,sensorType,sensorRoom,sensorNum,
sensorDate,status);
        // 设置子节点控件的显示信息
        sensor.button_p = button;
        sensorConfiglist.append(sensor);// 将节点插入 sensorConfiglist 列表
}
else    //update 如果节点已经存在于 sensorConfiglist 列表中，则更新节点数据
{
 qDebug()<<"update button";
// 更新子节点控件显示信息
sensorConfiglist[listAddr].button_p->updateSensorState(sensorType,sensorD
ate,status);
}
}
```

10.4.5 实验步骤

（1）编译应用程序。

进入实验目录：

```
[root@localhost /]# cd /CBT-IOT-SHS/SRC/train/02_sensor
```

编译：

```
[root@localhost 02_sensor]# make clean
[root@localhost 02_sensor]# make
```

复制到下载目录：

```
[root@localhost 02_sensor]# cp 02_sensor  /tftpboot
```

（2）测试应用程序。

实验平台上电，连接上串口线，确保实验平台同 PC 机间通过无线或有线连接，且能 ping 通，ZigBee 协调器及子节点上电。

关掉后台运行的智能家居综合实训例程：

```
[root@Cyb-Bot /]# killall  smartHome
```

设置环境变量（复制、粘贴到命令行）：

```
export TSLIB_TSDEVICE=/dev/touchscreen-1wire
export TSLIB_CONFFILE=/etc/ts.conf
export POINTERCAL_FILE=/etc/pointercal
export QWS_MOUSE_PROTO=tslib:/dev/touchscreen-1wire

if [ ! -s /etc/pointercal ] ; then
/usr/bin/ts_calibrate
fi

export LD_LIBRARY_PATH=/smartHome/img_test/:$LD_LIBRARY_PATH
```

进到 smartHome 目录：

```
[root@Cyb-Bot /]# cd smartHome/
```

下载应用程序（假设宿主机 Linux 服务器 IP 为 192.168.1.70）：

```
[root@Cyb-Bot /smartHome]# tftp -gr 02_sensor 192.168.1.70
[root@Cyb-Bot /smartHome]#chmod 777 02_sensor
```

运行应用程序：

```
[root@Cyb-Bot /smartHome]# ./02_sensor -qws
```

（3）实验效果如图 10.19 所示。

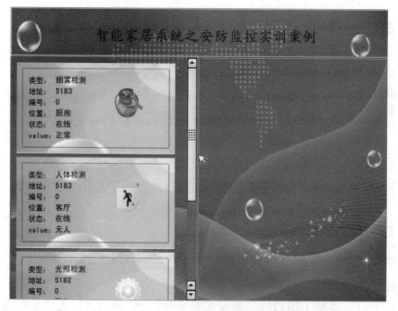

图 10.19　安防监控系统的实验效果图

说明：当烟雾、人体、光照、温湿度节点模块上电时，可以在界面左侧区域看到相应的信息，可以上下拖动查看。传感器数据实时变化，用户可自行触发传感器报警。

10.5 智能家居系统之门禁控制实训

10.5.1 实验目的

了解 CBT-IOT-SHS 型智能家居实训系统中门禁控制的过程。

10.5.2 实验环境

（1）硬件：CBT-IOT-SHS 型智能家居实训系统，PC 机 Pentium 500 以上，硬盘 40GB 以上，内存大于 256MB。

（2）软件：Vmware Workstation +RHEL6 + MiniCom/ 超级终端 + ARM-LINUX 交叉编译开发环境。

（3）实验目录：\CBT-IOT-SHS\SRC\train\03_door。

10.5.3 实验内容

以门禁控制为案例，学习在智能家居实训项目中如何控制执行器。

10.5.4 实验原理

1. 实验功能

门禁控制系统在控制界面上显示出门禁节点的基本信息、开关状态，其相应的开关按钮控制门禁的开关。参考界面如图 10.20 所示，左侧为传感器系列，右侧为控制节点（图中多了一个 RFID 开门节点界面），根据节点个数进行动态增加。

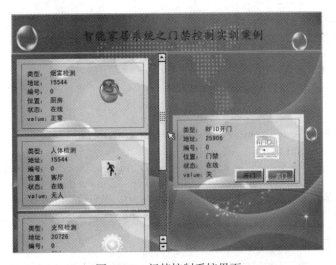

图 10.20 门禁控制系统界面

2. 门禁节点信息获取及开关控制

通过 10.3 节智能家居系统中的设备管理服务层（ZigBee 节点），已经知道设备管理服务层的相关协议及接口函数，在此只是调用 NodeInfo *ServerGetNodeLink(void) 函数，即可获得当前的节点，然后根据传感器类型进行分类显示。

具体代码如下。

Sensorthread.h：

```
#include "server.h"
class sensorThread : public QThread
{
    Q_OBJECT
    public:
    explicit sensorThread(Qwidget *parent = 0);
    SERVER *Server;
    struct NodeInfo *p;
    virtual void run();
    signals:
    // 传感器节点上报到上层界面显示
    void sensorMessagesender(unsigned int netAddr, unsigned int
sensorType, unsigned int sensorNum,unsigned int sensorRoom, unsigned int
sensorDate, unsigned char status);
    // 执行器节点上层界面显示
    void devMessagesender(unsigned int netAddr, unsigned int sensorType,
unsigned int sensorNum, unsigned
    int sensorRoom, unsigned int sensorDate, unsigned char status);
};
```

Sensorthread.cpp：

```
#include "sensorthread.h"
#include <Qdebug>
sensorThread::sensorThread(Qwidget *parent) :
Qthread(parent)
{
    Server = new SERVER();
    this->start();
}
void sensorThread::run()
{
  while(1)
  {
    p=Server->ZigBeeServer->ServerGetNodeLink();
    while(p != NULL) {
     if((p->sensordesp->sensortype==0x07)|(p->sensordesp->sensortype==0x08)|
     (p->sensordesp->sensortype==0x09)|(p->sensordesp->sensortype==0x0c))
     // 判断是否为人体检测、烟雾检测、温湿度检测、光照检测传感器
         emit sensorMessagesender(p->sensordesp->nwkaddr, p->sensordesp-
>sensortype,
         // 上报到上层界面
         p->sensordesp->sensorindex, p->sensordesp->sensorposition,
```

```
                    p->sensordesp->sensorvalue, p->sensordesp->status);
        if((p->sensordesp->sensortype==0x0a))    //门禁节点
                emit devMessagesender(p->sensordesp->nwkaddr, p->sensordesp-
>sensortype,p->sensordesp->sensorindex, p->sensordesp->sensorposition,p-
>sensordesp->sensorvalue, p->sensordesp->status);
            p = p->next;
        }
        usleep(400000);
    }
    }
```

执行器节点的控制，通过 10.3 节的智能家居系统中的设备管理服务层（ZigBee 节点），可以知道调用 void ServerSetSensorStatus(unsigned int nwkaddr,unsigned char sensortype,unsigned char sensorindex,unsigned char sensorposition,unsigned long int status) 函数即可，具体的调用过程参见后面内容。

3. 界面设计

本实验在 10.4 节实验的基础上又添加了一个执行器 ui 界面，所以主要包含 3 个 ui 界面：执行器界面、传感器界面、主界面。传感器界面、主界面和 10.4 节实例相同，这里不再赘述。

为了在界面上方便动态增减执行器节点，定义了一个规范的执行器显示界面 evbuton. ui，主要用来显示执行器的基本信息、图像及控制按钮，界面如图 10.21 所示。

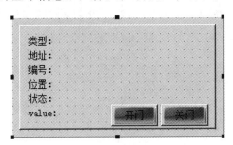

图 10.21　执行器显示界面

实现类如下。

（1）devButton 类（执行器子控件）

函数体 devbutton.cpp：

```
#include "ui_devbutton.h"
#include "devbutton.h"
#include <QDebug>
devButton::devButton(QWidget *parent)  :QWidget(parent),ui(new
Ui::devButton)
    {
     ui->setupUi(this);
    {  // set  back^M    //设置背景
       this->setAutoFillBackground(true);
       QPalette palette;
       palette.setBrush(QPalette::Window, QBrush(QPixmap(":/rcs/button.
png")));
        this->setPalette(palette);
    }
```

```
    }
    devButton::~devButton()
    {}
    void devButton::addDevbutton(unsigned int addr, unsigned int type,
unsigned int room,
    // 初始化添加执行器基本信息
    unsigned int index, unsigned int value, unsigned char status)
    {
      switch(type)
      {
        case 0x0a:
              ui->image->setPixmap(QPixmap(":/rcs/RFID.png"));
              ui->type_value->setText(QString("RFID 开门"));
              if(value==1)
              {
                  ui->opendoor->setDisabled(true);
                  ui->closedoor->setEnabled(true);
                  ui->value_value->setText(QString("开"));
              }
              else
              {
                  ui->opendoor->setEnabled(true);
                  ui->closedoor->setDisabled(true);
                  ui->value_value->setText(QString("关"));
              }
              break;
        default :
              return;
      }
      ui->addr_value->setText(str.setNum(addr));// 地址
      switch(room)
      {
      case 1:
        ui->room_value->setText(QString("门禁"));
        break;
      case 2:
        ui->room_value->setText(QString("客厅"));
        break;
      case 3:
        ui->room_value->setText(QString("卧室"));
        break;
      case 4:
        ui->room_value->setText(QString("阳台"));
        break;
      case 5:
        ui->room_value->setText(QString("厨房"));
        break;
      default:
        return;
      }
    ui->index_value->setText(str.setNum(index));// 编号
    if(status==1)   // 在线状态
```

```
    {
        ui->status_value->setText(QString(" 在线 "));
    }
    else
    { // 当节点掉线时，不能按下开关门按钮
        ui->opendoor->setDisabled(true);
        ui->closedoor->setDisabled(true);
        ui->status_value->setText(QString(" 离线 "));
    }
}
// 更新执行器信息
void devButton::updateDevState(unsigned int type,unsigned int
value,unsigned char status)
{
    switch(type)
    {
    case 0x0a:
            // 门禁节点包含 RFID 和指纹节点，此处只处理 RFID，以 RFID 演示门禁的控制
            if(value==1)
            {
                ui->opendoor->setDisabled(true);
                ui->closedoor->setEnabled(true);
                ui->value_value->setText(QString(" 开 "));
            }
            else
            {
                ui->opendoor->setEnabled(true);
                ui->closedoor->setDisabled(true);
                ui->value_value->setText(QString(" 关 "));
            }
            break;
    default :
            return;
    }
    if(status==1)
    {
        ui->status_value->setText(QString(" 在线 "));
    }
    else
    {
        ui->opendoor->setDisabled(true);
        ui->closedoor->setDisabled(true);
        ui->status_value->setText(QString(" 离线 "));
    }
}
void devButton::on_opendoor_clicked()// 开门
{
emit setSensorStatus(networkAddr,sensortype,sensorIndex,sensorHomead
dr,1);
    // 发送节点控制信号给主界面，以便主界面控制执行器动作
    }
void devButton::on_closedoor_clicked()// 关门
```

```
    {
        emit setSensorStatus(networkAddr,sensortype,sensorIndex,sensorHomead
dr,0);
    }
```

（2）Widget 类

函数体 widget.cpp（在 10.4 节实验的基础上添加了执行器的控制部分）：

```
    void Widget::devAddButton(unsigned int netAddr, unsigned int sensorType,
unsigned int sensorNum,
     unsigned int sensorRoom, unsigned int sensorDate, unsigned char status)
    // 添加执行器信息
    {
    devConfig dev;
    dev.netAddr = netAddr;
    dev.sensorType = sensorType;
    dev.sensorposition = sensorRoom;
    dev.sensorNum = sensorNum;
    int listAddr;
    if((listAddr = devConfiglist.indexOf(dev,0)) == -1)//add
    {
        qDebug()<<"add button";
        devButton *button;
        button = new devButton(rightForm);// 在右侧区域创建添加子控件
        deviceLayout->addWidget(button);
        button->setFixedHeight(149);
        button->setFixedWidth(270);
        button->addDevbutton(netAddr,sensorType,sensorRoom,sensorNum,sensorDat
e,status);
    // 初始化
        button->networkAddr = netAddr;
        button->sensortype = sensorType;
        button->sensorIndex = sensorNum;
        button->sensorHomeaddr = sensorRoom;
    connect(button,SIGNAL(setSensorStatus(uint,unsigned char,unsigned
char,unsigned char, unsigned long)),this->psensorThread->Server-
>ZigBeeServer, SLOT(ServerSetSensorStatus(uint, unsigned char,unsigned
char,unsigned char,unsigned long )));
    // 信号槽连接，用于控制执行器动作
        dev.button_p = button;
        devConfiglist.append(dev);// 添加到 devConfiglist 列表中
    }
    else  //update
    {
        qDebug()<<"update button";
    // 更新执行器信息
    devConfiglist[listAddr].button_p->updateDevState(sensorType,sensorDate,st
atus);
    }
    }
```

10.5.5 实验步骤

（1）编译应用程序。

进入实验目录：

```
[root@localhost /]# cd /CBT-IOT-SHS/SRC/train/03_door
```

编译：

```
[root@localhost 03_door]# make clean
[root@localhost 03_door]# make
```

复制到下载目录：

```
[root@localhost 03_door]# cp 03_door  /tftpboot
```

（2）测试应用程序。

实验平台上电，连接上串口线，确保实验平台同 PC 机间通过无线或有线连接，且能 ping 通，ZigBee 协调器及子节点上电（门禁 RFID 节点）。

关掉后台运行的智能家居综合实训例程：

```
[root@Cyb-Bot /]# killall  smartHome
```

设置环境变量（复制粘贴到命令行）：

```
export TSLIB_TSDEVICE=/dev/touchscreen-1wire
export TSLIB_CONFFILE=/etc/ts.conf
export POINTERCAL_FILE=/etc/pointercal
export QWS_MOUSE_PROTO=tslib:/dev/touchscreen-1wire

if [ ! -s /etc/pointercal ] ; then
/usr/bin/ts_calibrate
fi

export LD_LIBRARY_PATH=/smartHome/img_test/:$LD_LIBRARY_PATH
```

进入 smartHome 目录：

```
[root@Cyb-Bot /]# cd smartHome/
```

下载应用程序（假设宿主机 Linux 服务器 IP 为 192.168.1.70）：

```
[root@Cyb-Bot /smartHome]# tftp -gr 03_door 192.168.1.70
[root@Cyb-Bot /smartHome]# chmod 777  03_door
```

运行应用程序：

```
[root@Cyb-Bot /smartHome]# ./03_door -qws
```

（3）实验效果如图 10.22 所示，图中左侧传感器保留，右侧为执行器显示区域，其中 RFID 为开门节点控件，按下按钮可控制开关门。

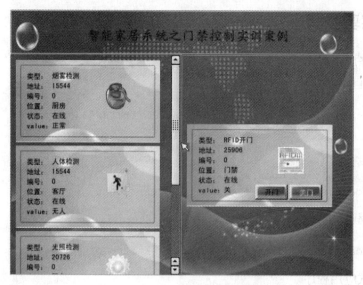

图 10.22　门禁控制系统实验效果

10.6　智能家居系统之家电控制实训

10.6.1　实验目的

了解 CBT-IOT-SHS 型智能家居实训系统中家电控制的过程。

10.6.2　实验环境

（1）硬件：CBT-IOT-SHS 型智能家居实训系统，PC 机 Pentium 500 以上，硬盘 40GB 以上，内存大于 256MB。

（2）软件：Vmware Workstation +RHEL6 + MiniCom/ 超级终端 + ARM-LINUX 交叉编译开发环境。

（3）实验目录：\CBT-IOT-SHS\SRC\train\04_household。

10.6.3　实验内容

以家电控制为案例，学习在智能家居实训项目中执行器是如何进行控制的。

10.6.4 实验原理

1. 实验功能

实现在界面上显示家电节点的基本信息、开关状态，有相应的开关按钮控制家电的开关。主要参考界面如图 10.23 所示，左侧为传感器系列，右侧为控制节点，根据节点个数进行动态增加。主要的家电有电灯、窗户、风扇、窗帘（扩展）、电磁锁（扩展）。

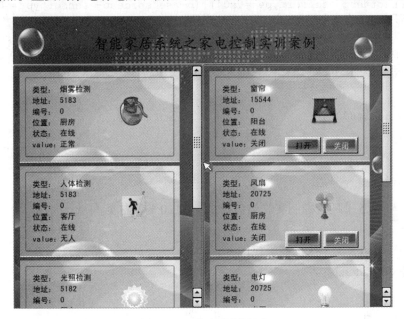

图 10.23 家电控制界面

2. 家电节点信息获取及开关控制

此部分与 10.5 节门禁控制实验类似，请参考 10.5 节内容。

主要变动的代码如下。

Sensorthread.cpp：

```
#include "sensorthread.h"
#include <QDebug>
sensorThread::sensorThread(Qwidget *parent) :
Qthread(parent)
{
  Server = new SERVER();
  this->start();
}
void sensorThread::run()
{
while(1)
{
    p=Server->ZigBeeServer->ServerGetNodeLink();
    while(p != NULL) {
if((p->sensordesp->sensortype==0x07)|(p->sensordesp->sensortype==0x08)|
```

```
(p->sensordesp->sensortype==0x09)|(p->sensordesp->sensortype==0x0c))
```
// 判断是否为人体检测、烟雾检测、温湿度检测、光照检测传感器
```
        emit sensorMessagesender(p->sensordesp->nwkaddr, p->sensordesp-
>sensortype,p->sensordesp->sensorindex, p->sensordesp->sensorposition,p-
>sensordesp->sensorvalue, p->sensordesp->status);
```
// 上报到上层界面
```
if((p->sensordesp->sensortype==0x0a)|(p->sensordesp->sensortype==0x01)|
(p->sensordesp->sensortype==0x02)|(p->sensordesp->sensortype==0x03)|
(p->sensordesp->sensortype==0x04)|(p->sensordesp->sensortype==0x05))
```
// 判断是否为门禁、电灯、风扇、窗户、电磁锁、窗帘
```
        emit    devMessagesender(p->sensordesp->nwkaddr,p->sensordesp-
>sensortype, p->sensordesp->sensorindex,p->sensordesp->sensorposition,
p->sensordesp->sensorvalue, p->sensordesp->status);
        p = p->next;
    }
    usleep(400000);
}
}
```

3. 界面设计

此部分与 10.5 节门禁控制实验类似，请参考 10.5 节内容。

实现类

（1）devButton 类（执行器子控件）

头文件 devbutton.h：

```
#include "server.h"
namespace Ui {
class devButton;
}
class devButton : public QWidget
{
 Q_OBJECT
public:
explicit devButton(QWidget *parent = 0);
~devButton();
int networkAddr;         // 节点编号
int sensortype;          // 节点编号
int sensorIndex;         // 节点编号
int sensorHomeaddr;      // 节点编号
QString str;
void addDevbutton(unsigned int addr, unsigned int type, unsigned int
room,
    unsigned int index, unsigned int value, unsigned char status);  // 设置节
点初始信息
private:
 Ui::devButton *ui;
signals:
 void setSensorStatus(unsigned int nwkaddr, unsigned char sensortype,
unsigned char sensorindex,
    unsigned char sensorposition, unsigned long status);
```

```
public slots:
   void updateDevState(unsigned int type,unsigned int value,unsigned char
status);// 更新节点信息
   private slots:
    void on_closedoor_clicked();           // 关门函数
    void on_opendoor_clicked();            // 开门函数
   };
```

函数体 devbutton.cpp：

```
void devButton::addDevbutton(unsigned int addr, unsigned int type,
unsigned int room,
   unsigned int index, unsigned int value, unsigned char status)
   {   // 初始化执行器信息
   switch(type)
   {
      ...
      case 0x01:
            ui->image->setPixmap(QPixmap(":/rcs/smailLight.png"));
            ui->type_value->setText(QString(" 电灯 "));
            if(value==1)
            {
                ui->opendoor->setDisabled(true);
                ui->closedoor->setEnabled(true);
                ui->value_value->setText(QString(" 打开 "));
            }
            else
            {
                ui->opendoor->setEnabled(true);
                ui->closedoor->setDisabled(true);
                ui->value_value->setText(QString(" 关闭 "));
            }
            break;
      case 0x02:
            ui->image->setPixmap(QPixmap(":/rcs/smailFan.png"));
            ui->type_value->setText(QString(" 风扇 "));
            if(value==1)
            {
                ui->opendoor->setDisabled(true);
                ui->closedoor->setEnabled(true);
                ui->value_value->setText(QString(" 打开 "));
            }
            else
            {
                ui->opendoor->setEnabled(true);
                ui->closedoor->setDisabled(true);
                ui->value_value->setText(QString(" 关闭 "));
            }
            break;
      ...
       default :
            return;
```

```
        }
        ...
    }
    void devButton::updateDevState(unsigned int type,unsigned int
value,unsigned char status)
    {   // 更新执行器状态
    switch(type)
     {
    ...
        case 0x01:
        case 0x02:
        case 0x03:
        case 0x04:
        case 0x05:
                if(value==1)
                {
                    ui->opendoor->setDisabled(true);
                    ui->closedoor->setEnabled(true);
                    ui->value_value->setText(QString(" 打开 "));
                }
                else
                {
                    ui->opendoor->setEnabled(true);
                    ui->closedoor->setDisabled(true);
                    ui->value_value->setText(QString(" 关闭 "));
                }
                break;
        default :
                return;
    }
    if(status==1)
    {
        ui->status_value->setText(QString(" 在线 "));
    }
    else
    {
        ui->opendoor->setDisabled(true);
        ui->closedoor->setDisabled(true);
        ui->status_value->setText(QString(" 离线 "));
    }
    }
    void devButton::on_opendoor_clicked()
    // 发送节点控制信号给主界面，以便主界面控制执行器动作
    {
        emit setSensorStatus(networkAddr,sensortype,sensorIndex,sensorHomead
dr,1);
    }
    void devButton::on_closedoor_clicked()
    {
        emit setSensorStatus(networkAddr,sensortype,sensorIndex,sensorHomead
dr,0);
    }
```

（2）Widget 类

与 10.5 节内容相同，请参考 10.5 节的内容。

10.6.5 实验步骤

（1）编译应用程序。

进入实验目录：

```
[root@localhost /]# cd /CBT-IOT-SHS/SRC/train/04_household
```

编译：

```
[root@localhost 04_household]# make clean
[root@localhost 04_household]# make
```

复制到下载目录：

```
[root@localhost 04_household]# cp 04_household  /tftpboot
```

（2）测试应用程序。

实验平台上电，连接上串口线，确保实验平台同 PC 机间通过无线或有线连接，且能 ping 通，ZigBee 协调器及子节点上电。

关掉后台运行的智能家居综合实训例程：

```
[root@Cyb-Bot /]# killall  smartHome
```

设置环境变量（复制、粘贴到命令行）：

```
export TSLIB_TSDEVICE=/dev/touchscreen-1wire
export TSLIB_CONFFILE=/etc/ts.conf
export POINTERCAL_FILE=/etc/pointercal
export QWS_MOUSE_PROTO=tslib:/dev/touchscreen-1wire

if [ ! -s /etc/pointercal ] ; then
/usr/bin/ts_calibrate
fi

export LD_LIBRARY_PATH=/smartHome/img_test/:$LD_LIBRARY_PATH
```

进入 smartHome 目录：

```
[root@Cyb-Bot /]# cd smartHome/
```

下载应用程序（假设宿主机 Linux 服务器 IP 为 192.168.1.70）：

```
[root@Cyb-Bot /smartHome]# tftp -gr 04_household 192.168.1.70
[root@Cyb-Bot /smartHome]#chmod 777 04_household
```

运行应用程序：

```
[root@Cyb-Bot /smartHome]# ./04_household -qws
```

（3）实验效果如图 10.24 所示。

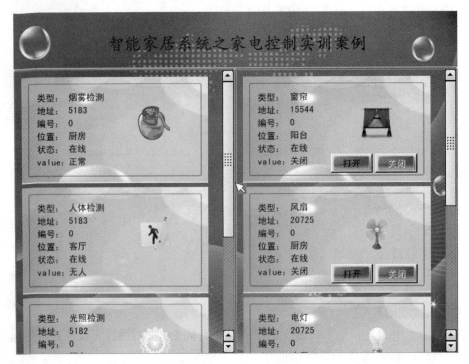

图 10.24　家电控制实验效果

10.7　智能家居系统之红外家电遥控实训

10.7.1　实验目的

了解 CBT-IOT-SHS 型智能家居实训系统中红外家电遥控的过程，学习红外学习模块的使用方法。

10.7.2　实验环境

（1）硬件：CBT-IOT-SHS 型智能家居实训系统，PC 机 Pentium 500 以上，硬盘 40GB以上，内存大于 256MB。

（2）软件：Vmware Workstation +RHEL6 + MiniCom/ 超级终端 + ARM-LINUX 交叉编译开发环境。

（3）实验目录：\CBT-IOT-SHS\SRC\train\05_infrared。

10.7.3　实验内容

以红外家电遥控为案例，学习在智能家居实训项目中红外遥控家电是如何进行控制的。

10.7.4　实验原理

1. 红外学习模块

红外学习模块就是学习并记忆遥控码后，就可以控制家庭的 VCD 电视、空调、热水器、机顶盒等需要遥控的设备。本实训配套的是 MP3 遥控设备，对应的学习遥控器上相应的按键遥控码。

2. 实验功能

实现在界面上显示红外学习模块节点的基本信息、学习相关的按键及对应的遥控按键（此处因为实训配套为 MP3 设备，所以只是学习如图 10.25 界面中的 9 个按键）。主要参考界面的左侧为传感器系列，右侧为控制节点，根据节点个数进行动态增加。

（1）发射记忆的遥控码界面如图 10.25 所示。

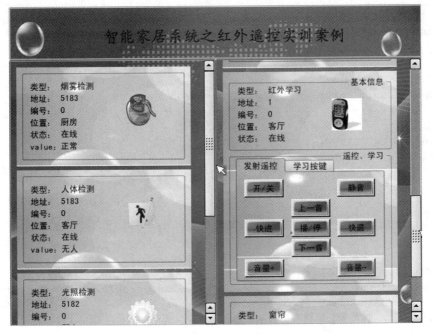

图 10.25　红外发射记忆的遥控系统界面

（2）红外学习的遥控码界面如图 10.26 所示。

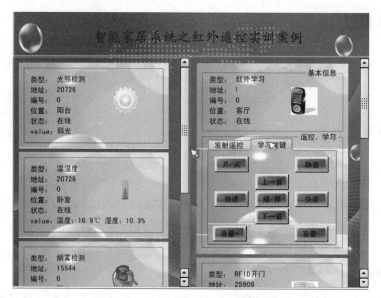

图 10.26　红外学习的遥控系统界面

3. 红外家电节点信息获取及开关控制

此部分与 10.5 节门禁控制实验类似，请参考其内容。

主要变动的代码如下。

Sensorthread.cpp：

```
#include "sensorthread.h"
#include <QDebug>
sensorThread::sensorThread(QWidget *parent) :
QThread(parent)
{
  Server = new SERVER();
  this->start();
}
 void sensorThread::run()
{
 while(1)
{
    p=Server->ZigBeeServer->ServerGetNodeLink();
    while(p != NULL) {
if((p->sensordesp->sensortype==0x07)|(p->sensordesp->sensortype==0x08)|
(p->sensordesp->sensortype==0x09)|(p->sensordesp->sensortype==0x0c))
// 判断是否为人体检测、可燃气体检测、温湿度检测、光照检测传感器
         emit sensorMessagesender(p->sensordesp->nwkaddr, p->sensordesp-
>sensortype,p->sensordesp->sensorindex, p->sensordesp->sensorposition,
   p->sensordesp->sensorvalue, p->sensordesp->status);
    // 上报到上层界面
    if((p->sensordesp->sensortype==0x0a)|(p->sensordesp->sensortype==0x01)|
(p->sensordesp->sensortype==0x02)|(p->sensordesp->sensortype==0x03)|
(p->sensordesp->sensortype==0x04)|(p->sensordesp->sensortype==0x05))
    // 判断是否为门禁、电灯、风扇、窗户、电磁锁、窗帘
```

```
        emit devMessagesender(p->sensordesp->nwkaddr, p->sensordesp-
>sensortype,p->sensordesp->sensorindex, p->sensordesp->sensorposition,
p->sensordesp->sensorvalue, p->sensordesp->status);
    if((p->sensordesp->sensortype==0x06))   // 红外学习节点
        emit infraredMessagesender(p->sensordesp->nwkaddr,p->sensordesp-
>sensortype, p->sensordesp->sensorindex, p->sensordesp->sensorposition,
p->sensordesp->sensorvalue, p->sensordesp->status);
        p = p->next;
    }
    usleep(400000);
}
}
```

4. 界面设计

由于红外学习模块控制按钮比较多，不能采用 10.6 节的 devbutton.ui，因此这部分在 10.6 节的基础上加入了 infraredbutton.ui。界面如图 10.27 所示。

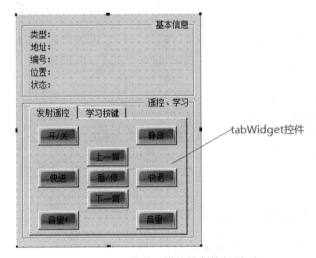

图 10.27　红外学习模块控制按钮界面

5. 实现类

（1）infraredButton 类（红外学习模块子控件）

头文件 infraredbutton.h：

```
#include "server.h"
namespace Ui {
  class infraredButton;
}
class infraredButton : public QWidget
{
  Q_OBJECT
public:
explicit infraredButton(QWidget *parent = 0);
~infraredButton();
int networkAddr;
```

```
    int sensortype;
    int sensorIndex;                    // 传感器编号
    int sensorHomeaddr;
    QString str;
    enum   // 各个按键的命令
        {
            power=0x80000001,        //0x80000000
            play,                    //0x80000001      播放
            frontSong,               //0x80000002      上一首
            nextSong,                //0x80000003      下一首
            fwd,                     //0x80000004      快进
            fback,                   //0x80000005      快退
            volumeAdd,               //0x80000006      音量加
            volumeCut,               //0x80000007      音量减
            silence                  //0x80000008      静音
        };
    void addDevbutton(unsigned int addr, unsigned int type, unsigned int room,
    // 初始化基本信息
    unsigned int index,unsigned int value,unsigned char status);
    private:
      Ui::infraredButton *ui;
    signals:
    void setSensorStatus(unsigned int nwkaddr, unsigned char sensortype,
unsigned char sensorindex,
     unsigned char sensorposition, unsigned long status);   // 更新节点信息
    public slots:
    void updateDevState(unsigned int type,unsigned int value,unsigned char
status);                                  // 进行发射或学习
    private slots:
    void on_voicedel_send_clicked();       // 发射遥控码的函数
    void on_back_send_clicked();
    void on_silence_send_clicked();
    void on_next_send_clicked();
    void on_play_send_clicked();
    void on_front_send_clicked();
    void on_voiceadd_send_clicked();
    void on_open_send_clicked();
    void on_fwd_send_clicked();

    void on_voicedel_study_clicked();      // 学习红外码的函数
    void on_back_study_clicked();
    void on_silence_study_clicked();
    void on_next_study_clicked();
    void on_play_study_clicked();
    void on_front_study_clicked();
    void on_voiceadd_study_clicked();
    void on_open_study_clicked();
    void on_fwd_study_clicked();
    };
```

函数体 infraredbutton.cpp：

```
...
void infraredButton::addDevbutton(unsigned int addr, unsigned int type,
unsigned int room,
                              unsigned int index, unsigned int value,
unsigned char status)
  {
    switch(type)
  {
     case 0x06:
            ui->image->setPixmap(QPixmap(":/rcs/infrared.png"));
            ui->type_value->setText(QString("红外学习"));
            break;
     default :
            return;
  }
    ...
  }

  void infraredButton::updateDevState(unsigned int type,unsigned int
value,unsigned char status)
  {
   switch(type)
   {
     case 0x06:
            break;
     default :
            return;
  }
    ...
  }

  void infraredButton::on_fwd_send_clicked()          // 发射快进遥控码
  {
  emit
  setSensorStatus(networkAddr,sensortype,sensorIndex,sensorHomeaddr,fwd|
0x1000000);
  }
  void infraredButton::on_open_send_clicked()          // 发射打开 / 关闭遥控码
  {
   emit
  setSensorStatus(networkAddr,sensortype,sensorIndex,sensorHomeaddr,power|
0x1000000);
  }
  void infraredButton::on_voiceadd_send_clicked()    // 发射声音 ++ 遥控码
  {
   emit
  setSensorStatus(networkAddr,sensortype,sensorIndex,sensorHomeaddr,volume
Add|0x1000000);
  }
```

```
    void infraredButton::on_front_send_clicked()        // 发射上一首遥控码
    {
     emit
    setSensorStatus(networkAddr,sensortype,sensorIndex,sensorHomeaddr,frontS
ong|0x1000000);
    }
    void infraredButton::on_play_send_clicked()
    {
    emit
    setSensorStatus(networkAddr,sensortype,sensorIndex,sensorHomeaddr,play|
0x1000000);
    }
    ...
    void infraredButton::on_fwd_study_clicked()        // 学习快进遥控码
    {
    emit
    setSensorStatus(networkAddr,sensortype,sensorIndex,sensorHomeaddr,fwd);
    }
    void infraredButton::on_open_study_clicked()        // 学习开 / 关遥控码
    {
    emit
    setSensorStatus(networkAddr,sensortype,sensorIndex,sensorHomeaddr,pow
er);
    }
    void infraredButton::on_voiceadd_study_clicked()  // 学习声音 ++ 遥控码
    {
    emit
     setSensorStatus(networkAddr,sensortype,  sensorIndex,sensorHomeaddr,volu
meAdd);
    }
    void infraredButton::on_front_study_clicked()
    {
    emit
    setSensorStatus(networkAddr,sensortype,sensorIndex,sensorHomeaddr,frontS
ong);
    }
    ...
```

（2）Widget 类（加入了 infraredButton 类的实例化及使用）
头文件 widget.h ：

```
    class infraredConfig{
    public:
      unsigned int netAddr;        // 网络地址，传感器的标示
      int sensorposition;          // 传感器的位置
      int sensorType;              // 传感器类型
      int sensorState;
      int sensorNum;
      infraredButton *button_p;   // 按钮指针
      ...
    };
```

```cpp
class Widget : public QWidget
{
 Q_OBJECT
public:
explicit Widget(QWidget *parent = 0);
~Widget();
QList<sensorConfig> sensorConfiglist;
QList<devConfig> devConfiglist;
QList<infraredConfig> infraredConfiglist;
QWidget* leftForm ;
QWidget* rightForm;
QVBoxLayout *sensorLayout;
QVBoxLayout *deviceLayout;
sensorThread *psensorThread;
private:
 Ui::Widget *ui;
// 红外学习模块节点控件添加
public slots:
void sensorAddButton(unsigned int netAddr, unsigned int sensorType,
unsigned int sensorNum,
   unsigned int sensorRoom, unsigned int sensorDate, unsigned char
status);
   void devAddButton(unsigned int netAddr, unsigned int sensorType,
unsigned int sensorNum,
      unsigned int sensorRoom, unsigned int sensorDate, unsigned char
status);
   void infraredAddButton(unsigned int netAddr, unsigned int sensorType,
unsigned int sensorNum,
   unsigned int sensorRoom, unsigned int sensorDate, unsigned char status);
   };
```

函数体 widget.cpp：

```cpp
#include "widget.h"
#include "ui_widget.h"
#include "ZigBee/ZigBeeserver.h"
Widget::Widget(QWidget *parent) :QWidget(parent),ui(new Ui::Widget)
  {
  ...
psensorThread= new sensorThread();
connect(psensorThread,SIGNAL(sensorMessagesender(uint,uint,uint,uint,uin
t,unsigned char)),
   this,SLOT(sensorAddButton(uint,uint,uint,uint,uint,unsigned char)));
   connect(psensorThread,SIGNAL(devMessagesender(uint,uint,uint,uint,uint,u
nsigned char)),
   this,SLOT(devAddButton(uint,uint,uint,uint,uint,unsigned char)));
   connect(psensorThread,SIGNAL(infraredMessagesender(uint,uint,uint,uint,u
int,unsigned char)),
   this,SLOT(infraredAddButton(uint,uint,uint,uint,uint,unsigned char)));
   }
   ...
```

```
    void Widget::infraredAddButton(unsigned int netAddr, unsigned int
sensorType,
    unsigned int sensorNum, unsigned int sensorRoom,
    unsigned int sensorDate, unsigned char status)  // 红外学习模块
    {
    infraredConfig dev;
    dev.netAddr = netAddr;
    dev.sensorType = sensorType;
    dev.sensorposition = sensorRoom;
    dev.sensorNum = sensorNum;
    int listAddr;
    if((listAddr = infraredConfiglist.indexOf(dev,0)) == -1)//add 不在列表中
    {
        qDebug()<<"add button";
        infraredButton *button;
        button = new infraredButton(rightForm);// 实例化红外学习模块类
        deviceLayout->addWidget(button);
        button->setFixedHeight(331);
        button->setFixedWidth(270);
        button->addDevbutton(netAddr,sensorType,sensorRoom,sensorNum,sen
sorDate,status);
    // 初始化基本信息
        button->networkAddr = netAddr;
        button->sensortype = sensorType;
        button->sensorIndex = sensorNum;
        button->sensorHomeaddr = sensorRoom;
        connect(button,SIGNAL(setSensorStatus(uint,unsigned char, unsigned
char, unsigned char, unsigned long )), this->psensorThread->Server->ZigBeeS
erver,SLOT(ServerSetSensorStatus(uint,unsigned char,unsigned char,unsigned
char,unsigned long )));
    // 连接槽信号，按下按键发送相应的命令
        dev.button_p = button;                // 保存控件指针
        infraredConfiglist.append(dev);       // 插入列表中
    }
     else   //update 存在列表中，只进行更新
     {
       qDebug()<<"update button";
       infraredConfiglist[listAddr].button_p->updateDevState(sensorType,sens
orDate,status);
     }
    }
```

10.7.5 实验步骤

（1）编译应用程序
进入实验目录：

```
[root@localhost /]# cd /CBT-IOT-SHS/SRC/train/05_infrared
```

编译：

```
[root@localhost 05_infrared]# make clean
[root@localhost 05_infrared]# make
```

复制到下载目录：

```
[root@localhost 05_infrared]# cp  05_infrared  /tftpboot
```

（2）测试应用程序

实验平台上电，连接上串口线，确保实验平台同 PC 机间通过无线或有线连接，且能 ping 通，ZigBee 协调器及子节点上电。

关掉后台运行的智能家居综合实训例程：

```
[root@Cyb-Bot /]# killall  smartHome
```

设置环境变量（复制、粘贴到命令行）：

```
export TSLIB_TSDEVICE=/dev/touchscreen-1wire
export TSLIB_CONFFILE=/etc/ts.conf
export POINTERCAL_FILE=/etc/pointercal
export QWS_MOUSE_PROTO=tslib:/dev/touchscreen-1wire

if [ ! -s /etc/pointercal ] ; then
/usr/bin/ts_calibrate
fi

export LD_LIBRARY_PATH=/smartHome/img_test/:$LD_LIBRARY_PATH
```

进入 smartHome 目录：

```
[root@Cyb-Bot /]# cd smartHome/
```

下载应用程序（假设宿主机 Linux 服务器 IP 为 192.168.1.70）：

```
[root@Cyb-Bot /smartHome]# tftp -gr 05_infrared 192.168.1.70
[root@Cyb-Bot /smartHome]#chmod 777 05_infrared
```

运行应用程序：

```
[root@Cyb-Bot /smartHome]# ./05_infrared -qws
```

（3）实验效果

① 发射记忆的遥控码界面如图 10.28 所示。

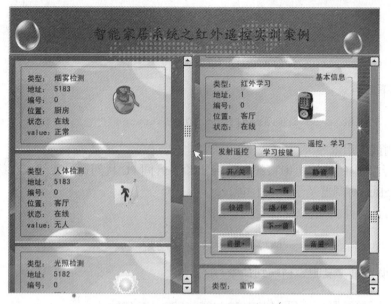

图 10.28　发射记忆的遥控码界面

② 红外学习的遥控码界面如图 10.29 所示。

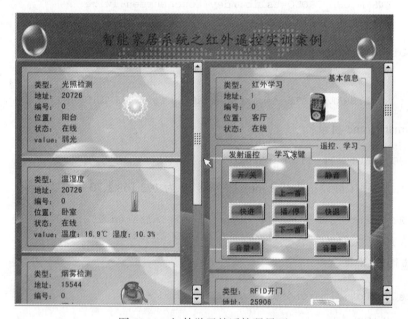

图 10.29　红外学习的遥控码界面

　　说明：由于已经学习了相应的遥控码，此时可以单击发射遥控页面的按钮进行 MP3 的控制，若没有学习可以单击学习按键页面的按键进行遥控码的学习（此时需要将学习模块对准 MP3 的遥控器）。

10.8　智能家居系统之视频监控实训

10.8.1　实验目的

了解 CBT-IOT-SHS 型智能家居实训系统中视频监控的过程，学习 Qt 如何调用 mjpeg-streamer。

10.8.2　实验环境

（1）硬件：CBT-IOT-SHS 型智能家居实训系统，PC 机 Pentium 500 以上，硬盘 40GB 以上，内存大于 256MB。

（2）软件：Vmware Workstation +RHEL6 + MiniCom/ 超级终端 + ARM-LINUX 交叉编译开发环境。

（3）实验目录：\CBT-IOT-SHS\SRC\train\06_video。

10.8.3　实验内容

学习 Qt 如何调用 mjpeg-streamer，实现智能家居实训系统中的视频监控。

10.8.4　实验原理

1. MJPG-streamer

MJPG-streamer 是一款轻量级的视频服务器软件，是谷歌的开源项目，使用的是 v4l2 的接口；可以从单一输入组件获取图像并传输到多个输出组件的命令行应用程序；可以通过文件或者 HTTP 方式访问 Linux-uvc 兼容摄像头。

该软件可应用在基于 IP 协议的网络中，从网络摄像机中获取并传输 JPEG 格式的图像到浏览器，例如 Firefox、Cambozola、Videolanclient，甚至是一个运行了 TCPMP 播放器的 Windows 移动设备。它继承 uvc_streamer，是为在 RAM 和 CPU 上存在资源限制的嵌入式设备而写的。因为兼容 Linux-uvc 的摄像机可以直接生成 JPEG 数据，即使是运行 OpenWRT Linux 的嵌入式设备中也可以快速处理 M-JPEG 数据流。

这款工具源代码简洁，注释清晰。组件功能明确，衔接清晰。使用 Linux C 语言进行开发，可移植到不同的计算机平台，也可以根据 GPL v2 的条款进行改进和发行。

2. 实验功能

实现在界面左侧实时显示视频流，右侧显示拍照的信息，同时可以停止和播放视频，可以拍照，删除单个照片或删除全部照片，参考界面如图 10.30 所示。

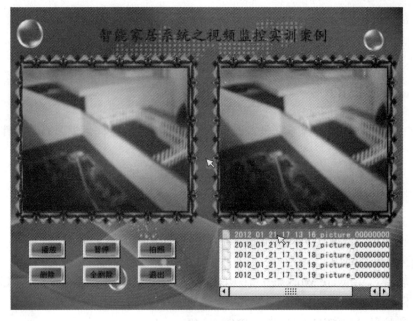

图 10.30　视频监控系统界面

3. 界面设计

界面 widget.ui 如图 10.31 所示。

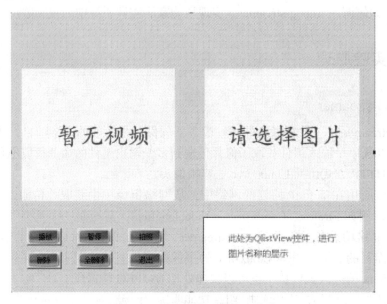

图 10.31　视频监控系统界面设计

4. 实现类

（1）Widget 类（调用视频服务层接口，具体可参考 10.3 节内容）

头文件 widget.h：

```
#include <QWidget>
```

```cpp
#include <QPushButton>
#include <video/camctrl.h>
#include <QDir>
#include <QTimer>
#include <QStringList>
#include <QFileSystemModel>
namespace Ui {
 class Widget;
}
class Widget : public QWidget
{
 Q_OBJECT
public:
explicit Widget(QWidget *parent = 0);
QStringList stringList_name;
QFileSystemModel* model;
pid_t pid;
Cam_Ctrl *mycam;                    // 实例化视频服务层类
~Widget();
private:
 Ui::Widget *ui;
private slots:
   void on_exit_clicked();      // 退出函数
   // 选择 listView 中的图片，进行图片查看
   void clicked(const QModelIndex &index);
   void on_rmall_clicked();     // 删除全部图片
   void on_rm_clicked();        // 删除 istView 中当前选中的图片
   void on_photo_clicked();     // 拍照
   void on_stop_clicked();      // 停止播放视频
   void on_play_clicked();      // 开始播放视频
};
```

函数体 widget.cpp：

```cpp
#include "widget.h"
#include "ui_widget.h"
#include "video/camctrl.h"
#include <QDebug>
#include <signal.h>
QString photo_path="/smartHome/web/img/";
Widget::Widget(QWidget *parent) :QWidget(parent),ui(new Ui::Widget)
{
  ...
mycam =new Cam_Ctrl();   // 实例化视频服务器类
// 初始化视频大小 271*226，显示起始位置（20，97）
mycam->Cam_Init(20,97,271,226);
// 下面设置 listView 显示 photo_path 下的图像文件名
stringList_name  << "*.jpg" << "*.gif" << "*.png";
model = new QFileSystemModel();
model->setNameFilterDisables(false);
model->setFilter(QDir::Dirs | QDir::Drives | QDir::Files | QDir::NoDotAndDotDot);
model->setNameFilters(stringList_name);
```

```
ui->listView->setMovement(QListView::Static);
ui->listView->setModel(model);
ui->listView->setRootIndex(model->setRootPath(photo_path));//
QDir::currentPath()));
connect(ui->listView, SIGNAL(clicked(QModelIndex)), ui->pictrueLabel_2,
SLOT(repaint()));
connect(ui->listView, SIGNAL(clicked(QModelIndex)), this,
SLOT(clicked(const QModelIndex &)));
}
void Widget::clicked(const QModelIndex &index)
// 显示 ui->listView 中当前选中的图像文件
{
QString filepath = index.data(Qt::DisplayRole).toString();
QStringList str;
str.clear();
str.append(photo_path);
str.append(filepath);
filepath = str.join("");
qDebug() << "filepath" << filepath;
str.clear();
ui->pictrueLabel_2->setPixmap(QPixmap(filepath));
}
void Widget::on_play_clicked()
{
mycam->Cam_Show();
}
void Widget::on_stop_clicked()
{
 mycam->Cam_Hide();              // 暂停摄像头工作
}
void Widget::on_photo_clicked()
{
 mycam->Cam_Photo();             // 执行拍照动作
}
void Widget::on_rm_clicked()  // 删除 ui->listView 中当前选中的图像文件
{
QModelIndex index=ui->listView->currentIndex();
if(!index.isValid()){
    return;
}
bool ok;
ok = model->remove(index);
}
void Widget::on_rmall_clicked()   // 循环删除 photo_path 目录下的所有图片文件
{
QDir dir(photo_path);
QStringList filters;
bool ok;
filters << "*.jpg" << "*.gif" << "*.png";
dir.setFilter(QDir::Files | QDir::Hidden | QDir::NoSymLinks |
QDir::NoDotAndDotDot);
dir.setSorting(QDir::Time | QDir::Reversed);
```

```
dir.setNameFilters(filters);
QFileInfoList list = dir.entryInfoList();
for (int i = 0; i < (list.size()); ++i)
{
    QString name;
    QFileInfo fileInfo = list.at(i);
    name = qPrintable(QString("%1").arg(fileInfo.fileName()));
    QStringList filename;
    filename.append(photo_path);
    filename.append(name);
    QString filepath2 = filename.join("");
    qDebug() << "filepath" << filepath2;
    filename.clear();
    QFile *file=new QFile();
    ok=file->remove(filepath2);
    if(!ok){qDebug() <<"rmove err";}
 }
}
void Widget::on_exit_clicked()      // 给 mjpeg-streamer 发送 Ctrl+C 信号
{
char line[10];
int sig = SIGINT;
union sigval val;
FILE *cmd = popen("pidof mjpg_streamer", "r");
fgets(line, 10, cmd);
pid = strtoul(line, NULL, 10);
pclose(cmd);
sigqueue(pid, sig, val);
}
```

10.8.5　实验步骤

（1）编译应用程序。

进入实验目录：

```
[root@localhost /]# cd /CBT-IOT-SHS/SRC/train/06_video
```

编译：

```
[root@localhost 06_video]# make clean
[root@localhost 06_video]# make
```

复制到下载目录：

```
[root@localhost 06_video]# cp  06_video  /tftpboot
```

（2）测试应用程序。

实验平台上电，连接上串口线，连接平台配套 USB 摄像头，确保实验平台同 PC 机间通过无线或有线连接，且能 ping 通。

关掉后台运行的智能家居综合实训例程：

```
[root@Cyb-Bot /]# killall  smartHome
```

设置环境变量（复制、粘贴到命令行）：

```
export TSLIB_TSDEVICE=/dev/touchscreen-1wire
export TSLIB_CONFFILE=/etc/ts.conf
export POINTERCAL_FILE=/etc/pointercal
export QWS_MOUSE_PROTO=tslib:/dev/touchscreen-1wire

if [ ! -s /etc/pointercal ] ; then
/usr/bin/ts_calibrate
fi

export LD_LIBRARY_PATH=/smartHome/img_test/:$LD_LIBRARY_PATH
```

进入 smartHome 目录：

```
[root@Cyb-Bot /]# cd smartHome/
```

下载应用程序（假设宿主机 Linux 服务器 IP 为 192.168.1.70）：

```
[root@Cyb-Bot /smartHome]# tftp -gr  06_video 192.168.1.70
[root@Cyb-Bot /smartHome]#chmod 777  06_video
```

运行应用程序（确保 /smartHome 目录下存在 img_test 目录）：

```
[root@Cyb-Bot /smartHome]# ./06_video  -qws
```

（3）实验效果如图 10.32 所示。

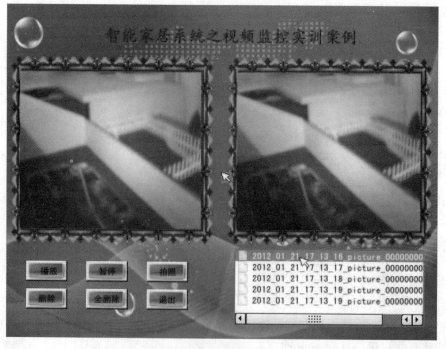

图 10.32　视频监控实际效果

第 11 章 ZigBee 应用系统

11.1 基于 ZigBee 的电解槽温度采集与智能控制系统

11.1.1 系统简介

在冶金行业里，实时监测各个电解槽的温度并对电解槽温度进行反馈控制是一个非常重要的内容。整个控制过程是一个实时采集、实时控制和要求很高的过程。对于电解槽温度的测量，国内目前的方式只是对电解槽的加热源——蒸汽作为温度采集对象。这种方式采集的温度与电解槽内的温度有一定的误差，测量数据不能真实可靠地反映检测对象的实时温度，将会影响电解金属的效率及电解金属的品质，最终会导致电解成品达不到所要求的标准，造成不必要的浪费。另外，国内企业普遍采用有线网络对现场进行温度采集、人工操作的方式进行反馈控制，这种方式存在以下缺点：

（1）成本高，需要铺设大量的线缆，而且会造成工业现场布线的混乱。

（2）可维护性、可扩展性差。当工厂进行扩建时，有线网络的弊端就更为明显，而且采用手工操作会花费更多的人力资源。

为了克服现有技术的不足，本节介绍一种基于 ZigBee 技术的电解槽温度采集与智能控制设计系统。ZigBee 是一种低功耗、低数据速率、低成本且数据可靠性高的双向无线通信技术，主要用于自动、远程控制领域。基于 ZigBee 技术设计的电解槽温度采集与智能控制方案，控制精确，能显著提高电解质量，最终达到节约资源、提高效率的目的。

电解槽温度采集与智能控制系统结构如图 11.1 所示，设计分为 3 部分，即温度采集部分、ZigBee 无线网络部分、控制部分。温度采集部分放置在电解槽内，负责实现温度的实时采集、存储，采用 ZigBee 采集模块 + 温度传感器 DS18B20 来实现；ZigBee 无线网络部分放置在控制中心，负责将各个电解槽的温度传输至控制中心；控制部分则放置在蒸汽阀处，它由 ZigBee 控制模块和电机驱动芯片来实现，并且根据模糊控制算法控制直流电机，通过加大或减少蒸汽流量的方式实现电解槽温度的智能控制。

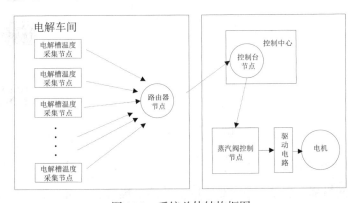

图 11.1 系统总体结构框图

11.1.2 硬件设计

1. 温度采集部分

温度采集部分包括温度采集传感器和温度采集处理器。

（1）温度采集传感器：在铜电解槽冶金行业，电解槽温度范围在 63℃～ 73℃之间，最佳运行温度在 68℃，允许温度差为 5℃范围内。本设计采用的是 Dallas 公司的 DS18B20 芯片，它具有耐磨耐碰，体积小，使用方便，封装形式多样的优点，采用 1-wire 总线方式，仅需要一条线即可实现与 MCU 的双向通信。另外，它的测温范围在 −55℃～ +125℃之间，固有测温分辨率为 0.5℃，电压范围为 +3.0 ～ +5.0V，只需要上拉一个 4.7kΩ 电阻即可与 CC2530 的 I/O 端口连接，完成温度的采集。

（2）温度采集处理器：本设计采用的是 TI 公司的 CC2530 芯片，它内部嵌有 8051 内核及支持 Z-Stack 网络协议栈和低功耗无线通信，适用范围广泛。利用 CC2530 对 DS18B20 实现温度采集有多种方式。本文采用的方式如下：① 一个普通 I/O 口驱动一片 DS18B20；② DS18B20 电源为外部电源驱动方式；③ ROM 操作命令采用跳过 ROM 方式、内存操作选择温度转换方式、温度分辨率为 12 位；④ 温度值不进行十进制的转换（选择此方式有利于控制部分编程）。根据上面的选择方式，由于每一片 CC2530 的普通 I/O 口有 21 个，其中两个需要连接 32kHz 晶振，所以至多可以采集 19 个电解槽的温度。如果在电解车间放置 50 个 CC2530，则可对 950（19×50）个电解槽进行温度采集。对于有扩展要求的车间，ZigBee 可扩展性的优势体现得更加明显。温度采集部分的原理图如图 11.2 所示。

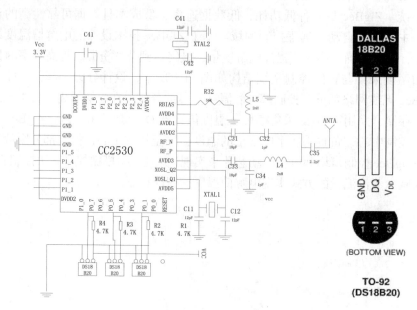

图 11.2　温度采集部分原理图

2. ZigBee 无线网络部分

ZigBee 无线网络部分包括基于 CC2530 芯片的采集节点、路由节点及控制节点。整个

ZigBee 自组网基于 Z-Stack 协议栈，采用的是星状结构。网络运行过程为：首先由路由器节点进行网络的初始化操作，然后形成自组织网络并等待各个采集节点的加入。网络形成后，路由器节点接收各采集节点的温度数据并加以处理，上传给控制节点。控制节点再将操作指令发给控制部分进行反馈控制，如图 11.3 所示。

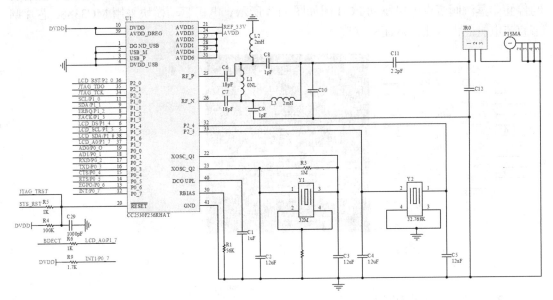

图 11.3　CC2530 射频发射部分原理图

ZigBee 无线网络的开发平台是 IAR Embedded Workbench 7.51A，开发语言为 C 语言。ZigBee 无线网络模式为星状网络，需要在 Nwk_globals.h 中设置相关参数：

```
#define NWK_MODE    NWK_MODE_STAR
#define MAX_NODE_DEPTH 2                          // 网络深度为 2
ByteCskipChldrn[MAX_NODE_DEPTH+1]={50,0} // 温度采集节点数最多为 50
```

另外，还要设置各个采集节点的网络组网号和节点编号完成网络的搭建。

3. 蒸汽控制部分

控制部分主要包括蒸汽阀控制节点、直流电机和电机驱动芯片 MC33886。蒸汽阀控制节点的处理器也是 CC2530 芯片，该节点根据控制节点传来的指令驱动直流电机，从而达到对电解槽温度的智能控制。

蒸汽阀控制节点首先完成 ZigBee 自组织网络的加入，然后根据控制节点传输的采集温度及现场工业经验，产生占空比不同的 PWM 波控制电机转速。因为电解槽温差范围在 5℃之内，所以本文选择一维输入、二维输出模糊控制方法能够满足功能需求。采用的模糊控制规则如下：

- if 温度差大于 20℃，PWM 波输出占空比为 40%，电机转向为关。
- if 温度差大于 10℃和小于 20℃，PWM 波输出占空比为 30%，电机转向为关。
- if 温度差大于 5℃和小于 10℃，PWM 波输出占空比为 20%，电机转向为关。
- if 温度差大于 -20℃，PWM 波输出占空比为 40%，电机转向为开。
- if 温度差大于 -10℃和小于 -20℃，PWM 波输出占空比为 30%，电机转向为开。

- if 温度差大于 -5℃和小于 -10℃，PWM 波输出占空比为 20%，电机转向为开。

控制部分电机驱动芯片采用的是 MC33886 芯片。此芯片接收标准 TTL 逻辑标准信号，可直接由单片机的 I/O 端口驱动。蒸汽阀节点采用 3 个普通 I/O 口控制电机。P1_0 负责产生 PWM1，控制电机正转；P1_1 负责产生 PWM2，控制电机反转；P1_2 负责电机的启动与停止。蒸汽阀节点电机驱动 PCB 图如图 11.4 所示。电机驱动模块采用 MC33886 芯片调节直流电机的占空比，从而实现调速。

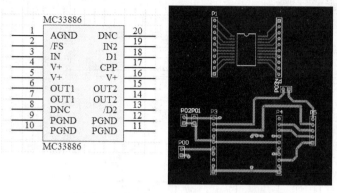

图 11.4　蒸汽阀节点电机驱动原理图

11.1.3　系统软件设计

温度采集节点流程图如图 11.5 所示。温度采集节点上电运行后，CC2530 芯片首先进行初始化，配置相关寄存器，向路由节点发送加入网络信号。采集节点等到成功加入网络后，进入休眠模式。路由节点负责数据的转发，如接收到控制节点要求传输数据指令后，它负责将电解槽温度上传给控制节点。由于一位 DS18B20 采集数据为 16bit，那么一片 CC2530 采集数据的数据量至多为 16 bit×19=304bit。对于传输速率为 250Kbps 的 ZigBee 无线网络，CC2530 采集节点的个数可以达到几千个并且不会出现数据堵塞，满足工业现场的需求。

利用单片机产生 PWM 波的方法主要有两种：软件延时法和计数法。本设计采用软件延时法实现电解槽温度的智能控制。产生 PWM 波的主程序如下：

首先完成端口的初始化，定义 P1 的低三位为输出控制口，输出 PWM 波控制直流电机。系统时钟采用的是内部 16MHz 时钟。

程序主要代码如下：

```
P1DIR |=0x03;
/*P1_0,P1_1,P1_2 定义为输入 / 输出, P1_0 为 CS 端,
```

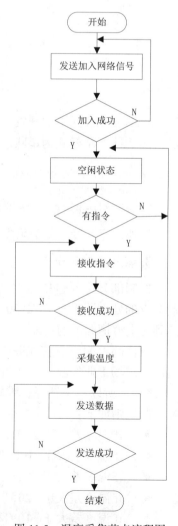

图 11.5　温度采集节点流程图

P1_0 为 PWM1，电机正向 / 转动；P1_1 为 PWM2，电机反向 / 转动 */

```
    P1SEL &=0x38;              //P1_0，P1_1，P1_2 作为普通端口
    CLKCONCMD |=0x20;          // 系统设置在 16MHZ
    P1_0=0;
    P1_1=0;
    P1_2=1;
    while(1)
    {
    if(0x1f0<TempValue)
    {//PWM 输出 40% 正转
        P1_2=1;
        P1_1=0;
        P1_0=1;
        delay(4000);
        P1_0=0;
        delay(6000);
        P1_0=1;
    …}
    void delay(uint n)
    {
        uint tt;
        for(tt=0;tt<n;tt++);
        for(tt=0;tt<n;tt++);
        for(tt=0;tt<n;tt++);
        for(tt=0;tt<n;tt++);
    }
```

11.1.4　系统测试及结果

整个系统采用一个 ZigBee 传感模块加多个温度传感器 DS18B20，实现对电解槽温度采集，并将温度数据利用 ZigBee 无线网络，将数据发送到蒸汽阀控制节点。控制节点再利用一维模糊控制算法，调节电机转速实现电解槽温度的智能控制。

通过各部分测试，实现对铜电解槽的智能化控制。系统能根据不同节点采集到各点温度，并通过 ZigBee 路由器对数据准确处理，再通过模糊控制将蒸汽机车进出蒸汽控制在不同转速，从而达到系统的智能化。

针对冶金行业需要进行现场温度采集与控制的场合，本系统设计了一种利用 ZigBee 无线传感网络采集温度、智能控制温度的方法。本系统具有通信可靠性高、结构简单、成本低的优点，经过调试后运行于铜业电解槽车间。通过实时采集现场温度来控制蒸汽阀，将会大大提高电解铜的质量，具有一定的经济实用性。另外，本设计也是对 ZigBee 传感网络在工业自动化控制领域的一个有益的探索，扩展了物联网的应用领域。

11.2 基于无线传输的智能交通控制系统

11.2.1 系统简介

1. 背景

智能交通系统是物联网发展的重要应用之一，随着社会的进步和科技的发展，人们对于生活环境的先进程度的需求也在日益增加，需要更便捷、更省时、更省力的生活工具，智能交通能满足人们对于交通的需求。智能交通灯是智能交通领域的一个分支，智能交通系统出现在 20 世纪 90 年代初，其思想早在 20 世纪 30 年代萌芽，随着社会的进步促使人们增加自己的需求，因此近几年来国内外均竞相投资开发。根据上述这种现象，开发了一套红黄绿灯控制系统，根据车流量来控制红黄绿灯的显示时机和总显示时间，是对原有交通系统的改善，能提高交通流通的效率，更好地适应人们的生活，满足人们的需求。

2. 应用领域

在现代社会的发展中，各行业的飞速发展互相促进，物联网的发展也促进了很多行业，特别是交通运输业。本作品设计的智能化交通灯系统能实时地根据当时的车流量，判断哪一个方向的车多从而给出通行策略，同时，根据选通方向的车数，定出红绿灯显示的时间。本作品实现的智能化交通灯特别适用于十字路口中某一条或几条道路特别拥挤而其交叉路口车流量相比之下不大的情况，这样就能体现出本系统缓解交通压力、改善交通车流量的作用，这也是智能交通系统不同于传统交通系统的优点所在，同时此系统同样也适用于一般情况，只是体现得不明显。

3. 国内外研究现状

利用先进的信息技术改造城市交通系统已成为城市交通管理者的共识。美国等国家对交通系统的智能化研究是最早的，理论也比较成熟。但国内交通红绿灯的交替转换是定式的，转换时间间隔也是固定不变的，而且总时间也是不变的，这显然不能满足智能化交通系统的需求，国内对于智能化交通灯虽然研究理论已经很成熟了，但是实践性几乎是空白，也就是国内的智能交通灯还只是停留在理论之上。

4. 功能描述

目前我国十字路口的交通灯虽然都是自动的，但是交通灯的红绿灯交替时间是定式的，即转换时间间隔是固定不变的。这种控制交通灯的方法很不符合实际，更加不能满足日益发达的交通工具增多的需求和人们对于时间的节省需求。本课题所研究的智能交通控制系统，能够根据车流量利用红外避障判断某一个方向是否有车，以及使用双排红外避障器检测通过的车辆个数，经过一系列算法处理，能使十字路口的红绿灯真正根据当时车流量，来控制每一个方向的红绿灯和计时总数，这样就能最大限度地增大车流量，改善交通系统的拥塞程度，减少人们的等待时间，促进和谐。

5. 红外避障

这是一种集发射与接收于一体的光电传感器。检测距离可以根据要求进行调节。该传感器具有探测距离远、受可见光干扰小、价格便宜、易于装配、使用方便等特点，可以广泛应用于机器人避障、流水线计件等众多场合。

电气特性：电压 V——5VDC；电流 I——100mA；Sn——0 ～ 80cm。

尺寸：直径——17mm；传感器长度——45mm；引线长度——45cm。

6. 系统说明

系统结构框架如图 11.6 所示。

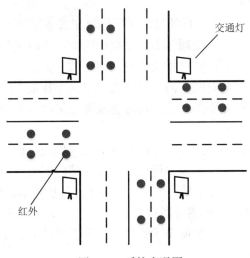

图 11.6 系统实况图

下面是针对该系统的一些假设或特别性描述。

（1）本系统设计了一个十字路口的交通灯控制系统，要求南北方向和东西方向两个交叉路口的车辆交替运行，两个方向都可以根据车流量大小自动调节通行时间，车流量大，通行时间长；车流量小，通行时间短，这在调度策略中根据车数的多少对交通的倒计时间进行了分级。

（2）每次绿灯和红灯要进行转变时，这两者之间的差值是黄灯的显示时间，这样才能最大限度地提高车流量，改善交通运行状况。

（3）东西方向、南北方向的两个车道除了有红、黄、绿灯指示外，每一种灯亮的时间都用数码管显示器进行显示。

（4）智能主板中的调度策略每次都能够根据车流量的多少，来确定红灯的显示时间，从而得出另一个路口绿灯的显示时间，而黄灯的时间就是红黄灯时间与绿灯时间的差值，已达到两路口交通调度的同步。

（5）系统在制作和演示过程中都将路口分为 4 个方向来看，但实际处理时，我们只研究两个方向的车数，即四个红黄绿灯中交叉的两个红黄绿灯计数始终一样。制作成这样是为了便于理解和数据采集 。

11.2.2　方案创新点与难点

1. 方案创新点

（1）乘客乘车不再等

与传统的交通灯相比，本系统所实现的功能可以不再浪费等待的时间，当交叉路的另一方向没有车辆或排队车辆没有此方向的多时，不需要再白白地等待红灯转为绿灯，传统的交通灯，灯的转变和计时是固定不变的，这种定式的模式使得我们必须等待不必要的时间，本系统实现的交通灯更加智能、人性化，让我们不再等待，及时行驶。

（2）公交公司压力小

现在城市公交车很多，公交车行驶过多必然导致交通运输繁重，很容易引起交通堵塞，本系统能最大限度地通车，缓解交通压力。系统中的调度策略能够实时根据车流量大小，给出下一时段哪个方向通车，同时根据通车方向的车数，灵活给出红黄绿灯时间，比如十辆车以下和十辆车以上绿灯的时间不同，这样就可以满足在最少的时间内通行更多车辆的目的，这样，公交公司运行效率提高了，同时也减缓了交通压力，减少了拥堵的风险。

（3）可拓展性强

系统检测车辆是利用红外感应并将数据发送给无线模块，而红外感应器放置的位置是可以自行调节的，根据车流量的多少，可以增加红外感应器组的数量，本系统放置了两组红外感应器，如果想要检测更加准确，可以放置多组红外感应器，增加监测点，确认数据，前后检验更加准确。同时，红外感应器放置距离可以改变，对于红绿灯的计时，10辆车以下控制为17s还是27s都可以根据实际的环境，根据当地的通车数量等进行调节，适应能力强，可移植性也很强。

（4）以小见大，提前预测

我们可以设定交通灯汇报点，定时汇报某监测点处当天或几天内的车流量，根据车流量的大小，评判哪几个十字路口比较拥挤，可以调节车辆路线，缓解结点交通的压力，以达到整个县内或市内甚至更大范围内的最佳交通路线，良性的调节交通运输，减少交通事故的发生，达到和谐城市的目的。

2. 难点概述

（1）数据的无线传输

系统中利用 ZigBee 网络进行数据传输，将无线模块实时监测到的数据发送到无线节点，无线节点再利用 ZigBee 网络发送给智能主板，进行智能调度。

（2）交通的调度策略

如何最大数量地通行车辆，如何合理地实现现实中的通车，如何评定车辆数量等级，如何正常通车不至于死锁，这都是调度策略必须考虑的问题。调度策略是系统的核心，自然也是最困难的。调度策略实现关系到整个系统的运行效果，应当兼顾的问题较多，比如如果某一方向车辆较多，那么按照最开始的策略，应当让车多的方向通行，这样即使另一方向有车，但是车辆数较少，很有可能一直不能通行，这绝对不符合现实需求。所以就需要设定一个通车总次数，每当一个方向通行时，就开始计时，最多累计通行 K 次，为了更好地反映系统设计的初衷，同样可以根据车的数量多少分级，为每一个级别设定不同的

K 值，达到最大通行车辆的系统目的。

（3）控制交通灯转变时机的协调

如果要控制两个方向、四组交通灯的一致性运行，那么必须合理地设计硬件，前提是必须保证软件的实现性难度不要太大。

11.2.3　系统实现原理

1. 系统功能框图

系统功能框图如图 11.7 所示。

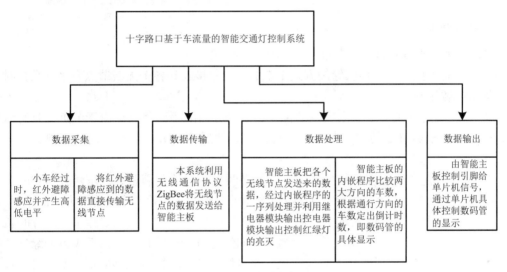

图 11.7　系统功能框图

2. 数据采集

本系统运用十字路口的 4 个方向（实质上是两个方向），分别在每个路口装上 4 个红外避障模块，两个一组，分为靠近交叉口的和远离交叉口的。这些红外都分别和无线模块直接相连，在无线模块中都已提前烧好相关程序，用来发送数据。当小车经过某个路口时，先经过远离交叉路口的红外避障，当此红外模块感应到有障碍物时便将感应到的高电平直接输送给无线模块，接下来就是传输的工作，结果是远离路口的两个红外使得小车的数量加一，同理当小车经过靠近交叉路口的红外时，使小车的数量减一。

3. 数据传输

本系统通过 ZigBee 无线网络将数据传送给智能主板。ZigBee 协议栈结构包括 IEEE 802.15.4 媒体访问控制（MAC）层、物理（PHY）层和网络（NWK）层。

本系统中共有 16 个红外避障，8 个无线节点发送数据，图 11.8 是一个无线节点发送数据示意图，该图可以清楚地表明无线节点是怎样将数据传送给智能主板的。

图 11.8　数据传输示意图

4. 数据处理

系统中的数据处理部分是智能主板和继电器模块。

对于智能主板，是一直以轮询方式工作的。当它接收到各个无线节点发来的数据时，内嵌程序会做如下工作：

（1）它首先判断发来数据节点的位置，哪个方向的哪个节点，由于节点都是有编号的，所以可以根据节点的位置判断红外的作用，然后更新节点所在方向的车数，加一或减一。

（2）当智能主板处理完数据后，得到的是两个方向的车辆总数，东西方向和南北方向的车辆总数，通过比较这两个方向的车辆数大小，确定下一轮调度是哪个方向的车通行。

（3）根据要通行方向的车辆总数判断红灯的显示时间，本系统实施车多倒计时长、车少倒计时短的规则，来智能化地控制另一方向红灯倒计时的长短，然后本方向绿灯时间规定为红灯时间减三，很明显本方向在执行完绿灯倒计时后执行三秒的黄灯倒计时。智能主板在判断出哪个方向的哪种灯亮之后，具体实现由继电器完成。灯亮多久，交给了与之直接相连的单片机，此处的单片机作为输出模块。

对于继电器模块，它主要是控制两组，每组两个红绿灯的显示。系统中用了两个继电器模块，分别控制两个方向上的红黄绿灯。继电器在本系统中充当了开关的作用，当智能主板把具体哪个方向的哪种灯亮的信号全部通过引脚的高低电平传送给继电器，继电器通过内部程序运行，控制红绿灯显示。

5. 数据输出

数据输出体现在红黄绿灯的变化和数码管的变化，由于红绿灯控制模块的继电器模块直接和智能主板相连，所以把红黄绿灯显示作为数据处理，而数码管显示稍微复杂一些，通过接入一个 89C52RC 芯片来控制倒计时输出。单片机内嵌数码管控制程序通过智能主板传输来的信号，控制数码管输出显示。

11.2.4　硬件设计

整个系统中，4 个路口的倒计时是用数码管实现的。下面先介绍七段数码管，然后将 4 个七段数码管连接起来，组成一个完整的倒计时数码显示器。

如图 11.9 所示，数码管的技术指标如下：

- 使用电流：静态。
- 总电流：80mA（每段 10mA）。
- 动态：平均电流 4 ～ 5mA。
- 峰值电流：100mA。

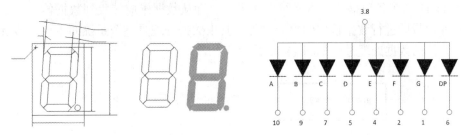

图 11.9　七段数码管引脚图

如图 11.9 所示，利用七段数码管的固有性质和各针脚代表的意义可以显示出想要的数字，如想显示 2，那么就要使 A、B、G、E、D 这 5 段点亮显示，其对应的十六进制数为 0xa4。

四位七段数码管与单片机相连，如图 11.10 所示。

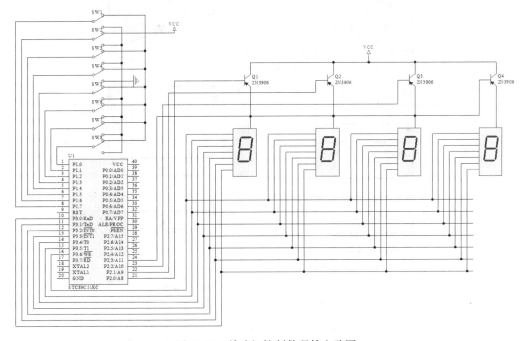

图 11.10　单片机控制数码管电路图

在图 11.10 中，用一个单片机 STC89C51RC 来连接和控制 4 个七段数码管，可以明显看到，用单片机 P3 前 7 个引脚来连接 4 个七段数码管的 7 个引脚，当选通某个七段数码管时，就可以编程利用 P3 口来控制数码管显示。对于 4 个数码管的选通信号，利用单片机 P2 口的前 4 个引脚，通过计算可以看到，要达到 0 ～ 9 的数字，P3 口的数据应依次设为 0xc0、0xf9、0xa4、0xb0、0x99、0x92、0x82、0xf8、0x80、0x90，这样就得到了数码管的显示。

11.2.5 软件设计

如图 11.11 系统化地描述了本系统工作流程，即从数据感应接收到数据传输，之后进行数据处理，最后进行数据输出的整个过程，其中数据处理是整个系统的重点，涉及了调度策略，具体的数据处理过程如图 11.12 所示。

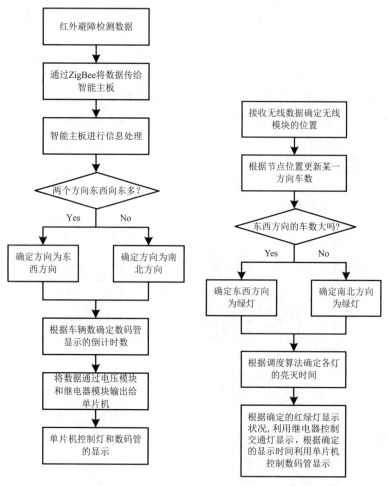

图 11.11　系统工作流程图　　　图 11.12　调度算法流程图

调度算法描述如下。

数据结构：

```
static uint8 pRxData[APP_PAYLOAD_LENGTH];
pRxData[0]: 判断方向          0—南北方向      1—东西方向
pRxData[1]: 判断红外地点      0—前方红外      1—后方红外
pRxData[2]: 判断红外编号      0—左边          1—右边
pRxData[3]: 判断信号有无      0—无            1—有
```

light：指示灯颜色　　　　　　　1—红色　　　2—黄色　　　3—绿色

　　UINT16　　sum[2]={0,0};
//sum[0]—南北向车辆总数
//sum[1]—东西向车辆总数
　　UNIT16 timecontrol;　　　　　　　// 控制计时时间

算法表示：

（1）根据收集到的信号进行车辆计数。

```
void CheckVehicleNum(UINT8 point, UINT8 frontback,UINT8 infrarednum,
UINT8 infrared)
    {     // 先判断是不是南北方向
        if(point==0||point==2)     // 是南北方向
        {     // 是否是前方
            if(frontback==0)     // 前方
            {
                if ( infrared==1)
                  {sum[0]--;}
            }

            else  // 后方
            {
                    if ( infrared==1)
                    { sum[0]++;}
                    }
        }
        else
        { 东西方向，判断方法如上 }
    }
```

（2）根据计时策略得出计时时间。

```
UINT16 TimeControl(UINT16 num)
  {
    switch(num/10)
    {
        case 0 : timecontrol=10;
            break;
        case 1 : timecontrol=20;
            break;
        case 2 : timecontrol=30;
            break;
        case 3 : timecontrol=40;
            break;
        case 4 : timecontrol=60;
            break;
        default: timecontrol=80;
    }

        return timecontrol;
  }
```

（3）分别控制南北方向和东西方向的灯。

```
 void Light1(int n)
 // 当 n=1 时，南北方向的红灯亮；n=2 时，黄灯亮；n=3，绿灯亮
 void Light2(int n)
 // 当 n=1 时，东西方向的红灯亮；n=2 时，黄灯亮；n=3，绿灯亮
```

（4）控制数码管显示算法。

```
 void Seg7(UINT8 second1, UINT8 second2)
 // Second1 和 Second2 分别表示南北东西方向的计时时间，实现七段数码管的显示
```

（5）智能主板通过轮询的方式接收信号同时计时。

```
static void appLight()
{
    // 模块初始化

    While(1)
    {
     // 如果接收到无线节点发送来的数据，进行车辆计数，同时完成下一时刻调度
    }
}
```

11.2.6　系统测试及结果

（1）硬件测试：对于硬件的测试，运用边界扫描法，测试芯片之间的简单连通性以及器件是否烧坏。比如运用万用表来检测单片机连接是否正常。

（2）软件测试：通过 CCdebuger 仿真器进行代码烧写调试，观察计时器和红绿灯显示是否正常。

（3）系统测试和数据分析：本系统规定南北方向为主干道，即东西方向为辅干道，也就是说，在两方向均未检测到车辆要通行时，默认的主干道即南北方向会 7s 绿灯，然后跳转 3s 黄灯，而东西方向是 10s 的红灯。同时要注意，如哪一方向车多，则哪一方向的车先通行，且车辆的多少确定计数初值，如车数小于 10，则倒计时的红灯为 10s，如车多的方向车大于 10 但是小于 20，则此时倒计时为 20s 的红灯，如表 11.1 所示。

表 11.1　数据测试表

交 通 方 向	情形 1	情形 2	情形 3
东西方向	初始化后，只东西方向进 5 辆车且不出	初始化后，不进不出	初始化后，东西方向又进又出，进 10 辆，出 5 辆车
南北方向	不进不出	初始化后，只东西方向进 10 辆车且不出	南北方向又进又出，进 15 辆，出 5 辆车
红灯显示 黄灯显示 绿灯显示	东西向绿灯，初始值 7s，之后为 3s 的黄灯，南北向为红灯，初始值为 10s	南北向为绿灯，初始值为 17s，之后是 3s 的黄灯，东西方向是 20s 的红灯	南北向为绿灯，初始值为 17s，之后是 3s 的黄灯，东西方向是 20s

11.2.7 改进措施

根据上面的叙述，本系统还可以加以扩展，做成很大的网络系统，可以起到更加强大的作用。例如，可以在一个城市的很多十字路口设立这种智能化交通系统，然后把每一个十字路口看成是一个节点，这些节点发送某些信息，如车辆数目，然后各节点通过某种通信方式发送到一个终端系统上。通过对这个终端系统的处理，可以看到这个城市交通流量密度的大概分布图，而如果进一步考虑，不仅仅是传送数据，还可以做出某些动作。例如，可以在每个车上或是司机身上配备某种收发信息的模块，这样就可以看到整个城市的实时拥挤状况图，从而改变司机的行车路线，达到综合智能控制的作用。

另外，可以增加红外感应器的组数，更加准确地检测车辆的数量，同样根据实际环境的通车特点，可以改变红外感应器放置的位置。

11.2.8 结语

随着科技的持续发展，将会更加快速地推动社会的进步，物联网作为一门新的学科，其对人们生活将产生深远的影响。基于红外感应的智能交通灯系统，从其理论证明和最后的实践，充分地证明了这种智能化系统的优越性，它不仅能够有效地疏导车辆，缓解交通压力，还可以节省人们的时间。智能化交通灯系统是智能化交通的重要组成，有着极其的重要性。

11.3 公交车进站预报系统

11.3.1 系统简介

1. 背景

公交车已经成为人们出门必不可少的交通工具，但是等车的时间却是个未知数，对于赶时间的人们来说如果能提前知道下一班公交车到哪里的话，换句话说就是知道离这里还有多远，等车的人们就可以根据自己的需要灵活选择交通方式，避免耽误重要的事。

国内外研究现状：国内外均有一些公交预报系统，而大多数都采用进出站时间表来预测，也就是说遇见堵车的情况时并不能准确预测公交车的进出站。相比国外，国内的一些相关预测方法通过采用无线网络信号定位原理，采用信号中转传递来完成定位。本系统通过采用 ZigBee 协议、无线传输网络来定位公交车的位置。与国外的预测方法相比，精确度更高，功耗低、成本少。

功能描述：本系统利用 ZigBee 自组网络，低功耗的特点，在公交车进站时与站台的协调器组成一个星状网，如图 11.13 所示。

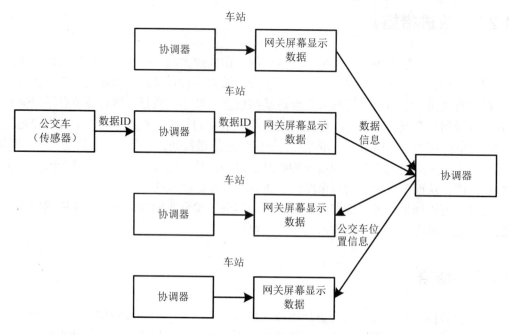

图 11.13　公交车进站预报系统功能框图

2. 技术指标

- 射频频率：2.4 GHz。
- 通道数：具有 16 个射频通道 2.405 ～ 2.485。
- 通信视距：可靠传输距离在 100 米以上。
- 发射功率：低功耗型为 –25 ～ 0 dbm；可调远距离型为 18.5 ～ 26 dbm 可调。
- 接收灵敏度：低功耗型为 –90 dbm；远距离型为 –99 dbm。
- 网络拓扑：星状、树状、网状。
- 每跳延时：不大于 15 ms。
- 数据安全：采用 128-bit AES 加密算法。

11.3.2　方案创新点与难点

创新点：将 ZigBee 技术应用于无线传感器网络中，将无线传感器网络与计算机互联网有机结合在一起，实现公交车进站实时预报。

本系统借助物联网功能，在公交车站和公交车上分别设置无线传感器节点，这样就可以将公交车与车站组成一个无线传感器网络系统。通过传感器感知公交车的行驶情况，车站可以实时采集经停车站的公交车数据，经过处理后存入车站服务器，然后将数据发送到互联网上。其他的各个车站可以及时从互联网上摘取公交车的位置信息，并在本车站站牌的 LED 屏幕上显示。候车的乘客就可以实时了解公交车离自己还有多远，方便乘客根据距离远近及时调整，选择公交车或其他交通工具。值得一提的是，任何乘客在任何地点都可以随时通过手机上网查询某路段的公交车位置的实时信息。

难点：ZigBee 传输距离有限（100 米内效果较好），要使无线传感器网络能够感知公交车的距离，就需增加布置更多的无线传感器节点。同时，遮挡的物体也会对 ZigBee 的传输距离有影响。

11.3.3 系统实现原理

本系统可分为 4 个部分：

（1）公交车上的传感器（本系统采用的是温湿度＋光敏传感器）。

（2）站台上接收传感器的协调器。

（3）站台负责显示数据并通过网络传送给服务器的网关（开发板）。

（4）一台装有数据库担任服务器角色的 PC。

每个公交车都有自己唯一的 ID，而传感器采集车内的数据同时充当一个 RFID 的角色将公交车的 ID 记录在传感器中。

每个车站拥有自己唯一的 ID，协调器负责将车站的 ID 连同自身的 ID 一并通过串口传输给网关。

当公交车到站时，利用 ZigBee 自组网络的特性，公交车上的传感器与车站装有的协调器组成一个小网络，一对多的特点，即使多辆公交车进站也能组成网络。组成网络时，车上的传感器会自动将在车内采集的数据＋自己 ID 传输到协调器中，协调器接收到传感器发送来的数据并在其中加入自己的车站 ID，一并通过串口发送到车站负责显示信息的网关中。

网关通过网线连接到网络，将数据上传到服务器。服务器根据 ID 查询数据库，并根据一定的算法计算出结果发送到需要发送的车站中。车站网关收到数据后显示结果。

传感器以及协调器：本系统采用奥尔斯公司提供的物联网创新实验套件中的温湿度＋光敏传感器。在预测公交车位置的同时，让候车的人们可以了解车内的情况（也可换成其他传感器）。通过对其中的简单编程完成其功能。系统采用星状网，在星状网中，设备类型为协调器和终端设备，且所有的终端设备都直接与协调器通信。网络中协调器负责网络的建立和维护外，还负责与上位机进行通信，包括向上位机发送数据和接收上位机的数据并无线转发给下面各个节点，流程图如图 11.14 所示。协调器对应的工程文件为 CollectorEB。终端设备主要根据协调器发送的命令执行数据采集或控制被控对象。终端设备对应的工程文件为 SensorEB。

站台上的网关：网关以及与服务器的通信采用套接字编程。从协调器获得的数据通过套接字传送到服务器，服务器端发送回来的信息也同样如此。程序功能上独立创建一个线程作为接收线程。当有数据到来时，将触发接收线程的回调函数，这样可以保证接收数据的完整性，如图 11.15 所示。服务器端的数据库数据描述如表 11.2 所示。

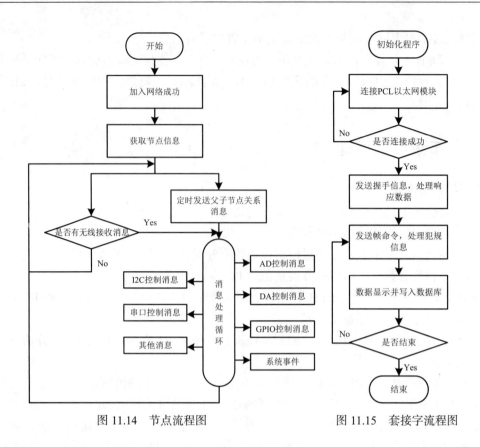

图 11.14　节点流程图　　　　图 11.15　套接字流程图

表 11.2　服务器端的数据库数据描述

名　称	简　称	键　值	类　型	长　度	值　域	初　值
公交线路表						
公交车编号	ID	P	Int	10		自动生成
线路名	name		Char	20		
车站表						
公交车编号	ID	P	Int	10		自动生成
车站名	name		Char	20		
公交路线明细						
线路	LineID	P	Int	10		自动生成
车站	StopID		Int	10		
第几站	Num		Int	10		
公交车表						
公交车编号	ID	P	Int	10		自动生成
线路	LineID		Int	10		

续表

名　称	简　称	键　值	类　型	长　度	值　域	初　值
运行状态表						
公交车编号	ID	P	Int	10		自动生成
站数	Stopnum		Int	10		
方向	Dir		Bool	2		T

11.3.4　硬件设计

公交车进站预报系统中所采用的硬件设备均为奥尔斯公司提供的物联网创新套件中的设备，并未自行设计或添加其他硬件设备。整个系统涉及的内容基本都是关于软件的编程。

无线节点模块使用两个 20 脚插座（双排）进行信号的交互。如图 11.16 和图 11.17 分别为接口电路原理图与光敏传感器模块原理图。

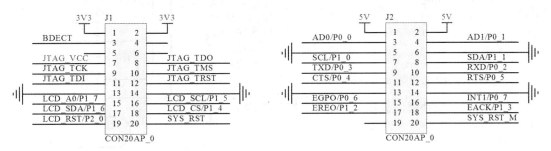

图 11.16　接口电路原理图

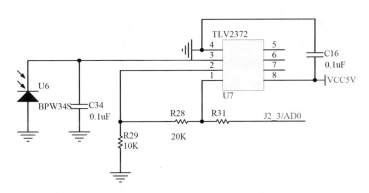

图 11.17　光敏传感器模块原理图

11.3.5　软件设计

算法：当网关将公交车以及车站信息上传到服务器时，服务器在确定数据信息后，从所有车站中选出合适的车站发送数据，并及时更新数据库，如图 11.18 所示为算法流程图。

（1）重要数据结构如下。

① 节点父子关系消息。

```
typedef struct
{
    uint8 Hdr;                          // 头
    uint8 Len;                          // 长度
    uint16 TransportID;                 // 会话 ID
    uint8 MSGCode;                      // 消息代码
    uint16 NodeAddr;                    // 节点地址
    uint16 NodePAddr;                   // 父节点地址
    uint8 Checksum;                     // 校验和
} PCNodeAddrPacket_t;
```

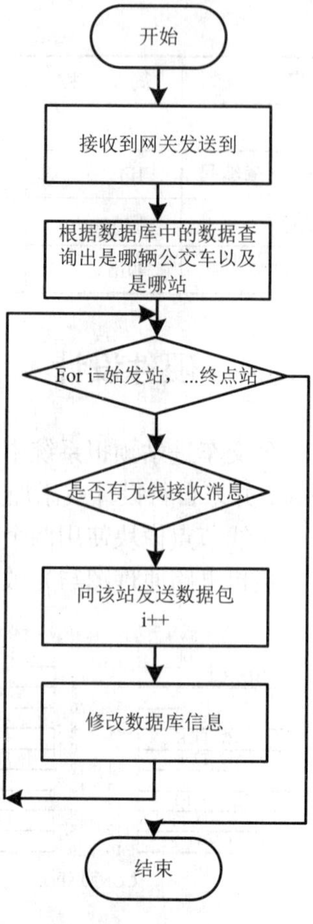

② 上传扩展模块资源数据消息。

```
typedef struct
{                        no
    uint8 Hdr;                          // 头
    uint8 Len;                          // 长度
    uint16 TransportID;yes              // 会话 ID
    uint8 MSGCode;                      // 消息代码
    uint16 NodeAddr;                    // 节点地址
    uint16 ModeID;                      // 模块代码
    uint16 *data;                       // 数据
    uint8 Checksum;                     // 校验和
}  SendUpSBoardDataPacket_t;
```

③ 上传扩展模块资源数据消息 2（数据位 8 位）。

```
typedef struct
{
    uint8 Hdr;                          // 头
    uint8 Len;                          // 长度
    uint16 TransportID;                 // 会话 ID
    uint8 MSGCode;                      // 消息代码
    uint16 NodeAddr;                    // 节点地址
    uint16 ModeID;                      // 模块代码
    uint8 *data;                        // 数据
    uint8 Checksum;                     // 校验和
} SendUpSBoardDataPacket2_t;
```

④ 下传扩展模块数据消息。
```
typedef struct
{
    uint8 Hdr;                          // 头
    uint8 Len;                          // 长度
    uint16 TransportID;                 // 会话 ID
    uint8 MSGCode;                      // 消息代码
    uint16 NodeAddr;                    // 节点地址
    uint16 ModeID;                      // 模块代码
    uint8 *data;                        // 数据
    uint8 Checksum;                     // 校验和
}SendDownSBoardDataPacket_t;
```

图 11.18　算法流程图

（2）核心算法代码如下。

```
if (pFrame->session == 0)
{
    //服务消息
    switch(pFrame->messageCode)
    {
      case SDeviceIdentification:
        m_heartbeat_Timeout = ((SDEVICE_IDENTIFI*)pFrame)->heartbeat_Timeout;
        m_heartbeat_Period = ((SDEVICE_IDENTIFI*)pFrame)->heartbeat_Period;
        ResponseDeviceIdentifi();
        Sleep(100);
        SendDeviceNumber();
        Sleep(100);
        printf("公交车识别成功。\n");
        break;
      case SHeartDetection:
        if (!m_hTimer_heartbeat_Period)
        {
            m_hTimer_heartbeat_Period = SetTimer(Heartbeat_Period,m_
heartbeat_Period*1000,NULL);
        }
        if (!m_hTimer_heartbeat_Timeout)
        {
            m_hTimer_heartbeat_Timeout = SetTimer(Heartbeat_
Timeout,5*1000,NULL);
        }
        m_LastHeartbeatTime = GetTickCount();
        //SendFirstDeviceConnect();
        break;
      case SDeviceNumber:
        if (((SRES_MESSAGE*)pFrame)->responseCode == 0x00)
        {
            SendFirstDeviceConnect();
            Sleep(100);
            printf("公交车 ID 应答成功。\n");
        }
          break;
      case SServiceToCoordinator:
        if (((SRES_MESSAGE*)pFrame)->responseCode == 0x00)
        {
            printf("第一个应用连接应答成功。\n");
            SendGetNodeInfo(0);//获取协调器节点信息
        }
        break;
        default:break;
    }
}
```

11.3.6　系统测试及结果

当公交车经过车站时，能够准确地预报出结果并通过网关显示出来。

图 11.19 所示为站点预报公交车到达信息的显示屏，候车人可以通过站牌上显示的信息及时了解公交车已经到达了哪一站。

图 11.19　站点预报公交车到达信息的显示屏

11.4　基于物联网的市政路灯在线监测系统

随着城市建设的发展，路灯照明建设越来越注重于城市的形象，路灯照明是城市基础设施中不可缺少的组成部分，在城市的交通安全、社会治安、人民生活和市容风貌中处于举足轻重的地位，发挥着不可替代的作用。但随着路灯照明的要求和数量不断增加，城市路灯设施的管理问题变得越来越突出，这不但影响城市的景观及交通，还会给社会造成经济损失和危害。因此，如何实现对路灯的监测和管理，保证路灯正常开关及照明质量对市政建设来说是一个重大的研究课题。

11.4.1　系统简介

1. 背景

随着时代的发展，城市路灯已不仅仅是城建中所必需的公用基础设施，而且直接反映了城市的建设水平和城市风貌。城市现代化建设步伐的不断加快，对城市道路照明及亮化工程需求日益增加，人们对路灯的监测管理提出了更高的要求。

就目前我国大部分地区的路灯监测系统总体来说技术还比较落后，大多数地区还在使用传统的控制方式。传统的控制方式由于没有采用远程监测技术，设备的实时状态无法及时获知，只有靠大量工作人员巡视、市民报修等手段来了解，从而无法实现系统的集中监测、操作结果的集中记录和统计，达不到量化管理的要求。近年来城市路灯数量的快速扩展，设备巡视的工作量也越来越大；同时由于人工巡视存在周期问题，导致有关部门无法及时掌握设备的故障情况，显然目前的监测与维护手段已远远不能适应城市现代化发展的要求。因此，建立智能路灯的无线监测系统势在必行。

2. 应用领域

路灯监测系统可以应用到城市公路两侧路灯、居民住宅小区照明路灯等，该系统能够随时了解路灯运行参数，及时发现故障，将传统的人工"巡灯"制度改为"值班"制度，极大地提高路灯监测系统的管理效率。此外，本系统还可以应用于地下矿井、隧道、旅游景区等照明设施的监测管理，提高其照明期间的安全性、照明设施的耐用性和照明设施管理的方便性等。

3. 国内外研究现状

路灯监测系统是集计算机技术、无线通信技术和嵌入式技术于一体的高科技系统，利用计算机借助一定的通信通道，可以对全市路灯、景观灯等照明设施进行实时监测和管理。

在国外，已经普遍利用计算机监测道路照明，如日本、法国、德国和瑞士等国，通过计算机制定一个自动化程序，使路灯的启闭与日出、日落密切配合，节省能源。国外路灯监测系统能够使所有被监测的路灯在计算机屏幕上的电子地图上标识出来，管理人员能在路灯管理中心准确观察到全市所有路灯的工作状态。

我国路灯监控系统的发展还处于发展阶段，多数城市路灯设施的开、关控制由每台变压器（配电箱）分散控制，统一性差、故障率高。由于没有远程数据采集和通信功能，无法实现集中监控，所以运行、操作结果不能集中监测、记录和统计。而管理部门多数采用"人工巡视"的形式，设备的运行状况主要靠白天巡线、夜间巡灯来获得，不仅耗费大量的人力和物力，而且实时性很差，处理故障的效率非常低，很难满足现在高亮灯率的要求。

随着城市建设的不断发展，对路灯系统从数量到质量上的要求都在提高，常规的监测方式既耗费大量的人力、物力又不能达到准确、及时和全面，已落后于城市发展的需要。采用先进技术提高路灯监测与管理水平，已成为城市路灯系统建设的当务之急。

4. 功能描述

本系统主要对路灯周边的温湿度及光照数据、路灯电流和电压数据等信息进行监测，通过在路灯里安装传感器，监测当前路灯周边的温湿度和光照、路灯电流和电压情况，通过协调器将实时获得的数据汇集到嵌入式网关，并最终通过网关将信息传送给远程服务器进行记录、存储，服务器对所监测的信息进行统计、分析和处理，以 Web 的方式向终端用户显示当前路灯的状况。

5. 技术指标

本系统在对路灯进行监测的过程中，需要采集温湿度、光照、电流和电压等数据，它们的相关技术指标如下。

（1）温度传感器：量程为 $-20℃\sim+130℃$，分度为 $0.1℃$。

（2）湿度传感器：量程为 $0\sim100\%$，分度为 0.1%。

（3）光照传感器：量程为 $0\sim10000lx$，分度为 $1\ lx$。

（4）电流传感器：量程为 $-2\sim+2A$，分度为 $0.01A$。

（5）电压传感器：量程为 -20 ～ +20V，分度为 0.01V。

11.4.2　系统实现原理

本系统包括传感信息采集子系统、嵌入式网关信息汇集子系统、Web 服务子系统 3 个部分。传感器信息采集子系统完成对路灯各种信息的采集工作，包括对温湿度以及光照信息、电流和电压信息，然后将这些信息传输给协调器节点，协调器节点最后将信息通过串口传输到嵌入式网关结点。

嵌入式网关信息汇集子系统完成对传感器传输的数据进行记录、存储和处理，一方面在嵌入式网关上进行数据的实时显示与曲线绘制；另一方面将这些数据通过 Internet 传输给远程的 Web 服务器。

Web 服务器内部通过数据接收进程将路灯信息写入数据库，然后通过 Web 的形式将这些信息向用户终端显示。如果相关数据大于预设值，则 Web 服务器将改变路灯的显示状况以示报警，让市政部门及时了解路灯光照、质量等情况。

1. 系统的软件实现原理

系统的软件部分主要包括：

（1）传感信息采集子系统基于 Z-Stack 的组网技术，进行数据的采集、传输。

（2）基于 WINCE 的 MFC 软件开发的嵌入式网关信息汇集子系统。

（3）PC 上的基于 Apache+MySQL Server 2005 的 PHP 网站的开发。

数据的传输流程及各个子系统具体实现的功能和层次关系如图 11.20 所示。

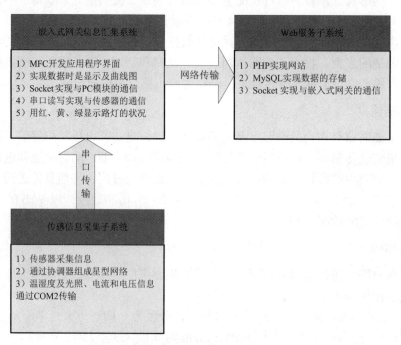

图 11.20　各个子系统所要实现的功能

各个子系统之间传输的数据格式如下。

（1）传感信息采集子系统与嵌入式网关信息汇集子系统之间通信的数据包格式如下。

① 设备 ID:1:温度:湿度:光照:空格（温湿度及光照数据包）。

② 设备 ID:2:电压:空格（电压数据包）。

③ 设备 ID:3:电流:空格（电流数据包）。

（2）嵌入式网关信息汇集子系统与 Web 服务系统通过 Socket，使用 UDP 的方式，端口为 7000，获得数据后解析存储到 MySQL 数据库中。

① 设备 ID:1:温度:湿度:光照:空格（温湿度数据包）。

② 设备 ID:2:电压:空格（电压数据包）。

③ 设备 ID:3:电流:空格（电流数据包）。

2. 系统的硬件实现原理

系统硬件部分采用 IOTV2 物联网创新竞赛提供的开发套件，包括温湿度及光电传感器模块、电压传感器模块、电流传感器模块。整个系统的硬件构架如图 11.21 所示。

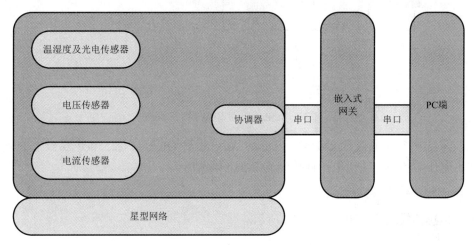

图 11.21　系统的硬件连接图

11.4.3　硬件设计

本系统在设计过程中，主要采用了温湿度及光电传感器、电流传感器、电压传感器，本节将对这些设备的设计与实现做具体的说明。

1. 温湿度及光电传感器的硬件实现

温湿度探头直接使用 IIC 接口进行控制，光敏探头经运放处理后输出电压信号到 AD 输入。IIC 接口将同时连接 EEPROM 以及温湿度传感器两个设备，将采用使用不同的 IIC 设备地址的方式进行区分。

（1）温湿度传感器 SHT1x 原理图如图 11.22 所示。

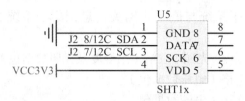

图 11.22　温湿度传感器 SHT1x 原理图

传感器包括一个电容式聚合体测湿元件和一个能隙式测温元件，并与一个 14 位的 AD 转换器以及串行接口电路，在同一芯片上实现无缝连接。

（2）光电传感器 BPW34S，原理图如图 11.23 所示。

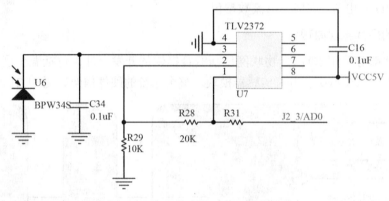

图 11.23　光电传感器 BPW34S 原理图

光照采集主要是通过用 CC2530 内部的 ADC 得到 OURS-CC2530 开发板上的光照传感器输出电压。传感器输出电压连接到 CC2530 的 AIN0。

2. 电流传感器硬件实现

电流传感器模块原理图如图 11.24 所示。

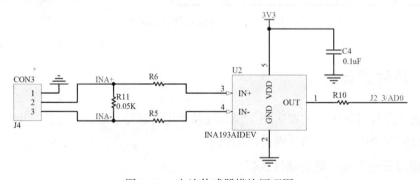

图 11.24　电流传感器模块原理图

电流输入经过电流取样检测电路后，成为电压信号，使用差分单端运放完成电流方向的识别，差分运放输出的双端信号经差分单端运放后，成为单端信号，再经衰减电路调整到适合 AD 输入的电压范围（0～3V），经运放构成的缓冲器输出到无线节点模块的 ADIN 端。

3. 电压传感器硬件实现

电压传感器模块原理图如图 11.25 所示。

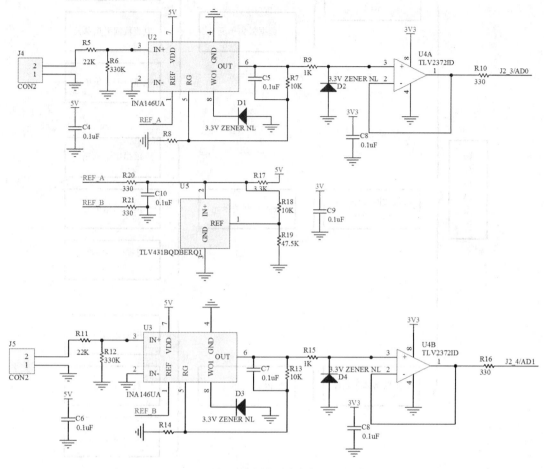

图 11.25　电压传感器模块原理图

电压输入使用大于 $1M\Omega$ 的等效输入阻抗的输入取样，将输入电压进行 15 倍衰减，然后使用差分单端运放，将其变换到 $0 \sim 3V$ 的范围，经电压二次缓冲后送到 AD 采集输入端。

11.4.4　软件设计

由前面的分析，了解了系统各个子系统所实现的功能及所需要进行的软件开发后，将各子系统进行单元化，对各个子系统进行更进一步的细分，如图 11.26 所示。

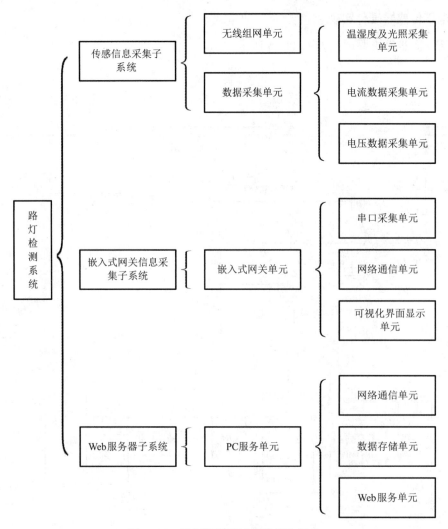

图 11.26 路灯监测系统的单元化细分

1. 数据采集单元的具体实现

数据采集单元主要完成从温湿度及光电传感器、电流传感器、电压传感器采集数据，下面对各种数据的采集进行详细的说明。

（1）温湿度及光照数据的采集实现

温湿度及光电传感器使用 10 ～ 12bit 的 AD 采集器进行光敏信号采集，使用专用温湿度传感器（IIC 接口）进行温湿度信号采集。一次采样使用 2 字节描述，MSB 方式，温湿度及光电传感器模块输出数据结构如下。

① 仅采集温度信息：温度数据高字节，温度数据低字节。

② 仅采集湿度信息：湿度数据高字节，湿度数据低字节。

③ 仅采集光强度信息：光强数据高字节，光强数据低字节。

④ 采集全部信息：温度数据高字节，温度数据低字节，湿度数据高字节，湿度数据低字节，光强数据高字节，光强数据低字节。

（2）电流传感器数据的采集

使用 10 ～ 12bit 的 AD 采集器，一次采样使用 2 字节描述，MSB 方式，电流传感器模块输出数据结构如下。

① 仅采集通道 0，采集个数为 n。

0 通道数据 1 高字节，0 通道数据 1 低字节，0 通道数据 2 高字节，0 通道数据 2 低字节；……；0 通道数据 n 高字节，0 通道数据 n 低字节。

② 仅采集通道 1，采集个数为 n。

1 通道数据 1 高字节，1 通道数据 1 低字节，1 通道数据 2 高字节，1 通道数据 2 低字节；……；1 通道数据 n 高字节，1 通道数据 n 低字节。

③ 同时采集通道 0、1，采集个数为 n。

0 通道数据 1 高字节，通道数据 1 低字节，通道数据 1 高字节，通道数据 1 低字节；……；0 通道数据 n 高字节，0 通道数据 n 低字节，1 通道数据 n 高字节，1 通道数据 n 低字节。

（3）电压传感器数据的采集

使用 10 ～ 12bit 的 AD 采集器，一次采样使用 2 字节描述，MSB 方式，电压传感器模块输出数据结构如下。

① 仅采集通道 0，采集个数为 n。

0 通道数据 1 高字节，0 通道数据 1 低字节；0 通道数据 2 高字节，0 通道数据 2 低字节；……；0 通道数据 n 高字节，0 通道数据 n 低字节。

② 仅采集通道 1，采集个数为 n。

1 通道数据 1 高字节，1 通道数据 1 低字节；1 通道数据 2 高字节，1 通道数据 2 低字节；……；1 通道数据 n 高字节，1 通道数据 n 低字节。

③ 同时采集通道 0、1，采集个数为 n。

0 通道数据 1 高字节，0 通道数据 1 低字节；1 通道数据 1 高字节，1 通道数据 1 低字节；……；0 通道数据 n 高字节，0 通道数据 n 低字节，1 通道数据 n 高字节，1 通道数据 n 低字节。

2. 无线组网单元

无线网络是由 3 个无线节点和 1 个无线协调器组成，使用星状的网络拓扑结构，无线节点相互之间不通信，只与协调器通信。

协调器节点与普通的无线节点的流程图分别如图 11.27 和图 11.28 所示。

下面分别介绍在形成星状网络时，无线协调器与普通无线节点的作用。首先协调器在无线网络中起到以下两个作用。

（1）无线网络的建立和维护

首先协调器加电启动，发起建立新网络，协调器扫描信道，选择信道中其他未使用或使用最少的信道建立网络。新网络建立后，协调器处于被动等待的状态，等待新的节点加入网络。两个节点加电启动，启动后节点对网络进行扫描，然后向已存在的网络发送请求绑定。

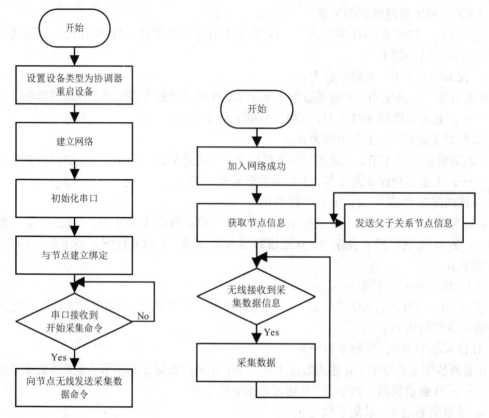

图 11.27　协调器的程序流程图　　　图 11.28　普通无线节点的程序流程图

　　协调器接收到节点请求绑定的信息后，给节点分配合适的网络地址，并将网络地址发送给节点。此时协调器和节点就完成了网络绑定，组网工作结束，它们之间也就可以通信了。组网完成后，节点定时向协调器发送父子关系节点信息，以便协调器根据此信息维护网络。

　　（2）接受命令，转发采集到的信息

　　在组网完成后，协调器处于等待下位机的状态，当下位机的 3 个传感器节点通过无线方式发送到协调器时，协调器会将收到的数据在自己的液晶显示屏上显示收到的信息和信息的数目，同时也将收到的数据通过串口转发到嵌入式网关。

　　节点在无线网络中的作用如下。

　　（1）节点组网：子节点加电启动后首先搜索网络，搜到网络后，向该网络发送请求加入网络信息，等待与协调器的绑定。绑定完成后，协调器发回分配的网络地址，之后节点定时向协调器发送信息。

　　（2）节点一旦加入网络成功后，就会采集传感器数据并将数据按照一定的数据格式封装好，然后周期性地通过无线发送给协调器。

3. 嵌入式网关单元

　　嵌入式网关所起到的作用是一个转发器的作用，整个嵌入式网关上运行了 3 个软件模块，串口 2 采集模块负责接收来自无线协调器节点通过串口发来的温湿度和光照以及电压、电流数据。

　　网络通信模块负责将嵌入式网关收到的串口数据通过 UDP 包发送到 PC 服务器上，从而保持服务器中数据的实时性。可视化界面显示模块负责对串口接收的数据进行处理，并且实时地将各种数据显示在嵌入式网关的屏幕上，绘制可视化曲线以使用户了解数据的变化趋势，同时当某一数据超过设定的临界值时，就有报警界面弹出。

（1）串口采集模块与网络通信模块

串口采集模块中使用一个线程用于接收串口数据，每当数据到来时自动调用相应的回调函数，在回调函数中可以对收到的数据进行处理，串口的工作流程如图 11.29 所示。

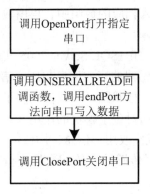

图 11.29　串口类的工作流程

网络通信模块的具体流程如下：

① 建立 Socket。

② 初始化 SOCKETADDR_IN 结构体（绑定 7000 端口，目标 IP 地址为用户设定）。

③ 发送数据。

（2）可视化界面显示单元

如图 11.30 所示为 Web 服务可视化界面的显示图，左侧的区域是菜单操作区，对此区域操作可以实时了解当前路灯的温湿度、光照、电流和电压情况。右侧区域为对数据统计分析所得到的曲线图和柱状图，该曲线图和柱状图可以显示对数据的当前时刻和历史时刻记录，通过观测数据的显示情况，可以分析路灯的运行状况。

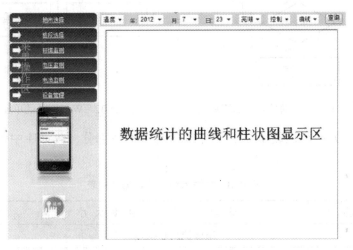

图 11.30　Web 可视化界面显示截图

4. PC 服务模块

（1）网络通信与数据存储模块

PC 端网络通信主要通过监听指定端口的 UDP 数据包来获取数据并进行处理，程序的流程如图 11.31 所示。

首先建立数据库的连接，当接收到网络传过来的数据包之后，将接收的字符串进行解析，当接收到的字符串以"1："开始，则是温湿度信息，若是以"2："开始，则是应变信息。解析字符串并将信息写入相应的数组中，再由数组读取显示。

（2）Web 服务单元

Web 服务单元采用 Apache+PHP+SQL Server 2005 实现，用户可以通过登录网站查看当前路灯情况，可以获取各种传感器的当前信息与历史信息，同时网站还提供了多种信息查看方式，包括列表查看曲线图、柱状图，可以使用户了解路灯的运行状况。

整个网站包括如下单元，下面对各个模块的作用及重要模块的实现进行说明。

（1）用户管理模块：增加或修改用户信息，用户信息维护。

（2）监测数据查询：用户对传感器上传的数据进行查询，然后对数据统计分析，对当前路灯工作的稳定性作出评估。

（3）设备管理：管理员对设备运行稳定的分析管理。

Web 网站的单元如图 11.32 所示。

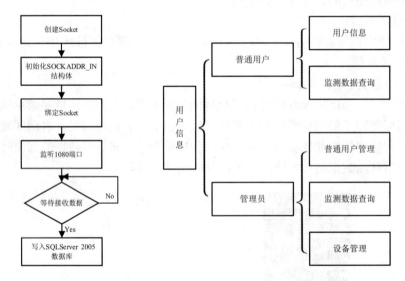

图 11.31　网络通信程序的流程图　　图 11.32　Web 网站的单元

整个网站的另一个比较重要的部分是后台数据库部分，数据库中传感数据结构如表 11.3 所示。

表 11.3　数据库中传感数据结构表

字 段 名 称	字 段 类 型	字 段 大 小	字 段 含 义
温度信息数据表			
tem_Id	int	11	编号

字 段 名 称	字 段 类 型	字 段 大 小	字 段 含 义
road	varchar	20	路段名称
deng	varchar	20	灯节点
tem	int	10	温度
tem_Time	timestamp	20	采集时间

湿度信息数据表

hum_Id	int	11	编号
road	varchar	20	路段名称
deng	varchar	20	灯节点
hum	int	10	温度
hum_Time	timestamp	20	采集时间

光照信息数据表

lig_Id	int	11	编号
road	varchar	20	路段名称
deng	varchar	20	灯节点
lig	int	10	光照
lig_Time	timestamp	20	采集时间

电压信息数据表

vol_Id	int	11	编号
road	varchar	20	路段名称
deng	varchar	20	灯节点
vol	int	10	电压
vol_Time	timestamp	20	采集时间

电流信息数据表

cur_Id	int	11	编号
road	varchar	20	路段名称
deng	varchar	20	灯节点
cur	int	10	电流
cur_Time	timestamp	20	采集时间

用户信息表

id	int	11	编号
username	varchar	20	用户名
password	varchar	20	密码
flag	int	10	用户标识

11.4.5 系统测试及结果

路灯监测系统包括传感信息采集子系统、嵌入式网关信息汇集子系统和 Web 服务子系统。每个子系统通过预先约定好的信息格式作为接口，每个子系统可以使用串口调试工具配合调试。

如图 11.33 所示为传感信息采集子系统，包括协调器、温湿度及光电传感器、电流传感器和电压传感器，其中温湿度及光电传感器、电流传感器和电压传感器所采集的数据通过协调器显示屏输出数据。在测试过程中分别对每种传感器进行单独测试，协调器都能够正常显示传感器上传的数据，再对传感信息采集子系统进行总体测试，数据显示正确。

图 11.33　传感信息采集子系统

如图 11.34 所示为嵌入式网关信息汇集子系统与传感信息采集子系统的连接图，从图 11.34 中可以看出，传感器所采集的数据通过协调器传输到嵌入式网关。嵌入式网关对获得的数据进行解析，将数据以 UDP 包的形式发送给 PC 服务器。在对该子系统进行测试时可以通过串口调试工具向嵌入式网关发送固定的数据格式，查看是否能够正常绘制曲线，并且在 PC 机上写相应的 UDP 接收及数据库程序查看是否正确。

图 11.34　传感器信息采集子系统与嵌入式网关信息汇集子系统的连接图

如图 11.35 和图 11.36 是 PC 通过浏览网页得到的温度信息曲线图和温度信息柱状图。

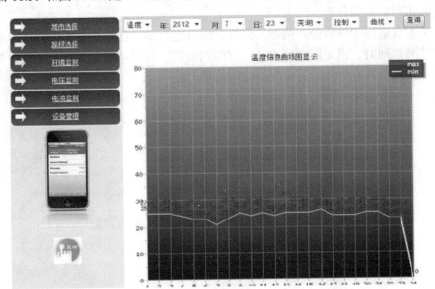

图 11.35　温度信息的曲线图显示

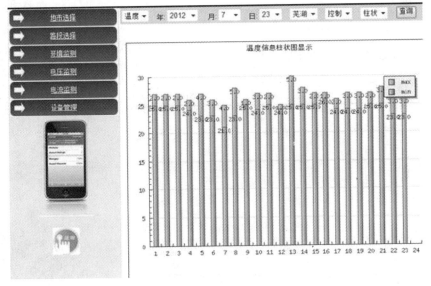

图 11.36　温度信息的柱状图显示

11.4.6　结语

　　基于物联网技术的路灯监测系统的实施方案及演示系统，按照物联网的三层网络结构——底层感知层、中间层网络传输层、上层应用层，可以将整个系统划分为 3 个子系统，分别为传感信息采集子系统、嵌入式网关信息汇集子系统和 Web 服务子系统。在前面章节中给出了各个子系统的实现功能和原理、设计方法等，并对整个系统进行了测试。测试结果显示，该系统能够很好地实现对路灯运行和周边环境的相关数据的监测，并可以通过

Web 服务方式，向用户显示所监测到的路灯运行时数据的曲线图和柱状图，实现对路灯运行稳定性的实时监测和分析。

该系统不仅适用于城市公路两侧的路灯，而且也对地下矿井、景区、隧道等地的照明设施进行监测。同时，当对该系统进行一定的调整后，可以对温室大棚、建筑物等进行监测。因此，该系统具有很强的适应性，应用前景十分广泛。

参 考 文 献

[1] 熊茂华，熊昕，钟锦辉．嵌入式应用项目设计与开发典型案例详解 [M]．北京：清华大学出版社，2012．

[2] 孙利民，李建中，陈渝等．无线传感器网络 [M]．北京：清华大学出版社，2010．

[3] 沈建华，郝立平．STM32W 无线射频 ZigBee 单片机原理与应用 [M]．北京：北京航空航天大学出版社，2010．

[4] 李文仲，段朝玉等．短距离无线数据通信入门与实战 [M]．北京：北京航空航天大学出版社，2008．

[5] 郭渊博，杨奎武，赵俭．ZigBee 技术与应用——CC2430 设计、开发与实践 [M]．北京：国防工业出版社，2010．

[6] 李文仲，段朝玉等．ZigBee2007/PRO 协议栈实验与实践 [M]．北京：北京航空航天大学出版社，2009．

[7] 刘化君，刘传清．物联网技术 [M]．北京：电子工业出版社，2011．

[8] 余立建，王茜，李文仲．物联网 / 无线传感网实践与实验 [M]．成都：西南交通大学出版社，2010．

[9] 吴成东．智能无线传感器网络原理与应用 [M]．北京：科学出版社，2011．

[10] 王志良．物联网现在与未来 [M]．北京：机械工业出版社，2010．

[11] 无线龙．现代无线传感网概论 [M]．北京：冶金工业出版社，2011．

[12] 北京奥尔斯电子科技有限公司．物联网创新实验平台（OURS-IOTV2-CC2530）实验指导书．

[13] 北京赛佰特科技有限公司．全功能物联网教学科研平台（标准版 CBT-Super IOT）实验指导书．

[14] "TI- 奥尔斯杯"首届全国大学生物联网创新应用设计大赛作品集，2011．

[15] "TI- 奥尔斯杯"第二届全国大学生物联网创新应用设计大赛作品集，2012．

[16] CC2530 数据手册 [中文版]．

[17] CC253x 用户指南 [英文版]．

[18] ZigBee 2007 协议规范 [中文版]．